全国勘察设计注册公用设备工程师给水排水专业执业指南

第3册 建筑给水排水工程

岳秀萍　主编
郭汝艳　主审

中国建筑工业出版社

图书在版编目(CIP)数据

全国勘察设计注册公用设备工程师给水排水专业执业
指南. 第3册, 建筑给水排水工程 / 岳秀萍主编. — 北
京：中国建筑工业出版社, 2024.4（2025.2 重印）
　ISBN 978-7-112-29706-1

　Ⅰ. ①全… Ⅱ. ①岳… Ⅲ. ①建筑工程 - 给水工程 -
资格考试 - 自学参考资料②建筑工程 - 排水工程 - 资格考
试 - 自学参考资料 Ⅳ. ①TU991

　中国国家版本馆 CIP 数据核字（2024）第 064033 号

责任编辑：于　莉
责任校对：芦欣甜

全国勘察设计注册公用设备工程师给水排水专业执业指南
第3册　建筑给水排水工程
岳秀萍　主编
郭汝艳　主审

*

中国建筑工业出版社出版、发行（北京海淀三里河路9号）
各地新华书店、建筑书店经销
北京红光制版公司制版
天津安泰印刷有限公司印刷

*

开本：787 毫米×1092 毫米　1/16　印张：24¼　字数：587 千字
2024 年 4 月第一版　　2025 年 2 月第二次印刷
定价：**109.00** 元
ISBN 978-7-112-29706-1
（44258）

前　言

　　全国勘察设计注册公用设备工程师（给水排水）执业资格已实行多年，注册公用设备工程师（给水排水）专业的考试、注册、继续教育等工作持续进行。随着技术的发展，给水排水注册工程师在继续教育和执业过程中常遇到一些新的问题和疑惑。为了使给水排水注册工程师系统掌握专业知识、正确理解和运用相关标准规范、提高理论联系实际和分析解决工程问题的能力，特编写《全国勘察设计注册公用设备工程师给水排水专业执业指南》（简称执业技术指南）。执业技术指南共分四册：

　　第 1 册　给水工程

　　第 2 册　排水工程

　　第 3 册　建筑给水排水工程

　　第 4 册　常用资料

　　第 1 册由于水利主编，张晓健主审。参编人员及分工如下：第 1 章由于水利、吴一繁、黎雷编写；第 2 章由于水利、黎雷编写；第 3 章由于水利、李伟英、黎雷编写；第 4 章由李伟英编写；第 5 章～第 12 章由张玉先、范建伟、刘新超、邓慧萍、高乃云编写；第 13 章由董秉直、李伟英编写；第 14 章、第 15 章由董秉直编写。

　　第 2 册由何强主编，赫俊国主审。参编人员及分工如下：第 1 章、第 10 章～第 13 章、第 15 章、第 16 章、第 18 章、第 20 章由何强、许劲、翟俊、柴宏祥、艾海男编写；第 2 章～第 9 章由张智编写；第 14 章、第 17 章、第 19 章由周健编写。

　　第 3 册由岳秀萍主编，郭汝艳主审。参编人员及分工如下：第 1 章由吴俊奇、岳秀萍编写，第 2 章由朱锡林、范永伟编写，第 4 章、第 5 章由岳秀萍、范永伟编写。

　　第 4 册由季民主编，周丹主审。参编人员如下：季民、周丹、赵迎新、孙井梅、翟思媛。王兆才、王秀宏在本册前期编写工作中作出了重要贡献。

　　执业技术指南紧扣给水排水注册工程师应知应会的专业知识，吸收国内外给水排水新技术、新工艺、新设备和新经验，重在解决执业过程中常遇到的理论与实践问题，为专业人员的理论与业务水平提高、更好执业提供有价值的参考。

　　执业技术指南可以作为给水排水注册工程师执业过程中继续学习的参考书，也可以作为专业技术人员从事工程设计咨询、工程建设项目管理、专业技术管理的辅导读本和高等学校师生教学、学习参考用书。

目　　录

1 建 筑 给 水

建筑给水系统是将城镇给水管网或自备水源给水管网的水引入室内，经配水管送至生活、生产和消防用水设备，并满足用水点对水量、水压和水质要求的冷水供应系统。建筑给水系统应具有保障不间断向建筑或小区供水的能力，供水水质、水量和水压应满足用户的正常用水需求。

1.1 给水系统分类及水质、水量

1.1.1 分类及水质要求

根据供水用途不同，建筑给水可分为以下 3 类基本系统：

（1）生活给水系统

生活给水系统供人们日常生活用水。按具体用途又分为：

1）生活饮用水系统：供饮用、烹饪、盥洗、洗涤、沐浴等用水，水质应符合现行国家标准《生活饮用水卫生标准》GB 5749 的要求，详见附录 1；

2）管道直饮水系统：供直接饮用用水，水质应符合现行行业标准《饮用净水水质标准》CJ/T 94 的要求，见附录 2；

3）生活杂用水系统：供冲厕、绿化、洗车或冲洗路面等用水，水质应符合现行国家标准《城市污水再生利用　城市杂用水水质》GB/T 18920 的要求，见附录 3。

（2）生产给水系统

生产给水系统：供生产过程中产品工艺用水、清洗用水、冷却用水和稀释、除尘等用水。由于工艺过程和生产设备的不同，这类用水的水质要求有较大的差异，有的低于生活饮用水标准，有的远远高于生活饮用水标准，工业用水水质标准种类繁多，它是根据生产工艺要求制定，在使用时应满足相应工艺要求。

（3）消防给水系统

消防给水系统：供消防灭火设施用水，主要包括消火栓、自动喷水灭火系统等设施的用水。消防水用于灭火和控火。其水质应满足现行国家标准《城市污水再生利用　城市杂用水水质》GB/T 18920 中消防用水的要求，并应按照建筑防火规范要求保证供给足够的水量和水压。

上述 3 种基本给水系统可根据具体情况予以独立设置或合并共用。合并共用一般含：生活–生产给水系统、生活–消防给水系统、生产–消防给水系统、生活–生产–消防给水系统。

系统的选择，应根据生活、生产和消防等各项用水对水质、水量、水压、水温的要求，结合室外给水系统的实际情况，经技术经济比较后确定。

1.1.2 用水量

小区用水量定额及计算详见第 5 章小区给水排水有关内容。本章所涉及的用水量包括：住宅、公共建筑生活用水量；工业企业建筑生活用水量；消防用水量等。

（1）生活用水量

1）最高日生活用水量

最高日生活用水量可根据各类建筑最高日生活用水定额，按式（1-1）计算：

$$Q_d = mq_d \tag{1-1}$$

式中 Q_d——最高日用水量（L/d）；

m——用水单位数（人或床位数等），工业企业建筑为每班人数；

q_d——最高日生活用水定额[L/（人·d）、L/（床·d）或 L/（人·班）]。

各类建筑的生活用水定额及小时变化系数见表 1-1～表 1-3。

住宅生活用水定额及小时变化系数　　　　表 1-1

住宅类别	卫生器具设置标准	最高日用水定额 [L/（人·d）]	平均日用水定额 [L/（人·d）]	最高日小时变化系数 K_h
普通住宅	有大便器、洗脸盆、洗涤盆、洗衣机、热水器和沐浴设备	130～300	50～200	2.8～2.3
普通住宅	有大便器、洗脸盆、洗涤盆、洗衣机、集中热水供应（或家用热水机组）和沐浴设备	180～320	60～230	2.5～2.0
别墅	有大便器、洗脸盆、洗涤盆、洗衣机、洒水栓，家用热水机组和沐浴设备	200～350	70～250	2.3～1.8

注：1. 当地主管部门对住宅生活用水定额有具体规定的，应按当地规定执行；
2. 别墅生活用水定额中含庭院绿化用水和汽车洗车用水，不含游泳池补充水；
3. 用水定额可参照现行国家标准《室外给水设计标准》GB 50013 的分区，城市规模大小的不同要求来确定；缺水地区，宜采用低值；
4. 表中用水量为全部用水量，当采用分质供水，计算生活给水的用水量时，有直饮水系统的，除由小区供水为水源外，应扣除直饮水用水定额；有杂用水系统的，应扣除杂用水定额；
5. 用水设施与别墅相同或相近的住宅可按别墅的标准设计。

公共建筑生活用水定额及小时变化系数　　　　表 1-2

序号	建筑物名称		单位	生活用水定额（L）		使用时数（h）	最高日小时变化系数 K_h
				最高日	平均日		
1	宿舍	居室内设卫生间	每人每日	150～200	130～160	24	3.0～2.5
		设公用盥洗卫生间		100～150	90～120		6.0～3.0
2	招待所、培训中心、普通旅馆	设公用卫生间、盥洗室	每人每日	50～100	40～80	24	3.0～2.5
		设公用卫生间、盥洗室、淋浴室		80～130	70～100		
		设公用卫生间、盥洗室、淋浴室、洗衣室		100～150	90～120		
		设单独卫生间、公用洗衣室		120～200	110～160		
3	酒店式公寓		每人每日	200～300	180～240	24	2.5～2.0
4	宾馆客房	旅客	每床位每日	250～400	220～320	24	2.5～2.0
		员工	每人每日	80～100	70～80	8～10	2.5～2.0

序号	建筑物名称		单位	生活用水定额（L）		使用时数（h）	最高日小时变化系数 K_h
				最高日	平均日		
5	医院住院部	设公用卫生间、盥洗室	每床位每日	100～200	90～160	24	2.5～2.0
		设公用卫生间、盥洗室、淋浴室		150～250	130～200		
		设单独卫生间		250～400	220～320		
		医务人员	每人每班	150～250	130～200	8	2.0～1.5
	门诊部、诊疗所	病人	每病人每次	10～15	6～12	8～12	1.5～1.2
		医务人员	每人每班	80～100	60～80	8	2.5～2.0
	疗养院、休养所住房部		每床位每日	200～300	180～240	24	2.0～1.5
6	养老院、托老所	全托	每人每日	100～150	90～120	24	2.5～2.0
		日托		50～80	40～60	10	2.0
7	幼儿园、托儿所	有住宿	每儿童每日	50～100	40～80	24	3.0～2.5
		无住宿		30～50	25～40	10	2.0
8	公共浴室	淋浴	每顾客每次	100	70～90	12	2.0～1.5
		浴盆、淋浴		120～150	120～150		
		桑拿浴（淋浴、按摩池）		150～200	130～160		
9	理发室、美容院		每顾客每次	40～100	35～80	12	2.0～1.5
10	洗衣房		每千克干衣	40～80	40～80	8	1.5～1.2
11	餐饮业	中餐酒楼	每顾客每次	40～60	35～50	10～12	1.5～1.2
		快餐店、职工及学生食堂		20～25	15～20	12～16	
		酒吧、咖啡馆、茶座、卡拉OK房		5～15	5～10	8～18	
12	商场	员工及顾客	每平方米营业厅面积每日	5～8	4～6	12	1.5～1.2
13	办公	坐班制办公	每人每班	30～50	25～40	8～10	1.5～1.2
		公寓式办公	每人每日	130～300	120～250	10～24	2.5～1.8
		酒店式办公		250～400	220～320	24	2.0
14	科研楼	化学	每工作人员每日	460	370	8～10	2.0～1.5
		生物		310	250		
		物理		125	100		
		药剂调制		310	250		
15	图书馆	阅览者	每座位每次	20～30	15～25	8～10	1.2～1.5
		员工	每人每日	50	40		

序号	建筑物名称		单位	生活用水定额（L）		使用时数（h）	最高日小时变化系数 K_h
				最高日	平均日		
16	书店	顾客	每平方米营业厅每日	3~6	3~5	8~12	1.5~1.2
		员工	每人每班	30~50	27~40		
17	教学、实验楼	中小学校	每学生每日	20~40	15~35	8~9	1.5~1.2
		高等院校		40~50	35~40		
18	电影院、剧院	观众	每观众每场	3~5	3~5	3	1.5~1.2
		演职员	每人每场	40	35	4~6	2.5~2.0
19	健身中心		每人每次	30~50	25~40	8~12	1.5~1.2
20	体育场（馆）	运动员淋浴	每人每次	30~40	25~40	4	3.0~2.0
		观众	每人每场	3	3		1.2
21	会议厅		每座位每次	6~8	6~8	4	1.5~1.2
22	会展中心（展览馆、博物馆）	观众	每平方米展厅每日	3~6	3~5	8~16	1.5~1.2
		员工	每人每班	30~50	27~40		
23	航站楼、客运站旅客		每人次	3~6	3~6	8~16	1.5~1.2
24	菜市场地面冲洗及保鲜用水		每平方米每日	10~20	8~15	8~10	2.5~2.0
25	停车库地面冲洗水		每平方米每次	2~3	2~3	6~8	1.0

注：1. 中等院校、兵营等宿舍设置公用卫生间和盥洗室，当用水时段集中时，最高日小时变化系数 K_h 宜取最高值6.0~4.0；其他类型宿舍设置公用卫生间和盥洗室时，最高日小时变化系数 K_h 宜取低值3.5~3.0；

2. 除注明外，均不含员工生活用水，员工最高日用水定额为每人每班40~60L，平均日用水定额为每人每班30~45L；

3. 大型超市的生鲜食品区按菜市场用水；

4. 医疗建筑用水中已含医疗用水；

5. 空调用水应另计。

工业企业建筑生活、淋浴最高日用水定额　　　　表1-3

用途	最高日用水定额	小时变化系数 K_h	备注
管理人员、车间工人生活用水	30~50L/(班·人)	2.5~1.5	每班工作时间以8h计
淋浴用水[①]	40~60L/(人·次)		延续供水时间1h计

① 车间卫生等级详见现行国家标准《工业企业设计卫生标准》GBZ 1。

2）最大小时用水量

最大小时用水量是指最高日最大用水时段内的小时用水量，按式（1-2）计算。

$$Q_h = K_h \cdot Q_p = K_h \frac{Q_d}{T} \qquad (1\text{-}2)$$

式中　　Q_h——最大小时用水量（L/h）；

　　　　Q_p——平均小时用水量（L/h）；

　　　　T——建筑物的用水时间，工业企业建筑为每班用水时间（h）；

　　　　K_h——小时变化系数。

（2）消防用水量

详见第2章建筑消防有关内容。

1.2 建筑内部生活给水系统组成及设置要求

1.2.1 系统组成

建筑内部生活给水系统，一般由引入管、给水管道、给水附件、给水设备、贮水设施和计量仪表等组成，如图1-1所示。

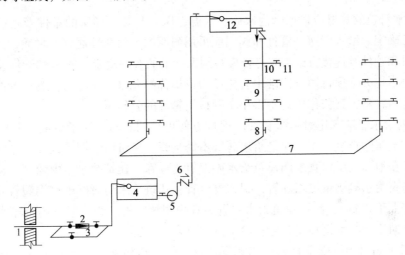

图 1-1　建筑内部给水系统示意

1—引入管；2—水表；3—泄水阀；4—贮水池；5—水泵；6—止回阀；7—水平干管；8—检修阀门；

9—立管（竖管）；10—支管；11—配水点；12—高位水箱

（1）引入管

是指由市政管道引入至小区给水管网的管段，或由小区给水接户管引入建筑物内的管段。引入管段上一般设有水表、阀门等附件。直接从城镇给水管网接入建筑物的引入管上应设置止回阀，如装有倒流防止器则无需再装止回阀。

（2）水表节点

水表节点是安装在引入管上的水表及其前后设置的阀门和泄水装置的总称。水表前后的阀门用以水表检修、拆换时关闭管路，泄水口主要用于系统检修时放空管网的余水，也可用来检测水表精度和测定管道水压值。

（3）给水管道

给水管道包括水平干管、立管、支管和分支管。

（4）给水控制附件

给水控制附件即管道系统中调节水量、水压、控制水流方向，以及关断水流，便于管道、仪表和设备检修的各类阀门和设备。

（5）配水设施

配水设施即用水设施。生活给水系统配水设施主要指卫生器具的给水配件或配水龙头。

（6）二次增压和贮水设施

二次增压和贮水设备包括升压设备和贮水设施。如水泵、气压罐、水箱、贮水池和吸水井等。

（7）计量仪表

计量仪表是用于计量水量、压力、温度和水位等的专用仪表。

1.2.2 管道材料、布置敷设与防护

（1）管材及选用

1）给水管道的管材应根据管内水质、水温、压力及敷设场所的条件及敷设方式等因素综合考虑确定。给水管道、管件和阀门应采用耐腐蚀，耐久性能好的材质，减少系统的漏损。管材和管件及连接方式，应符合现行国家标准的有关规定。管材和管件及连接方式的工作压力不得大于现行国家标准中公称压力或标称的允许工作压力。管道的配件应采用与管材相应的材料，其公称压力不得小于管材及管件的公称压力。

① 室内给水管应选用耐腐蚀和安装连接方便可靠的管材。明敷或嵌墙敷设可采用塑料给水管、金属塑料复合管、建筑给水薄壁不锈钢管、建筑给水铜管或经可靠防腐处理的钢管。敷设在地面垫层内宜采用建筑给水硬聚氯乙烯管、建筑给水聚丙烯管、建筑给水聚乙烯管、建筑给水氯化聚氯乙烯管，铝塑复合管、建筑给水超薄壁不锈钢塑料复合管，管道外径不宜大于25mm。高层建筑给水立管不宜采用塑料管。给水泵房内及输水干管宜采用法兰连接的建筑给水钢塑复合管和给水钢塑复合压力管。

② 室外明敷管道一般不宜采用铝塑复合管、给水塑料管。埋地管道的管材应具有耐腐性和能承受相应的地面荷载的能力，管径大于75mm时，可采用有内衬的给水铸铁管、球墨铸铁管、给水塑料管和复合管；管径小于或等于75mm时，可采用给水塑料管、复合管或经可靠防腐处理的钢管等管材。管道应具有能承受相应地面荷载的能力。

③ 水池（箱、塔）内浸水部分管道宜采用耐腐蚀金属管材或内外涂塑焊接钢管及管件（包括法兰、水泵吸水管、溢水管、吸水喇叭、溢水漏斗等）。进、出水管及泄水管宜采用管内、外壁及管口端涂塑钢管或球墨铸铁管（一般用于水塔）或塑料管（一般用于水池、水箱）。当采用塑料进水管时，其安装杠杆式进水浮球阀端部的管段应采用耐腐蚀金属管及管件，浮球阀等进水设备的重量不得作用在管道上。一般进、出水管为塑料管时宜将从水池（箱）至第一个阀门的管段改为耐腐蚀的金属管。

2）不同材质管道的压力

① 塑料管材

采用塑料管材时其供水系统压力一般不应大于0.6MPa，PVC-C，PP-R，PP-B管可不大于1MPa，水温不应超过有关规定。

PVC-U管：当公称外径 $dn \leqslant 40mm$ 时，宜选用公称压力1.6MPa的管材；当 $dn \geqslant$

50mm 时，宜选用 1.0MPa 的管材。

PVC-C 管：当室外管道工作压力不大于 1.0MPa 时，可采用 S6.3 系列；当大于 1.0MPa 时，应采用 S5 系列。

建筑给水聚丙烯管道：当设计压力 $PD \leqslant 0.6$MPa 时，PP-R 管、PP-B 管均采用 S5 系列；当 0.6MPa$< PD <0.8$MPa 时，PP-R 管选用 S5 系列，PP-B 管选用 S4 系列；当 0.8MPa$<PD \leqslant 1.0$MPa 时，PP-R 管选用 S4 系列，PP-B 管选用 S3.2 系列。

② 复合管材

建筑给水超薄壁不锈钢塑料复合管的最大公称压力为 1.6MPa。

建筑给水钢塑复合管：当管道系统工作压力不大于 1.0MPa 时，宜采用涂（衬）塑焊接钢管，可锻铸铁衬塑管件；当大于 1.0MPa 但不大于 1.6MPa 时宜选用涂（衬）塑无缝钢管和无缝钢管件［涂（衬）塑］或球墨铸铁涂（衬）塑管件；当大于 1.6MPa 且小于 2.5MPa 时，应采用涂（衬）塑的无缝钢管和无缝钢管件［涂（衬）塑］或铸钢涂（衬）塑管件。

给水钢塑复合压力管：普通系列管道承受最大设计压力标准值为 1.25MPa；加强系列管道承受最大设计压力标准值 $D_m \leqslant 50$mm 时为 2.5MPa；63mm$\leqslant D_m \leqslant 400$mm 时为 2.0MPa。

建筑给水铝塑复合管用于系统工作压力不大于 0.6MPa 的场所。

③ 其他金属管材

建筑给水铜管：有适用工作压力为 1.0MPa、1.6MPa、2.5MPa 的 3 种，宜采用硬态铜管（当管径不大于 25mm 时，可采用半硬态铜管）。为避免腐蚀不宜直接连接钢管等其他金属管材、管件。

建筑给水薄壁不锈钢管：公称压力 $PN \leqslant 1.6$MPa。埋地敷设宜采用 0Cr17Ni12Mo2（管材牌号 S31608），与其他材料的管材、管件、附件相连接时，应采取防止电化学腐蚀的措施。

（2）管道布置与敷设

管道布置与敷设应确保供水安全和良好的水力条件，力求经济合理，布置管道时其周围要留有一定的空间以便于安装维修。

1）给水管道与其他管道和建筑结构的最小净距要求

给水管道与其他管道和建筑结构的最小净距见表 1-4。给水管道与各种管道之间的净距，应满足安装操作的需要。给水引入管与排水排出管的净距不得小于 1m。建筑物内埋地敷设的生活给水管与排水管之间的最小净距，平行埋设时不宜小于 0.5m；交叉埋设时不应小于 0.15m，且给水管道应在排水管的上面。需进人检修的管道井，其工作通道净宽度不宜小于 0.6m。管井应每层设外开检修门。

给水管道与其他管道和建筑结构的最小净距　　　　　　表 1-4

给水管道名称	室内墙面（mm）	地沟壁和其他管道（mm）	梁、柱、设备（mm）	排水管		备注
				水平净距（mm）	垂直净距（mm）	
引入管				≥1000	≥150	在排水管上方
横干管	≥100	≥100	≥50 且此处无接头	≥500	≥150	在排水管上方

7

给水管道名称		室内墙面（mm）	地沟壁和其他管道（mm）	梁、柱、设备（mm）	排水管		备注
					水平净距（mm）	垂直净距（mm）	
立管	管径（mm）	≥25					
	＜32						
	32～50	≥35					
	75～100	≥50					
	125～150	≥60					

2）室外生活给水管道

① 室外给水管道的覆土深度，应根据土壤冰冻深度、车辆荷载、管道材质及管道交叉等因素确定。管顶最小覆土深度不得小于土壤冰冻线以下 0.15m，行车道下的管线覆土深度不宜小于 0.70m。

② 敷设在室外综合管廊（沟）内的给水管道，宜在热水、热力管道下方，在冷冻管和排水管的上方。给水管道与各种管道之间的净距，应满足安装操作的需要，且不宜小于 0.3m。生活给水管道不宜与输送易燃、可燃或有害的液体或气体的管道同管廊（沟）敷设。

③ 室外给水管道上的阀门，应设置阀门井或阀门套筒。

④ 室外给水管网干管应成环状布置。

⑤ 给水管道严禁穿过毒物污染区。通过腐蚀区域的给水管道应采取安全保护措施。

3）室内生活给水管道

① 管道可布置成枝状管网。埋地敷设的给水管不应布置在可能受重物压坏处。管道不得穿越生产设备基础，在特殊情况下必须穿越时，应采取有效的保护措施。

② 室内冷、热水管上、下平行敷设时，冷水管应在热水管下方。卫生器具的冷水连接管，应在热水连接管的右侧。

③ 室内给水管道不得穿越变配电房、电梯机房、通信机房、大中型计算机房、计算机网络中心、音像库房等遇水会损坏设备和引发事故的房间；不得在生产设备、配电柜上方通过；不得妨碍生产操作、交通运输和建筑物的使用。

④ 室内给水管道不得布置在遇水会引起燃烧、爆炸的原料、产品和设备的上面。

⑤ 给水管道不得敷设在烟道、风道、电梯井内、排水沟内。给水管道不宜穿越橱窗、壁柜，给水管道不得穿过大便槽和小便槽，且立管离大、小便槽端部不得小于 0.5m。

⑥ 给水管道不宜穿越变形缝。当必须穿越时，应设置补偿管道伸缩和剪切变形的装置。

⑦ 给水管道应避免穿越人防地下室，必须穿越时应按现行国家标准《人民防空地下室设计规范》GB 50038 的要求，采取设置防护阀门等措施。

⑧ 管道的布置不得受到污染，不得影响结构安全和建筑物的正常使用。

⑨ 需要泄空的给水管道，其横管宜设有 0.002～0.005 的坡度坡向泄水装置。

4）塑料给水管道

① 在室内宜暗设。明设时立管应布置在不易受撞击处，当不能避免时，应在管外加

保护措施。

② 不得布置在灶台上边缘；明设的塑料给水立管距灶台边缘不得小于0.4m，距燃气热水器边缘不宜小于0.2m。当不能满足上述要求时，应采取保护措施。

③ 不得与水加热器或热水炉直接连接，应有不小于0.4m的金属管道过渡，以防加热器或炉体过热温度的传导，导致管道变形破坏。

5）暗装管道的敷设要求

① 不得直接敷设在建筑物结构层内。

② 干管和立管应敷设在吊顶、管井、管窿内，支管可敷设在吊顶、楼（地）面的垫层内或沿墙敷设在管槽内。

③ 敷设在垫层或墙体管槽内的给水支管受垫层厚度和受槽深度的限制，外径不宜大于25mm。

④ 敷设在垫层或墙体管槽内的给水管管材宜采用塑料、金属与塑料复合管材或耐腐蚀的金属管材。

⑤ 敷设在垫层或墙体管槽内的管材，不得采用可拆卸的连接方式，柔性管材宜采用分水器向各卫生器具配水，中途不得有连接配件，两端接口应明露。

（3）管道防护

给水管道应有防腐、防冻、防结露、防漏、防振和防热胀冷缩等技术措施。

1）明装和暗装的金属管道都要采取防腐措施，以延长管道的使用寿命。

明装的热镀锌钢管应刷银粉2道（卫生间）或调合漆2道；明装铜管应刷防护漆；球墨铸铁管外壁采用喷涂沥青和喷锌防腐，内壁衬水泥砂浆防腐。

埋地铸铁管宜在管外壁刷冷底子油1道、石油沥青2道；埋地钢管（包括热镀锌钢管）宜在外壁刷冷底子油1道、石油沥青2道外加保护层（当土壤腐蚀性能较强时可采用加强级或特加强防腐措施）；钢塑复合管埋地敷设时，外壁防腐同普通钢管（外壁有塑料层除外）；薄壁不锈钢管埋地敷设时，管外壁或管沟应采用防腐措施，当管外壁为薄壁不锈钢材料时，应防止管材与水泥直接接触（管外加防腐套管或外缚防腐胶带）；薄壁铜管埋地敷设时宜采用覆塑铜管。

当管道敷设在有腐蚀性的环境中，管外壁应刷防腐漆或缠绕防腐材料及其他有效的防腐措施。

2）环境温度与管内水温差值大时应通过计算在管道上设伸缩补偿装置，在给水管道采用塑料管时，塑料管的线膨胀系数是钢管的7~10倍，因此必须予以重视，如无妥善的伸缩补偿措施，将会导致塑料管道的不规则拱起弯曲，甚至断裂。常用的补偿方法是利用管道自身的折角变形来补偿变形。

3）当管内水温低于室内空气露点温度时，空气中的水蒸气会在管外壁表面上产生凝结水，严重时还会滴水，这种管道结露现象不但会加速管道的腐蚀，还将影响建筑的使用，如使墙面受潮、粉刷层脱落。因此，当管道结露会影响环境，引起装饰层或者物品等受损害时，应作防结露绝热层。防结露绝热层的计算和构造，可按现行国家标准《设备及管道绝热设计导则》GB/T 8175执行。如资料不足时，可借用当地空调冷水小型支管的保冷层做法。在采用金属给水管出现结露的地区，塑料给水管同样也会出现结露，仍需做保冷层。

4）敷设在有可能冻结的房间、地下室及管井、管沟等处给水管道应有防冻措施。

5）明设的给水立管穿越楼板时，应采取防水措施。

6）给水管道穿越下列部位或接管时，应设置防水套管：

① 穿越地下室或地下构筑物的外墙处；

② 穿越钢筋混凝土水池（箱）的壁板或底板连接管道时；

③ 穿越屋面处。

7）在室外明设的给水管道，应避免受阳光直接照射，塑料给水管还应有有效保护措施。

8）在结冻地区管道应做绝热层，绝热层的外壳应密封防渗。

9）防振。当管中水流速度过大，启闭水龙头、阀门时易出现水击现象，引起管道、附件的振动，不但会损坏管道附件造成漏水，还会产生噪声。为防止损坏管道、避免产生噪声，在设计给水系统时应控制管内的水流速度；尽量减少使用电磁阀或速闭型水栓；住宅建筑进户管的阀门后宜装设家用可曲挠橡胶接头进行隔振；可在管道支架、吊架内衬垫减振材料，以减小噪声的传播。

1.2.3 给水控制附件

为了检修、更换设备及配水设施，调节水量、水压、控制水流方向、液位等在给水管道上应设置相应的阀门和附件。

（1）常用阀门

给水管道阀门材质应根据耐腐蚀、管径压力等级及使用温度等因素确定，可采用全铜、全不锈钢、铁壳铜芯和全塑阀门等。阀门的公称压力不得小于管材及管件的公称压力。

选用阀门原则：

1）调节阀、截止阀：用于调节流量、水压。截止阀阻力大，适用于管径不大于50mm的管道上，水流需双向流动的管段上，不得使用截止阀。

2）闸板阀、球阀、半球阀：用于要求水流阻力小的部位。闸板阀阻力小，宜用于管径大于50mm的管道，但水中若有杂质落入阀座易产生磨损和漏水。

3）蝶阀、球阀：用于安装在空间小的场所。蝶阀结构紧凑，体积小，宜在管径大于50mm的管道上使用。

（2）其他阀门及附件

1）多功能水泵控制阀，可用在口径大于或等于DN150的水泵出水管上。

2）止回阀，引导水流的单向流动的阀门，而不是防止倒流污染的有效装置，不具备管道倒流防止器的功能。给水管道的下列管段上应设置止回阀，装有倒流防止器的管段处，可不再设置止回阀：

① 直接从城镇给水管接入小区或建筑物的引入管上；

② 密闭的水加热器或用水设备的进水管上；

③ 每台水泵出水管上。

止回阀选型应根据止回阀的安装部位，阀前水压、关闭后的密闭性能要求和关闭时引发的水锤等因素确定，并应符合下列规定：

① 阀前水压小时，宜采用阻力低的球式和梭式止回阀；

② 关闭后密闭性能要求严密时，宜选用有关闭弹簧的软密封止回阀；

③ 要求削弱关闭水锤时，宜选用弹簧复位的速闭止回阀或后阶段有缓闭功能的止回阀；

④ 止回阀安装方向和位置，应能保证阀瓣在重力或弹簧力作用下自行关闭；

⑤ 管网最小压力或水箱最低水位应满足开启止回阀压力，可选用旋启式止回阀等开启压力低的止回阀。

3）倒流防止器，由止回部件组成的可防止给水管道中水倒流的装置，管道回流水可通过阀体上单独的排水口排到管外，排水口应采用间接排水，应安装在便于维护、不会冻结的场所，不应安装在有腐蚀性和污染的环境中。具有排水功能的倒流防止器不得安装在泄水阀排水口可能被淹没的场所安装处应设排水设施，应水平安装，一般安装宜高出地面300mm。

4）液位控制阀，用于控制贮水设备的水位，有浮球阀、液压水位控制阀等。

5）安全阀，是为避免管网、密闭水箱（罐）等超压破坏的保安器材。有弹簧式、杠杆式、重锤式和脉冲式等形式。安全阀阀前、阀后不得设置阀门。

6）减压阀，用于给水管网的压力高于《建筑给水排水设计标准》GB 50015—2019 第3.4.2 条、第 3.4.3 条规定的压力时的减压。用于给水分区的减压阀应既减动压又减静压，当有不间断供水要求时，应设 2 个减压阀并联安装，交替使用，互为备用，不得设置旁通阀。阀后压力允许波动时宜用比例式减压阀；阀后压力要求稳定时宜采用可调式减压阀中的稳压减压阀。减压阀前应设阀门和过滤器。

7）过滤器，用于保护仪表和设备。在减压阀、持压泄压阀、倒流防止器、自动水位控制阀、温度调节阀等阀件前应设过滤器；水加热器进水管上、换热装置的循环冷却水进水管上宜设过滤器。

8）真空破坏器，可导入大气消除给水管道中因虹吸使水流倒流的装置。有压力型和大气型两种形式，用于防止回流污染。其设置位置应满足：

① 大气型真空破坏器应直接安装于配水支管的最高点；

② 不应装在有腐蚀性和污染的环境中；

③ 真空破坏器的进气口应向下，进气口下沿的位置高出最高用水点或最高溢流水位的垂直高度，压力型不得小于 300mm；大气型不得小于 150mm。

1.2.4 配水设施

生活给水系统中常见的配水设施主要有水嘴、淋浴器、卫生器具给水阀门、配件等，水嘴、卫生器具给水配件选用应符合现行行业标准《节水型生活用水器具》CJ/T 164 的有关要求。公共场所的洗手盆水嘴应采用非接触式或延时自闭式水嘴。常见配水设施的安装高度要求见表1-5。

常见配水设施的安装高度要求　　　　　　　　　　　　　　　表 1-5

序号	卫生器具给水配件名称	给水配件中心离地面高度（mm）	冷、热水水嘴的间距（mm）
1	架空式拖布盆水嘴	1000	—
2	落地式拖布盆水嘴	800	—

序号	卫生器具给水配件名称	给水配件中心离地面高度（mm）	冷、热水水嘴的间距（mm）
3	洗涤盆（池） 　冷（或热）水嘴 　回转水嘴、混合回转水嘴 　肘式开关水嘴（单把） 　肘式开关水嘴（双把）	 1000 1000 1000 1075	 — 成品 — 成品
4	洗脸盆、洗手盆 　冷（或热）水嘴（下配水） 　混合式水嘴（下配水） 　下配水进水角阀 　普通水嘴（上配水）	 800～820 800～820 450 900～1000	 — 按产品 — —
5	盥洗槽 　冷（或热）水嘴 　混合式水嘴	 1000 1000	 — 150
6	浴盆 　混合水嘴（带软管莲蓬头） 　混合式水嘴（带固定莲蓬头） 　冷、热水嘴	 500～700 550～700 650～700	 按产品 按产品 150
7	淋浴器 　进水调节阀（明装） 　进水调节阀（暗装） 　莲蓬头下沿	 1150 1100～1150 2100	 按产品 200 —
8	蹲式大便器（从台阶面起算） 　高水箱进水角阀或截止阀 　低水箱进水角阀 　自闭式冲洗阀	 2048 600 800～850	 — — —
9	坐便式大便器 　低水箱进水角阀（下配水） 　低水箱进水角阀（侧配水） 　低水箱进水角阀（侧配水，儿童用） 　连体水箱进水角阀（下配水） 　自闭式冲洗阀	 150～200 500～750 520 60～100 775～785	 — — — — —
10	大便槽冲洗水箱进水角阀 （从台阶面起算）	不低于2400	—

序号	卫生器具给水配件名称	给水配件中心离地面高度（mm）	冷、热水水嘴的间距（mm）
11	立式小便器 　冲洗水箱角阀 　自闭式冲洗阀 　光电式感应冲洗阀	 2300 1100～1200 950～1200	 — — 按产品
12	墙挂式小便器 　冲洗水箱进水角阀 　自闭式冲洗阀 　光电式感应冲洗阀	 2300 1150～1200 950～1200	 — — 按产品
13	小便槽（从台阶面起算） 　冲洗水箱进水角阀或截止阀 　多孔冲洗管	 不低于2400 1100	 —
14	实验室化验水嘴 　单联鹅颈水嘴（水嘴、开关阀） 　双联鹅颈水嘴（水嘴、开关阀） 　三联鹅颈水嘴（水嘴、开关阀） 　皮带水嘴	 900～1000 900～1000 900～1000 1000～1060	 — — —
15	理发盆 　软管喷头调节阀 　进水角阀	 760～800 450～470	 按产品 200
16	饮水器 　立柱式饮水器上沿 　普通式饮水器上沿	 760～800 1000～1100	 成品
17	净身器 　进水角阀（下配水） 　进水角阀（上配水、带电加热）	 150 670～830	 100，160 按产品
18	住宅集中给水嘴	1000	—
19	室内洒水嘴	1000	—
20	儿童蹲式大便器进水角阀 （从台阶面起算）	不低于2400	—
21	儿童坐式大便器进水角阀 （从上侧面进水）	520	—
22	儿童洗脸盆、洗手盆水嘴	700	—
23	儿童洗手槽水嘴	700	—

1.2.5 水表

在建筑物的引入管、住宅的入户管；公用建筑物内按用途和管理要求需计量水量的水管上；根据水平衡测试的要求进行分级计量的管段和根据分区计量管理需计量的管段上应安装水表。

（1）选型

水表的选型，应符合下列要求：

① 用水量均匀的建筑生活给水系统，水表选型应以给水设计流量作为水表的常用流量；反之，水表选型时应以给水设计流量作为水表的过载流量。

② 需通过消防流量的水表，应以生活用水的设计流量与消防流量之和不大于水表的过载流量进行校核。

③ 设在户内的水表宜采用远传水表或 IC 卡水表等智能化水表。

（2）安装要求

在水表前后应有符合产品标准规定的直线管段，以保证水表的计量准确。

1）一般螺翼式水表的前端应有 8～10 倍水表公称直径的直管段；其他类型的水表前后宜有不小于 300mm 的直管段。

2）旋翼式水表和垂直螺翼式水表应水平安装。

3）水平螺翼式水表和容积式水表可根据情况确定水平、倾斜或垂直安装，当水表垂直安装时水流方向必须自下而上。

4）温暖地区的水表井一般设在室外，寒冷地区为避免水表冻裂，可将水表井设在采暖房间内。

1.2.6 二次增压和贮水设施

二次增压设备主要有变频调速泵组、管网叠压供水设备，同时起到增压和贮水作用的有气压给水设备。二次增压和贮水设施不得影响城镇给水管网正常供水。

贮水设施主要有：水池（箱）、高位水箱。

（1）水泵及泵房

水泵是给水系统中的主要升压设备。在建筑内部给水系统中，一般采用离心式水泵，它具有结构简单、体积小、效率高且流量和扬程在一定范围内可以调节等优点。

1）水泵的选择及设置要求

根据系统所需流量和扬程选择水泵，一般选用离心式水泵。水泵的形式有卧式泵、立式泵、潜水泵等。应选择低噪声、节能型水泵。

水泵应在大部分时间保持高效运行，水泵的 Q-H 特性曲线，应是随流量的增大，扬程逐渐下降的曲线，水泵效率应符合现行国家标准《清水离心泵能效限定值及节能评价值》GB 19762 的规定；水泵噪声和振动应符合国家现行的有关标准的规定。

生活加压给水系统的水泵机组应设备用泵，备用泵的供水能力不应小于最大一台运行水泵的供水能力。水泵宜自动切换交替运行。

水泵宜自灌吸水，并应符合下列规定：①每台水泵宜设置单独从水池吸水的吸水管；②吸水管内的流速宜采用 1.0～1.2m/s；③吸水管口应设置喇叭口，喇叭口宜向下，低于水池最低水位不宜小于0.3m，当达不到上述要求时，应采取防止空气被吸入的措施；④吸水管喇叭口至池底的净距，不应小于0.8倍吸水管管径，且不应小于0.1m；吸水管喇叭口边缘与池壁的净距不宜小于1.5倍吸水管管径；⑤吸水管与吸水管之间的净距，不宜小于3.5倍吸水管管径（管径以相邻两者的平均值计）；⑥当水池水位不能满足水泵自灌启动水位时，应设置防止水泵空载启动的保护措施。变频调速泵组电源应可靠，满足连续、安全运行的要求。

2）泵房

民用建筑物内设置的生活给水泵房不应毗邻居住用房或在其上层或下层，水泵机组宜设在水池（箱）的侧面、下方，其运行的噪声应符合现行国家标准《民用建筑隔声设计规范》GB 50118的规定。泵房应具备可靠的防淹和排水设施，防淹设施包括在泵房入口处设置一定高度的挡水板、在泵房设置地面集水报警装置等；泵房排水设施的排水能力应与水池（箱）最大泄水流量相匹配。泵房和水箱间应设置入侵报警等防范和监控措施。泵房应保证不结冻、无污染、通风良好。

建筑物内的给水泵房，应采用下列减振防噪措施：

① 应选用低噪声水泵机组；

② 吸水管和出水管上应设置减振装置；

③ 水泵机组的基础应设置减振装置；

④ 管道支架、吊架和管道穿墙、楼板处，应采取防止固体传声措施；

⑤ 必要时，泵房的墙壁和顶棚应采取隔声吸声处理。

泵房应满足设备安装、运行、维护和检修要求，检修场地尺寸宜按水泵或电机外形尺寸四周有不小于0.7m的通道确定，泵房内单排布置的电控柜前面通道宽度不应小于1.5m；泵房内宜设置手动起重设备。

水泵基础高出地面的高度应便于水泵安装，不应小于0.1m；泵房内管道管外底距地面或管沟底面的距离，当管径小于或等于150mm时，不应小于0.2m；当管径大于或等于200mm时，不应小于0.25m。

水泵机组的布置，应符合表1-6的规定：

水泵机组外轮廓面与墙和相邻机组间的间距 　　　　　　　　　　　表1-6

电动机额定功率 （kW）	水泵机组外廓面与墙面之间的最小间距 （m）	相邻水泵机组外廓面之间的最小距离 （m）
≤22	0.8	0.4
>22，<55	1.0	0.8
55～160	1.2	1.2

注：1. 水泵侧面有管道时，外轮廓面计至管道外壁面；
　　2. 水泵机组是指水泵与电动机的联合体或已安装在金属座架上的多台水泵组合体。

（2）气压给水设备

气压给水设备由水泵机组、气压水罐、管路系统、气体调节控制系统、自动控制系统等组成，具有升压、调节、贮水、供水、蓄能和控制水泵启停的功能。适用于有升压要求，但又不适宜设置水塔或高位水箱的小区或建筑给水系统，如地震区、人防工程或屋顶立面有特殊要求等建筑的给水系统；小型、简易或临时性给水系统和消防给水系统等。

其工作原理的理论依据是利用气体的可压缩性和玻意耳－马略特定律，即一定质量气体的体积与压力成反比。当水泵工作时，水被送至给水管网的同时，多余的水进入密闭容器（气压水罐），水量增加并将罐内的气体压缩，气量缩小罐内压力随之升高，当压力升至设定压力时，水泵停转，并依靠罐内被压缩气体的压力将罐内贮存的水送入管网，水量容积不断缩小，气量容积不断扩大，罐内压力随之下降，当压力降至某一设定压力时，水泵重新启动，如此周而复始，不断运行。

按气压给水设备输水压力稳定性，可分为变压式和定压式两类；按气压给水设备罐内气、水接触方式，可分为补气式和隔膜式 2 类。变压补气式气压给水设备示意见图 1-2。

（3）叠压供水设备

叠压供水设备是利用室外给水管网余压直接抽水增压的二次供水设备。

管网叠压供水设备基本组成见图 1-3。主要由稳流调节罐、真空抑制器（吸排气阀）、压力传感器、变频水泵和控制柜组成。稳流调节罐与自来水管道相连接，起贮水和稳压作用；真空抑制器通过吸气可保证稳流调节罐内不产生负压，通过排气可将稳流调节罐内的空气排出罐外保证在正压时罐内充满水。该设备具有可充分利用外网水压降低能耗，占地少，节省机房面积等优点。适用于室外给水管网满足用户流量要求，但不能满足水压要求且叠压供水设备运行后对管网的其他用户不会产生不利影响的地区。

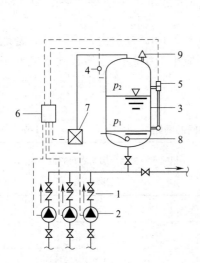

图 1-2 变压补气式气压给水设备示意

1—止回阀；2—水泵；3—气压水罐；
4—压力信号器；5—液位信号器；
6—控制器；7—补气装置；
8—排气阀；9—安全阀

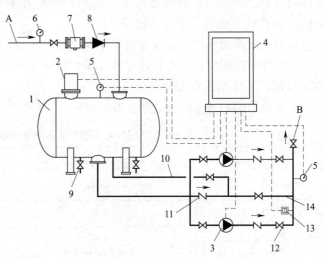

图 1-3 管网叠压供水设备示意

1—稳流补偿罐；2—真空抑制器；3—变频水泵；4—控制柜；
5—压力传感器；6—负压表；7—过滤器；8—倒流防止器（可选）；
9—清洗排污阀；10—小流量保压管；11—止回阀；
12—阀门；13—超压保护装置；14—旁通管；
A—接外网管道；B—接用户管网

为减少二次污染及充分利用外网的压力，在条件许可时应优先考虑叠压供水的方案。叠压供水系统设计和设备选用应符合当地有关部门的规定，当叠压供水设备直接从城镇给水管网吸水时，其设计方案应经当地供水行政部门及供水部门的批准。

管网叠压供水应符合下列要求：

1）叠压供水设计方案应经当地供水行政主管部门及供水部门批准认可。

2）叠压供水的调速泵机组的扬程应按吸水端城镇给水管网允许最低水压确定。泵组最大出水量不应小于生活给水设计流量。

3）叠压供水当配置气压给水设备时，应符合气压给水设备的设计要求；当配置低位水箱时，其有效容积应按给水管网不允许低水压抽水时段的用水量确定，并应采取技术措施保证贮水在水箱中停留时间不得超过12h。

4）管网叠压供水设备的技术性能应符合现行国家标准《管网叠压供水设备》GB/T 38594的要求。

当外网停水检修时，与设贮水池给水方式相比，稳流补偿罐体积小、贮水容积有限，叠压供水方式没有持续供水能力。下列情况不得采用叠压供水设备供水：

1）经常性停水的区域或供水管网的供水总量不能满足用水需求的区域；或供水管网管径偏小的区域。

2）供水管网可利用的水压过低的区域或供水管网压力波动幅度过大的区域。

3）采用管网叠压供水后，会对周边现有（或规划）用户用水造成严重影响的区域。

4）当地供水行政主管部门及供水部门认为不得使用的区域。

5）用水时间过于集中，瞬间用水量过大且无有效调储等技术措施的用户（如学校、影院、剧院、体育场馆）。

6）供水保证率要求高，不允许停水的用户。

7）对健康有危害的有害有毒物质及药品等危险化学物质进行制造、加工、贮存的工厂、研究单位和仓库等用户（含医院），严禁采用。

（4）生活用水贮水设施

按设置位置生活用水贮水设施分为低位贮水池（箱）（常简称贮水池）和高位水箱。其设置要求如下：

1）生活饮用水贮水设施的结构形式设置位置、构造和配管要求、贮水更新周期、消毒装置设置等应符合防止水质污染的设计要求（见1.4.2节）。

2）建筑物内贮水池（箱）应设置在专用房间内，房间应无污染，不结冻通风良好并应维修方便；室外设置的水池（箱）及管道应采取防冻、隔热措施；建筑物内的水池（箱）不应毗邻配变电所或在其上方，不宜毗邻居住用房或在其下方；当水池（箱）的有效容积大于 $50m^3$ 时，宜分成容积基本相等、能独立运行的两格。

3）水池（箱）外壁与建筑本体结构墙面或其他池壁之间的净距，应满足施工或装配的要求，无管道的侧面，净距不宜小于0.7m；安装有管道的侧面，净距不宜小于1.0m，且管道外壁与建筑本体墙面之间的通道宽度不宜小于0.6m；设有人孔的池（箱）顶，顶板面与上面建筑本体板底的净空不应小于0.8m。高位水箱的设置高度应经计算确定（见

1.5.3节），水箱底与房间地面板的净距，当有管道敷设时不宜小于0.8m。供水泵吸水的水池（箱）内宜设有水泵吸水坑；吸水坑的大小和深度应满足水泵或水泵吸水管的安装要求。

4）生活用水中间水箱应符合下列规定：①中间水箱的设置位置应根据生活给水系统竖向分区、管材和附件的承压能力、上下楼层及毗邻房间对噪声和振动要求、避难层的位置、提升泵的扬程等因素综合确定；②生活用水调节容积应按水箱供水部分和转输部分水量之和确定；供水量的调节容积，不宜小于供水服务区域楼层最大时用水量的50%；转输水量的调节容积，应按提升水泵3～5min的流量确定；当中间水箱无供水部分生活调节容积时，转输水量的调节容积宜按提升水泵5～10min的流量确定。

5）贮水池、水箱应设进水管、出水管、溢流管、泄水管和信号装置等，除了应符合防止水质污染的设计要求（见1.4.2节）外，还应满足以下设计规定：

① 进、出水管应分别设置，进、出水管上应设置阀门。

② 当利用城镇给水管网压力直接进水时，应设置自动水位控制阀，控制阀直径应与进水管管径相同，当采用直接作用式浮球阀时不宜少于2个，且进水管标高应一致。

③ 当水箱采用水泵加压进水时，应设置水箱水位自动控制水泵开、停的装置；当一组水泵供给多个水箱进水时，在各个水箱进水管上宜装设电讯号控制阀，由水位监控设备实现自动控制。

④ 溢流管宜采用水平喇叭口集水，喇叭口下的垂直管段长度不宜小于4倍溢流管管径，溢流管的管径应按能排泄水池（塔、箱）的最大入流量确定，并宜比进水管管径大一级；溢流管出口端应设置防护措施。

⑤ 泄水管的管径，应按水池（箱）泄空时间和泄水受体泄水能力确定。当水池（箱）中的水不能以重力自流泄空时，应设置移动或固定的提升装置。

⑥ 低位贮水池应设水位监视和溢流报警装置，高位水箱和中间水箱宜设置水位监视和溢流报警装置，其信息应传至监控中心。

⑦ 通气管的管位应经计算确定，通气管的管口应设置防护措施。

6）建筑物内生活贮水池（箱）容积和设置高度计算详见1.5.3节。

无调节要求的加压给水系统可设置吸水井，以满足水泵的吸水要求。当室外给水管网能满足建筑内生活给水系统所需水量，而供水部门不允许水泵直接从外网抽水时，可设置仅满足水泵吸水要求的吸水井。

吸水井容积计算详见1.5.3节。

1.3 系统供水压力与给水方式

给水方式是指建筑内部给水系统的供水方案，应按照供水安全可靠、充分利用室外管网压力直接供水、便于维护管理和降低运营能耗等原则通过技术经济比较后合理确定。

1.3.1 给水系统所需水压

（1）经验法

在初定生活给水系统的给水方式时，对层高不超过3.5m的民用建筑，室内给水系统所需压力（自室外地面算起），可用经验法估算：

1层为100kPa；

2层为120kPa；

3层及以上每增加1层，增加40kPa。

（2）计算法

计算见式（1-3），系统所需压力图示见图1-4。

$$H = H_1 + H_2 + H_3 + H_4 \qquad (1-3)$$

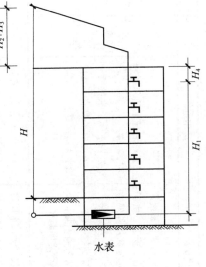

图1-4　给水系统所需水压图示

式中　H——给水系统所需水压（kPa）；

H_1——室内管网中最不利配水点与引入管之间的静压差（kPa）；

H_2——计算管路的沿程和局部水头损失之和（kPa）；

H_3——计算管路中水表的水头损失（kPa）；

H_4——最不利配水点所需最低工作压力（kPa）。

1.3.2 高层建筑生活给水系统的给水方式

高层建筑若采用同一给水系统供水，由于低层管道内静水压力过大必然导致超压出流，出现水击、振动、管道和附件损坏等现象。竖向分区供水是解决高层给水系统中低层管道静压过大的主要技术措施，给水系统的分区应根据建筑物用途、层数、使用要求、材料设备性能、维护管理、节约供水、能耗等因素综合确定。

建筑高度不超过100m的生活给水系统，宜采用垂直分区并联供水或分区减压的供水方式；建筑高度超过100m的生活给水系统，宜采用垂直串联供水方式。

垂直分区压力应符合下列要求：

1）当生活给水系统分区供水时，各分区的静水压力不宜大于0.45MPa；当设有集中热水系统时，分区静水压力不宜大于0.55MPa；

2）生活给水系统用水点处供水压力不应大于0.2MPa。用水点处水压大于0.2MPa的配水支管上应采取减压措施，并应满足卫生器具工作压力的要求；

3）住宅入户管供水压力不应大于0.35MPa，非住宅类居住建筑入户管供水压力不宜大于0.35MPa；

4）卫生器具给水配件承受的最大工作压力不得大于0.60MPa。

1.3.3 给水方式图式及适用条件

常见给水方式图式及适用条件见表1-7。

常见给水方式及适用条件

表 1-7

名称	图示	供水方式说明	优缺点	适用范围	备注
直接供水方式	接市政管网来水	与外部给水管网直连，利用外网水压供水	1. 供水较可靠，系统简单，投资省，安装维护简单，可充分利用外网水压，节约能源； 2. 水压变动较大； 3. 内部无贮备水量，外网停水时内部立即断水	下列情况下的单层和多层建筑：外网水压、水量能经常满足用水要求，室内给水无特殊要求	在外网压力超过允许值时，应设减压装置
单设水箱供水	接市政管网来水	与外网直连，利用外网水压供水，同时设高位水箱调节流量和压力	1. 供水较可靠，水压稳定，系统较简单，投资省，安装和维护简单，节省能源，可充分利用外网水压； 2. 需设高位水箱，增加结构荷载，若水箱容量不足，可能造成上、下层同时停水	下列情况下的多层建筑：外网水压周期性不足，允许设置高位水箱。还可用于外网水压过高许可用水箱进水的建筑而不需要减压的用户	在外网压力超过允许值时，应设减压装置
下层直接供水、上层设水箱供水方式	接市政管网来水	与外网直连且利用外网水压供水，上层设水箱调节水量和水压	1. 供水较可靠，系统较简单，投资省，安装和维护简单，可分利用外网水压； 2. 需设高位水箱，增加结构荷载，顶层横干管要设横干管	外网水压周期性不足，允许设置高位水箱的多层建筑，高位水箱进水管上应尽量设置水位控制阀代替旧式浮球阀	水箱仅供上层用水，容积较小

20

续表

名称	图示	供水方式说明	优缺点	适用范围	备注
设水泵和水箱直接供水方式	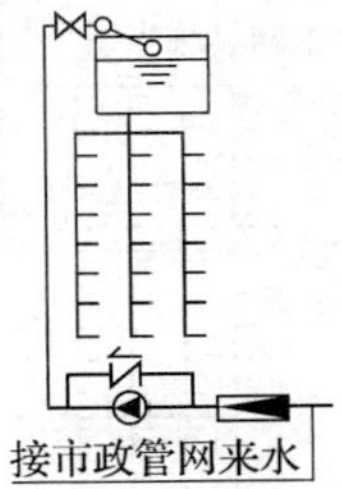	水泵自外网直接抽水加压并利用高位水箱调节流量，在外网水压高时也可直接供水	1. 水箱贮备一定水量，停水停电时尚可延时供水，供水较可靠，能利用外网水压，节省能源； 2. 安装、维护量大，投资较大；有水泵振动和噪声干扰； 3. 高位水箱增加结构荷载	下列情况下的多层建筑： 外网水压经常或间断不足，外网允许直接抽水，允许设置高位水箱的建筑。用于室内要求水压稳定的用户	在外网水压有可能将水送至水箱时，水泵应设旁通管，旁通管上设止回阀
设水池、水泵和水箱的供水方式	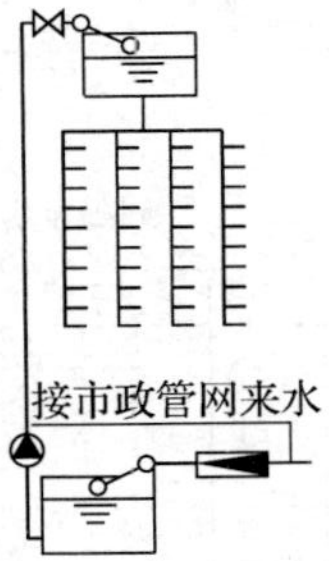	外网供水至水池，利用水泵提升和水箱调节流量	1. 水池、水箱贮备一定水量，停水停电时可延时供水，供水可靠而且水压稳定； 2. 不能利用外网水压、能源消耗较大，安装、维护量较大，投资较大且有水泵振动和噪声	下列情况下的多层或高层建筑： 外网水压经常不足且不允许直接抽水，允许设置高位水箱的建筑	
下层由外网直接供水，上层设水池、水泵和水箱部分加压的供水方式	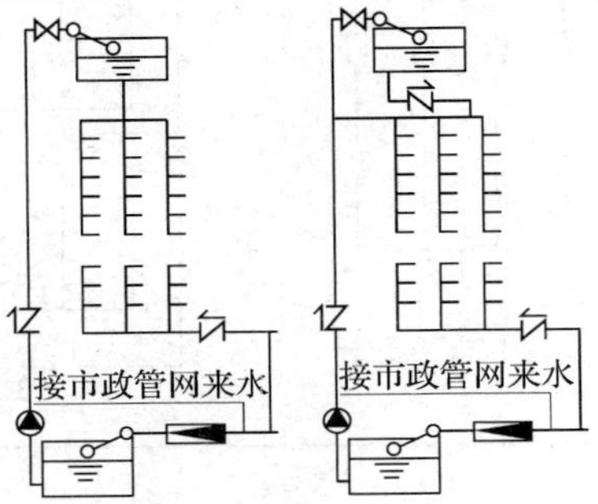 (a)　(b)	下层与外网直连，利用外网水压直接供水，上层利用水泵提升，水箱调节水量供水	1. 水池、水箱贮备一定水量、停水停电时上层可延时供水，供水较可靠，可利用部分外网水压，能源消耗较少； 2. 安装、维护量较大，投资较大，有水泵振动、噪声干扰	下列情况下的多层或高层建筑： 外网水压经常不足且不允许直接抽水，允许设置高位水箱的建筑	

续表

名称	图示	供水方式说明	优缺点	适用范围	备注
分区减压阀减压的供水方式	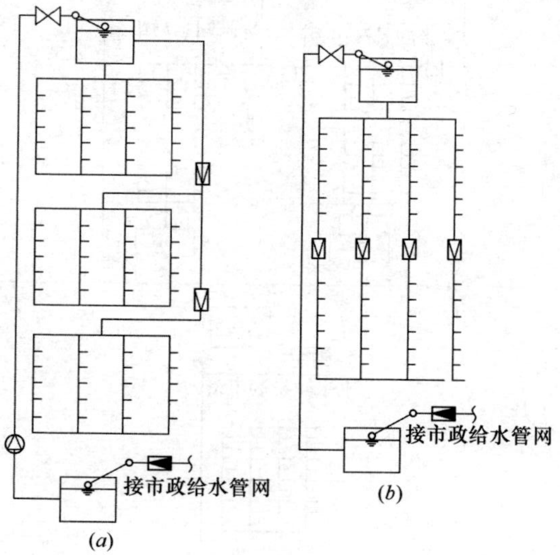接市政给水管网 (a) 接市政给水管网 (b)	水泵统一加压，仅在顶层设置水箱，下区供水利用减压阀减压供水	1. 供水可靠，设备与管材较少，投资省，设备布置集中，便于维护管理，不占用建筑上层使用面积； 2. 下区供水压力损失较大，能耗较大	电力供应充足，电价较低的各类工业与民用高层建筑	根据建筑物形式，减压阀可有各种设置方式，如配水立管减压、配水干管减压减压等方式
分区无水箱并联供水方式	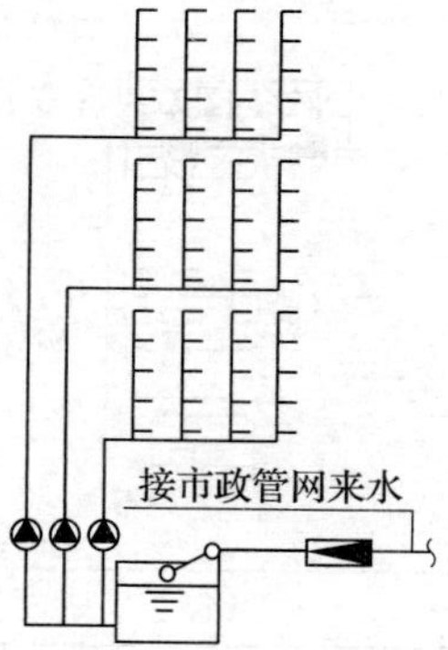接市政管网来水	分区设置变速水泵或多台并联水泵，根据水泵出水量或水压，调节水泵转速或运行台数	1. 供水较可靠，设备布置集中，便于维护与管理，不占用建筑上层使用面积，能源消耗较少； 2. 水泵型号、数量比较多，投资较费，水泵控制调节较复杂，水泵切换过程供水有波动	各种类型的高层工业与民用建筑	水泵宜用出水流量或压力控制和调节，最好设流量瞬间调节设施

名称	图示	供水方式说明	优缺点	适用范围	备注
分区并联供单管供水方式	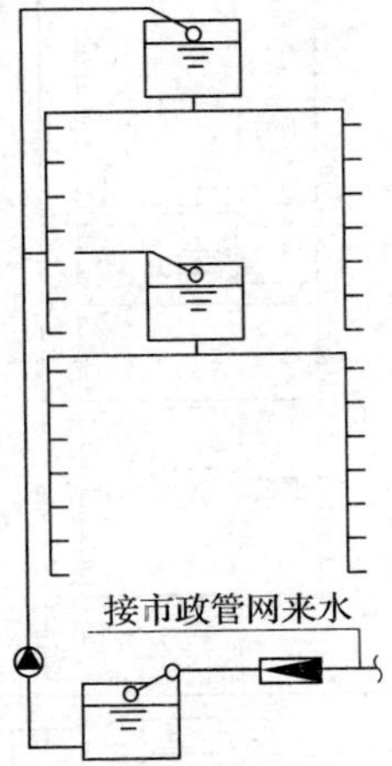 接市政管网来水	分区设置高位水箱，集中统一加压，单管输水管至各区水箱，低区水箱进水管上装设减压阀	1. 供水可靠，管道、设备数量较少，投资较省，维护管理较简单； 2. 未利用外网水压，低区压力损耗过大，能耗大，水箱占用上层使用面积	下列情况下的高层建筑： 允许分区不设置高位水箱且分区不允许外网直接抽水、电价较低的地区	低压水箱进水管上宜设置减压阀，以防控损坏并可减缓水锤作用。在可能条件下，下层应利用外网水压直接供水
分区串联供水方式	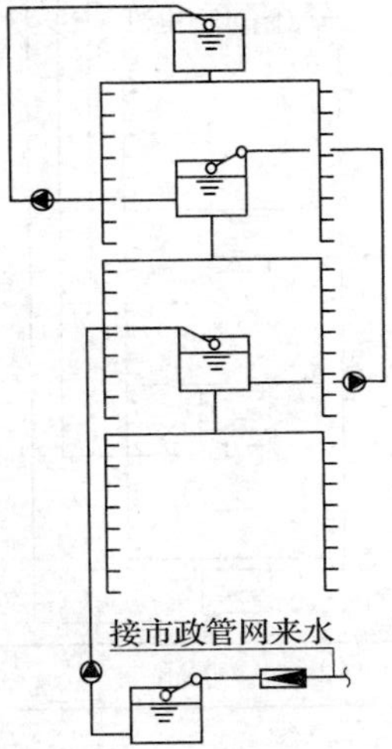 接市政管网来水	分区设置水箱和水泵，水泵分散布置，自下区水箱抽水供上区用水	1. 供水较可靠，管道与管道省，设备与能源消耗较小； 2. 水泵设在上层，振动和噪声干扰较大，设备分散，维护管理不便，上区供水受下区制约	允许分区设置水箱和水泵的高层工业与民用建筑，贮水池以液压控制阀应以液位控制阀替传统的浮球阀	水泵应有消声减振措施，可选用隔振垫、可曲挠橡胶接头、弯头与弹性吊架等，下层应尽量利用外网水压直接供水

续表

名称	图示	供水方式说明	优缺点	适用范围	备注
分区设水箱并联供水方式	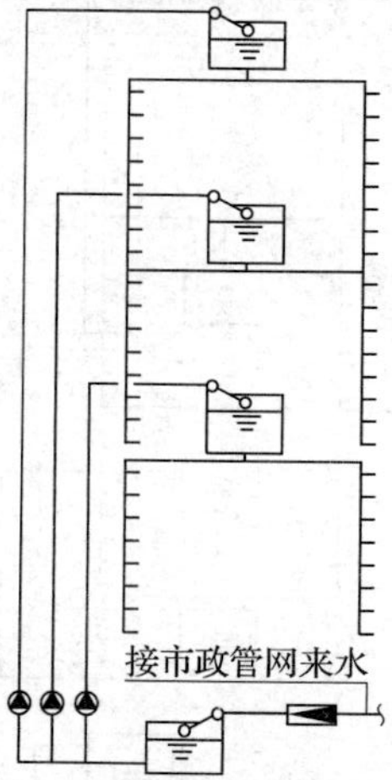接市政管网来水	分区设置水箱和水泵，水泵集中布置在地下室内	1. 各区独立运行互不干扰，供水可靠，水泵集中布置便于维护管理，能源消耗较小； 2. 管材耗用较多，投资较大，水箱占用建筑上层使用面积	允许分区设置水箱的各类高层建筑广泛采用，贮水池进水管上应设置液压水位控制阀代替传统的浮球阀	水泵宜采用相同型号不同级数的多级水泵，在可能的条件下，下层应利用外网水压直接供水
分区水箱减压供水方式	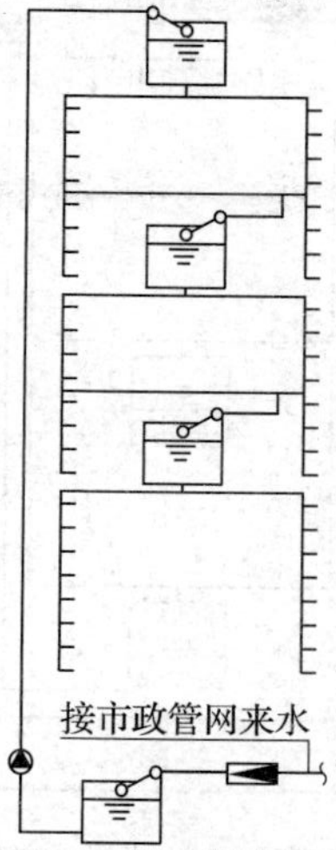接市政管网来水	分区设置减压水箱，水泵统一加压，利用水箱减压，上区供下区用水	1. 供水较可靠，设备与管道较简单，投资较节省，设备布置较集中，维护管理方便； 2. 下区供水受上区的制约，能耗大	允许分区设置高位水箱，电力供应比较充足，电价较低的各类高层建筑	在可能的条件下，下层应利用外网水压直接供水，中间水箱进水管上最好安装减压阀，以防浮球阀损坏并可减缓水锤作用

续表

名称	图示	供水方式说明	优缺点	适用范围	备注
气压给水（无贮水池）	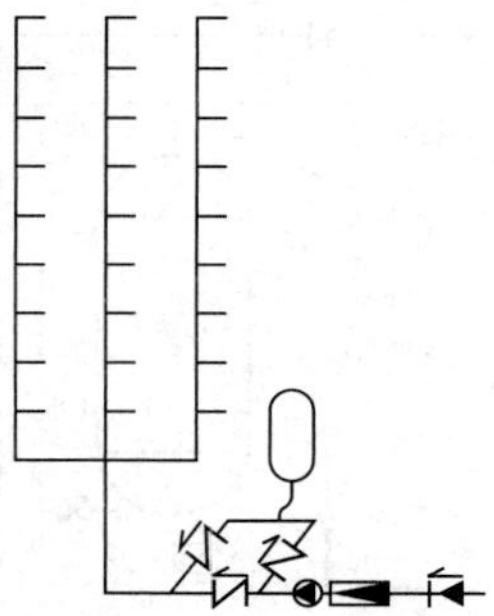	利用水泵自外网直接吸水加压，利用气压水罐调节供水流量和控制水泵运行	1. 供水可靠且卫生不需设高位水箱，可利用外网水压； 2. 给水压力波动较大，要注意最低处的给水配件不被损坏，能源消耗较大，一般不宜用于供水规模大的系统	一般适用于多层建筑和不宜设置高位水箱的建筑	1. 压力波动和能耗较大，可以采用变频调速水泵； 2. 需征得有关部门同意
气压给水（有贮水池）	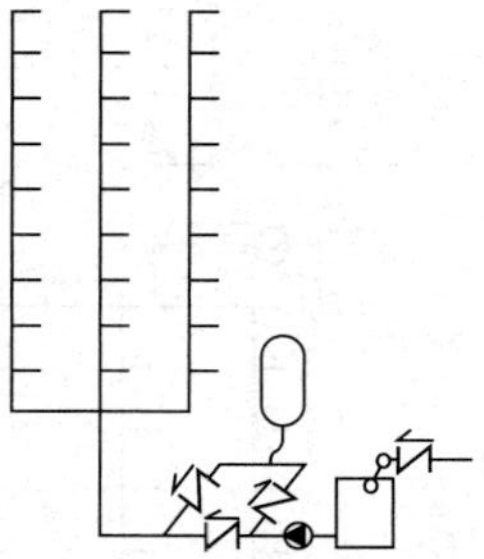	水泵通过调节水池（或吸水井）抽水供水，平时气压水罐维护管网压力供用水点用水，并利用气压水罐的压力变化控制水泵启停	1. 供水可靠且卫生，不需设高位水箱； 2. 给水压力波动较大，要注意最低处的给水配件不被损坏，能耗较大，一般不宜用于供水规模大的系统	一般适用于多层建筑和不宜设置高位水箱的建筑	压力波动和能耗较大，可以采用变频调速水泵
气压给水（无贮水池，气压罐顶置）	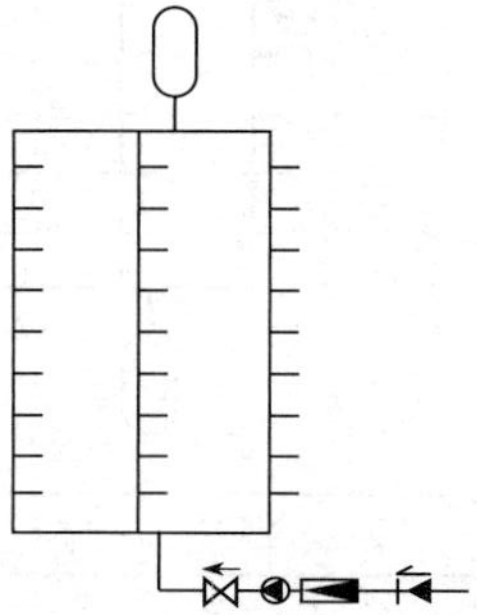	利用水泵自外网直接吸水加压供水，并利用高置的气压水罐调节供水流量和控制水泵运行	1. 供水可靠卫生，不需设高位水箱，可利用外网水压； 2. 高置比低置气压水罐压力小； 3. 给水压力波动较大，能源消耗略大	一般适用于多层建筑和不宜设高位水箱的建筑	需征得有关部门同意

续表

名称	图示	供水方式说明	优缺点	适用范围	备注
气压给水（有贮水池，气压罐顶置）	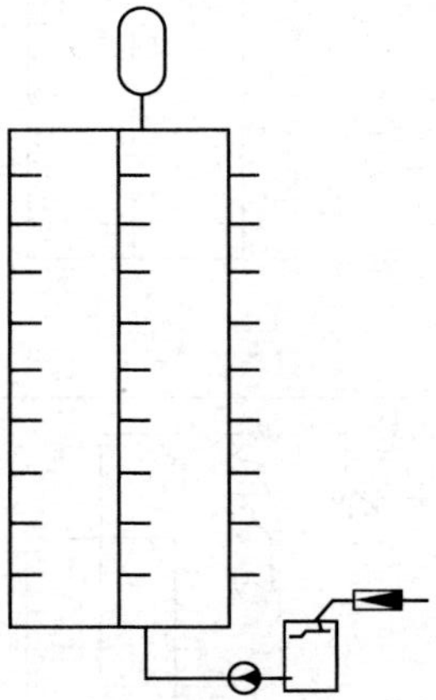	水泵通过调节水池（或吸水井）抽水加压供水，平时由气压水罐维持管网压力供用水点用水，并利用气压水罐的压力变化控制水泵启停	1. 供水可靠且卫生，不需设高位水箱，高置比低置气压水罐利用容积系数大，内压力也小； 2. 给水压力波动较大，能源消耗略大； 3. 不允许水泵直接从市政给水管网抽水	一般适用于多层建筑和不宜设高位水箱的建筑	为了克服气压给水系统压力波动大和能耗大的缺点，可以采用变频调速给水系统，由微机控制供水
叠压给水方式	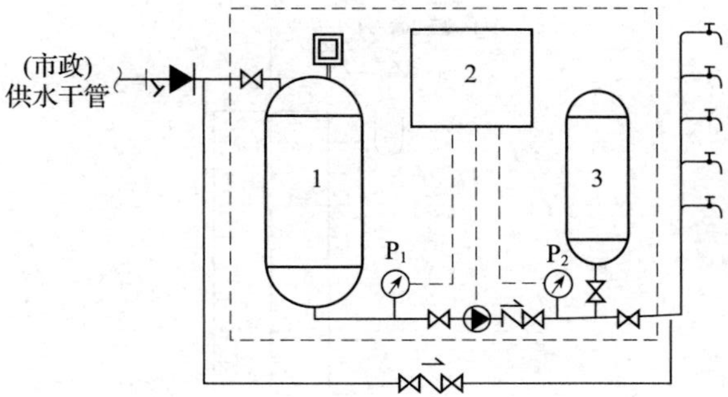	水泵吸水管通过小水罐（1）与市政给水管道直接串接的叠压运行的给水方式	1. 供水较可靠，水质安全卫生，无二次污染，可利用市政供水管网的水压，运行费用低，自动化程度高，安装、维护方便； 2. 一台变频器（2）通过微机控制多台水泵变频运行； 3. 气压水罐（3）可以调节流量和压力波动； 4. 几乎无贮备水量	允许直接串联市政供水管网的新建、扩建或改建的生活加压给水系统	

名称	图示	供水方式说明	优缺点	适用范围	备注
叠压给水方式变压变量给水	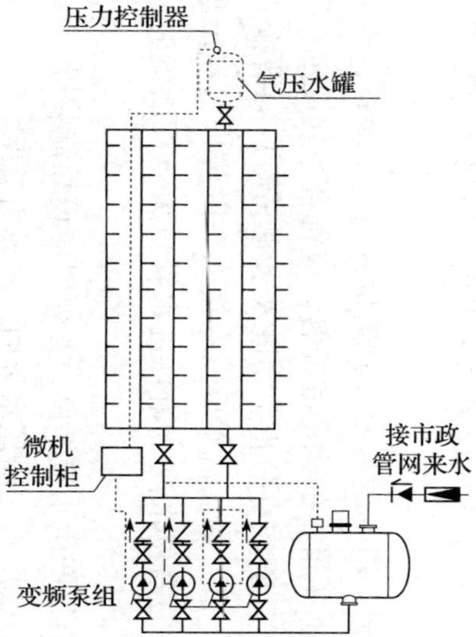	1. 水泵吸水管通过小水罐与市政供水管道直接串接运行的叠压运行的给水方式; 2. 在顶层设一台气压水罐调节用水量的瞬间变化	1. 供水较可靠,水质安全卫生,无二次污染,可利用市政供水管网的水压,占地小,运行费用低,自动化程度高,安装、维护方便; 2. 一台变频器通过微机控制多台水泵变频运行; 3. 几乎无贮备水量	允许直接串联市政供水管网的新建、扩建或改建的生活加压给水系统	

表中图例: 倒流防止器 止回阀 减压阀 水表 浮球阀 水泵 水表 水箱进水管

1.4 防止水质污染

1.4.1 水质污染的原因

（1）贮水池（箱）制作材料或防腐涂料选择不当，水在贮水池（箱）中停留时间过长，贮水池（箱）维护管理不到位。

（2）生活饮用水因管道内产生虹吸、背压回流而受污染，或非饮用水或其他液体流入生活给水系统。

（3）给水系统管道材质选择不当。

1.4.2 水质污染防护措施

生活饮用水池（箱）、水塔的设置应防止污废水、雨水等非饮用水渗入和污染，应采取保证储水不变质、不结冻的措施。

（1）生活饮用水贮水池（箱）的设计要求

1）埋地式生活饮用水贮水池周围 10m 内，不得有化粪池、污水处理构筑物、渗水井、垃圾堆放点等污染源。生活饮用水水池（箱）周围 2m 内不得有污水管和污染物。

2）建筑物内生活饮用水贮水池（箱）及生活给水设施，不应布置在与厕所、垃圾间污（废）水泵房，污（废）水处理机房及其他污染源毗邻的房间内；其上层不应有上述用房及浴室、盥洗室、厨房、洗衣房和其他产生污染源的房间；池（箱）体应采用独立结构形式，不得利用建筑物的本体结构作为水池（箱）的壁板、底板、顶盖。

3）供单体建筑的生活饮用水池（箱）与消防用水的水池（箱）应分开设置。生活饮用水池（箱）与消防用水水池（箱）并列设置时，应有各自独立的池（箱）壁。

4）生活饮用水池（箱）、水塔应设置消毒设施，且池（箱）内贮水更新时间不宜超过48h。

5）生活饮用水贮水池（箱）的材质、衬砌材料和内壁涂料，不得影响水质。

6）生活饮用水贮水池（箱）的构造和配管，应符合下列规定：

① 人孔、通气管、溢流管应有防止生物进入水池（箱）的措施。

② 进水管应在水池（箱）的溢流水位以上接入，以防进水器出现压力倒流或虹吸倒流现象。当存在虹吸回流的高位水池（箱）进水管口为淹没出流时，管顶应装设真空破坏器等防虹吸回流措施。

③ 进、出水管布置不得产生水流短路，必要时应设导流装置。

④ 不得接纳消防管道试压水、泄压水等回流水或溢流水。

⑤ 泄水管和溢流管的出口，不得直接与排水构筑物或排水管道相连接，应采取间接排水的方式。

（2）防回流污染

生活饮用水给水系统不得因管道、设施产生回流而受污染，应根据回流原因、回流可能造成的污染危害程度，采取可靠的防回流技术措施。

1）各给水系统（生活给水、直饮水、生活杂用水等）应自成系统，不得串接，自建供水设施的供水管道严禁与城镇供水管道直接连接。生活饮用水管道严禁与建筑中水、雨水回用等非生活饮用水管道连接。

2）卫生器具和用水设备等的生活饮用水管配水件出水口应符合下列规定：

① 出水口不得被任何液体或杂质所淹没；

② 出水口高出承接用水容器溢流边缘的最小空气间隙，不得小于出水口直径的2.5倍。

3）生活饮用水水池（箱）的进水管口的最低点高出溢流边缘的空气间隙不应小于进水管管径，但最小不应小于25mm，可不大于150mm。当进水管从最高水位以上进入水池（箱），管口为淹没出流时，应采取真空破坏器等防虹吸回流措施。不存在虹吸回流的低位生活饮用水贮水池（箱），其进水管不受以上要求限制，但进水管仍宜从最高水面以上进入水池。

4）从生活饮用水管网向消防等其他非供生活用水的贮水池（箱）充水或补水时，其进水管应从水池（箱）上部或顶部接入，严禁采用淹没式浮球阀补水。补水管管口最低点高出溢流边缘的空气间隙不应小于150mm；向中水、雨水回用水等回用水系统的贮水池（箱）补水时，其进水管口最低点高出溢流边缘的空气间隙不应小于进水管管径的2.5倍，且不应小于150mm。当采用生活饮用水向室外雨水蓄水池补水时，补水管口在室外地面暴雨积水条件下不得被淹没。

5）从生活饮用水管道与下列管道直接连接供水时，应在这些用水管道的下列部位设置倒流防止器：

① 从城镇给水管网的不同管段接出两路及两路以上至小区或建筑物，且与城镇给水管形成连通管网的引入管上；

② 从城镇生活给水管网直接抽水的生活供水加压设备进水管上；

③ 利用城镇给水管网直接连接且小区引入管无防回流设施时，向气压水罐、热水锅炉、热水机组、水加热器等有压容器或密闭容器注水的进水管上。

6）建筑物内生活饮用水管道系统上接至下列用水管道或设备时，应设置倒流防止器：

① 单独接出消防用水管道（不含接驳室外消火栓的给水短支管）时，在消防用水管道的起端；

② 从生活饮用水与消防用水合用贮水池中抽水的消防水泵出水管上。

7）生活饮用水管道系统上连接至下列含有有害健康物质等有毒有害场所或设备时，应设置倒流防止设施：

① 贮存池（罐）、装置、设备的连接管上；

② 化工剂罐区、化工车间、三级及三级以上的生物安全实验室除按本条①设置外，还应在其引入管上设置有空气间隙的水箱，设置位置应在防护区外。

8）从生活饮用水管道上直接接至下列用水管道时，应在用水管道上设置真空破坏器等防回流污染设施：

① 当游泳池、水上游乐池、按摩池、水景池、循环冷却水集水池等的充水或补水管道出口与溢流水位之间应设有空气间隙，且空气间隙小于2.5倍出口管径时，在其充（补）水管上；

② 不含有化学药剂的绿地喷灌系统，当喷头为地下式或自动升降式时，在其管道起端；

③ 消防（软管）卷盘、轻便消防水龙给水管道的连接处；

④ 出口接软管的冲洗水嘴（阀）、补水水嘴与给水管道连接处。

9）严禁生活饮用水管道与大便器（槽）、小便斗（槽）采用非专用冲洗阀直接连接。

10）生活饮用水管道应避开毒物污染区，当条件限制不能避开时，应采取防护措施。

11）非饮用水管不能从贮水设备中穿过，非饮用水管道工程验收时，应逐段检查，以防饮用水管道与非饮用水管道误接，其管道上的放水口应有明显标志，避免非饮用水误用和误饮。

12）在给水管道防回流设施的同一设置点处，不应重复设置防回流设施。

13）空气间隙、倒流防止器和真空破坏器的选择，应根据回流性质、回流污染的危害程度及设防等级等因素确定。

（3）设备、管材

选择原则是安全、可靠和卫生，同时兼顾经济性，卫生性能应满足国家有关部门的规定。

1.5 给水系统计算

1.5.1 设计流量

给水管道的设计流量不仅是确定各管段管径，也是计算管道水头损失，进而确定给水系统所需压力的主要依据。因此，设计流量的确定应符合建筑内部的用水规律。建筑内的生活用水量在 1 昼夜、1h 里都是不均匀的。在建筑生活给水管道系统设计时，按其供水的卫生器具给水当量、使用人数、用水规律在高峰用水时段的最大瞬时给水流量作为该管段的设计秒流量。

（1）住宅建筑给水管道设计秒流量

1）计算公式

住宅生活给水管道设计秒流量按式（1-4）计算：

$$q_{\mathrm{g}} = 0.2 \cdot U \cdot N_{\mathrm{g}} \tag{1-4}$$

式中　q_{g}——计算管段的设计秒流量（L/s）；

U——计算管段的卫生器具给水当量同时出流概率（%）；

N_{g}——计算管段的卫生器具给水当量总数；

0.2——1 个卫生器具给水当量的额定流量（L/s）。

设计秒流量是根据建筑物配置的卫生器具给水当量和管段的卫生器具给水当量同时出流概率确定。而管段的卫生器具给水当量同时出流概率与卫生器具的给水当量数和其平均出流概率（U_0）有关，U_0 又与对应于不同卫生器具的给水当量平均出流概率的系数 α_{c} 有关。根据数理统计结果计算管段卫生器具给水当量的同时出流概率按式（1-5）计算：

$$U = \frac{1 + \alpha_{\mathrm{c}} (N_{\mathrm{g}} - 1)^{0.49}}{\sqrt{N_{\mathrm{g}}}} \times 100\% \tag{1-5}$$

式中　α_{c}——对应于不同卫生器具的给水当量平均出流概率（U_0）的系数，见表 1-8；

N_g——计算管段的卫生器具给水当量总数。

U_0 与 α_c 的对应关系   表1-8

U_0（%）	$\alpha_c \times 10^{-2}$	U_0（%）	$\alpha_c \times 10^{-2}$
1.0	0.323	4.0	2.816
1.5	0.697	4.5	3.263
2.0	1.097	5.0	3.715
2.5	1.512	6.0	4.629
3.0	1.939	7.0	5.555
3.5	2.374	8.0	6.489

而计算管段最大用水时卫生器具的给水当量平均出流概率按式（1-6）计算：

$$U_0 = \frac{q_L \times m \times K_h}{0.2 \times N_g \times T \times 3600} \times 100\% \tag{1-6}$$

式中　U_0——生活给水管道的最大用水时卫生器具给水当量平均出流概率（%）；

$\quad q_L$——最高用水日的用水定额[L/（人·d）]，见表1-1；

$\quad m$——每户用水人数（人）；

$\quad K_h$——小时变化系数，见表1-1；

$\quad T$——用水小时数（h）；

$\quad N_g$——每户设置的卫生器具给水当量数。

建筑物的卫生器具给水当量最大用水时的平均出流概率参考值见表1-9。

卫生器具给水当量最大用水时平均出流概率   表1-9

住宅类别	U_0 参考值（%）	备注
普通住宅： 有大便器、洗脸盆、洗涤盆、洗衣机、沐浴设备和热水器	2.3~4.3	按一户一卫、每户人数4人估算
普通住宅： 有大便器、洗脸盆、洗涤盆、洗衣机、沐浴设备和热水器	1.3~2.5	按一户两卫、每户人数4人估算
普通住宅： 有大便器、洗脸盆、洗涤盆、洗衣机、集中热水供应和沐浴设备	1.6~2.3	按一户两卫、每户人数4人估算
别墅： 有大便器、洗脸盆、洗涤盆、洗衣机、洒水栓、家用热水机组和沐浴设备	1.0~2.0	按每户人数4人估算

2）应用计算公式时应注意的问题

① 应用式（1-6）时应注意：当给水干管有两条或两条以上具有不同最大用水时卫生器具给水当量平均出流概率的给水支管时，该管段的最大用水时卫生器具给水当量平均出流概率应按式（1-7）计算：

$$\overline{U}_0 = \frac{\sum U_{0i} \cdot N_{gi}}{\sum N_{gi}} \times 100\% \tag{1-7}$$

式中　$\overline{U}_0$——给水干管的最大用水时卫生器具给水当量平均出流概率；

$\quad U_{0i}$——给水支管的最大用水时卫生器具给水当量平均出流概率；

N_{gi}——相应支管的卫生器具给水当量总数。

② 应用式（1-4）时应注意：

a. 为计算快速、方便，在计算出 U_0 后，即可根据计算管段的 N_g 值从《建筑给水排水设计标准》GB 50015—2019 附录 C 的计算表中直接查得给水设计秒流量 q_g，该表可用内插法；

b. 当计算管段上的卫生器具给水当量总数超过 GB 50015—2019 附录 C 中的最大值时，其设计流量应取最大时用水量。

（2）用水分散型建筑给水管道设计秒流量

1）计算公式

宿舍（居室内设卫生间）、旅馆、宾馆、酒店式公寓、门诊部、诊所、医院、疗养院、幼儿园、养老院、办公楼、商场、图书馆、书店、客运站、航站楼、会展中心、教学楼、公共厕所等建筑的生活给水管道的设计秒流量按式（1-8）计算：

$$q_g = 0.2\alpha\sqrt{N_g} \tag{1-8}$$

式中　α——根据建筑物用途而定的系数，见表 1-10；

其他符号同式（1-4）。

根据建筑物用途而定的系数 α　　　　　　表 1-10

建筑物名称	α 值
幼儿园、托儿所、养老院	1.2
门诊部、诊疗所	1.4
办公楼、商场	1.5
图书馆	1.6
书店	1.7
教学楼	1.8
医院、疗养院、休养所	2.0
酒店式公寓	2.2
宿舍（居室内设卫生间）、旅馆、招待所、宾馆	2.5
客运站、航站楼、会展中心、公共厕所	3.0

2）应用式（1-8）时应注意以下问题

① 当计算值小于该管段上一个最大卫生器具给水额定流量时，应采用一个最大的卫生器具给水额定流量作为设计秒流量。

② 当计算值大于该管段上按卫生器具给水额定流量累加所得流量值时，应按卫生器具给水额定流量累加所得流量值采用。

③ 有大便器延时自闭冲洗阀的给水管段，大便器延时自闭冲洗阀的给水当量均以 0.5 计，计算得到 q_g 再附加 1.2L/s 的流量后，为该管段的给水设计秒流量。

④ 综合性建筑的 α 值应按加权平均法计算：

$$\alpha = \frac{\alpha_1 N_{g1} + \alpha_2 N_{g2} + \cdots\cdots + \alpha_n N_{gn}}{N_{g1} + N_{g2} + \cdots\cdots + N_{gn}} \tag{1-9}$$

式中　　　　α——综合性建筑总的秒流量系数；

α_1、$\alpha_2\cdots\cdots\alpha_n$——对应各类建筑物性质的系数；

N_{g1}、N_{g2}……N_{gn}——对应各类建筑物的卫生器具的给水当量数。

（3）用水密集型建筑给水管道的设计秒流量

1）计算公式

宿舍（设公共盥洗卫生间）、工业企业的生活间、公共浴室、职工（学生）食堂或营业餐馆的厨房、体育场馆、剧院、普通理化实验室等建筑的生活给水管道的设计秒流量按式（1-10）计算：

$$q_g = \sum q_0 \cdot n_0 \cdot b \tag{1-10}$$

式中　q_g——计算管段的给水设计秒流量（L/s）；

　　　q_0——同类型的一个卫生器具给水额定流量（L/s），见表1-11；

　　　n_0——同类型卫生器具数（个）；

　　　b——卫生器具的同时给水百分数（%），分别见表1-12~表1-14。

2）应用公式时应注意以下问题

① 当计算值小于管段上一个最大卫生器具给水额定流量时，应采用一个最大的卫生器具给水额定流量作为设计秒流量。

② 大便器延时自闭冲洗阀应单列计算，当单列计算值小于1.2L/s时，以1.2L/s计；大于1.2L/s时，以计算值计。

卫生器具的给水额定流量、当量、连接管公称管径和工作压力　　　表1-11

序号	给水配件名称		额定流量（L/s）	当量	连接管公称尺寸（mm）	工作压力（MPa）
1	洗涤盆、拖布盆、盥洗槽	单阀水嘴	0.15~0.20	0.75~1.00	15	0.100
		单阀水嘴	0.30~0.40	1.5~2.00	20	
		混合水嘴	0.15~0.20（0.14）	0.75~1.00（0.70）	15	
2	洗脸盆	单阀水嘴	0.15	0.75	15	0.100
		混合水嘴	0.15（0.10）	0.75（0.50）		
3	洗手盆	感应水嘴	0.10	0.50	15	0.100
		混合水嘴	0.15（0.10）	0.75（0.5）		
4	浴盆	单阀水嘴	0.20	1.00	15	0.100
		混合水嘴（含带淋浴转换器）	0.24（0.20）	1.2（1.0）		
5	淋浴器	混合阀	0.15（0.10）	0.75（0.50）	15	0.100~0.200
6	大便器	冲洗水箱浮球阀	0.10	0.50	15	0.050
		延时自闭式冲洗阀	1.20	6.00	25	0.100~0.150
7	小便器	手动或自动自闭式冲洗阀	0.10	0.50	15	0.050
		自动冲洗水箱进水阀	0.10	0.50		0.020
8	小便槽穿孔冲洗管（每m长）		0.05	0.25	15~20	0.015
9	净身盆冲洗水嘴		0.10（0.07）	0.50（0.35）	15	0.100
10	医院倒便器		0.20	1.00	15	0.100

序号	给水配件名称		额定流量 （L/s）	当量	连接管公称尺寸 （mm）	工作压力 （MPa）
11	实验室 化验水嘴 （鹅颈）	单联	0.07	0.35	15	0.020
		双联	0.15	0.75		
		三联	0.20	1.00		
12	饮水器喷嘴		0.05	0.25	15	0.050
13	洒水栓		0.40	2.00	20	0.050~0.100
			0.70	3.50	25	
14	室内地面冲洗水嘴		0.20	1.00	15	0.100
15	家用洗衣机水嘴		0.20	1.00	15	0.100

注：1. 表中括号内的数值系在有热水供应时，单独计算冷水或热水时使用；

2. 当浴盆上附设淋浴器时，或混合水嘴有淋浴器转换开关时，其额定流量和当量只计水嘴，不计淋浴器，但水压应按淋浴器计；

3. 家用燃气热水器，所需水压按产品要求和热水供应系统最不利配水点所需工作压力确定；

4. 绿地的自动喷灌应按产品要求设计；

5. 卫生器具给水配件所需额定流量和工作压力有特殊要求时，其值应按产品要求确定。

宿舍（设公用盥洗卫生间）、工业企业生活间、公共浴室、剧院、体育场馆等卫生器具同时给水百分数（%）　　　　表1-12

卫生器具名称	宿舍 （设公用盥洗室、 卫生间）	工业企业 生活间	公共浴室	影剧院	体育场馆
洗涤盆（池）	—	33	15	15	15
洗手盆	—	50	50	50	70（50）
洗脸盆、盥洗槽水嘴	5~100	60~100	60~100	50	80
浴盆	—	—	50	—	—
无间隔淋浴器	20~100	100	100	—	100
有间隔淋浴器	5~80	80	60~80	(60~80)	(60~100)
大便器冲洗水箱	5~70	30	20	50（20）	70（20）
大便槽自动冲洗水箱	100	100	—	100	100
大便器自闭式冲洗阀	1~2	2	2	10（2）	5（2）
小便器自闭式冲洗阀	2~10	10	10	50（10）	70（10）
小便器（槽）自动冲洗水箱	—	100	100	100	100
净身盆		33			
饮水器		30~60	30	30	30
小卖部洗涤盆	—	—	50	50	50

注：1. 表中括号内的数值系电影院、剧院的化妆间，体育场馆的运动员休息室使用；

2. 健身中心的卫生间，可采用本表体育场馆运动员休息室的同时给水百分率。

职工食堂、营业餐馆厨房设备同时给水百分数（%）　　　表 1-13

厨房设备名称	同时给水百分数	厨房设备名称	同时给水百分数
洗涤盆（池）	70	开水器	50
煮锅	60	蒸汽发生器	100
生产性洗涤机	40	灶台水嘴	30
器皿洗涤机	90		

注：职工或学生饭堂的洗碗台水嘴，按 100% 同时给水，但不与厨房用水叠加。

实验室化验水嘴同时给水百分数（%）　　　表 1-14

化验水嘴名称	同时给水百分数	
	科研教学实验室	生产实验室
单联化验水嘴	20	30
双联或三联化验水嘴	30	50

（4）综合体建筑或同一建筑不同功能部分的生活给水干管的设计秒流量计算，应符合下列规定：

1）当不同建筑（或功能部分）的用水高峰出现在同一时段时，生活给水干管的设计秒流量应采用各建筑或不同功能部分的设计秒流量的叠加值；

2）当不同建筑或功能部分的用水高峰出现在不同时段时，生活给水干管的设计秒流量应采用高峰时用水量最大的主要建筑（或功能部分）的设计秒流量与其余部分的平均时给水流量的叠加值。

（5）建筑给水引入管设计流量

建筑物的给水引入管的设计流量应符合下列要求：

1）当建筑物内的生活用水全部由室外管网直接供水时，应取建筑物内的生活用水设计秒流量；

2）当建筑物内的生活用水全部自行加压供给时，引入管的设计流量应为贮水调节池的设计补水量。设计补水量不宜大于建筑物最高日最大时用水量，且不得小于建筑物最高日平均时用水量；

3）当建筑物内的生活用水既有室外管网直接供水、又有自行加压供水时，应按上述1）、2）的方法分别计算各自的设计流量后，将两者叠加作为引入管的设计流量。

1.5.2　管网水力计算

给水管道水力计算的目的是通过计算管段设计流量合理确定管径、确定系统所需水压和水量，选择设备和设施。

（1）确定管径

在求得各管段的设计秒流量后，根据式（1-11）、式（1-12）即可求定管径：

$$q_g = \frac{\pi D_j^2}{4} \cdot V \qquad (1\text{-}11)$$

$$D_j = \sqrt{\frac{4q_g}{\pi V}} \qquad (1-12)$$

式中 q_g ——计算管段的设计秒流量（m^3/s）；

D_j ——计算管段的管内径（m），即管道外径减去2个壁厚；

V ——管道中的水流速（m/s）。

建筑物内生活给水管道流速一般可按表1-15确定，不同材质管道流速控制范围见表1-16。

生活给水管道流速　　　　　　　　　　　　表1-15

公称直径（mm）	15 ~ 20	25 ~ 40	50 ~ 70	≥80
水流流速（m/s）	≤1.0	≤1.2	≤1.5	≤1.8

不同材质管径流速控制范围　　　　　　　　表1-16

材质	管径（mm）	流速（m/s）
铜管	$DN < 25$	0.6 ~ 0.8
	$DN \geq 25$	0.8 ~ 1.5
薄壁不锈钢管	< 25	0.8 ~ 1.0
	≥25	1.0 ~ 1.5
硬聚氯乙烯管（PVC – U）	≤50	≤1.0
	>50	≤1.5
聚丙烯管（PP）	≤32	≤1.2
	40 ~ 63	≤1.5
	≥63	≤2.0
氯化聚氯乙烯管（PVC – C）	≤32	≤1.2
	40 ~ 75	≤1.5
	≥90	≤2.0
钢管	15 ~ 20	≤1.0
	25 ~ 40	≤1.2
	50 ~ 70	≤1.5
	≥80	≤1.8
复合管	薄壁不锈钢管复合管：0.8 ~ 1.2	
	参照其内衬材料的管道流速要求	

注：表中塑料管管径均指外径。

（2）给水管道水头损失

给水管道水头损失包括沿程水头损失和局部水头损失。

1）沿程水头损失按式（1-13）计算：

$$h_f = i \cdot L \qquad (1-13)$$

式中 h_f ——沿程水头损失（kPa）；

L ——管道计算长度（m）；

i——管道单位长度水头损失（kPa/m），按式（1-14）计算。

$$i = 105C_\mathrm{h}^{-1.85}d_j^{-4.87}q_\mathrm{g}^{1.85} \tag{1-14}$$

式中　d_j——管道计算内径（m），按管道内径减1mm取值；

　　　q_g——给水设计流量（$\mathrm{m^3/s}$）；

　　　C_h——海曾－威廉系数，塑料管、内衬（涂）塑管 $C_\mathrm{h}=140$；铜管、不锈钢管、衬水泥、树脂的铸铁管 $C_\mathrm{h}=130$；普通钢管、铸铁管 $C_\mathrm{h}=100$。

工程设计中，在求得管段的设计秒流量 q_g 后，可根据 q_g 和流速 v（控制在允许范围内）直接查有关给水管道水力计算表确定管径和单位长度的水头损失 i 值。

2）局部水头损失

① 理论公式

管段的局部水头损失，按式（1-15）计算：

$$h_j = \sum \zeta \frac{v^2}{2g} \times 10 \tag{1-15}$$

式中　h_j——管段局部水头损失之和（kPa）；

　　　ζ——管段局部阻力系数；

　　　v——沿水流方向局部管件下游的流速（m/s）；

　　　g——重力加速度（$\mathrm{m/s^2}$）。

② 经验计算方法

由于给水管网中局部管件如弯头、三通等甚多，随着构造不同其 ζ 值也不尽相同，详细计算较为繁琐，在实际工程中给水管网的局部水头损失也可按管（配）件当量长度计算或按管网沿程水头损失百分数估算。

a. 根据管道的连接方式，采用管（配）件当量长度计算

管（配）件当量长度的含义是：管（配）件产生的局部水头损失大小与同管径某一长度管道产生的沿程水头损失相等，则该长度即为该管（配）件的当量长度。如阀门和螺纹管件的摩阻损失当量长度见表1-17。

阀门和螺纹管件的摩阻损失的折算补偿长度　　　　表1-17

管件内径（mm）	各种管件的折算管道长度（m）						
	90°标准弯头	45°标准弯头	标准三通90°转角流	三通直向流	闸板阀	球阀	角阀
9.5	0.3	0.2	0.5	0.1	0.1	2.4	1.2
12.7	0.6	0.4	0.9	0.2	0.1	4.6	2.4
19.1	0.8	0.5	1.2	0.2	0.2	6.1	3.6
25.4	0.9	0.6	1.5	0.3	0.2	7.6	4.6
31.8	1.2	0.7	1.8	0.4	0.2	10.6	5.5
38.1	1.5	0.9	2.1	0.5	0.3	13.7	6.7
50.8	2.1	1.2	3	0.6	0.4	16.7	8.5

管件内径 (mm)	各种管件的折算管道长度（m）						
	90°标准弯头	45°标准弯头	标准三通90°转角流	三通直向流	闸板阀	球阀	角阀
63.5	2.4	1.5	3.6	0.8	0.5	19.8	10.3
76.2	3.0	1.8	4.6	0.9	0.6	24.3	12.2
101.6	4.3	2.4	6.4	1.2	0.8	38.0	16.7
127	5.2	3.0	7.6	1.5	1.0	42.6	21.3
152.4	6.1	3.6	9.1	1.8	1.2	50.2	24.3

注：本表的螺纹接口是指管件无凹口的螺纹，即管件与管道在连接点内径有突变，管件内径大于管道内径。当管件为凹口螺纹，或管件与管道为等径焊接，其折算补偿长度取表值的1/2。

b. 按管网沿程水头损失的百分数估算

根据管件的连接状况，三通分水与分水器分水的局部水头损失按表1-18取值。

三通分水与分水器分水的局部水头损失估算值 表1-18

管件内径特点	局部损失占沿程损失的百分数（%）	
	三通分水	分水器分水
管件内径与管道内径一致	25~30	15~20
管件内径略大于管道内径	50~60	30~35
管件内径略小于管道内径 管（配）件的插口插入管口内连接	70~80	35~40

（3）水表的局部水头损失

1）水表的技术参数

① 水表流量：流经水表的水体积除以此体积通过水表所需时间所得的商，以 m^3/h 表示。

② 过载流量（Q_{max}）：水表在规定误差限内使用的上限流量。水表只能短时间通过过载流量，否则易损坏。

③ 常用流量（Q_n）：水表在规定误差限内允许长期工作的流量，其数值为过载流量（Q_{max}）的1/2。

④ 分界流量（Q_t）：水表误差限改变时的流量，其数值为常用流量的函数。

⑤ 最小流量（Q_{min}）：水表在规定误差限内使用的下限流量，其数值为常用流量的函数。

⑥ 始动流量（Q_s）：水表开始连续指示时的流量，此时水表不计示值误差。水平螺翼式水表没有始动流量。

⑦ 流量范围：由过载流量和最小流量所限定的范围。该流量范围分为两个区间，两个区间的误差限各不相同。

⑧ 水表按始动流量、最小流量和分界流量分为 A、B 两个计量等级，B 级精度高于 A 级精度。

⑨ 示值误差：水表的示值和被测水量真值之间的差值。

⑩ 示值误差限：技术标准给定的水表所允许的误差极限值，亦称最大允许误差。

2）水表口径的确定

① 用水量均匀、用水密集型建筑，如宿舍（设公共盥洗室卫生间）、工业企业的生活间、公共浴室、职工食堂或营业餐馆的厨房、体育场馆、剧院、普通理化实验室等的生活给水系统的水表应以给水设计流量选定水表的常用流量。

② 用水量不均匀、用水分散型建筑如宿舍（居室内设卫生间）、旅馆、宾馆、酒店式公寓、医院、疗养院、幼儿园、养老院、办公楼、商场、图书馆、书店、客运站、航站楼、会展中心、中小学教学楼、公共厕所等的生活给水系统的水表应以给水设计流量选定水表的过载流量。

③ 在消防时除生活用水外尚需通过消防流量的水表，应以生活用水的设计流量叠加消防流量进行校核，校核流量不应大于水表的过载流量。

3）水头损失

水表的水头损失可按式（1-16）计算：

$$h_d = \frac{q_g^2}{K_b} \qquad (1\text{-}16)$$

式中 h_d——水表的水头损失（kPa）；

q_g——计算管段的给水设计流量（m³/h）；

K_b——水表的特性系数，一般由生产厂提供，计算如下：

旋翼式水表 $K_b = \frac{Q_{max}^2}{100}$；

螺翼式水表 $K_b = \frac{Q_{max}^2}{10}$，$Q_{max}$ 为水表的过载流量（m³/h）。

给水管道上各类附件的水头损失，应按选用产品所给定的压力损失值计算，在未确定具体产品时可按下列情况取用：

① 住宅的入户管上的水表，宜取 10kPa（0.01MPa）。

② 建筑物或小区引入管上的水表，在生活用水工况时，宜取 30kPa（0.03MPa）；在校核消防工况时，宜取 50kPa（0.05MPa）。

水表的水头损失值宜满足表 1-19 的规定。

水表水头损失允许值（kPa） 表 1-19

表型	正常用水时	消防时
旋翼式	<24.5	<49.0
螺翼式	<12.8	<29.4

③ 管道过滤器的局部水头损失宜取 10kPa（0.01MPa）。

④ 比例式减压阀的水头损失宜按阀后静水压的 10%～20% 确定。

⑤ 倒流防止器、真空破坏器的局部水头损失，应按相应产品测试参数确定。

（4）确定给水系统所需压力

确定了给水计算管路的水头损失、水表和特殊附件的水头损失之后，即可根据式

(1-3)求得建筑内部给水系统所需压力。

1.5.3 二次增压和贮水设施选择

（1）水泵

1）流量

① 水泵－水箱给水方式中，水泵的流量不应小于最大小时用水量；

② 调速水泵按系统设计流量确定，调速泵在额定转速时的工作点应位于水泵高效区的末端；

③ 备用泵出水量不应小于最大一台运行水泵的出水量。

2）扬程

根据水泵用途及与室外给水管网连接方式计算确定。

① 水泵与室外给水管网直接连接，水泵扬程按式（1-17）计算：

$$H_b \geqslant H_1 + H_2 + H_3 + H_4 - H_0 \tag{1-17}$$

式中　H_b——水泵扬程（kPa）；

　　　　H_1——引入管至最不利配水点位置高度所要求的静水压（kPa），相当于引入管至最不利配水点高差 $h \times 10$；

　　　　H_2——水泵吸水管和出水管至最不利配水点计算管路的沿程和局部总水头损失之和（kPa）；

　　　　H_3——水流通过水表时的水头损失（kPa）；

　　　　H_4——最不利配水点所需最低工作压力（kPa）；

　　　　H_0——室外给水管网所能提供的最小压力（kPa）。

管网叠压给水设备水泵扬程也可参考式（1-17）计算。

② 水泵与室外给水管网间接连接，从贮水池或吸水井抽水向管网供水时，水泵扬程按式（1-18）计算：

$$H_b \geqslant H_1 + H_2 + H_4 \tag{1-18}$$

式中　H_b、H_2、H_4 同式（1-17）；

　　　　H_1——贮水池或吸水井最低水位至最不利配水点位置高度所需的静水压，相当于贮水池或吸水井最低水位至最不利配水点高差 $h \times 10$（kPa）。

③ 水泵与室外给水管网间接连接，从贮水池或吸水井抽水向高位水箱供水时，水泵扬程按式（1-19）计算：

$$H_b \geqslant H_1 + H_2 + 10 \frac{v^2}{2g} \tag{1-19}$$

式中　H_b、H_2 同式（1-17）；

　　　　H_1——贮水池或吸水井最低水位至高位水箱进水管入口处位置高度所需的静水压（kPa），相当于贮水池或吸水井最低水位至水箱进水管入口处高差 $h \times 10$；

　　　　H_2——水泵吸水管和出水管至水箱进水管之间的沿程和局部水头损失之和（kPa）；

　　　　v——高位水箱进水管入口处的流速（m/s）；

　　　　g——重力加速度（m/s²）。

（2）生活用水贮水设备

1）低位贮水池（箱）

贮水池是贮存和调节水量的构筑物，其有效容积应按进水量与用水量变化曲线经计算确定。也可按式（1-20）、式（1-21）计算：

$$V_z \geqslant (Q_b - Q_j) T_b \tag{1-20}$$

$$Q_j T_t \geqslant T_b (Q_b - Q_j) \tag{1-21}$$

式中　V_z——贮水池有效容积（m³）；

　　　Q_b——水泵出水量（m³/h）；

　　　Q_j——水池进水量（m³/h）；

　　　T_b——水泵最长连续运行时间（h）；

　　　T_t——水泵运行的间隔时间（h）。

当资料不足时，建筑物内生活用水低位贮水池（箱）的有效容积宜按建筑物最高日用水量的20%~25%确定；小区生活用贮水池有效容积可按小区最高日生活用水量的15%~20%确定。

2）高位水箱

① 容积

a. 水箱－水泵供水方式水泵自动启动时，高位水箱有效容积可按式（1-22）计算：

$$V_g = C \cdot \frac{Q_b}{4n_{\max}} \tag{1-22}$$

式中　V_g——高位水箱有效容积（m³）；

　　　Q_b——水泵出水量（m³/h）；

　　　$n_{\max}$——水泵1h内最大启动次数（次/h），一般选用4~8次/h；

　　　C——安全系数，可在1.25~2.00内选用。

由水泵联动提升进水的水箱的生活用水调节容积，不宜小于最大用水时水量的50%。

b. 由城镇给水管网夜间直接进水的高位水箱供水方式，高位水箱有效容积宜按用水人数和最高日用水定额确定［式（1-23）］：

$$V_g = Q_m T \tag{1-23}$$

式中　V_g——高位水箱有效容积（m³）；

　　　Q_m——由水箱供水的最大连续平均小时用水量（m³/h）；

　　　T——需由水箱供水的最大连续时间（h）。

② 设置高度

高位水箱的设置高度（以底板面计）应满足最高层用户的用水水压要求当达不到要求时，宜采取局部增压措施，可按式（1-24）计算：

$$h \geqslant H_2 + H_4 \tag{1-24}$$

式中　h——水箱最低水位至最不利配水点位置高度所需的静水压（kPa）；

　　　H_2——水箱出水口至最不利配水点计算管路的总水头损失（kPa）；

　　　H_4——最不利配水点所需最低工作压力（kPa）。

当高位水箱的设置高度达不到要求时，宜采取管道增压措施。

3）中途转输水箱

转输调节容积宜取转输水泵 5～10min 的流量。

吸水井的有效容积不应小于最大一台或多台同时工作水泵 3min 的设计流量。

（3）气压给水设备

1）水泵或泵组的出水量

水泵或泵组的出水量是以气压水罐内的平均压力所对应的水泵扬程的流量，不应小于给水系统最大小时用水量的 1.2 倍。

2）容积

① 气压水罐的总容积，应按式（1-25）计算：

$$V_q = \frac{\beta V_{q1}}{1 - \alpha_b} \tag{1-25}$$

式中　V_q——气压水罐的总容积（m^3）；

　　　　β——容积系数，其值反映了罐内不起水量调节作用的附加容积的大小，隔膜式取 1.05；立式补气式取 1.10；卧式补气式取 1.25；

　　　　V_{q1}——气压水罐的水容积（m^3），应大于或等于调节容量；

　　　　α_b——气压水罐内最低工作压力与最高工作压力之比（以绝对压力计），宜采用 0.65～0.85。

② 气压罐的调节容积，应按式（1-26）计算：

$$V_{q2} = \alpha_a \frac{q_b}{4n_q} \tag{1-26}$$

式中　V_{q2}——气压水罐的调节容积（m^3）；

　　　　q_b——水泵或泵组出水量（以气压水罐内平均压力对应的水泵扬程的流量计）不应小于给水系统最大小时用水量的 1.2 倍（m^3/h）；

　　　　n_q——水泵在 1h 内启动次数，宜采用 6～8 次；

　　　　α_a——安全系数，宜采用 1.0～1.3。

3）气压水罐内的压力

① 气压水罐内最低工作压力应满足给水系统管网中最不利点所需压力；

② 气压水罐内最高工作压力不得使管网中最大水压处配水点的水压大于 0.55MPa。

【例】北京某 18 层住宅楼，层高为 2.9m，首层地面标高为 0.000m，室外相对标高为 -0.45m，如图 1-5 所示，市政给水压力为 0.30MPa，每层有 A、B、C、D 四个户型，每户人数按 4 人计。A、B、C、D 户型卫生器具当量数分别为 3.5、4、4.5、5。试确定：（1）采用变频泵给水方式时升压和贮水设备的设计参数；（2）采用气压水罐给水方式时升压和贮水设备的设计参数。

【解】（1）采用变频泵给水方式时：

市政给水压力为 0.30MPa＝300kPa，初步估算市政压力可直接供应的楼层数，并进行给水分区：

$$H = 120 + (n - 2) \times 40 \leqslant 300kPa，供应层数 n \leqslant 6.5 层$$

初定分区为：一层～六层为低区，采用市政直接给水；七层～十八层采用水泵加压供水方式，见图 1-5。

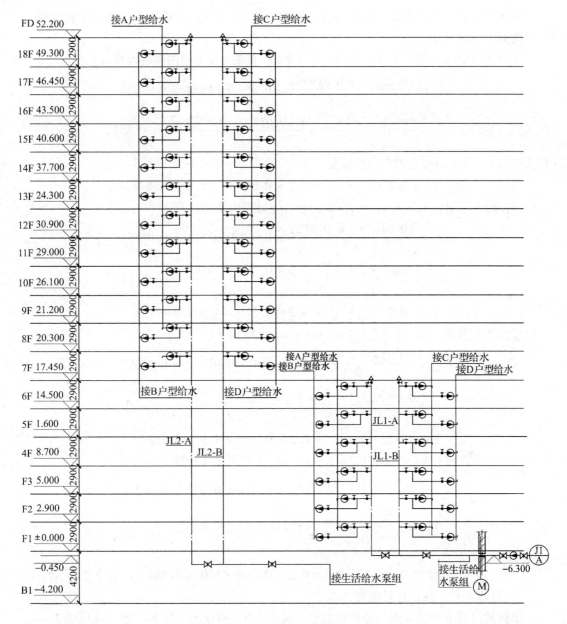

图 1-5　分区布置图

计算低区给水管道设计秒流量：

1）确定每户当量的最大同时卫生器具给水当量平均出流概率：

A 户型最大用水时给水当量平均出流概率应按式（1-6）计算：

$$U_{A0} = \frac{q_L \times m \times K_h}{0.2 \times N_g \times T \times 3600} \times 100\% = \frac{200 \times 4 \times 2.5}{0.2 \times 3.5 \times 24 \times 3600} \times 100\% = 3.30\%$$

同理，B 户型、C 户型和 D 户型最大用水时给水当量平均出流概率分别为：

$$U_{B0} = 2.9\% ; \quad U_{C0} = 2.6\% ; \quad U_{D0} = 2.3\%$$

2）计算同时出流概率和设计秒流量：

根据计算管段上的卫生器具给水当量总数，按式（1-5）计算该管段的卫生器具给水当量的同时出流概率。

A 户型：给水当量：$N_A = 3.5$；$U_{A0} = 3.3\%$；查表 1-8 采用内插法计算 α_{A0}：

$$\alpha_{A0} = \frac{(0.02374 - 0.01939)}{0.5} \times 0.3 + 0.01939 = 0.02200$$

代入式（1-5）：$U_A = \frac{1 + \alpha_{A0}(N_A - 1)^{0.49}}{\sqrt{N_A}} = \frac{1 + 0.02200 \ (3.5 - 1)^{0.49}}{\sqrt{3.5}} = 0.553$

按式（1-4）计算该管段的设计秒流量：

$$q_A = 0.2 \cdot U_A \cdot N_A = 0.2 \times 0.553 \times 3.5 = 0.39 L/s$$

B 户型：给水当量：$N_B = 4.0$；$U_{B0} = 2.9\%$；α_{B0} 采用内插法计算。

$$\alpha_{B0} = \frac{(0.01939 - 0.01512)}{0.5} \times 0.4 + 0.01512 = 0.01854$$

$$U_B = \frac{1 + \alpha_{B0}(N_B - 1)^{0.49}}{\sqrt{N_B}} = \frac{1 + 0.01854(4 - 1)^{0.49}}{\sqrt{4}} = 0.516$$

$$q_B = 0.2 \cdot U_B \cdot N_B = 0.2 \times 0.516 \times 4.0 = 0.41 L/s$$

C 户型：给水当量：$N_C = 4.5$；$U_{C0} = 2.6\%$；α_{C0} 采用内插法计算。

$$\alpha_{C0} = \frac{(0.01939 - 0.01512)}{0.5} \times 0.1 + 0.01512 = 0.01597$$

$$U_C = \frac{1 + \alpha_{C0}(N_C - 1)^{0.49}}{\sqrt{N_C}} = \frac{1 + 0.01597(4.5 - 1)^{0.49}}{\sqrt{4.5}} = 0.485$$

$$q_C = 0.2 \cdot U_C \cdot N_C = 0.2 \times 0.485 \times 4.5 = 0.44 L/s$$

D 户型：给水当量：$N_D = 5.0$；$U_{D0} = 2.3\%$；α_{D0} 采用内插法计算。

$$\alpha_{D0} = \frac{(0.01512 - 0.01097)}{0.5} \times 0.3 + 0.01097 = 0.01346$$

$$U_D = \frac{1 + \alpha_{D0}(N_D - 1)^{0.49}}{\sqrt{N_D}} = \frac{1 + 0.01346(5.0 - 1)^{0.49}}{\sqrt{5.0}} = 0.459$$

$$q_D = 0.2 \cdot U_D \cdot N_D = 0.2 \times 0.459 \times 5.0 = 0.46 L/s$$

3）计算进户干管设计秒流量

绘制低区给水计算简图，并进行编号，见图 1-6。假设第六层 B 户型（立管 JL1-A）为最不利用户用水点，由于 A、B 两个户型给水当量和平均出流概率均不相同，应对给水当量平均出流概率进行加权平均，由式（1-7）得：

$$\overline{U_0} = \frac{\sum U_{oi} \cdot N_{gi}}{\sum N_{gi}}$$

1-2 管段：$\overline{U}_{0(1-2)} = \frac{\sum U_{oi} \cdot N_{gi}}{\sum N_{gi}} = \frac{3.3 \times 3.5 + 2.9 \times 4.0}{3.5 + 4.0} = 3.09$

采用内插法计算 $\alpha_{C(1-2)}$：

$$\alpha_{C(1-2)} = \frac{(0.02374 - 0.01939)}{0.5} \times 0.09 + 0.01939 = 0.02017$$

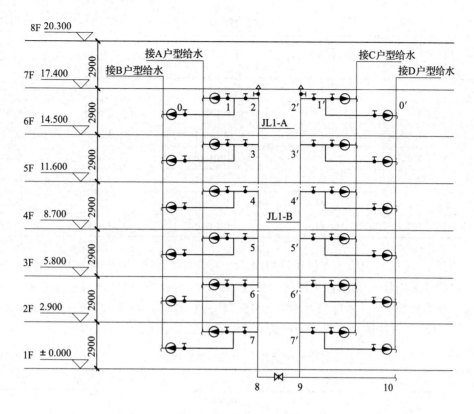

图1-6　低区给水计算简图

$$U_{(1-2)} = \frac{1 + \alpha_{C(1-2)} \left(N_{(1-2)} - 1 \right)^{0.49}}{\sqrt{N_{(1-2)}}} = \frac{1 + 0.02017 \times (7.5 - 1)^{0.49}}{\sqrt{7.5}} = 0.384$$

$$q_{1-2} = 0.2 \cdot U_{(1-2)} \cdot N_{(1-2)} = 0.2 \times 0.384 \times 7.5 = 0.58 \text{L/s}$$

$1'-2'$ 管段：$\overline{U}_{0(1'-2')} = \dfrac{\sum U_{oi} N_{gi}}{\sum N_{gi}} = \dfrac{2.6 \times 4.5 + 2.3 \times 5.0}{4.5 + 5.0} = 2.44$

采用内插法计算 $\alpha_{C(1'-2')}$：

$$\alpha_{C(1'-2')} = \frac{(0.01512 - 0.01097)}{0.5} \times 0.44 + 0.01097 = 0.01462$$

$$U_{(1'-2')} = \frac{1 + \alpha_{C(1'-2')} \left(N_{(1'-2')} - 1 \right)^{0.49}}{\sqrt{N_{(1'-2')}}} = \frac{1 + 0.01462 \times (9.5 - 1)^{0.49}}{\sqrt{9.5}} = 0.338$$

$$q_{1'-2'} = 0.2 \cdot U_{(1'-2')} \cdot N_{(1'-2')} = 0.2 \times 0.338 \times 9.5 = 0.64 \text{L/s};$$

$9-10$ 管段：$\overline{U}_{0(9-10)} = \dfrac{\sum U_{oi} N_{gi}}{\sum N_{gi}} = \dfrac{3.09 \times 45 + 2.44 \times 57}{45 + 57} = 2.73$

采用内插法计算 $\alpha_{C(9-10)}$：$\alpha_{C(9-10)} = \dfrac{(0.01939 - 0.01512)}{0.5} \times 0.23 + 0.01512 = 0.01708$

$$U_{(9-10)} = \frac{1 + \alpha_{C(9-10)} \left(N_{(9-10)} - 1 \right)^{0.49}}{\sqrt{N_{(9-10)}}} = \frac{1 + 0.01708 \times (102 - 1)^{0.49}}{\sqrt{102}} = 0.115$$

$$q_{9-10} = 0.2 \cdot U_{(9-10)} \cdot N_{(9-10)} = 0.2 \times 0.115 \times 102 = 2.35 \text{L/s}$$

将上述计算数据汇总于表1-20。

基本数据汇总   表 1-20

户型	当量 (N)	平均出流概率 U_0 （%）	U_0 对应的 α_C	同时出流概率 U （%）	流量（L/s）
A	3.5	3.3	0.02200	0.553	0.39
B	4.0	2.9	0.01854	0.516	0.41
C	4.5	2.6	0.01597	0.485	0.44
D	5.0	2.3	0.01346	0.459	0.46
1－2	7.5	3.09	0.02017	0.384	0.58
1′－2′	9.5	2.44	0.01462	0.338	0.64
9－10	102	2.73	0.01708	0.115	2.35

立管 JL1－A 上每层给水当量总数相同，故无需加权平均给水当量同时出流概率，即每个节点的给水当量平均出流概率 U_0 均为 3.09，α_C 系数均为 0.02017。以节点 3－4 为例，该节点当量为 7.5，累计当量总数为 15，代入计算得流量 $q_{3-4} = 0.2 \times 0.277 \times 15 = 0.83\text{L/s}$，其余节点计算过程略，计算结果详见表 1-21、表 1-22。

低区给水立管 JL1－B 设计秒流量计算表   表 1-21

节点编号	总当量 N_g	U_0 （%）	U_0 对应 α_C	同时出流概率 U （%）	流量（L/s）
0′－1′	5	2.30	0.01346	0.459	0.46
1′－2′	9.5	2.44	0.01462	0.338	0.64
2′－3′	9.5	2.44	0.01462	0.338	0.64
3′－4′	19	2.44	0.01462	0.243	0.93
4′－5′	28.5	2.44	0.01462	0.201	1.15
5′－6′	38	2.44	0.01462	0.176	1.34
6′－7′	47.5	2.44	0.01462	0.159	1.51
7′－9	57	2.44	0.01462	0.146	1.66

低区给水立管 JL1－A 设计秒流量计算表   表 1-22

节点编号	总当量 N_g	U_0 （%）	U_0 对应的 α_C	同时出流概率 U （%）	流量（L/s）
0－1	4	2.90	0.01854	0.516	0.41
1－2	7.5	3.09	0.02017	0.384	0.57
2－3	7.5	3.09	0.02017	0.384	0.57
3－4	15	3.09	0.02017	0.277	0.83
4－5	22.5	3.09	0.02017	0.230	1.04
5－6	30	3.09	0.02017	0.202	1.21
6－7	37.5	3.09	0.02017	0.182	1.37
7－8	45	3.09	0.02017	0.168	1.51
8－9	45	3.09	0.02017	0.168	1.51
9－10	102	2.73	0.01708	0.115	2.35

4）高区给水系统水力计算

高区给水系统设计秒流量计算方法同低区，计算简图见图1-7，计算结果见表1-23、表1-24。按式（1-11）~式（1-15）进行水力计算。

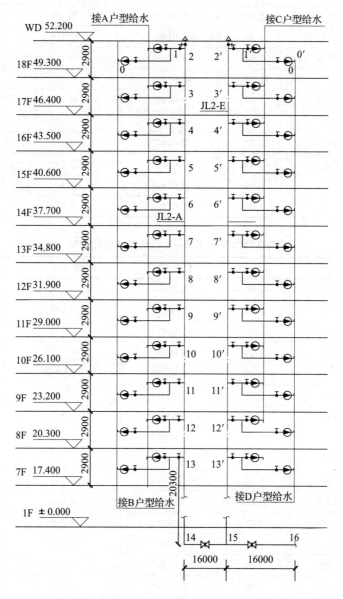

图1-7 高区给水计算简图

高区给水立管 JL2 – B 设计秒流量计算表 表1-23

节点编号	总当量 N_g	U_0（%）	U_0系数 α_C	同时出流概率 U（%）	流量（L/s）
0′ – 1′	5	2.30	0.01346	0.459	0.46
1′ – 2′	9.5	2.44	0.01462	0.338	0.64
2′ – 3′	9.5	2.44	0.01462	0.338	0.64

节点编号	总当量 N_g	U_0（%）	U_0系数 α_C	同时出流概率 U（%）	流量（L/s）
3′ – 4′	19	2.44	0.01462	0.243	0.92
4′ – 5′	28.5	2.44	0.01462	0.201	1.15
5′ – 6′	38	2.44	0.01462	0.176	1.34
6′ – 7′	47.5	2.44	0.01462	0.159	1.51
7′ – 8′	57	2.44	0.01462	0.146	1.67
8′ – 9′	66.5	2.44	0.01462	0.137	1.82
9′ – 10′	76	2.44	0.01462	0.129	1.95
10′ – 11′	85.5	2.44	0.01462	0.122	2.09
11′ – 12′	95	2.44	0.01462	0.116	2.21
12′ – 13′	104.5	2.44	0.01462	0.112	2.33
13′ – 15	114	2.44	0.01462	0.108	2.45

高区给水立管 JL2 – A 设计秒流量计算表　　　　　　　　表 1-24

节点编号	总当量 N_g	U_0（%）	U_0系数 α_C	同时出流概率 U（%）	流量（L/s）
0 – 1	4	2.90	0.01854	0.516	0.41
1 – 2	7.5	3.09	0.02017	0.384	0.57
2 – 3	7.5	3.09	0.02017	0.384	0.57
3 – 4	15	3.09	0.02017	0.277	0.83
4 – 5	22.5	3.09	0.02017	0.230	1.04
5 – 6	30	3.09	0.02017	0.202	1.21
6 – 7	37.5	3.09	0.02017	0.182	1.37
7 – 8	45	3.09	0.02017	0.168	1.51
8 – 9	52.5	3.09	0.02017	0.157	1.65
9 – 10	60	3.09	0.02017	0.148	1.78
10 – 11	67.5	3.09	0.02017	0.141	1.90
11 – 12	75	3.09	0.02017	0.135	2.02
12 – 13	82.5	3.09	0.02017	0.129	2.13
13 – 14	90	3.09	0.02017	0.125	2.25
14 – 15	90	3.09	0.02017	0.125	2.25
15 – 16	204	2.73	0.01708	0.086	3.51

5）确定给水引入管的管径

由于该住宅采用分区给水，既有加压供水也有市政直接供水，给水引入管设计秒流量应为贮水池设计补水量与低区给水设计秒流量两者之和。

① 贮水池设计补水量

高区最高日用水量为：

$$Q_{di} = \sum \frac{q_{1i}N_i}{1000} = \frac{200 \times (4 \times 4 \times 12)}{1000} = 38.4 \mathrm{m}^3/\mathrm{d}$$

高区最高日最大小时设计流量为:

$$Q_{max} = \frac{Q_{di}}{T_i} K_{hi} = \frac{38.4}{24} \times 2.5 = 4 \mathrm{m}^3/\mathrm{h} = 1.11 \mathrm{L/s}$$

高区最高日平均时生活用水量为:

$$Q_{cp} = \frac{Q_{di}}{T_i} = \frac{38.4}{24} = 1.6 \mathrm{m}^3/\mathrm{h} = 0.44 \mathrm{L/s}$$

设计补水量不宜大于建筑物最高日最大时生活用水量,且不得小于建筑物最高日平均时生活用水量。故贮水池设计最小补水量取 0.44L/s。

② 低区给水系统设计秒流量

低区生活用水全部由室外管网直接供水,即低区设计秒流量为 2.35L/s。

给水引入管设计秒流量,即 0.44 + 2.35 = 2.79L/s,查水力计算表选用给水引入管管径为 DN70,核算流速为 1.04m/s,符合要求。

6) 贮水池有效容积

应取高区最高日用水量的 20%～25%,如取 25% 则贮水池有效容积:38.4 × 25% = 9.6m³。

7) 水泵扬程和流量

设水池最低水位距最不利点高程差为 56.7m,最不利工作点最低工作压力 0.12MPa。

① 水泵出流量

生活给水系统采用变频泵组供水时,应按设计秒流量选泵。则水泵出流量为高区设计秒流量,即 3.51L/s。

② 水泵扬程 $H_b \geqslant H_1 + H_2 + H_3 + H_4$

静压差为 $H_1 = 567 \mathrm{kPa}$,$H_4 = 120 \mathrm{kPa}$

由管段设计秒流量及合理的流速控制范围,查水力计算表可得各管段沿程水头损失,高区的计算管路沿程水头损失以 25kPa 计,局部水头损失按沿程水头损失的 30% 计,则计算管路总水头损失为:$H_2 = 25 \times 1.3 = 32.5 \mathrm{kPa}$

故水泵扬程 $H \geqslant H_1 + H_2 + H_3 + H_4 = 567 + 32.5 + 0 + 120 = 719.5 \mathrm{kPa}$,取水泵扬程为 720kPa(72mH₂O)。

(2) 采用气压给水设备给水方式

1) 水泵出流量

生活给水系统采用气压给水设备供水时,水泵(或泵组)的流量不应小于给水系统最大小时用水量的 1.2 倍。由上可知,高区最大小时流量为 4m³/h(1.11L/s),则水泵出流量为 4 × 1.2 = 4.8m³/h。

2) 气压水罐调节容积及总容积

气压水罐的调节容积按式(1-26)计算,安全系数 α_a 取 1.2;水泵在 1h 内的启动次数 n_q 采用 7 次,代入式(1-26)得到:

$$V_{q2} = \alpha_a \frac{q_b}{4n_q} = \frac{1.2 \times 4.8}{4 \times 7} = 0.21 \mathrm{m}^3$$

气压水罐的总容积应按式（1-25）计算，采用单罐变压、隔膜式气压给水设备，取 $V_{q1} = V_{q2}$，取 $\alpha_b = 0.7$，取 $\beta = 1.05$。代入式（1-25）得到：

$$V_q = \frac{\beta V_{q1}}{1 - \alpha_b} = \frac{1.05 \times 0.21}{1 - 0.7} = 0.74 \text{m}^3$$

3）水泵扬程

设气压水罐低置（在加压泵站内位置），其最低工作压力 P_1 应满足高区最不利点所需最低工作压力的要求，其值同变频泵给水方式中的水泵扬程，由前面计算得 $P_1 = 0.72\text{MPa}$（相对压力）或 $P_1 = (0.72 + 0.098)\text{MPa}$（绝对压力），故得：

$$P_2 = \frac{P_1}{\alpha_b} = \frac{0.72 + 0.098}{0.7} = 1.169 \text{MPa（绝对压力）}$$

$$\text{或 } P_2 = 1.169 - 0.098 = 1.071 \text{MPa（相对压力）}$$

对于变压式气压给水设备，水泵向气压水罐输水时，其出水压力在气压水罐的最小工作压力 P_1 和最大工作压力 P_2 间变化，一般以罐内平均压力的工况为依据确定水泵扬程。

罐内平均压力为 $\bar{P} = \dfrac{P_1 + P_2}{2} = \dfrac{0.72 + 1.071}{2} = 0.896 \text{MPa（相对压力）} = 89.6\text{mH}_2\text{O}$，取 $90\text{mH}_2\text{O}$。所以水泵扬程为 $90\text{mH}_2\text{O}$，流量为 $4.8\text{m}^3/\text{h}$，由水泵的扬程、流量查相关手册或样本，即可确定水泵型号。应选 $Q\text{-}H$ 特性曲线较陡，高效区较宽的水泵。

2　建　筑　消　防

2.1　消防概论

可燃物与氧化剂作用发生的放热反应，通常伴有火焰、发光和（或）发烟现象，称为燃烧。火灾是指在时间或空间上失去控制的燃烧所造成的灾害。

（1）火灾分类

根据可燃物的性质、类型和燃烧特性，火灾可分为以下六类：

A类火灾：固体物质火灾，如木材、棉麻等有机物质；

B类火灾：可燃液体或可熔化固体物质火灾，如汽油、柴油等；

C类火灾：气体火灾，如甲烷、天然气和煤气等；

D类火灾：金属火灾，如钾、钠、镁等；

E类火灾：物体带电燃烧火灾；

F类火灾：烹饪器具内的烹饪物（如动植物油脂）火灾。

火灾发生的必要条件：可燃物、氧化剂和温度（引火源）。有焰燃烧除上述必要条件外，还必须具备未受抑制的链式反应，即自由基的存在，由于自由基的存在使燃烧继续发展扩大。

燃烧的充分条件：一定的可燃物浓度，一定的氧气含量、一定的点火能量和不受抑制的链式反应。

（2）灭火系统分类

灭火就是采取一定的技术措施破坏燃烧条件，使燃烧终止反应的过程。

建筑消防灭火设施常见的系统有：消火栓灭火系统、消防炮灭火系统、自动喷水灭火系统、水喷雾灭火系统、细水雾灭火系统、泡沫灭火系统、洁净气体灭火系统、干粉灭火系统等。

2.1.1　灭火机理

灭火的基本原理：冷却、窒息、隔离和化学抑制，前三种主要是物理过程，最后一种为化学过程。

冷却灭火：将可燃物冷却到燃点以下，燃烧反应就会中止。用水扑灭一般固体物质的火灾，水吸收大量热量，使燃烧物的温度迅速降低，火焰熄灭。

窒息灭火：降低氧的浓度使燃烧不能持续，达到灭火的目的。如用二氧化碳、氮气、水蒸气等来稀释氧的浓度。窒息灭火多用于密闭或半密闭空间。

隔离灭火：把可燃物与火焰、氧隔离开，使燃烧反应自动中止。如切断流向火区的可燃气体或液体的通道；或喷洒灭火剂把可燃物与氧和热隔离开，是常用的灭火方法。

化学抑制灭火：物质的有焰燃烧中的氧化反应，都是通过链式反应进行的。碳氢化合物在燃烧过程中分子被活化，产生大量的自由基，H、OH和O的链式反应。灭火剂能抑制自由基的产生，降低自由基浓度，中止链式反应扑灭火灾。

（1）水基灭火剂

水基灭火剂的主要灭火机理是冷却和窒息等，其中冷却功能是灭火的主要作用。

以水为灭火剂的方式：消火栓灭火系统、消防炮灭火系统、自动喷水灭火系统、水喷雾灭火系统和细水雾灭火系统等。

消火栓灭火系统、消防炮灭火系统、自动喷水灭火系统灭火机理主要是冷却，可扑灭A类火灾。

水喷雾灭火系统、细水雾灭火系统，具有冷却、窒息、乳化某些液体和稀释作用，可扑灭A、B和E类火灾。

（2）泡沫灭火剂

1）分类

① 按泡沫液的性质分为：

化学泡沫灭火剂：由发泡剂、泡沫稳定剂、添加剂和水组成。有蛋白泡沫型、氟蛋白泡沫型、水成膜泡沫型、抗溶泡沫型等。主要用于充填100L以下的小型泡沫灭火器。

空气泡沫灭火剂：泡沫液与水通过专用混合器合成泡沫混合液，经泡沫发生器与空气混合产生泡沫。适用于大型泡沫灭火系统。

② 按泡沫液发泡倍数分为：

低倍数泡沫（发泡倍数一般在20倍以下）；

中倍数泡沫（发泡倍数一般为21～200倍）；

高倍数泡沫（发泡倍数为201～1000倍）。

③ 按用途分为：

普通泡沫灭火剂：适用于扑救A类火灾、B类非极性液体火灾。

抗溶泡沫灭火剂：适用于扑救A类火灾、B类极性液体火灾。

2）泡沫液

① 蛋白泡沫灭火剂：由水解蛋白、稳定剂、无机盐、抗冻剂、防腐剂及水组成。水解蛋白是发泡剂，由天然动物性蛋白（动物的蹄、角、毛、血及家禽的羽毛等）或植物性蛋白（豆饼、豆皮、菜籽饼等）在碱液的作用下，经部分水解后加工浓缩而制成。

② 氟蛋白泡沫灭火剂：是加有氟碳表面活性剂的蛋白泡沫灭火剂。它由水解蛋白、氟碳表面活性剂、碳氢表面活性剂、溶剂和抗冻剂等组成。氟蛋白表面活性剂是增效剂，常见为阴离子型表面活性剂，主要作用是进一步降低混合液表面张力，提高泡沫的流动性，疏油能力和抗干粉破坏能力；碳氢表面活性剂的作用是进一步降低混合液与油类之间的界面张力，提高混合液对油品表面的乳化能力，改善泡沫的流动性能。一般也为阴离子型表面活性剂。氟蛋白泡沫灭火剂由于有氟碳表面活性剂的作用，其灭火性能优于蛋白泡沫灭火剂，其控制火势和灭火时间比蛋白泡沫都要短。

③ 水成膜泡沫灭火剂：又称轻水泡沫灭火剂或氟化学泡沫灭火剂。它由氟碳表面活性剂、碳氢表面活性剂、稳定性及其他添加剂和水组成。

水成膜泡沫灭火剂是靠泡沫和水膜双重作用灭火，其灭火效力约为蛋白泡沫灭火剂的3倍。但其稳定性和热稳定性较差，因此在防止复燃和隔离热液面的性能方面不如蛋白泡沫和氟蛋白泡沫。

④ 抗溶泡沫灭火剂一般分为以下三种类型：

a. 金属皂型：由发泡剂和金属的络合物组成，通过沉积于泡沫上的金属皂来达到抗溶目的的，灭火剂与水混合后，其中的锌胶络合物被破坏，生成不溶的辛酸锌沉淀，所以不能以预混液的形式储存。

b. 凝胶型：以合成表面活性剂为发泡剂，以触变性或非触变性高分子化合物为抗溶添加剂，当添加剂遇到水溶液体时，可形成不溶性凝胶膜，抵抗水溶性液体对泡沫的破坏作用。凝胶型抗溶泡沫灭火剂可以与水预先混合。

c. 抗溶氟蛋白型：一种是添加氟碳表面活性剂和多价金属盐的抗溶泡沫灭火剂，可以预混。极性液体由于它们的分子极性很强，能大量吸收泡沫液中的水分，使泡沫很快被破坏，因此水溶性液体发生火灾时，必须用抗溶泡沫灭火剂。

⑤ 高倍数泡沫灭火剂：灭火剂的基料是合成表面活性剂，所以又称为合成泡沫灭火剂。发泡倍数为 201～1000 倍。按其配制混合液时使用水的类型，分为淡水型和海水型两种。淡水型仅适用于淡水。海水型既适用于海水，也适用于淡水。

泡沫灭火系统分为低、中、高三种泡沫系统，其灭火机理主要是隔离作用，同时伴有窒息作用。可扑灭 A、B 类火灾。

（3）气体灭火剂

气体系统灭火机理因灭火剂而异，一般由冷却、窒息、隔离和化学抑制等机理组成。可扑灭 A、B、C 和 E 类火灾。

气体具有化学稳定性好、易储存、腐蚀性小、不导电、毒性低、蒸发后不留痕迹等优点，适用于扑救多种类型的火灾。

常见气体灭火系统有：七氟丙烷（HFC－227ea）灭火系统、混合惰性气体（IG－541）灭火系统、二氧化碳灭火系统等。

（4）干粉灭火剂

干粉灭火剂通常可分为物理灭火和化学灭火两种功能，以磷酸铵盐和碳酸氢盐灭火剂为主。

物理灭火主要是干粉灭火剂吸收燃烧产生的热量，使显热变成潜热，燃烧反应温度骤降，不能维持持续反应所需的热量，中止燃烧反应、火焰熄灭。

化学灭火机理分为均相和非均相化学灭火，均相灭火机理是燃烧所产生的自由基与碳酸氢盐受热分解产物碳酸盐反应生成氢氧化物；非均相化学灭火机理是碳酸氢盐受热分解，以 Na_2O 或金属 Na 气体形态出现，进入气相，中断火焰中自由基链式传递，火焰熄灭。

磷酸铵盐适合扑灭 A、B、C、E 类火灾。碳酸氢盐适合于扑灭 B、C 类火灾或带电的 B 类火灾，钾原子俘获自由基半径大，其灭火效果比碳酸氢钠更好。

2.1.2　建筑物分类及耐火等级

（1）建筑物分类

1）按建筑物使用性质分类：有厂房、仓库、民用建筑三类。

2）按建筑物高度分类

① 多层建筑：建筑高度小于或等于 27m 的住宅建筑以及建筑高度小于或等于 24m 的厂房、仓库和其他民用建筑。多层建筑还包括建筑高度超过 24m 的单层公共建筑、单层

仓库和单层厂房。

② 高层建筑：建筑高度大于 27m 的住宅建筑以及建筑高度大于 24m 的非单层厂房、仓库和其他民用建筑。

建筑高度应按下列规定计算：

a. 建筑屋面为坡屋面时，建筑高度应为建筑室外设计地面至其檐口与屋脊的平均高度。

b. 建筑屋面为平屋面（包括有女儿墙的平屋面）时，建筑高度应为建筑室外设计地面至其屋面面层的高度。

c. 同一建筑有多种形式的屋面时，建筑高度应按上述方法分别计算后，取其中最大值。

d. 对于台阶式地坪，当位于不同高程地坪上的同一建筑之间有防火墙分隔，各自有符合规范规定的安全出口，且可沿建筑的两个长边设置贯通式或尽头式消防车道时，可分别计算各自的建筑高度。否则，应按其中建筑高度最大者确定该建筑的建筑高度。

e. 局部突出屋顶的瞭望塔、冷却塔、水箱间、微波天线间或设施、电梯机房、排风和排烟机房以及楼梯出口小间等辅助用房占屋面面积不大于 1/4 者，可不计入建筑高度。

f. 对于住宅建筑，设置在底部且室内高度不大于 2.2m 的自行车库、敞开空间，室内外高差或建筑的地下或半地下室的顶板面高出室外设计地面的高度不大于 1.5m 的部分，可不计入建筑高度。

（2）建筑物耐火等级

根据建筑构件、配件或结构的燃烧性能和耐火极限，民用建筑物和厂房、仓库的耐火等级分为一级、二级、三级和四级，用耐火极限（h）表示。不同耐火等级的民用建筑物、厂房和仓库建筑构件、配件或结构的燃烧性能和的耐火极限应满足现行国家标准《建筑设计防火规范》GB 50016 及《建筑防火通用规范》GB 55037 的有关规定。

2.1.3 建筑物火灾危险性分类

建筑物火灾危险等级分类的依据是：火灾危险性大小、火灾发生频率、可燃物数量、单位时间内释放的热量、火灾蔓延速度以及扑救难易程度。

（1）建筑的火灾危险性分类

根据现行国家标准《建筑设计防火规范》GB 50016 的有关规定，厂房、仓库和民用建筑火灾危险性分类如下：

1）厂房：厂房生产的火灾危险性可分为甲、乙、丙、丁和戊五类，其中甲类火灾危险性最大，分类见表 2-1。

厂房生产的火灾危险性分类   表 2-1

生产的火灾危险性类别	使用或产生下列物质生产的火灾危险性特征
甲	1. 闪点小于 28℃ 的液体； 2. 爆炸下限小于 10% 的气体； 3. 常温下能自行分解或在空气中氧化能导致迅速自燃或爆炸的物质； 4. 常温下受到水或空气中水蒸气的作用，能产生可燃气体并引起燃烧或爆炸的物质； 5. 遇酸、受热、撞击、摩擦、催化以及遇有机物或硫磺等易燃的无机物，极易引起燃烧或爆炸的强氧化剂； 6. 受撞击、摩擦或与氧化剂、有机物接触时能引起燃烧或爆炸的物质； 7. 在密闭设备内操作温度不小于物质本身自燃点的生产

生产的火灾危险性类别	使用或产生下列物质生产的火灾危险性特征
乙	1. 闪点不小于28℃，但小于60℃的液体； 2. 爆炸下限不小于10%的气体； 3. 不属于甲类的氧化剂； 4. 不属于甲类的易燃固体； 5. 助燃气体； 6. 能与空气形成爆炸性混合物的浮游状态的粉尘、纤维、闪点不小于60℃的液体雾滴
丙	1. 闪点不小于60℃的液体； 2. 可燃固体
丁	1. 对不燃烧物质进行加工，并在高温或熔化状态下经常产生强辐射热、火花或火焰的生产； 2. 利用气体、液体、固体作为燃料或将气体、液体进行燃烧作其他用的各种生产； 3. 常温下使用或加工难燃烧物质的生产
戊	常温下使用或加工不燃烧物质的生产

2）仓库：仓库储存物品的火灾危险性可分为甲、乙、丙、丁和戊五类，其中甲类火灾危险性最大，分类见表2-2。

仓库储存物品的火灾危险性分类　　　　　　　　　　　　　　　表2-2

储存物品的火灾危险性类别	储存物品的火灾危险性特征
甲	1. 闪点小于28℃的液体； 2. 爆炸下限小于10%的气体，受到水或空气中水蒸气的作用能产生爆炸下限小于10%气体的固体物质； 3. 常温下能自行分解或在空气中氧化能导致迅速自燃或爆炸的物质； 4. 常温下受到水或空气中水蒸气的作用，能产生可燃气体并引起燃烧或爆炸的物质； 5. 遇酸、受热、撞击、摩擦以及遇有机物或硫磺等易燃的无机物，极易引起燃烧或爆炸的强氧化剂； 6. 受撞击、摩擦或与氧化剂、有机物接触时能引起燃烧或爆炸的物质
乙	1. 闪点不小于28℃，但小于60℃的液体； 2. 爆炸下限不小于10%的气体； 3. 不属于甲类的氧化剂； 4. 不属于甲类的易燃固体； 5. 助燃气体； 6. 常温下与空气接触能缓慢氧化，积热不散引起自燃的物品
丙	1. 闪点不小于60℃的液体； 2. 可燃固体
丁	难燃烧物品
戊	不燃烧物品

3）民用建筑：可分为一类高层民用建筑、二类高层民用建筑以及单、多层民用建筑。一类和二类高层民用建筑分类见表2-3。

民用建筑的分类 表2-3

名称	高层民用建筑		单、多层民用建筑
	一类	二类	
住宅建筑	建筑高度大于54m的住宅建筑（包括设置商业服务网点的住宅建筑）	建筑高度大于27m，但不大于54m的住宅建筑（包括设置商业服务网点的住宅建筑）	建筑高度不大于27m的住宅建筑（包括设置商业服务网点的住宅建筑）
公共建筑	1. 建筑高度大于50m的公共建筑； 2. 建筑高度24m以上部任一楼层建筑面积大于1000m² 的商店、展览、电信、邮政、财贸金融建筑和其他多种功能组合的建筑； 3. 医疗建筑、重要公共建筑； 4. 省级及以上的广播电视和防灾指挥调度建筑、网局级和省级电力调度建筑； 5. 藏书超过100万册的图书馆、书库	除一类高层公共建筑外的其他高层公共建筑	1. 建筑高度大于24m的单层公共建筑； 2. 建筑高度不大于24m的其他公共建筑

注：1. 表中未列入的建筑，其类别应根据本表类比确定；

2. 除本规范另有规定外，宿舍、公寓等非住宅类居住建筑的防火要求，应符合本规范有关公共建筑的规定；

3. 除本规范另有规定外，裙房的防火要求应符合本规范有关高层民用建筑的规定。

（2）自动喷水灭火系统设施设置场所火灾危险等级

根据现行国家标准《自动喷水灭火系统设计规范》GB 50084 的有关规定，自动喷水灭火系统设置场所火灾危险等级可分为4个等级：

1）轻危险级：一般是指可燃物品较少、可燃性低和火灾发热量较低、外部增援和疏散人员较容易的场所。

2）中危险级Ⅰ级、Ⅱ级：一般是指内部可燃物数量为中等，可燃性也为中等，火灾初期不会引起剧烈燃烧的场所。大部分民用建筑和工业厂房划归中危险级。根据此类场所种类多、范围广的特点，又划分为中Ⅰ级和中Ⅱ级，Ⅰ级危险等级低于Ⅱ级危险等级。商场内物品密集、人员密集，发生火灾的频率较高，容易酿成大火造成群死群伤和高额财产损失的严重后果，因此将大规模商场列入中Ⅱ级。

3）严重危险级Ⅰ级、Ⅱ级：一般是指火灾危险性大，且可燃物品数量多、火灾时容易引起猛烈燃烧并可能迅速蔓延的场所。除摄影棚、舞台"葡萄架"下部外，包括存在较多数量易燃固体、液体物品工厂的备料和生产车间。严重危险级Ⅰ级危险等级低于Ⅱ级危险等级。

4）仓库危险级Ⅰ级、Ⅱ级、Ⅲ级：参考了美国消防协会标准《自动喷水灭火系统安装标准》NFPA13（1995 年版），并结合我国国情，综合归纳并简化为Ⅰ、Ⅱ、Ⅲ级仓库。

分类举例见表2-4。

自动喷水灭火系统设施设置场所火灾危险等级举例 表 2-4

火灾危险等级		设置场所举例
轻危险级		住宅建筑、幼儿园、老年人建筑、建筑高度为 24m 及以下的旅馆、办公楼；仅在走道设置闭式系统的建筑等
中危险级	I 级	1. 高层民用建筑：旅馆、办公楼、综合楼、邮政楼、金融电信楼、指挥调度楼、广播电视楼（塔）等； 2. 公共建筑（含单多高层）；医院、疗养院；图书馆（书库除外）、档案馆、展览馆（厅）；影剧院、音乐厅和礼堂（舞台除外）及其他娱乐场所；火车站和飞机场及码头的建筑；总建筑面积小于 5000m² 的商场、总建筑面积小于 1000m² 的地下商场等； 3. 文化遗产建筑：木结构古建筑、国家文物保护单位等； 4. 工业建筑：食品、家用电器、玻璃制品等工厂的备料与生产车间等；冷藏库、钢屋架等建筑构件
中危险级	II 级	1. 民用建筑：书库、舞台（葡萄架除外）、汽车停车场、总建筑面积 5000m² 及以上的商场、总建筑面积 1000m² 及以上的地下商场、净空高度不超过 8m、物品高度不超过 3.5m 的超级市场等； 2. 工业建筑：棉毛麻丝及化纤的纺织、织物及制品、木材木器及胶合板、谷物加工、烟草及制品、饮用酒（啤酒除外）、皮革及制品、造纸及纸制品、制药等工厂的备料与生产车间等
严重危险级	I 级	印刷厂、酒精制品、可燃液体制品等工厂的备料与车间、净空高度不超过 8m、物品高度超过 3.5m 的超级市场等
严重危险级	II 级	易燃液体喷雾操作区域、固体易燃物品、可燃的气溶胶制品、溶剂清洗、喷涂、油漆、沥青制品等工厂的备料及生产车间、摄影棚、舞台葡萄架下部等
仓库危险级	I 级	食品、烟酒；木箱、纸箱包装的不燃、难燃物品等
仓库危险级	II 级	木材、纸、皮革、谷物及制品、棉毛麻丝化纤及制品、家用电器、电缆、B 组塑料与橡胶及其制品、钢塑混合材料制品、各种塑料瓶盒包装的不燃、难燃物品及各类物品混杂储存的仓库等
仓库危险级	III 级	A 组塑料与橡胶及其制品；沥青制品等

注：表中的 A 组、B 组塑料橡胶的举例见《自动喷水灭火系统设计规范》GB 50084—2017 附录 B。

（3）灭火器配置场所的危险等级

根据现行国家标准《建筑灭火器配置设计规范》GB 50140 的有关规定，民用建筑和工业建筑分别分为三级：严重危险级、中危险级和轻危险级。

1）民用建筑灭火器配置场所的危险等级，根据其使用性质、人员密集程度、用电用火情况、可燃物数量、火灾蔓延速度、扑救难易程度等因素，分为三级。

① 严重危险级：使用性质重要，人员密集，用电用火多，可燃物多，起火后蔓延迅速，扑救困难，容易造成重大财产损失或人员群死群伤的场所。

② 中危险级：使用性质较重要，人员较密集，用电用火较多，可燃物较多，起火后蔓延较迅速，扑救较难的场所。

③ 轻危险级：使用性质一般，人员不密集，用电用火较少，可燃物较少，起火后蔓延较缓慢，扑救较易的场所。

分类举例见表 2-5。

民用建筑灭火器配置场所的危险等级举例 表 2-5

危险等级	举 例
严重危险级	1. 县级及以上的文物保护单位、档案馆、博物馆的库房、展览室、阅览室
	2. 设备贵重或可燃物多的实验室
	3. 广播电台、电视台的演播室、道具间和发射塔楼
	4. 专用电子计算机房
	5. 城镇及以上的邮政信函和包裹分拣房、邮袋库、通信枢纽及其电信机房
	6. 客房数在 50 间以上的旅馆、饭店的公共活动用房、多功能厅、厨房
	7. 体育场（馆）、电影院、剧院、会堂、礼堂的舞台及后台部位
	8. 住院床位在 50 张及以上的医院的手术室、理疗室、透视室、心电图室、药房、住院部、门诊部、病历室
	9. 建筑面积在 2000m² 及以上的图书馆、展览馆的珍藏室、阅览室、书库、展览厅
	10. 民用机场的候机厅、安检厅及空管中心、雷达机房
	11. 超高层建筑和一类高层建筑的写字楼、公寓楼
	12. 电影、电视摄影棚
	13. 建筑面积在 1000m² 及以上的经营易燃易爆化学物品的商场、商店的库房及辅面
	14. 建筑面积在 200m² 及以上的公共娱乐场所
	15. 老人住宿床位在 50 张及以上的养老院
	16. 幼儿住宿床位在 50 张及以上的托儿所、幼儿园
	17. 学生住宿床位在 100 张及以上的学校集体宿舍
	18. 县级及以上的党政机关办公大楼的会议室
	19. 建筑面积在 500m² 及以上的车站和码头的候车（船）室、行李房
	20. 城市地下铁道、地下观光隧道
	21. 汽车加油站、加气站
	22. 机动车交易市场（包括旧机动车交易市场）及其展销厅
	23. 民用液化气、天然气灌装站、换瓶站、调压站
中危险级	1. 县级以下的文物保护单位、档案馆、博物馆的库房、展览室、阅览室
	2. 一般的实验室
	3. 广播电台电视台的会议室、资料室
	4. 设有集中空调、电子计算机、复印机等设备的办公室
	5. 城镇以下的邮政信函和包裹分拣房、邮袋库、通信枢纽及其电信机房
	6. 客房数在 50 间以下的旅馆、饭店的公共活动用房、多功能厅和厨房
	7. 体育场（馆）、电影院、剧院、会堂、礼堂和观众厅
	8. 住院床位在 50 张以下的医院的手术室、理疗室、透视室、心电图室、药房、住院部、门诊部、病历室
	9. 建筑面积在 2000m² 以下的图书馆、展览馆的珍藏室、阅览室、书库、展览厅
	10. 民用机场的检票厅、行李厅
	11. 二类高层建筑的写字楼、公寓楼

危险等级	举 例
中危险级	12. 高级住宅、别墅
	13. 建筑面积在 1000m² 以下的经营易燃易爆化学物品的商场、商店的库房及铺面
	14. 建筑面积在 200m² 以下的公共娱乐场所
	15. 老人住宿床位在 50 张以下的养老院
	16. 幼儿住宿床位在 50 张以下的托儿所、幼儿园
	17. 学生住宿床位在 100 张以下的学校集体宿舍
	18. 县级以下的党政机关办公大楼的会议室
	19. 学校教室、教研室
	20. 建筑面积在 500m² 以下的车站和码头的候车（船）室、行李房
	21. 百货楼、超市、综合商场的库房、铺面
	22. 民用燃油、燃气锅炉房
	23. 民用的油浸变压器室和高、低压配电室
轻危险级	1. 日常用品小卖店及经营难燃烧或非燃烧的建筑装饰材料商店
	2. 未设集中空调、电子计算机、复印机等设备的普通办公室
	3. 旅馆、饭店的客房
	4. 普通住宅
	5. 各类建筑物中以难燃烧或非燃烧的建筑构件分隔的并主要存贮难燃烧或非燃烧材料的辅助房间

2）工业建筑灭火器配置场所的危险等级，根据其生产、使用、储存物品的火灾危险性，可燃物数量，火灾蔓延速度，扑救难易程度等因素，分为三级：

① 严重危险级：火灾危险性大，可燃物多，起火后蔓延迅速，扑救困难，容易造成重大财产损失的场所。

② 中危险级：火灾危险性较大，可燃物较多，起火后蔓延较迅速，扑救较难的场所。

③ 轻危险级：火灾危险性较小，可燃物较少，起火后蔓延较缓慢，扑救较易的场所。

工业建筑灭火器配置场所的危险等级举例见《建筑灭火器配置设计规范》GB 50140—2005 附录 C。

2.2 消防给水设计水量

消防给水系统有市政消防给水系统、建筑（区域）室外消防给水系统、室内消火栓系统、自动喷水灭火系统、泡沫灭系统、水喷雾灭火系统、细水雾灭火系统、固定消防炮灭火系统以及固定和移动式冷却水系统等。

其中，自动喷水灭火系统包括湿式系统、干式系统、预作用系统、重复启闭预作用系统、雨淋系统、水幕系统、自动喷水—泡沫联用系统等自动水灭火系统。

2.2.1 一般规定

工厂、仓库、堆场、储罐区或民用建筑的室外消防用水量，应按同一时间内的火灾起数和一起火灾灭火所需室外消防用水量确定，同一时间内的火灾起数应符合下列规定：

1）工厂、堆场和储罐区等，当占地面积小于或等于100hm²，且附有居住区人数小于或等于1.5万人时，同一时间内的火灾起数应按1起确定；当占地面积小于或等于100hm²，且附有居住区人数大于1.5万人时，同一时间内的火灾起数应按2起确定，居住区应计1起，工厂、堆场和储罐区应计1起。

2）工厂、堆场和储罐区等，当占地面积大于100hm²，同一时间内的火灾起数应按2起确定，工厂、堆场和储罐区应按需水量最大的两座建筑（或堆场、储罐）各计1起。

3）仓库和民用建筑同一时间内的火灾起数应按1起确定。

一起火灾灭火所需消防用水的设计流量应由建筑的室外消火栓系统、室内消火栓系统、自动喷水灭火系统、泡沫灭系统、水喷雾灭火系统、固定消防炮灭火系统、固定冷却水系统等需要同时作用的各种水灭火系统的设计流量组成，并应符合下列规定：

1）应按需要同时作用的各种水灭火系统最大设计流量之和确定。

2）两座及以上建筑合用消防给水系统时，应按其中一座设计流量最大者确定。

3）当消防给水与生产、生活给水合用时，合用系统的给水设计流量应为消防给水系统设计流量与生活、生产用水最大小时流量之和。计算生活用水最大小时流量时，淋浴用水量宜按15%计，浇洒及洗刷等火灾时能停用的用水量可不计。

2.2.2 市政消防给水设计流量

市政消防给水设计流量，应根据当地火灾统计资料、火灾扑救用水量统计资料、灭火用水量保证率、建筑的组成和市政给水管网运行合理性等因素综合分析计算确定。

（1）城镇市政消防给水设计流量

城镇市政消防给水设计流量，应按同一时间内的火灾起数和一起火灾灭火设计流量经过计算确定。城镇同一时间内的火灾起数和一起火灾灭火设计流量不应小于表2-6的规定。

城镇同一时间内的火灾起数和1起火灾灭火设计流量　　　　表2-6

人数（万人）	同一时间内的火灾起数（起）	1起火灾灭火设计流量（L/s）
$N \leqslant 1.0$	1	15
$1.0 < N \leqslant 2.5$		20
$2.5 < N \leqslant 5.0$		30
$5.0 < N \leqslant 10.0$		35
$10.0 < N \leqslant 20.0$	2	45
$20.0 < N \leqslant 30.0$		60
$30.0 < N \leqslant 40.0$		75

人数（万人）	同一时间内的火灾起数（起）	1起火灾灭火设计流量（L/s）
$40.0 < N \leqslant 50.0$		75
$50.0 < N \leqslant 70.0$	3	90
$N > 70.0$		100

（2）工业园区、商务区、居住区等市政消防给水设计流量

工业园区、商务区、居住区等市政消防给水设计流量，宜依据其规划区域和同一时间的火灾起数，以及规划中的各类建筑室内外同时作用的水灭火系统设计流量之和经过计算分析确定。

2.2.3 建筑室外消火栓设计流量

建筑室外消火栓设计流量，应根据建筑物的用途功能、体积、耐火极限、火灾危险性等因素综合分析确定，且不应小于表2-7的规定。

建筑室外消火栓设计流量（L/s） 表2-7

耐火等级	建筑物名称及类别		建筑物体积（m³）					
			$V \leqslant 1500$	$1500 < V \leqslant 3000$	$3000 < V \leqslant 5000$	$5000 < V \leqslant 20000$	$20000 < V \leqslant 50000$	$V > 50000$
一级、二级	工业建筑	厂房 甲、乙	15	20	25	30	35
		厂房 丙	15	20	25	30	40
		厂房 丁、戊	15				20	
		仓库 甲、乙	15		25		—	
		仓库 丙	15		25		35	40
		仓库 丁、戊	15				20	
	民用建筑	住宅	15					
		公共建筑 单层及多层	15			25	30	40
		公共建筑 高层	—			25	30	40
	地下建筑（包括地铁）平战结合的人防工程		15			20	25	30
三级	工业建筑	乙、丙	15	20	30	40	45	—
		丁、戊	15			20	25	35
	单层及多层民用建筑		15		20	25	30	—
四级	丁、戊类工业建筑		15		20	25		—
	单层及多层民用建筑		15		20	25		—

注：1. 成组布置的建筑物应按消火栓设计流量较大的相邻两座建筑物的体积之和确定；

    2. 火车站、码头和机场的中转库房，其室外消火栓设计流量应按相应耐火等级的丙类物品库房确定；

    3. 国家级文物保护单位的重点砖木、木结构的建筑物室外消火栓设计流量，按三级耐火等级民用建筑消火栓设计流量确定；

    4. 当单座建筑的总建筑面积大于500000m²时，建筑物室外消火栓设计流量应按本表规定的最大值增加一倍。

2.2.4 构筑物消防给水设计流量

以煤、天然气、石油及其产品等为原料的工艺生产装置的消防给水设计流量,应根据其规模、火灾危险性等因素综合确定,且应为室外消火栓系统、泡沫灭火系统、固定冷水系统等水灭火系统的设计流量之和,并应符合下列规定:

1)石油化工厂工艺生产装置的消防给水设计流量,应符合现行国家标准《石油化工企业设计防火标准》GB 50160 的有关规定。

2)石油天然气工程工艺生产装置的消防给水设计流量,应符合现行国家标准《石油天然气工程设计防火规范》GB 50183 的有关规定。

甲、乙、丙类液体储罐(区)内的储罐应设置移动或固定水冷却设施。高度大于 15m 或单罐容积大于 2000m³ 的甲、乙、丙类液体地上储罐,宜采用固定水冷却设施。

总容积大于 50m³ 或单罐容积大于 20m³ 的液化石油气储罐(区)应设置固定水冷却设施,埋地的液化石油气储罐可不设置固定喷水冷却装置。总容积不大于 50m³ 或单罐容积不大于 20m³ 的液化石油气储罐(区)应设置移动式水枪。

(1)甲、乙、丙类液体储罐(区)的消防给水设计流量

甲、乙、丙类液体储罐(区)的消防给水设计流量应按最大罐组确定,并应按泡沫灭火系统设计流量、固定冷却水系统设计流量与室外消火栓设计流量之和确定,同时应满足下列规定:

1)泡沫灭火系统设计流量应按系统扑救储罐区 1 起火灾的固定式、半固定式或移动式泡沫混合液量及泡沫液混合比经计算确定,并应符合现行国家标准《泡沫灭火系统技术标准》GB 50151 的有关规定。

扑救液体储罐(区)火灾可采用低倍数、中倍数氟蛋白泡沫、抗溶性泡沫等灭火系统。灭火用水量是指用于配置泡沫的用水量,与泡沫供水强度、泡沫液供给的延续时间有关。灭火用水量应按罐区内最大罐泡沫灭火系统、泡沫炮和泡沫管枪灭火所需的灭火用水量之和确定。

2)固定冷却水系统设计流量应按着火罐与邻近罐最大设计流量经计算确定,固定冷却水系统设计流量应按不低于表2-8、表2-9 中规定的设计参数经计算确定。

表 2-8

地上立式储罐冷却水系统的保护范围和喷水强度

项目	储罐形式		保护范围	喷水强度
移动式冷却	着火罐	固定顶罐	罐周全长	0.8L/(s·m)
		浮顶罐、内浮顶罐	罐周全长	0.6L/(s·m)
	邻近罐		罐周半长	0.7L/(s·m)
固定式冷却	着火罐	固定顶罐	罐壁表面积	2.5L/(min·m²)
		浮顶罐、内浮顶罐	罐壁表面积	2.0L/(min·m²)
	邻近罐		不应小于罐壁表面积的1/2	与着火罐相同

注:1. 当浮顶、内浮顶罐的浮盘采用易熔材料制作时,内浮顶罐的喷水强度应按固定顶罐计算;
    2. 当浮顶、内浮顶罐的浮盘为浅盘式时,内浮顶罐的喷水强度应按固定顶罐计算;
    3. 固定冷却水系统邻近罐应按实际冷却面积计算,但不应小于罐壁表面积的1/2;
    4. 距着火罐壁 1.5 倍着火罐直径范围内的邻近罐应设置冷却水系统,当邻近罐超过 3 个时,冷却水系统可按 3 个罐的设计流量计算;
    5. 除浮盘采用易熔材料制作的储罐外,当着火罐为浮顶、内浮顶罐时,距着火罐壁的净距离大于或等于 0.4D 的邻近罐可不设置冷却水系统(D 为着火罐与相邻油罐两者中较大油罐的直径);距着火罐壁的净距离小于 0.4D 的相邻油罐受火焰辐射热影响比较大的局部应设置冷却水系统,且所有相邻罐的冷却水系统设计流量之和不应小于45L/s;
    6. 移动式冷却宜为室外消火栓或消防炮。

卧式储罐、无覆土地下及半地下立式储罐冷却水系统的保护范围和喷水强度　　**表 2-9**

项　目	储罐形式	保护范围	喷水强度
移动式冷却	着火罐	罐壁表面积	0.10L/（s·m²）
	邻近罐	罐壁表面积的一半	0.10L/（s·m²）
固定式冷却	着火罐	罐壁表面积	6.0L/（min·m²）
	邻近罐	罐壁表面积的一半	6.0L/（min·m²）

注：1. 当计算出的着火罐冷却水系统设计流量小于 15L/s 时，应采用 15L/s；
　　2. 着火罐直径与长度之和的一半范围内的邻近卧式罐应进行冷却；着火罐直径 1.5 倍范围内的邻近地下、半地下立式罐应进行冷却；
　　3. 当邻近储罐超过 4 个时，冷却水系统可按 4 个罐的设计流量计算；
　　4. 当邻近罐采用不燃材料作隔热层时，其冷却水系统喷水强度可按本表减少 50%，但设计流量不应小于 7.5L/s；
　　5. 无覆土地下及半地下立式储罐冷却水系统的保护范围和喷水强度应按地上卧式罐确定。

3）当储罐采用固定式冷却水系统时，室外消火栓设计流量不应小于表 2-10 的规定，当采用移动式冷却水系统时室外消火栓设计流量应按不低于表 2-8 或表 2-9 中规定的设计参数经计算确定，且不应小于 15L/s。

甲、乙、丙类可燃液体地上立式储罐区的室外消火栓设计流量　　**表 2-10**

单罐储存容积（m³）	室外消火栓设计流量（L/s）
$W \leqslant 5000$	15
$5000 < W \leqslant 30000$	30
$30000 < W \leqslant 100000$	45
$W > 100000$	60

4）覆土油罐的室外消火栓设计流量应按最大单罐周长和喷水强度计算确定，喷水强度不应小于 0.3L/（s·m²）；当计算设计流量小于 15L/s 时，应采用 15L/s。

（2）液化烃罐区的消防给水设计流量

1）液化烃罐区的消防给水设计流量应按最大罐组确定，并应按固定冷却水系统设计流量和室外消火栓设计流量之和确定，同时应符合下列规定：

① 固定冷却水系统设计流量应按不低于表 2-11 中规定的设计参数经计算确定。

液化烃储罐固定冷却水系统设计流量　　**表 2-11**

项　目	储罐形式		保护范围	喷水强度[L/（min·m²）]
全冷冻式	着火罐	单防罐外壁为钢制	罐壁表面积	2.5
			罐顶表面积	4.0
		双防罐、全防罐外壁为钢筋混凝土结构	—	—
	邻近罐		罐壁表面积的 1/2	2.5
全压力式及半冷冻式	着火罐		罐体表面积	9.0
	邻近罐		罐体表面积的 1/2	9.0

注：1. 固定冷却水系统当采用水喷雾系统冷却时，喷水强度应符合本表的规定，且系统设置应符合现行国家标准《水喷雾灭火系统技术规范》GB 50219 的有关规定；
　　2. 全冷冻式液化烃储罐，当双防罐、全防罐外壁为钢筋混凝土结构时，罐顶和罐壁的冷却水可不计，但管道进出口等局部危险处应设置水喷雾系统冷却，喷水强度不应小于 20L/（min·m²）；
　　3. 距着火罐壁 1.5 倍着火罐直径范围内的邻近罐应计算冷却水系统，当邻近罐超过 3 个时，冷却水系统可按 3 个罐的设计流量计算；
　　4. 当储罐采用固定消防水炮作为固定冷却设施时，其设计流量不宜小于水喷雾系统计算流量的 1.3 倍。

② 室外消火栓设计流量不应小于表2-12的规定值。

液化烃罐区室外消火栓设计流量   表2-12

单罐储存容积（m^3）	室外消火栓设计流量（L/s）
$W \leqslant 100$	15
$100 < W \leqslant 400$	30
$400 < W \leqslant 650$	45
$650 < W \leqslant 1000$	60
$W > 1000$	80

注：1. 罐区室外消火栓设计流量应按罐组内最大单罐计；

　　2. 当罐区四周设固定消防水炮作为辅助冷却设施时，辅助冷却水设计流量不应小于室外消火栓设计流量。

③ 当企业设有独立消防站，且单罐容积小于或等于100m^3时，可采用室外消火栓等移动式冷却水系统，其罐区消防给水设计流量不低于表2-11中规定的设计参数经计算确定，但不应低于100L/s。

2）沸点低于45℃甲类液体压力球罐的消防给水设计流量应按表2-11中规定的全压力式储罐设计参数和表2-12中规定的设计参数经计算确定。

3）全压力式、半冷冻式和全冷冻式液氨储罐的消防给水设计流量应按表2-11中规定的全压力式、半冷冻式储罐设计参数和表2-12中规定的设计参数经计算确定，但喷水强度应按不小于6.0L/（min·m^2）计算，全冷冻式液氨储罐的冷却水系统设计流量应按全冷冻式液化烃储罐外壁为钢制单防罐的要求计算。

（3）空分站、可燃液体、液化烃的火车和汽车装卸栈台，变电站等室外消火栓设计流量

空分站、可燃液体、液化烃的火车和汽车装卸栈台，变电站等室外消火栓设计流量不应小于表2-13的规定。

空分站、可燃液体、液化烃的火车和汽车装卸栈台，变电站室外消火栓设计流量　表2-13

名　　　称		室外消火栓设计流量（L/s）
空分站产氧能力（Nm³/h）	$3000 < Q \leqslant 10000$	15
	$10000 < Q \leqslant 30000$	30
	$30000 < Q \leqslant 50000$	45
	$Q > 50000$	60
专用可燃液体、液化烃的火车和汽车装卸栈台		60
变压站单台油浸变压器含油量（t）	$5 < W \leqslant 10$	15
	$10 < W \leqslant 50$	20
	$W > 50$	30

注：当室外油浸变压器单台功率小于300MV·A，且周围无其他建筑和生产生活给水时，可不设置室外消火栓。

（4）装卸油码头的消防给水设计流量

装卸油码头的消防给水设计流量，应按着火油船泡沫灭火系统设计流量、冷水系统设计流量、隔离水幕系统设计流量和码头室外消火栓设计流量之和确定，并应符合下列

规定：

1）泡沫灭火系统设计流量应按系统扑救着火油船 1 起火灾的泡沫混合液量及泡沫液混合比经计算确定，泡沫混合液供给强度，保护范围和连续供给时间不应小于表 2-14 的规定，并应符合现行国家标准《泡沫灭火系统技术标准》GB 50151 的有关规定。

油船泡沫灭火系统量的供给强度、保护范围和连续供给时间　　　表 2-14

项目	船型	保护范围	供给强度 [L/（min·m²）]	连续供给时间（min）
甲、乙类可燃液体油品码头	着火油船	设计船型最大油仓面积	8.0	40
丙类可燃液体油品码头				30

2）油船冷却水系统设计流量应按火灾时着火油船冷却水保护范围内油舱甲板面冷却用水量计算确定，冷却水系统保护范围、喷水强度和火灾延续时间不应小于表 2-15 的规定，并应符合现行国家标准《泡沫灭火系统技术标准》GB 50151 的有关规定。

油船冷却水系统量的保护范围、喷水强度和火灾延续时间　　　表 2-15

项目	船型	保护范围	供给强度 [L/（min·m²）]	火灾延续时间（h）
甲、乙类可燃液体油品一级码头	着火油船	着火油船冷却范围内油舱甲板面	2.5	6.0[①]
甲、乙类可燃液体油品二、三级码头 丙类可燃液体油品码头				4.0

注：当油船发生火灾时，陆上消防设备所提供的冷却油舱甲板面的冷却设计流量不应小于全部冷却水用量的 50%。

[①] 当配备水上消防设施进行监护时，陆上消防设备冷却水供给时间可缩短至 4h。

3）着火油船冷却范围应按式（2-1）计算：

$$F = 3L_{max}B_{max} - f_{max} \tag{2-1}$$

式中　F——着火油船冷却面积（m²）；

　　L_{max}——最大船的最大舱纵向长度（m）；

　　B_{max}——最大船宽（m）；

　　f_{max}——最大船的最大舱面积（m²）。

4）隔离水幕系统的设计流量应符合下列规定：

① 喷水强度宜为 1.0~2.0L/（min·m²）；

② 保护范围宜为装卸设备两端各延伸 5m，水幕喷射高度宜高于被保护对象 1.5m；

③ 火灾延续时间不应小于 1.0h，并应满足现行国家标准《自动喷水灭火系统设计规范》GB 50084 的有关规定。

5）油品码头的室外消火栓设计流量不应小于表 2-16 的规定。

油品码头的室外消火栓设计流量　　　　　　　表 2-16

名　称	室外消火栓设计流量（L/s）	火灾延续时间（h）
海港油品码头	45	6.0
河港油品码头	30	4.0
码头装卸区	20	2.0

（5）液化石油气船的消防给水设计流量

液化石油气船的消防给水设计流量应按着火罐与距着火罐 1.5 倍着火罐直径范围内罐组的冷却水系统设计流量与室外消火栓设计流量之和确定；着火罐和邻近罐的冷却面积均应取设计船型最大储罐甲板以上部分的表面积，并不应小于储罐总表面积的 1/2，着火罐冷却水喷水强度应为 $10.0L/(min \cdot m^2)$，邻近罐冷却水喷水强度应为 $5.0L/(min \cdot m^2)$；室外消火栓设计流量不应小于表 2-16 的规定。

（6）液化石油加气站的消防给水设计流量

液化石油加气站的消防给水设计流量，应按固定冷却水系统设计流量与室外消火栓设计流量之和确定。

1）固定冷却系统设计流量应按不低于表 2-17 中规定的设计参数经计算确定。

液化石油加气站地上立式储罐冷却水系统的保护范围和喷水强度　　　表 2-17

项目	储罐形式	保护范围	喷水强度
移动式冷却	着火罐	罐壁表面积	$0.15L/(s \cdot m^2)$
	邻近罐	罐壁表面积的 1/2	$0.15L/(s \cdot m^2)$
固定式冷却	着火罐	罐壁表面积	$9.0L/(min \cdot m^2)$
	邻近罐	罐壁表面积的 1/2	$9.0L/(min \cdot m^2)$

注：着火罐的直径与长度之和 0.75 倍范围内的邻近地上罐应进行冷却。

2）液化石油加气站室外消火栓设计流量不应小于表 2-18 的规定。

液化石油加气站室外消火栓设计流量　　　　　　　表 2-18

名　称	室外消火栓设计流量（L/s）
地上储罐加气站	20
埋地储罐加气站	15
加油和液化石油加气合建	

3）当仅采用移动式冷却系统时，其室外消火栓设计流量应按不低于表 2-17 中规定的设计参数经计算确定，且不应小于 15L/s。

（7）易燃、可燃材料露天、半露天堆场，可燃气体储罐区的室外消火栓设计流量不应小于表 2-19 的规定。

名称		总储量 W（t）或总容量 V（m^3）	消防用水量（L/s）
粮食	土圆囤	$30 < W \leqslant 500$	15
		$500 < W \leqslant 5000$	25
		$5000 < W \leqslant 20000$	40
		$W > 20000$	45
	席穴囤	$30 < W \leqslant 500$	20
		$500 < W \leqslant 5000$	35
		$5000 < W \leqslant 20000$	50
棉、麻、毛、化纤百货		$10 < W \leqslant 500$	20
		$500 < W \leqslant 1000$	35
		$1000 < W \leqslant 5000$	50
稻草、麦秸、芒苇等易燃材料		$50 < W \leqslant 500$	20
		$500 < W \leqslant 5000$	35
		$5000 < W \leqslant 10000$	50
		$W > 10000$	60
木材等可燃材料		$50 < V \leqslant 1000$	20
		$1000 < V \leqslant 5000$	30
		$5000 < V \leqslant 10000$	45
		$V > 10000$	55
煤和焦炭		$100 < W \leqslant 5000$	15
		$W > 5000$	20
可燃气体储罐区		$500 < V \leqslant 10000$	15
		$10000 < V \leqslant 50000$	20
		$50000 < V \leqslant 100000$	25
		$100000 < V \leqslant 200000$	30
		$V > 200000$	35

注：1. 固定容积的可燃气体储罐总容积按其几何容积（m^3）和设计工作压力（绝对压力，10^5Pa）的乘积计算；

2. 当稻草、麦秸、芒苇等易燃材料堆垛单垛质量大于5000t或总质量大于50000t、木材等可燃材料堆垛单垛容量大于5000m^3或总容量大于50000m^3时，室外消火栓设计流量应按本表规定的最大值增加一倍。

（8）城市交通隧道洞口外室外消火栓设计流量

城市交通隧道洞口外室外消火栓设计流量不应小于表2-20的规定。

城市交通隧道洞口外室外消火栓设计流量　　　　　表 2-20

名称	类别	隧道长度（m）	室外消火栓设计流量（L/s）
可通行危险化学品等机动车	一、二	$L > 500$	30
	三	$L \leqslant 500$	20
仅限通行非危险化学品等机动车	一、二、三	$L \geqslant 1000$	30
	三	$L < 1000$	20

2.2.5 室内消防设计流量

（1）室内消火栓设计流量

1）建筑物室内消火栓设计流量

建筑物室内消火栓设计流量，应根据建筑物的用途功能、体积、建筑高度、耐火极限、火灾危险性等因素综合分析确定，且不应小于表2-21的规定。

当建筑物室内设有自动喷水灭火系统、水喷雾灭火系统、泡沫灭火系统或固定消防炮灭火系统等一种或两种以上自动水灭火系统全保护时，高层建筑当高度不超过50m且室内消火栓设计流量超过20L/s时，其室内消火栓设计流量可按表2-21减少5L/s；多层建筑室内消火栓设计流量可减少50%，但不应小于10L/s。

宿舍、公寓等非住宅类居住建筑的室内消火栓设计流量，当为多层建筑时，应按表2-21中的宿舍、公寓确定，当为高层建筑时，应按表2-21中的公共建筑确定。

建筑物室内消火栓设计流量   表2-21

建筑名称		高度 h（m）、层数、体积 V（m³）、座位数 n（个）、火灾危险性		消火栓设计流量(L/s)	同时使用水枪数量(支)	每根竖管最小流量(L/s)
工业建筑	厂房	$h \leqslant 24$	甲、乙、丁、戊	10	2	10
			丙 $V \leqslant 5000$	10	2	10
			丙 $V > 5000$	20	4	15
		$24 < h \leqslant 50$	乙、丁、戊	25	5	15
			丙	30	6	15
		$h > 50$	乙、丁、戊	30	6	15
			丙	40	8	15
	仓库	$h \leqslant 24$	甲、乙、丁、戊	10	2	10
			丙 $V \leqslant 5000$	15	3	15
			丙 $V > 5000$	25	5	15
		$h > 24$	丁、戊	30	6	15
			丙	40	8	15
民用建筑	单层及多层	科研楼、试验楼	$V \leqslant 10000$	10	2	10
			$V > 10000$	15	3	10
		车站、码头、机场的候车（船、机）楼和展览建筑（包括博物馆）等	$5000 < V \leqslant 25000$	10	2	10
			$25000 < V \leqslant 50000$	15	3	10
			$V > 50000$	20	4	15
		剧场、电影院、俱乐部、礼堂、体育馆等	$800 < n \leqslant 1200$	10	2	10
			$1200 < n \leqslant 5000$	15	3	10
			$5000 < n \leqslant 10000$	20	4	15
			$n > 10000$	30	6	15

建筑名称			高度 h（m）、层数、体积 V（m³）、座位数 n（个）、火灾危险性	消火栓设计流量(L/s)	同时使用水枪数量(支)	每根竖管最小流量(L/s)
民用建筑	单层及多层	旅馆	$5000 < V \leqslant 10000$	10	2	10
			$10000 < V \leqslant 25000$	15	3	10
			$V > 25000$	20	4	15
		商店、图书馆、档案馆等	$5000 < V \leqslant 10000$	15	3	10
			$10000 < V \leqslant 25000$	25	5	15
			$V > 25000$	40	8	15
		病房楼、门诊楼等	$5000 < V \leqslant 25000$	10	2	10
			$V > 25000$	15	3	10
		办公楼、教学楼、公寓、宿舍等其他建筑	高度超过15m 或 $V > 10000$	15	3	10
		住宅	$21 < h \leqslant 27$	5	2	5
	高层	住宅	$27 < h \leqslant 54$	10	2	10
			$h > 54$	20	4	10
		二类公共建筑	$h \leqslant 50$	20	4	10
		一类公共建筑	$h \leqslant 50$	30	6	15
			$h > 50$	40	8	15
国家级文物保护单位的重点砖木或木结构的古建筑			$V \leqslant 10000$	20	4	10
			$V > 10000$	25	5	15
地下建筑			$V \leqslant 5000$	10	2	10
			$5000 < V \leqslant 10000$	20	4	15
			$10000 < V \leqslant 25000$	30	6	15
			$V > 25000$	40	8	20
人防工程	展览厅、影院、剧场、礼堂、健身体育场所等		$V \leqslant 1000$	5	1	5
			$1000 < V \leqslant 2500$	10	2	10
			$V > 2500$	15	3	10
	商场、餐厅、旅馆、医院等		$V \leqslant 5000$	5	1	5
			$5000 < V \leqslant 10000$	10	2	10
			$10000 < V \leqslant 25000$	15	3	10
			$V > 25000$	20	4	10
	丙、丁、戊类生产车间、自行车库		$V \leqslant 2500$	5	1	5
			$V > 2500$	10	2	10
	丙、丁、戊类物品库房、图书资料档案库		$V \leqslant 3000$	5	1	5
			$V > 3000$	10	2	10

注：1. 丁、戊类高层厂房（仓库）室内消火栓的设计流量可按本表减少10L/s，同时使用消防水枪数量可按本表减少2支；

2. 消防软管卷盘、轻便消防水龙及多层住宅楼梯间中的干式消防竖管，其消火栓设计流量可不计入室内消防给水设计流量；

3. 当一座多层建筑有多种使用功能时，室内消火栓设计流量应分别按本表中不同功能计算，且应取最大值。

2）汽车库、修车库室内消火栓设计流量

汽车库、修车库室内消火栓设计流量不应小于表 2-22 的规定。

汽车库、修车库室内消火栓设计流量 表 2-22

名　　称	类　　别	停车数量或修车位（辆）	室内消火栓设计流量（L/s）
汽车库	Ⅰ	>300	10
	Ⅱ	151～300	10
	Ⅲ	51～150	10
	Ⅳ	≤50	5
修车库	Ⅰ	>15	10
	Ⅱ	6～15	10
	Ⅲ	3～5	5
	Ⅳ	≤2	5

3）城市交通隧道内室内消火栓设计流量

城市交通隧道内室内消火栓设计流量不应小于表 2-23 的规定。

城市交通隧道内室内消火栓设计流量 表 2-23

用　　途	类　　别	隧道长度（m）	设计流量（L/s）
可通行危险化学品等机动车	一、二	$L>500$	20
	三	$L\leqslant500$	10
仅限通行非危险化学品等机动车	一、二、三	$L\geqslant1000$	20
	三	$L<1000$	10

（2）自动喷水灭火系统设计流量

1）民用建筑和工业厂房采用湿式自动喷水灭火系统时，设计流量应按不低于表 2-24 规定的设计基本参数计算确定。

民用建筑和工业厂房采用湿式系统的设计基本参数 表 2-24

火灾危险等级		最大净空高度 h（m）	喷水强度［L/(min·m²)］	作用面积（m²）
轻危险级			4	160
中危险级	Ⅰ	$h\leqslant8$	6	
	Ⅱ		8	
严重危险级	Ⅰ		12	260
	Ⅱ		16	

注：1. 系统最不利点处洒水喷头的工作压力不应低于 0.05MPa；
　　2. 系统持续喷水时间不应小于 1h。

2）民用建筑和厂房高大空间场所采用湿式自动喷水灭火系统时，设计流量应按不低于表 2-25 规定的设计基本参数计算确定。

民用建筑和厂房高大空间场所采用湿式系统的设计基本参数   表 2-25

适用场所		最大净空高度 h (m)	喷水强度 [L/(min·m²)]	作用面积 (m²)	喷头间距 S (m)
民用建筑	中庭、体育馆、航站楼等	8 < h ≤ 12	12	160	1.8 < S ≤ 3.0
		12 < h ≤ 18	15		
	影剧院、音乐厅、会展中心等	8 < h ≤ 12	15		
		12 < h ≤ 18	20		
厂房	制衣制鞋、玩具、木器、电子生产车间等	8 < h ≤ 12	15		
	棉纺厂、麻纺厂、泡沫塑料生产车间等		20		

注：1. 表中未列入的场所，应根据本表规定场所的火灾危险性类比确定；

2. 当民用建筑高大空间场所的最大净空高度为 12m < h ≤ 18m 时，应采用非仓库型特殊应用喷头。

3）仓库及类似场所采用湿式自动喷水灭火系统时的设计流量，应按不低于表 2-26 ~ 表 2-33 规定的设计基本参数计算确定。

仓库危险等级 I 级场所采用湿式系统的设计基本参数   表 2-26

储存方式	最大净空高度 h (m)	最大储物高度 h_S (m)	喷水强度 [L/(min·m²)]	作用面积 (m²)	持续喷水时间 (h)
堆垛、托盘	9.0	$h_S ≤ 3.5$	8.0	160	1.0
		3.5 < h_S ≤ 6.0	10.0	200	1.5
		6.0 < h_S ≤ 7.5	14.0		
单、双、多排货架		$h_S ≤ 3.0$	6.0	160	
		3.0 < h_S ≤ 3.5	8.0		
单、双排货架		3.5 < h_S ≤ 6.0	18.0		
		6.0 < h_S ≤ 7.5	14.0 + 1J		
多排货架		3.5 < h_S ≤ 4.5	12.0	200	
		4.5 < h_S ≤ 6.0	18.0		
		6.0 < h_S ≤ 7.5	18.0 + 1J		

注：1. 货架储物高度大于 7.5m 时，应设置货架内置洒水喷头。顶板下洒水喷头的喷水强度不应低于 18L/(min·m²)，作用面积不应小于 200m²，持续喷水时间不应小于 2h；

2. 本表中字母"J"表示货架内置洒水喷头。"J"前的数字表示货架内置洒水喷头的层数。

仓库危险等级Ⅱ级场所采用湿式系统的设计基本参数 表 2-27

储存方式	最大净空高度 h（m）	最大储物高度 h_S（m）	喷水强度 [L/(min·m²)]	作用面积（m²）	持续喷水时间（h）
堆垛、托盘	9.0	$h_S \leqslant 3.5$	8.0	160	1.0
		$3.5 < h_S \leqslant 6.0$	16.0	200	2.0
		$6.0 < h_S \leqslant 7.5$	22.0		
单、双、多排货架		$h_S \leqslant 3.0$	8.0	160	1.5
		$3.0 < h_S \leqslant 3.5$	12.0	200	
单、双排货架		$3.5 < h_S \leqslant 6.0$	24.0	280	
		$6.0 < h_S \leqslant 7.5$	22.0 + 1J		2.0
多排货架		$3.5 < h_S \leqslant 4.5$	18.0	200	
		$4.5 < h_S \leqslant 6.0$	18.0 + 1J		
		$6.0 < h_S \leqslant 7.5$	18.0 + 2J		

注：1. 货架储物高度大于7.5m时，应设置货架内置洒水喷头。顶板下洒水喷头的喷水强度不应低于20L/(min·m²)，作用面积不应小于200m²，持续喷水时间不应低于2h；

2. 本表中字母"J"表示货架内置洒水喷头。"J"前的数字表示货架内置洒水喷头的层数。

货架储物时仓库危险等级Ⅲ级场所采用湿式系统的设计基本参数 表 2-28

序号	最大净空高度 h（m）	最大储物高度 h_S（m）	货架类型	喷水强度 [L/(min·m²)]	货架内置洒水喷头		
					层数	高度（m）	流量系数 K
1	4.5	$1.5 < h_S \leqslant 3.0$	单、双、多	12.0	—	—	—
2	6.0	$1.5 < h_S \leqslant 3.0$	单、双、多	18.0	—	—	—
3	7.5	$3.0 < h_S \leqslant 4.5$	单、双、多	24.5	—	—	—
4	7.5	$3.0 < h_S \leqslant 4.5$	单、双、多	12.0	1	3.0	80
5	7.5	$4.5 < h_S \leqslant 6.0$	单、双	24.5	—	—	—
6	7.5	$4.5 < h_S \leqslant 6.0$	单、双、多	12.0	1	4.5	115
7	9.0	$4.5 < h_S \leqslant 6.0$	单、双、多	18.0	1	3.0	80
8	8.0	$4.5 < h_S \leqslant 6.0$	单、双、多	24.5	—	—	—
9	9.0	$6.0 < h_S \leqslant 7.5$	单、双、多	18.5	1	4.5	115
10	9.0	$6.0 < h_S \leqslant 7.5$	单、双、多	32.5	—	—	—
11	9.0	$6.0 < h_S \leqslant 7.5$	单、双、多	12.0	2	3.0、6.0	80

注：1. 作用面积不应小于200m²，持续喷水时间不应低于2h；

2. 序号4、6、7、11：货架内设置一排货架内置洒水喷头时，喷头的间距不应大于3.0m；设置两排或多排货架内置洒水喷头时，喷头的间距不应大于3.0×2.4（m）；

3. 序号9：货架内设置一排货架内置洒水喷头时，喷头的间距不应大于2.4m；设置两排或多排货架内置洒水喷头时，喷头的间距不应大于2.4×2.4（m）；

4. 序号8：应采用流量系数 K 等于161、202、242、363的洒水喷头；

5. 序号10：应采用流量系数 K 等于242、363的洒水喷头；

6. 货架储物高度大于7.5m时，应设置货架内置洒水喷头，顶板下洒水喷头的喷水强度不应低于22L/(min·m²)，作用面积不应小于200m²，持续喷水时间不应低于2h。

72

堆垛储物时仓库危险等级Ⅲ级场所采用湿式系统的设计基本参数　　　表 2-29

最大净空高度 h（m）	最大储物高度 h_S（m）	喷水强度 $[L/(min \cdot m^2)]$			
		A	B	C	D
7.5	1.5	8.0			
4.5	3.5	16.0	16.0	12.0	12.0
6.0		24.5	22.0	20.5	16.5
9.0		32.5	28.5	24.5	18.5
6.0	4.5	24.5	22.0	20.5	16.5
7.5	6.0	32.5	28.5	24.5	18.5
9.0	7.5	36.5	34.5	28.5	22.5

注：1. A—袋装与无包装的发泡塑料橡胶；B—箱装的发泡塑料橡胶；C—袋装与无包装的不发泡塑料橡胶；D—箱装的不发泡塑料橡胶；

2. 作用面积不应小于240m²，持续喷水时间不应低于2h。

仓库危险级Ⅰ级、Ⅱ级场所中混杂储存仓库危险级Ⅲ级
场所物品时采用湿式系统的设计基本参数　　　表 2-30

储物类别	储存方式	最大净空高度 h（m）	最大储物高度 h_S（m）	喷水强度 $[L/(min \cdot m^2)]$	作用面积（m²）	持续喷水时间（h）
储物中包括沥青制品或箱装A组塑料橡胶	堆垛与货架	9.0	$h_S \leqslant 1.5$	8	160	1.5
		4.5	$1.5 < h_S \leqslant 3.0$	12	240	2.0
		6.0	$1.5 < h_S \leqslant 3.0$	16		
		5.0	$3.0 < h_S \leqslant 3.5$			
	堆垛	8.0	$3.0 < h_S \leqslant 3.5$			
	货架	9.0	$1.5 < h_S \leqslant 3.5$	8 + 1J	160	
储物中包括袋装A组塑料橡胶	堆垛与货架	9.0	$h_S \leqslant 1.5$	8		1.5
		4.5	$1.5 < h_S \leqslant 3.0$	16	240	2.0
		5.0	$3.0 < h_S \leqslant 3.5$			
	堆垛	9.0	$1.5 < h_S \leqslant 2.5$			
储物中包括袋装不发泡A组塑料橡胶	堆垛与货架	6.0	$1.5 < h_S \leqslant 3.0$	16		
储物中包括袋装发泡A组塑料橡胶	货架	6.0	$1.5 < h_S \leqslant 3.0$	8 + 1J	160	
储物中包括轮胎或纸卷	堆垛与货架	9.0	$1.5 < h_S \leqslant 3.0$	12	240	

注：1. 无包装的塑料橡胶视同纸袋、塑料袋包装；

2. 货架内置洒水喷头应采用顶板下洒水喷头相同的喷水强度，用水量应按开放6只洒水喷头确定。

仓库危险等级	货架内置洒水喷头层数		
	1	2	>2
Ⅰ级	6	12	14
Ⅱ级	8	14	
Ⅲ级	10		

注：1. 当货架全库的最大净空高度或最大储物高度超过表 2-33 规定时，应设货架内置喷头；
　　 2. 货架内置喷头，当 $K=80$ 时，工作压力不小于 0.2MPa；当 $K=115$ 时，工作压力不小于 0.1MPa；
　　 3. 本表适用于表 2-26～表 2-29 设置货架内置喷头的流量计算；
　　 4. 货架内置洒水喷头超过 2 层时，计算流量应按最顶层 2 层，且每层开放洒水喷头数按本表规定值的 1/2 确定。

采用仓库型特殊应用喷头的湿式系统设计基本参数　　　　　　表 2-32

储存方式	最大净空高度（m）	最大储物高度（m）	喷头流量系数 K	喷头设置方式	喷头最低工作压力（MPa）	喷头最大间距（m）	喷头最小间距（m）	作用面积内开放的喷头数
Ⅰ级、Ⅱ级	7.5	6.0	161	直立型	0.20	3.7	2.4	15
				下垂型				
			200	下垂型	0.15			
			242	直立型	0.10			
			363	下垂型	0.07			12
				直立型	0.15			
	9.0	7.5	161	直立型	0.35			20
				下垂型				
			200	下垂型	0.25			
			242	直立型	0.15			
			363	直立型	0.15			12
				下垂型	0.07			
	12.0	10.5	363	直立型	0.10	3.0		24
				下垂型	0.20			12
箱装不发泡塑料	7.5	6.0	161	直立型	0.35	3.7		15
				下垂型				
			200	下垂型	0.25			
			242	直立型	0.15			
			363	直立型	0.15			12
				下垂型	0.07			
	9.0	7.5	363	直立型	0.15			12
				下垂型	0.07			
	12.0	10.5	363	下垂型	0.20	3.0		
箱装发泡塑料	7.5	6.0	161	直立型	0.35	3.7		15
				下垂型				
			200	下垂型	0.25			
			242	直立型	0.15			
			363	直立型	0.07			
				下垂型				

注：系统持续喷水时间按不低于 1.0h 计。

采用早期抑制快速响应喷头的湿式系统设计基本参数　　　表 2-33

储存方式	最大净空高度（m）	最大储物高度（m）	喷头流量系数 K	喷头设置方式	喷头最低工作压力（MPa）	喷头最大间距（m）	喷头最小间距（m）	作用面积内开放的喷头数
Ⅰ、Ⅱ级、沥青制品、箱装不发泡塑料	9.0	7.5	202	直立型	0.35	3.7	2.4	12
				下垂型				
			242	直立型	0.25			
				下垂型				
			320	下垂型	0.20			
			363	下垂型	0.15			
	10.5	9.0	202	直立型	0.50	3.0		
				下垂型				
			242	直立型	0.35			
				下垂型				
			320	下垂型	0.25			
			363	下垂型	0.20			
	12.0	10.5	202	下垂型	0.50			
			242	下垂型	0.35			
			363	下垂型	0.30			
	13.5	12.0	363	下垂型	0.35			
袋装不发泡塑料	9.0	7.5	202	下垂型	0.50	3.7		
			242	下垂型	0.35			
			363	下垂型	0.25			
	10.5	9.0	363	下垂型	0.35	3.0		
	12.0	10.5	363	下垂型	0.40			
箱装发泡塑料	9.0	7.5	202	直立型	0.35	3.7		
				下垂型				
			242	直立型	0.25			
				下垂型				
			320	下垂型	0.25			
			363	下垂型	0.15			
	12.0	10.5	363	下垂型	0.40	3.0		
袋装发泡塑料	7.5	6.0	202	下垂型	0.50	3.7		
			242	下垂型	0.35			
			363	下垂型	0.20			
	9.0	7.5	202	下垂型	0.70			
			242	下垂型	0.50			
			363	下垂型	0.30			
	12.0	10.5	363	下垂型	0.50	3.0		20

注：系统持续喷水时间按不低于 1.0h 计。

4）最大净空高度超过 8m 的超级市场采用湿式自动喷水灭火系统的设计流量，应按表 2-26～表 2-30 及表 2-33 的规定值设计基本参数计算确定。

5）干式自动喷水灭火系统的设计流量，应按下列规定计算确定：

① 喷水强度应按表 2-24 和表 2-26～表 2-30 的规定值确定；

② 系统作用面积应按对应值的 1.3 倍确定。

6）雨淋系统的设计流量应按下列规定计算确定：

① 喷水强度和作用面积应按表 2-24 的规定值确定；

② 每个雨淋阀控制的喷水面积不宜大于表 2-24 规定的作用面积。

7）预作用自动喷水灭火系统的设计流量应按下列规定计算确定：

① 喷水强度应按表 2-24 和表 2-26～表 2-30 的规定值确定；

② 当采用仅由火灾自动报警系统直接控制预作用装置时，系统的作用面积应按表 2-24 和表 2-26～表 2-30 的规定值确定；

③ 当采用由火灾自动报警系统和充气管道上设置的压力开关控制预作用装置时，系统的作用面积应按表 2-24 和表 2-26～表 2-30 的规定值的 1.3 倍确定。

8）仅在走道设置洒水喷头的闭式系统，其作用面积应按最大疏散距离所对应的走道面积确定。

9）装设网格、栅板类通透性吊顶的场所，系统的喷水强度应按表 2-24 和表 2-26～表 2-30 规定值的 1.3 倍确定。

10）水幕系统的设计流量应按表 2-34 规定的设计基本参数计算确定。

水幕系统的设计基本参数 表 2-34

水幕系统类别	喷水点高度 h（m）	喷水强度 [L/(s·m)]	喷头工作压力（MPa）
防火分隔水幕	$h \leqslant 12$	2.0	0.1
防护冷却水幕	$h \leqslant 4$	0.5	

注：1. 防护冷却水幕的喷水点高度每增加 1m，喷水强度应增加 0.1L/(s·m)，但超过 9m 时喷水强度仍采用 1.0L/(s·m)；

2. 系统持续喷水时间不应小于系统设置部位的耐火极限要求。

（3）水喷雾灭火系统设计流量

水喷雾灭火系统设计流量应按不低于表 2-35 中规定的设计参数计算确定。

水喷雾灭火系统的供给强度、持续供给时间和响应时间 表 2-35

防护目的	保护对象		供给强度 [L/(min·m²)]	持续时间（h）	响应时间（s）
灭火	固体火灾		15	1	60
	输送机皮带		10	1	60
	液体火灾	闪点 60～120℃ 的液体	20	0.5	60
		闪点高于 120℃ 的液体	13		
		饮料酒	20		

防护目的	保护对象			供给强度 [L/(min·m²)]	持续时间 (h)	响应时间 (s)
灭火	电气火灾	油浸式电力变压器、油断路器		20	0.4	60
		油浸式电力变压器的集油坑		6		
		电缆		13		
防护冷却	甲B、乙、丙类液体储罐	固定顶罐		2.5	直径大于20m的固定顶罐为6h，其他为4h	300
		浮顶罐		2.0		
		相邻罐		2.0		
	液化烃或类似液体	全压力、半冷冻式储罐		9	6	120
		全冷冻式储罐	单、双容罐	罐壁	2.5	
				灌顶	4	
			全容罐	灌顶泵平台、管道进出口等局部危险部位	20	
				管带	10	
		液氨储罐		6		
	甲、乙类液体及可燃气体生产、输送、装卸设施			9	6	120
	液化石油气灌瓶间、瓶库			9	6	60

注：1. 添加水系灭火剂的系统，其供给强度应由试验确定；

    2. 钢制单盘式、双盘式、敞口隔舱式内浮顶罐应按浮顶罐对待，其他内浮顶罐应按固定顶罐对待；

    3. 水雾喷头的工作压力，当用于灭火时不应小于0.35MPa；当用于防护冷却时不应小于0.2MPa，但对甲B、乙、丙液体储罐不应小于0.15MPa。

（4）固定消防炮灭火系统设计流量

固定消防炮灭火系统设计流量应按现行国家标准《固定消防炮灭火系统设计规范》GB 50338的有关规定确定。

（5）泡沫灭火系统设计流量

泡沫灭火系统设计流量应按现行国家标准《泡沫灭火系统技术标准》GB 50151的有关规定确定。

2.2.6 消防用水量

（1）消防给水设计用水量

消防给水一起火灾灭火用水量应按需要同时作用的室内外消防给水用水量之和计算，两座及以上建筑合用时，应取最大者，并应按式（2-2）~式（2-4）计算：

$$V = V_1 + V_2 \qquad (2\text{-}2)$$

$$V_1 = 3.6 \sum_{i=1}^{i=n} q_{1i} t_{1i} \qquad (2\text{-}3)$$

$$V_2 = 3.6 \sum_{i=1}^{i=m} q_{2i} t_{2i} \qquad (2\text{-}4)$$

式中　V ——建筑消防给水一起火灾灭火用水总量（m^3）；

V_1 ——室外消防给水一起火灾灭火用水量（m^3）；

V_2 ——室内消防给水一起火灾灭火用水量（m^3）；

q_{1i} ——室外第 i 种水灭火系统的设计流量（L/s）；

t_{1i} ——室外第 i 种水灭火系统的火灾延续时间（h）；

n ——建筑需要同时作用的室外水灭火系统数量；

q_{2i} ——室内第 i 种水灭火系统的设计流量（L/s）；

t_{2i} ——室内第 i 种水灭火系统的火灾延续时间（h）；

m ——建筑需要同时作用的室内水灭火系统数量。

（2）消防给水系统的火灾延续时间

不同场所消火栓系统和固定冷却水系统的火灾延续时间不应小于表 2-36 的规定。

消火栓系统和固定冷却水系统的火灾延续时间　　　　表 2-36

建　筑			场所与火灾危险性	火灾延续时间（h）
建筑物	工业建筑	仓库	甲、乙、丙类仓库	3.0
			丁、戊类仓库	2.0
		厂房	甲、乙、丙类厂房	3.0
			丁、戊类厂房	2.0
	民用建筑	公共建筑	高层建筑中商业楼、展览楼、综合楼，建筑高度大于50m的财贸金融楼、图书馆、书库、重要的档案楼、科研楼和高级宾馆等	3.0
			其他公共建筑	2.0
		住　宅		
	人防工程		建筑面积小于3000m²	1.0
			建筑面积大于或等于3000m²	2.0
	地下建筑、地铁车站			
构筑物	煤、天然气、石油及其产品的工艺装置			3.0
	甲、乙、丙类可燃液体储罐		直径大于20m的固定顶罐和直径大于20m浮盘用易熔材料制作的内浮顶罐	6.0
			其他储罐	4.0
			覆土油罐	

建　筑		场所与火灾危险性	火灾延续时间（h）
构筑物		液化烃储罐、沸点低于45℃甲类液体、液氨储罐	6.0
		空分站、可燃液体、液化烃的火车和汽车装卸栈台	3.0
		变电站	2.0
	装卸油品码头	甲、乙类可燃液体油品一级码头	6.0
		甲、乙类可燃液体油品二、三级码头 丙类可燃液体油品码头	4.0
		海港油品码头	6.0
		河港油品码头	4.0
		码头装卸区	2.0
		装卸液化石油气船码头	6.0
	液化石油气加气站	地上储气罐加气站	3.0
		埋地储气罐加气站	1.0
		加油和液化石油气合建站	
	易燃、可燃材料露天半露天堆场，可燃气体储罐	粮食土圆囤、席穴囤	6.0
		棉、麻、毛、化纤百货	
		稻草、麦秸、芦苇等	
		木材等	
		露天或半露天堆放煤和焦炭	3.0
		可燃气体储罐	

（3）自动喷水灭火系统的火灾延续时间

1）自动喷水灭火系统用于灭火时，持续喷水时间按不小于1.0h确定。对于局部应用系统，不应小于0.5h。

2）自动喷水灭火系统用于防护冷却时，持续喷水时间应大于或等于该场所所需防火冷却时间；用于防火分隔时，持续喷水时间应大于或等于该处的设计耐火时间。

3）仓库的自动喷水灭火系统的火灾延续时间为1.0～2.0h，不同仓库场所自动喷水灭火系统的火灾延续时间应按表2-26～表2-30、表2-32、表2-33规定确定。

（4）水喷雾灭火系统的火灾延续时间

水喷雾灭火系统的火灾延续时间见表2-35。

（5）其他水灭火系统的火灾延续时间

1）固定消防炮灭火系统的火灾延续时间应按现行国家标准《固定消防炮灭火系统设计规范》GB 50338的规定确定。

2）泡沫灭火系统的火灾延续时间应按现行国家标准《泡沫灭火系统技术标准》GB 50151的规定确定。

2.3 消防水源

2.3.1 消防水源选择及水质要求

（1）市政给水、消防水池、天然水源均可作为消防水源，雨水清水池、中水清水池、游泳池储水和水景水也可作为消防水源。消防水源宜优先采用市政给水。

（2）消防水源水质应满足灭火设施本身，及其灭火、控火、抑制、降温和冷却等功能要求。消防管道内平时所充水的 pH 应为 6.0 ~ 9.0。

（3）雨水清水池、中水清水池、游泳池储水和水景水作为消防水源时，应有保证在任何情况下均能满足消防给水系统所需的水量和水质的技术措施。

2.3.2 市政给水

（1）当市政给水管网连续供水时，消防给水系统可采用市政给水管网直接供水。

（2）用作两路消防供水的市政给水管网应满足以下要求：

1）市政给水厂应至少有两条输水干管向市政给水管网输水；

2）市政给水管网应为环状管网；

3）应至少从两条不同的市政给水干管上设置不少于两条引入管向消防给水系统供水。

2.3.3 消防水池

（1）消防水池设置条件

当存在下列情况之一时，应设置消防水池：

1）当生产、生活用水量达到最大时，市政给水管网或入户引入管不满足室内、室外消防给水设计流量。

2）当采用一路消防供水或只有一条引入管，且室外消火栓设计流量大于 20L/s 或建筑高度大于 50m。

3）市政消防给水设计流量小于建筑室内外消防给水设计流量。

（2）消防水池有效容积

当消防水池采用两路消防供水且在火灾情况下连续补水能满足消防要求时，消防水池的有效容积应根据计算确定，但不应小于 100m³，当仅设有消火栓系统时不应小于 50m³。

1）在火灾延续时间内，当市政给水管网不能保证室外消防给水设计流量时，消防水池的有效容积应满足在火灾延续时间内室内消防用水量和室外消防用水量不足部分之和的要求。在该情况下，消防水池的有效容积可按式（2-5）计算确定：

$$V = 3.6\left(\sum_{i=1}^{i=n} q_{1i}t_{1i} + \sum_{i=1}^{i=m} q_{2i}t_{2i}\right) - q_{f}T \tag{2-5}$$

式中 V——消防水池有效容积（m³）；

q_{1i}——室外第 i 种水灭火系统的设计流量（L/s）；

t_{1i}——室外第 i 种水灭火系统的火灾延续时间（h）；

n ——建筑需要同时作用的室外水灭火系统数量;

q_{2i} ——室内第 i 种水灭火系统的设计流量 (L/s);

t_{2i} ——室内第 i 种水灭火系统的火灾延续时间 (h);

m ——建筑需要同时作用的室内水灭火系统数量;

q_f ——火灾时消防水池的补水流量 (m³/h);

T ——取上述室外、室内灭火系统中火灾延续时间的最大者 (h)。

2) 在火灾延续时间内,当市政给水管网能保证室外消防给水设计流量时,消防水池的有效容积应满足在火灾延续时间内室内消防用水量要求。在这种情况下,消防水池的有效容积可按式 (2-6) 计算确定:

$$V = 3.6 \sum_{i=1}^{i=m} q_{2i} t_{2i} - q_f T \qquad (2\text{-}6)$$

式中 V ——消防水池有效容积 (m³);

q_{2i} ——室内第 i 种水灭火系统的设计流量 (L/s);

t_{2i} ——室内第 i 种水灭火系统的火灾延续时间 (h);

m ——建筑需要同时作用的室内水灭火系统数量;

q_f ——火灾时消防水池的补水流量 (m³/h);

T ——取上述室内灭火系统中火灾延续时间的最大者 (h)。

3) 火灾时消防水池补水流量可按式 (2-7) 计算确定:

$$q_f = 3600Av \qquad (2\text{-}7)$$

式中 q_f ——火灾时消防水池的补水流量 (m³/h);

A ——消防水池进水管断面面积 (m²)

v ——消防水池进水管管道内水的平均流速 (m/s)。

4) 消防水池进水管管径和流量应根据市政给水管网或其他给水管网的压力、入户引入管管径、消防水池进水管管径,以及火灾时其他用水量等经水力计算确定,当计算条件不具备时,给水管的平均流速不宜大于 1.5m/s。

5) 当消防水池没有采用两路消防给水时,火灾时消防水池的补水流量应按零计。

(3) 消防水池设计要求

1) 储存室外消防用水的消防水池或供消防车取水的消防水池,应符合下列规定:

① 消防水池应设置取水口 (井),且吸水高度不应大于 6.0m;

② 取水口 (井) 与建筑物 (水泵房除外) 的距离不宜小于 15m;

③ 取水口 (井) 与甲、乙、丙类液体储罐等构筑物的距离不宜小于 40m;

④ 取水口 (井) 与液化石油气储罐的距离不宜小于 60m,如采取防止辐射热保护措施时,可为 40m。

2) 消防水池的出水管、排水管和水位应符合下列规定:

① 消防水池的出水管应保证消防水池的有效容积能被全部利用。

② 消防水池应设置就地水位显示装置,并应在消防控制中心或值班室等地点设置显示消防水池水位的装置,同时应有最高和最低报警水位。

③ 消防水池应设置溢流水管和排水设施，并应采用间接排水。

溢流水位宜高出设计最高水位 0.05m 左右，溢水管喇叭口应与溢流水位在同一水位线上，溢水管比进水管宜大 1 ~ 2 号，溢水管上不应装阀门。

3）消防用水与其他用水共用的水池，应采取确保消防用水量不作他用的技术措施，具体技术措施可参考图 2-1 的做法。

4）消防水池应设置通气管和呼吸管，消防水池的通气管、呼吸管和溢流水管应采取防止虫鼠等进入消防水池的技术措施。

5）在严寒、寒冷等冬季结冰地区作为消防水源的消防水池应采取防冻措施。

6）消防水池的有效水深是指设计最高水位至消防水池最低有效水位之间的距离。消防水池最低有效水位高于消防水泵吸水管管口设置的向下喇叭口（或出水管管口设置的向下喇叭口）的高程差（h_2）不应小于 0.60m；当消防水泵吸水管管口（或出水管管口）设置防止旋流器时，消防水池的最低有效水位高于其防止旋流器顶部的高程差（h_2）不应小于 0.20m；喇叭口至池（坑）底的距离（h_1）不应小于（0.6 ~ 0.8）D（D 为喇叭口口径）或不应小于吸水管管径的 80% ~ 100%，且不应小于 0.10m；防止旋流器顶部至池（坑）底高度 $h_1 = 0.15m$，见图 2-2。

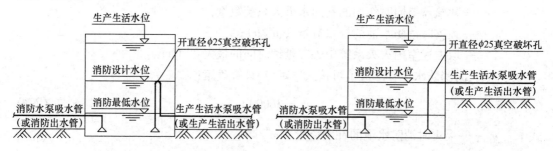

图 2-1 消防用水量不作他用的技术措施

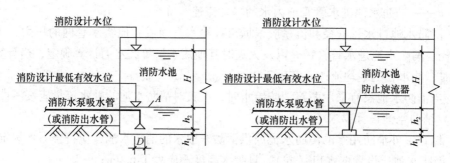

图 2-2 消防水池设计最低有效水位

A—消防水池最低水位线；D—吸水管喇叭口直径；h_1—为喇叭口至池（坑）底的
距离；h_2—为喇叭口至最低有效水位的距离；H—为设计有效水深

7）消防水池的总有效容积大于 500m³ 时，宜设两格能独立使用的消防水池；当消防水池的总有效容积大于 1000m³ 时，应设能独立使用的两座消防水池。每座（格）消防水池应设置独立的出水管，并应设置满足最低有效水位的连通管，且其管径应能满足消防给水设计流量的要求。

8）高位消防水池的有效容积、出水、排水和水位以及其通气管、呼吸管等设计应满足上述规定外，还应符合下列规定：

① 除可一路消防供水的建筑物外，向高位消防水池供水的给水管不应少于两条。

② 当高层民用建筑采用高位消防水池供水的高压消防给水系统时，高位消防水池储存全部室内消防用水量确有困难，但火灾时补水可靠，其总有效容积不应小于室内消防用水量的50%。

③ 高层民用建筑高压消防给水系统的高位消防水池总有效容积大于200m³时，宜设置蓄水有效容积相等且能独立使用的两格；当建筑高度大于100m时应设置独立的两座。每格或每座应有一条独立的出水管向消防给水系统供水。

④ 高位消防水池设置在建筑物内时，应采用耐火极限不低于2.0h的隔墙和1.5h的楼板与其他部位隔开，并应设甲级防火门；且消防水池及其支承框架与建筑构件应连接牢靠。

2.3.4 天然水源

（1）天然水源选择

1）井水等地下水源可作为消防水源。

2）江、河、湖、海、水库等天然水源可作为消防水源。

（2）天然水源作为消防水源的设计要求

1）采用井水作为消防水源时，应满足下列规定：

① 井水直接向消防给水系统供水时，其最不利水位应满足水泵吸水要求，其最小出流量和水泵扬程应满足消防要求；

② 当需要两路消防供水时，水井不应少于两眼，每眼井的深井泵的供电均应采用一级供电负荷；

③ 应设置探测水井水位测试装置。

2）采用江、河、湖、海、水库等天然水源作为消防水源时，应满足下列规定：

① 江、河、湖、海、水库等天然水源的设计枯水流量保证率宜为90%~97%，但作为村镇的室外消防给水水源的设计枯水流量保证率可适当降低；

② 当地表水作为室外消防水源时，应采取确保消防车、固定或移动消防泵在枯水位取水的技术措施；当消防车取水时，最大吸水高度不应超过6.0m；

③ 设有消防车取水口的天然水源，应设置消防车达到取水口的消防车道和消防车回车场或车道。

2.4 消防给水形式及供水设施

2.4.1 消防给水形式

消防给水按其供水水压，可分为高压、临时高压和低压供水三种给水方式。因此，消防给水系统有高压消防给水系统、临时高压消防给水系统和低压消防给水系统三种给水系统形式。

1. 给水形式的设置条件

（1）高压消防给水系统

高压消防给水系统：能始终保持满足水灭火设施所需要的工作压力和流量，灭火时无需消防水泵直接加压的供水系统。

高压消防给水系统可采用下列两种供水方式：

1）市政给水管网（或其他供水管网）→水灭火设施，参见图 2-3。

采用该高压供水方式必须满足：

① 市政给水管网（或其他供水管网）在满足生产、生活最大小时用水量后仍能始终保持满足水灭火设施所需要的工作压力和流量；

② 采用两路消防供水。

2）高位消防水池（或高位水箱，或水塔）→水灭火设施，参见图 2-4。

采用该高压供水方式必须满足：

① 高位消防水池最低有效水位能满足其所服务的水灭火设施所需要的工作压力和流量，且高位消防水池的有效容积能满足火灾延续时间内所需消防用水量；

② 高位消防水池采用两路消防供水。

采用上述高位消防水池供水的高压消防给水系统也可称之为常高压消防给水系统。

（2）临时高压消防给水系统

临时高压消防给水系统：平时不能满足水灭火设施所需要的工作压力和流量，火灾时能自动启动消防水泵以满足水灭火设施所需要的工作压力和流量的供水系统。

临时高压消防给水系统供水方式：

消防水池（市政给水管网或其他供水管网）→ 消防水泵 → 水灭火设施，参见图 2-5。

当消防水泵直接从市政给水管网吸水需满足下列条件：

1）当市政给水管网（或其他供水管网）能满足生产、生活及消防给水设计流量，且市政允许消防水泵直接吸水；

2）城镇市政消防给水设计流量宜大于建筑室内外消防给水设计流量之和。

（3）低压消防给水系统

低压消防给水系统：能满足车载或手抬移动消防水泵等取水所需要的工作压力和流量的供水系统。

低压消防给水系统供水方式：利用市政给水管网（或其他供水管网）直接供水。

当市政给水管网（或其他供水管网）供水流量能满足火灾延续时间内所需消防用水量要求，其供水压力虽不满足水灭火设施所需要的工作压力但满足车载或手抬移动消防水泵等取水所需要的工作压力时，可采用低压消防给水系统。

2. 分区供水

（1）分区供水设置条件

符合下列条件时，消防给水系统应采用分区供水：①系统工作压力大于 2.40MPa；②消火栓栓口处静压大于 1.0MPa；③自动喷水灭火系统报警阀处的工作压力大于 1.60MPa 或喷头处的工作压力大于 1.20MPa。

（2）分区供水方式

分区供水方式包括：并联分区供水、串联分区供水和采用减压水箱（或减压阀）分区供水等方式。

1）并联分区供水

① 适用条件：当消火栓系统工作压力不大于2.40MPa，但消火栓栓口处静压大于1.0MPa时，消火栓系统可采用并联分区供水方式；当自动喷水灭火系统工作压力不大于2.40MPa，但其报警阀处的工作压力大于1.60MPa或喷头处的工作压力大于1.20MPa时，可采用并联分区供水方式。

② 供水方式参见图2-6。

2）串联供水分区供水

① 适用条件：串联供水分区适用于要求分区供水的各类消防给水系统，但当消火栓系统工作压力大于2.40MPa时，应采用串联供水分区供水方式（或采用减压水箱的分区供水方式）。

② 串联供水分区供水形式选择及设置要求

串联供水分区供水包括：采用消防水泵转输水箱串联供水和采用消防水泵直接串联供水两种方式。

当采用消防水泵直接串联供水方式时，应采取确保供水可靠的措施，消防水泵从低区至高区应依次顺序启动；应校核系统供水压力，应在串联消防水泵出水管上设置减压型倒流防止器。

当采用消防水泵转输水箱串联供水方式时，转输水箱的有效储水容积不应小于60m³，转输水箱可作为高位消防水箱。另外，转输水箱的溢流管宜连接到消防水池。

③ 供水方式参考图2-7、图2-8。

3）采用减压水箱的分区供水方式

① 适用条件：采用减压水箱的分区供水方式适用于要求分区供水的各类消防给水系统，但当消火栓系统工作压力大于2.40MPa时，应采用减压水箱的分区供水方式（或串联供水分区供水方式）。

②减压水箱的设置要求

a. 减压水箱的有效容积、出水、排水、水位和设置场所以及其布置、通气管、呼吸管等满足国家标准《消防给水及消火栓系统技术规范》GB 50974—2014第4.3.8条、第4.3.9条、第5.2.5条、第5.2.6条第2款～第11款的规定。

b. 减压水箱的有效容积不应小于18m³，且宜分为两格。

c. 减压水箱应有两条进、出水管，且每条进、出水管应满足消防给水系统所需设计流量要求。

d. 减压水箱进水管的水位控制可靠，宜采用水位控制阀。

e. 减压水箱进水管应设置防冲击和溢水的技术措施，并宜在进水管上设置紧急关闭阀门，溢流水宜回流到消防水池。

③ 供水方式参考图2-9。

4）采用减压阀的分区供水方式

① 适用条件：除国家现行消防规范规定要求采用串联分区供水外，其他消防分区给水均可采用减压阀的分区供水方式。

② 减压阀的设置要求

a. 所采用的减压阀性能应安全可靠，并应满足消防给水的要求；

b. 减压阀应根据消防给水设计流量和压力选择，且设计流量应在减压阀流量压力特性曲线的有效段内，并校核在 150% 设计流量时，减压阀的出口动压不应小于设计值的 65%；

c. 每一供水分区应设不少于两组减压阀组，每组减压阀组宜设置备用减压阀；

d. 减压阀仅应设置在单向流动的供水管上，不应设置在有双向流动的输水干管上；

e. 减压阀宜采用比例式减压阀，当超过 1.20MPa 时，宜采用先导式减压阀；

f. 减压阀的阀前阀后压力比值不宜大于 3:1，当一级减压阀减压不能满足要求时，可采用减压阀串联减压，但串联减压不应大于二级，第二级减压阀宜采用先导式减压阀，阀前后压力差不宜超过 0.4MPa；

g. 减压阀后应设置安全阀，安全阀的开启压力应能满足系统安全，且不应影响系统的供水安全。

③ 供水方式参考图 2-10。

3. 给水形式选择

（1）市政消防给水

城镇（市政）消防给水宜采用城镇市政给水管网供应，即城镇（市政）消防给水管网与城镇市政给水管网合用。

根据市政给水管网供水压力判断，市政消防给水既可能是低压系统，也可能是高压系统。

（2）室外消防给水

室外消防给水可采用高压、临时高压、低压消防给水系统。

1）构筑物室外消防给水

① 工艺装置区、储罐区等场所应采用高压或临时高压消防给水系统，但当其没有设置泡沫灭火系统、固定冷却水系统和消防炮，其室外消防给水设计流量不大于 30L/s，且其在城镇消防站保护范围内时，可采用低压消防给水系统。

② 堆场等场所宜采用低压消防给水系统，但当可燃物堆场规模大、堆垛高、易起火、扑救难度大时，应采用高压或临时高压消防给水系统。

2）建筑室外消防给水

① 建筑室外消防给水宜采用低压消防给水系统，当其采用市政给水管网供水时，应采用两路消防供水，除建筑高度超过 54m 的住宅外，建筑物室外消火栓设计流量小于或等于 20L/s 时可采用一路消防供水。

② 当建筑室外消防给水采用高压或临时高压消防给水系统时，宜与室内消防给水系统合用。如室外消火栓系统与室内消火栓系统合用消防水泵等，可减少消防水泵房面积及工程造价等。

（3）室内消防给水

1）室内消防给水应采用高压或临时高压消防给水系统，且不应与生产、生活给水系统合用。

2）自动喷水灭火系统局部应用系统和仅设置消防软管卷盘或轻便水龙的消防给水系统可与生产、生活给水系统合用。

2.4.2 消防给水供水设施

消防给水供水设施一般包括：消防水泵、高位消防水箱、高位消防水池（水塔）、系统稳压泵、消防水泵接合器等。

1. 消防水泵及消防水泵房

（1）消防水泵选型要求

消防水泵机组应由水泵、驱动器和专用控制柜组成，消防水泵选型应满足以下要求：

① 消防水泵可选择离心水泵、轴流深井泵等其性能可满足消防给水系统所需流量和压力要求的水泵；

② 消防水泵所配驱动器的功率应满足所选水泵流量、扬程性能曲线上任何一点运行所需功率的要求；

③ 消防水泵流量、扬程性能曲线应无驼峰、无拐点的光滑曲线，零流量时的压力不应大于设计工作压力的140%，且宜大于设计工作压力的120%；

④ 当出流量为设计流量的150%时，其出口压力不应低于设计工作压力的65%；

⑤ 泵轴的密封方式和材料应满足消防水泵在低流量时运转要求；

⑥ 消防水泵外壳宜为球墨铸铁，叶轮宜为青铜或不锈钢；

⑦ 单台消防水泵的最小额定流量不应小于10L/s，最大额定流量不宜大于320L/s。

消防水泵选型除满足上述规定要求外，还应满足现行国家标准《消防给水及消火栓系统技术规范》GB 50974 的有关规定。

（2）消防水泵设计要求

1）消防给水系统应设置备用消防水泵，备用消防水泵性能应与工作泵性能一致。但下列建筑可不设置备用消防水泵：

① 建筑高度小于54m 的住宅和室外消防给水设计流量小于或等于25L/s 的建筑；

② 室内消防给水设计流量小于或等于10L/s 的建筑。

2）消防水泵吸水应满足下列规定：

① 消防水泵应采用自灌式吸水；

② 消防水泵从市政管网直接抽水时，应在消防水泵出水管上设置有空气隔断的倒流防止器。

3）消防给水同一泵组的消防水泵型号宜一致，且工作泵不宜超过3台。

4）多台消防水泵并联（运行）时，应校核流量叠加对消防水泵出口压力的影响。

5）离心式消防水泵吸水管、出水管和阀门等，应符合下列规定：

① 一组消防水泵，吸水管不应少于两条；当其中一条损坏或检修时，其余吸水管应仍能通过全部消防给水设计流量；

② 消防水泵吸水管布置应避免形成气囊；

③ 一组消防水泵房应设不少于两条的输水干管与环状消防管网连接，当其中一条的输水管检修时，其余输水管应仍能供应全部消防给水设计流量；

④ 消防水泵吸水口的淹没深度应满足消防水泵在消防水池最低水位运行安全要求，吸水管喇叭口在消防水池最低有效水位下的淹没深度应根据吸水管喇叭口的水流速度和水力条件确定，但不应小于600mm，当采用旋流防止器时，淹没深度不应小于200mm；

⑤ 消防水泵的吸水管上应设置明杆闸阀或待自锁装置的蝶阀，但当设置暗杆阀门时应设有开启刻度和标志；当管径超过 DN300 时，宜设置电动阀门；

⑥ 消防水泵的出水管上应设置止回阀、明杆闸阀；当采用蝶阀时，应带有自锁装置；当管径超过 DN300 时，宜设置电动阀门。

6）每台消防水泵出水管上应设置 DN65 的试水管，并应采取排水措施。

7）消防水泵吸水管和出水管上应装设压力表。

消防水泵设计除满足上述规定要求外，还应满足现行国家标准《消防给水及消火栓系统技术规范》GB 50974 的有关规定。

（3）消防水泵设计流量计算

1）独立设置消防水泵的消防给水系统（如室外消火栓系统、室内消火栓系统、自动喷水灭火系统），消防水泵的设计流量不应小于该消防给水系统的设计流量。

2）建筑群共用消防水泵的设计流量不应小于该建筑群中消防给水设计流量最大者。

3）多种消防给水系统（如室外消火栓系统、冷却水系统、室内消火栓系统等）共用消防水泵的设计流量不应小于火灾时可能同时作用的各系统组合流量之和的最大者。

4）当消防水泵直接从消防给水与生产、生活给水合用管网抽水时，合用管网的给水设计流量不小于生产、生活用水最大小时流量与消防给水设计流量之和，消防水泵设计流量根据系统具体形式确定。

注：计算生活用水最大小时流量时，淋浴用水量可按 15% 计算，浇洒及洗刷等火灾时能停用的用水量可不计。

（4）消防水泵设计扬程计算

消防水泵扬程应满足最不利点处灭火设施（如消火栓、喷头等）所需流量和动水压力要求。

1）当消防水泵从消防水池吸水加压时，消防水泵可按式（2-8）计算确定：

$$P = 0.01H + P_{fp} + P_0 \tag{2-8}$$

式中　P——消防水泵设计扬程（MPa）；

　　　H——消防水池最低有效水位至最不利点处水灭火设施的几何高差（m）；

　　　P_{fp}——消防水泵吸水管喇叭口至水灭火设施最不利点处计算管路的沿程和局部水头损失之和（MPa）；

　　　P_0——最不利点处灭火设施（如消火栓栓口）所需压力（MPa）。

2）当消防水泵从市政给水管网吸水加压时，消防水泵扬程可按式（2-9）计算确定：

$$P = 0.01H + P_{fp} + P_0 - P_r \tag{2-9}$$

式中　P——消防水泵设计扬程（MPa）；

　　　P_r——火灾时消防水泵入口处市政给水管网的设计（最低）供水压力（MPa）；

　　　H——消防水泵入口处管口中心至最不利点处水灭火设施的几何高差（m）；

　　　P_{fp}——消防水泵入口处至水灭火设施最不利点处计算管路的沿程和局部水头损失之和（MPa）；

　　　P_0——最不利点处灭火设施（如消火栓栓口）所需压力（MPa）。

消防水泵的扬程应按市政给水管网的最低供水水压计算，并以市政给水管网的最高供水水压校核水泵的工作情况，以防管网内压力过高造成渗漏、水泵效率下降等情况。

（5）消防水泵出水管应进行停泵水锤压力计算

消防水泵出水管应进行停泵水锤压力可按式（2-10）、式（2-11）计算：

$$\Delta p = \rho c v \tag{2-10}$$

$$c = \frac{c_0}{\sqrt{1 + \dfrac{K}{E} \dfrac{d_i}{\delta}}} \tag{2-11}$$

式中　Δp——水锤最大压力（Pa）；

ρ ——水的密度（kg/m³）；

c ——水冲击波的传播速度（h）；

v ——管道中水流速度（m/s）；

c_0 ——水中声波的传播速度，宜取 $c_0 = 1435$m/s（压强 $0.10 \sim 2.50$MPa，水温 10℃）；

K ——水的体积弹性模量，宜取 $K = 2.1 \times 10^9$Pa；

d_i ——管道的公称直径（mm）；

E ——管道材料弹性模量（Pa），钢管 $E = 20.6 \times 10^{10}$Pa，铸铁管 $E = 9.8 \times 10^{10}$Pa，钢丝网骨架（PE）复合管 $E = 6.5 \times 10^{10}$Pa；

δ ——管道壁厚（mm）。

当计算所得的水锤压力值超过管道试验压力值时，应采取消除停泵水锤的技术措施，停泵水锤消除装置（如安全阀）应装设在消防水泵出水总管上，以及消防给水系统管网其他适当位置。

（6）消防水泵控制

1）消防水泵应能手动启停和自动启动。

2）平时消防水泵应处于自动启动状态。但当自动喷水灭火系统为开式系统，且设置自动启动确有困难时，经论证后消防水泵可设置在手动状态，并应确保 24h 有人工值班。

3）消防水泵应在其出水干管上设置的压力开关、高位消防水箱出水管上的流量开关，或报警阀压力开关等开关信号应能直接自动启动消防水泵。

4）消防水泵应设置就地强制启停按钮，并应有保护装置。

5）消防水泵不应设置自动停泵的控制功能，停泵应由具有权限的工作人员根据火灾扑救情况确定。

6）消防水泵应确保从接到启泵信号到水泵正常运转的自动启动时间不应长于 2min。

7）消防水泵控制柜应设置机械应急启泵功能，并应保证在控制柜内的控制线路发生故障时由有管理权限的人员紧急启动消防水泵，机械应急启动时，应确保消防水泵在报警后 5min 内正常工作。

8）火灾时消防水泵应工频运行，消防水泵应工频直接启泵；当功率较大时，采用星三角和自耦降压变压器启动，不宜采用有源器件启动。

9）当工频启动消防水泵时，从接通电路到水泵达到额定转速的时间不宜大于表 2-37 的规定值。

工频泵启动时间		表 2-37
配用电机功率（kW）	≤132	>132
消防水泵直接启动时间（s）	<30	<55

10）消火栓按钮不宜作为直接启动消防水泵的开关，但可作为发出报警信号的开关或启动干式消火栓系统的快速启闭装置。

（7）消防水泵房

1）独立建造的消防水泵房，耐火等级不应低于二级。

2）附设在建筑物内的消防水泵房，应采用防火门、防火窗、耐火极限不低于 2.0h 的隔墙和耐火极限不低于 1.50h 的楼板与其他部位隔开。

3）消防水泵房的疏散门应直通安全出口或室外。

4）除地铁工程、水利水电工程和其他特殊工程中的地下消防水泵房，可根据工程要求确定其设置楼层外，其他建筑中的消防水泵房不应设置在建筑的地下三层及以下楼层。

5）消防水泵房内的室内环境温度不应低于 5℃。

6）消防泵房和消防控制室应采取防水淹的措施。

消防水泵设计除满足上述规定要求外，还应满足现行国家标准《消防给水及消火栓系统技术规范》GB 50974 的其他有关规定要求。

2. 稳压泵

（1）稳压泵设置条件

1）独立的室外临时高压消防给水系统宜采用稳压泵维系系统的充水和压力。

2）除高层民用建筑、3 层及以上单体总建筑面积大于 10000m² 的其他公共建筑外，其他建筑室内采用临时高压消防给水系统时，当其设置高位消防水箱确有困难且采用安全可靠的消防给水形式时，可不设高位消防水箱，但应设稳压泵。

3）当高位消防水箱的最低有效水位不能满足水灭火设施最不利点处的静压要求时，应设稳压泵。

（2）稳压泵选型及设计要求

1）稳压泵可采用单吸单级或单吸多级离心泵。

2）稳压泵外壳和叶轮等主要部件的材质宜采用不锈钢；

3）稳压泵的吸水管上应设置明杆闸阀，稳压泵的出水管上应设置消声和明杆闸阀；

4）稳压泵应设置备用泵；

5）当室内临时高压消防给水系统仅采用稳压泵稳压，且为室外消火栓设计流量大于 20L／s 的建筑和建筑高度大于 54m 的住宅时，消防水泵的供电或备用动力应符合下列规定：

① 消防水泵应按一级负荷要求供电，当不能满足一级负荷要求供电时应采用柴油发电机组作为备用动力；

② 工业建筑备用泵宜采用柴油机消防水泵。

（3）稳压泵设计流量

稳压泵的公称流量不应小于消防给水系统管网的正常泄漏量，且应小于系统自动启动流量。

1）消防给水系统管网的正常泄漏量应根据管道材质、接口形式等确定，当没有管网泄漏量数据时，稳压泵的设计流量可按消防给水设计流量的 1%~3% 计，但不应小于 1L/s；

2）消防给水系统所采用的报警阀压力开关等自动启动流量应根据产品确定。

（4）稳压泵设计压力

1）稳压泵的设计压力应满足系统自动启动和管网充满水的要求；

2）稳压泵的设计压力应保持系统自动启泵压力设置点处的压力在准工作状态时大于系统设置自动启泵压力值，且增加值宜为 0.07~0.10MPa；

3）稳压泵的设计压力应保持系统最不利点处水灭火设施在准工作状态时的静水压力应大于 0.15MPa。

（5）稳压泵控制

1）设置稳压泵的临时高压消防给水系统应设置防止稳压泵频繁启停的技术措施，当采用气压水罐时，其调节容积应根据稳压泵启泵次数不大于 15 次/h 计算确定，但其有效容积不宜小于 150L；

2）稳压泵应由消防给水管网或气压水罐上设置的稳压泵自动启停泵压力开关或压力变送器控制；

3）稳压泵应设置就地强制启停按钮，并应有保护装置。

3. 高位消防水箱

（1）高位消防水箱设置条件

1）高层民用建筑、3 层及以上单体建筑面积大于 $10000m^2$ 的其他公共建筑，当采用临时高压消防给水系统时应设置高位消防水箱。

2）室内采用临时高压消防给水系统的其他建筑应设置高位消防水箱，但当设置高位消防水箱确有困难，且采用安全可靠的消防给水形式时，可不设高位消防水箱，但应设稳压泵。

（2）高位消防水箱有效容积

临时高压消防给水系统的高位消防水箱的有效容积应满足初期火灾消防用水量要求，并应符合下列规定：

1）一类高层公共建筑，不应小于 $36m^3$，但当建筑高度大于 100m 时，不应小于 $50m^3$，当建筑高度大于 150m 时，不应小于 $100m^3$；

2）多层公共建筑、二类高层公共建筑和一类高层住宅，不应小于 $18m^3$，当一类高层住宅建筑高度超过 100m 时，不应小于 $36m^3$；

3）二类高层住宅，不应小于 $12m^3$；

4）建筑高度大于 21m 的住宅，不应小于 $6m^3$；

5）工业建筑室内消防给水设计流量当小于或等于 25L/s 时，不应小于 $12m^3$，大于 25L/s 时，不应小于 $18m^3$；

6）总建筑面积大于 $10000m^2$ 且小于 $30000m^2$ 的商店建筑，不应小于 $36m^3$，总建筑面积大于 $30000m^2$ 的商店建筑，不应小于 $50m^3$，当与上述第 1）款规定不一致时应取其较大值。

（3）高位消防水箱设计要求

1）高位消防水箱可采用热浸镀锌钢板、钢筋混凝土、不锈钢板等材料。

2）高位消防水箱设置位置要求：

高位消防水箱的设置位置应高于其所服务的水灭火设施，且其最低有效水位应满足水灭火设施最不利点处的静水压力，并应符合下列规定：

① 一类高层公共建筑，不应低于0.10MPa，但当建筑高度大于100m时，不应低于0.15MPa；

② 高层住宅、二类高层公共建筑、多层公共建筑，不应低于0.07MPa；多层住宅，不宜低于0.07MPa；

③ 工业建筑不应低于0.10MPa，当建筑体积小于20000m³时，不宜低于0.07MPa；

④ 自动喷水灭火系统等自动水灭火系统应根据喷头灭火需求压力确定，但最小不应小于0.10MPa。

当高位消防水箱不能满足水灭火设施最不利点处的静压要求时，应设稳压泵。

3）高位消防水箱的设置应满足下列要求：

① 当高位消防水箱在屋顶露天设置时，水箱人孔以及进出水管的阀门等应采取锁具或阀门箱等保护措施以防被随意关闭；

② 在严寒、寒冷等冬季结冰地区的消防水箱应设置在消防水箱间内；其他地区宜设置在室内，当必须在屋顶露天设置时，应采取防冻隔热等安全措施；

③ 高位消防水箱间应通风良好，环境温度或水温不应低于5℃；

④ 高位消防水箱与基础应牢靠连接。

4）消防水与其他用水共用的高位消防水箱，应采取确保消防用水量不作他用的技术措施，具体技术措施可参考图2-1的做法。

5）高位消防水箱进水管设计应满足下列规定：

① 高位消防水箱进水管的管径应满足消防水箱8h充满水的要求，但管径不应小于DN32，进水管宜设置液位阀或浮球阀；

② 高位消防水箱进水管应在溢流水位以上接入，进水管口的最低点高出溢流边缘的高度应等于进水管管径，但不应小于100mm，不应大于150mm；

③ 当高位消防水箱进水管采用淹没出流时，应在进水管上设置倒流防止的措施或在管道上设置虹吸破坏孔和真空破坏器，虹吸破坏孔的孔径不宜小于管径的1/5，且不应小于25mm。但当采用生活用水补水时，其进水管不应淹没出流。

6）高位消防水箱出水管设计应满足下列规定：

① 高位消防水箱的出水管应保证消防水箱的有效容积能被全部利用。即当出水管管口设置向下喇叭口时，高位消防水箱最低有效水位高于其喇叭口的高程差不应小于0.60m；当出水管管口设置防止旋流器时，最低有效水位高于其防止旋流器顶部的高程差不应小于0.15m。

② 高位消防水箱的出水管应位于高位消防水箱最低有效水位以下以防出水管进气，并应设置防止消防用水进入高位消防水箱的止回阀。

③ 高位消防水箱的出水管管径应满足消防给水设计流量的出水要求，且不应小于DN100。

7）高位消防水箱的进、出水管上应设置带指示启闭装置的阀门。

8）高位消防水箱溢流管设计应满足下列规定：

① 高位消防水箱溢流管的直径不应小于进水管直径的 2 倍，且不应小于 $DN100$，溢流管的喇叭口直径不应小于溢流管直径的 $1.5 \sim 2.5$ 倍；

② 溢流水位宜高出高位消防水箱最高设计水位 0.05m 左右，溢流管喇叭口应与溢流水位在同一水位线上，溢流管上不应装阀门。

9）高位消防水箱应设置通气管和呼吸管，消防水池的通气管、呼吸管和溢流水管应采取防止虫鼠等进入消防水池的技术措施。

10）高位消防水箱溢流管、放空管排水应采用间接排水方式。

11）高位消防水箱应设置就地水位显示装置，并应在消防控制中心或值班室等地点设置显示高位消防水箱水位的装置，同时应有最高和最低报警水位。

4. 高位消防水池（水塔）

高位消防水池（水塔）的最低有效水位应能满足其所服务的水灭火系统所需的工作压力和流量，且其有效容积应满足火灾延续时间内所需消防用水量。并应满足下列规定：

① 除可一路消防供水的建筑外，向高位消防水池供水的给水管不应少于两条；

② 当高层民用建筑采用高位消防水池供水的高压消防给水系统时，高位消防水池储存室内消防用水量确有困难，但火灾时补水可靠，其总有效容积不应小于室内消防用水量的 50%；

③ 高层民用建筑高压消防给水系统的高位消防水池总有效容积大于 200m³ 时，宜设置蓄水有效容积相等且可独立使用的两格；当建筑高度大于 100m 时应设置独立的两座。每格或每座应有一条独立的出水管向消防给水系统供水；

④ 高位消防水池设置在建筑物内时，应采用耐火极限不低于 2.0h 的隔墙和 1.50h 的楼板与其他部位隔开，并应设甲级防火门；且消防水池及其支承框架与建筑构件应连接牢靠；

⑤ 高位消防水池的有效容积、水位、排水以及其进水管、出水管、溢流管、通气管、呼吸管等设计除高位消防水箱的补水时间（不宜大于 96h）外，其余设计要求与高位消防水箱要求相同。

5. 消防水泵接合器

（1）设置条件

1）下列场所的室内消火栓系统应设置消防水泵接合器：

① 6 层及以上并设置室内消火栓系统的民用建筑；

② 5 层及以上并设置室内消火栓系统的厂房、仓库；

③ 室内消火栓设计流量大于 10L/s 且平时使用的人民防空工程；

④ 地铁工程中设置室内消火栓系统的建筑或场所；

⑤ 设置室内消火栓系统的交通隧道；

⑥ 设置室内消火栓系统的地下、半地下汽车库和 5 层及以上的汽车库；

⑦ 设置室内消火栓系统，建筑面积大于 10000m² 或 3 层及以上的其他地下、半地下建筑（室）。

2）自动喷水灭火系统、水喷雾灭火系统、泡沫灭火系统和固定消防炮灭火系统等水灭火系统，均应设置消防水泵接合器。

（2）消防水泵接合器型式及给水流量、设置数量计算

1）消防水泵接合器有地上式消防水泵接合器、地下式消防水泵接合器墙壁式消防水

泵接合器三种形式；

2）消防水泵接合器的给水流量宜按每个 10~15L/s 计算。

3）每种水灭火系统的消防水泵接合器设置的数量应按系统设计流量经计算确定，但当计算数量超过 3 个时，可根据供水可靠性适当减少。

（3）消防水泵接合器设计要求

1）消防水泵接合器的供水范围，应根据当地消防车的供水量和压力确定。

·2）临时高压消防给水系统向多栋建筑供水时，消防水泵接合器应在每座建筑附近就近设置。

3）消防给水为竖向分区供水时，在消防车供水压力范围内的分区，应分别设置消防水泵接合器；当建筑高度超过消防车供水高度时，消防给水应在设备层等方便操作的地点设置手抬泵或移动泵接力供水的吸水加压接口。

4）消防水泵接合器应设在室外便于消防车使用的地点，且距室外消火栓或消防水池的距离不宜小于 15m，并不宜大于 40m。

5）墙壁式消防水泵接合器的安装高度距地面宜为 0.7m，与墙面上的门、窗、孔、洞的净距不应小于 2m，且不应安装在玻璃幕墙下方。

6）消防水泵接合器处应设置永久性标识铭牌，并应表明供水系统、供水范围和额定压力。

2.5 消火栓系统

消火栓系统由供水设施、消火栓、配水管网和阀门等组成的系统，包括市政消火栓系统、室外消火栓系统和室内消火栓系统。

2.5.1 系统选择

消火栓系统分干式消火栓系统和湿式消火栓系统两种。

（1）下列消防给水系统或场所应采用湿式消火栓系统

1）市政消火栓和室外消火栓应采用湿式消火栓系统；

2）室内环境温度不低于 4℃，且不高于 70℃ 的场所，应采用湿式室内消火栓系统。

（2）下列条件下，可（或宜）采用干式消火栓系统

1）室内环境温度低于 4℃ 或高于 70℃ 的场所，宜采用干式消火栓系统；

2）建筑高度不大于 27m 的多层住宅建筑设置室内湿式消火栓系统确有困难时，可设置干式消火栓系统；

3）在严寒、寒冷等冬季结冰地区城市隧道及其他构筑物的消火栓系统应采取防冻措施，并宜采用干式消火栓系统和干式室外消火栓。

（3）干式消火栓系统的充水时间不应大于 5min，并应符合下列规定：

1）在干式消火栓系统的供水干管上宜设干式报警阀、雨淋阀或电磁阀、电动阀等快速启闭装置，当采用雨淋阀、电磁阀和电动阀时，开启时间不应超过 30s；

2）当采用雨淋阀、电磁阀和电动阀时，在消火栓箱处应设置直接开启快速启闭装置的手动按钮；

3）在系统管道的最高处应设置快速排气阀。

2.5.2 市政消火栓

（1）设置条件和给水方式

1）除居住人数不大于 500 人且建筑层数不大于 2 层的居住区外，城镇（包括居住区、商业区、开发区、工业区等）应沿可通行消防车的街道设置市政消火栓系统。

2）城镇（市政）消防给水宜采用城镇市政给水管网供应。

根据市政给水管网供水压力判断，市政消防给水既可能是低压系统，也可能是高压系统。

（2）管网设计应满足下列规定：

1）设有市政消火栓的市政给水管网宜为环状管网，但当城镇人口小于 2.5 万人时，可为枝状管网。

2）接市政消火栓的环状给水管网的管径不应小于 DN150，枝状管网的管径不宜小于 DN200。但当城镇人口小于 2.5 万人时，接市政消火栓的给水管网管径可适当减小，环状管网的管径不应小于 DN100，枝状管网的管径不宜小于 DN150。

3）工业园区、商业区和居住区等区域采用两路消防供水，当其中一条引入管发生故障时，其余引入管在保证满足 70% 生产生活给水的最大小时设计流量条件下，应仍能满足现行国家标准《消防给水及消火栓系统技术规范》GB 50974 规定的消防给水设计流量。

4）设有市政消火栓的市政给水管网的阀门设置应便于市政消火栓的使用和维护，并应符合现行国家标准《室外给水设计标准》GB 50013 的有关规定。

（3）出水流量和供水压力

1）当市政给水管网设有市政消火栓时，其平时运行工作压力不应小于 0.14MPa，火灾时市政消火栓的出水流量不应小于 15L/s，且供水压力（从地面算起）不应小于 0.10MPa。

2）火灾时消防水鹤的出水流量不宜低于 30L/s，且供水压力从地面算起不应小于 0.10MPa。

（4）设置要求

1）市政消火栓宜采用地上式室外消火栓；在严寒、寒冷等冬季结冰地区宜采用干式地上式室外消火栓，严寒地区宜增设消防水鹤。当采用地下式室外消火栓，地下式室外消火栓井的直径不宜小于 1.5m，且当地下式室外消火栓的取水口在冰冻线以上时，应采取保温措施。

2）市政消火栓宜采用直径 DN150 的室外消火栓，并应符合下列规定：

① 室外地上式消火栓应有一个直径 150mm（或 100mm）和两个直径 65mm 的栓口；

② 室外地下式消火栓应有直径 100mm 和直径 65mm 的栓口各一个，室外地下式消火栓应有明显永久性标志。

3）市政消火栓布置应满足下列规定：

① 市政消火栓宜在道路一侧设置，并宜靠近十字路口，但当市政道路宽度超过 60m 时，应在道路两侧交叉错落设置市政消火栓；

② 市政桥桥头和城市隧道出入口等公共设施处，应设置消火栓；

③ 市政消火栓的保护半径不应超过 150m，间距不应大于 120m。

4）市政消火栓应布置在消防车易于接近的人行道和绿地等地点，且不应妨碍交通，并应符合下列规定：

① 市政消火栓距路边的不宜小于 0.5m，并不应大于 2.0m；

② 市政消火栓距建筑外墙或外墙边缘不宜小于 5.0m；

③ 市政消火栓应避免设置在机械撞击的地点，确有困难时，应采取防撞措施。

5）严寒地区在城市主要干道上设置消防水鹤的布置间距宜为 1000m，连接消防水鹤的市政给水管的管径不宜小于 $DN200$。

2.5.3 室外消火栓

（1）设置条件

除城市轨道交通工程的地上区间和一级、二级耐火等级且建筑体积不大于 3000m³ 的戊类厂房可不设置室外消火栓外，下列建筑或场所应设置室外消火栓系统：

1）建筑占地面积大于 300m² 的厂房、仓库和民用建筑；

2）用于消防救援和消防车停靠的建筑屋面或高架桥；

3）地铁车站及其附属建筑、车辆基地。

（2）给水形式选择

室外消火栓给水系统可采用高压、临时高压、低压消防给水系统。

1）建筑室外消火栓宜采用低压消防给水系统，当建筑室外消火栓采用高压或临时高压消防给水系统时，宜与室内消防给水系统合用。

2）工艺装置区、储罐区等场所室外消火栓应采用高压或临时高压消防给水系统，但当其没有设置泡沫灭火系统、固定冷却水系统和消防炮，其室外消防给水设计流量不大于30L/s，且其在城镇消防站保护范围内时，其室外消火栓可采用低压消防给水系统。

3）堆场等场所室外消火栓宜采用低压消防给水系统，但当可燃物堆场规模大、堆垛高、易起火、扑救难度大时，其室外消火栓应采用高压或临时高压消防给水系统。

4）当室外消火栓直接用于灭火且室外消防给水设计流量大于 30L/s 时，应采用高压或临时高压消防给水系统。

（3）给水方式

1）高压室外消火栓给水系统：

① 市政给水管网（或其他供水管网）→室外消火栓；

② 高位消防水池→室外消火栓。

2）临时高压室外消火栓给水系统：

消防水池→消防水泵→室外消火栓

3）低压室外消火栓给水系统：

市政给水管网（或其他供水管网）→室外消火栓

（4）管网设计应满足下列规定：

1）采用两路消防供水的室外消火栓给水系统管网应采用环状管网；

2）当建筑高度超过 54m 的住宅或建筑物室外消火栓设计流量小于或等于 20L/s 时，可采用一路消防供水，其室外消火栓给水系统管网可采用枝状管网；

3）消防给水管道直径应根据流量、流速和压力要求经计算确定，但不应小于 DN100；

4）消防给水管道应采用阀门分成若干段，每段内室外消火栓数量不宜超过 5 个；

5）当室外消火栓与生产、生活合用给水系统时，合用系统的设计流量应为生产、生活给水的最大小时设计流量和室外消火栓设计流量之和，当其向室内消防水供水时，其设计流量还应加上室内消防给水设计设计流量；

6）管道的其他设计要求应符合现行国家标准《室外给水设计标准》GB 50013 的有关规定。

（5）出水流量和供水压力

火灾时，水力最不利点处室外消火栓的出水流量不应小于 15L／s，且其供水压力从地面算起不应小于 0.10MPa（或满足车载手抬移动消防水泵等取水所需的工作压力）。

（6）设置要求

1）室外消火栓宜采用地上式室外消火栓；在严寒、寒冷等冬季结冰地区宜采用干式地上式室外消火栓。当采用地下式室外消火栓，地下式室外消火栓井的直径不宜小于 1.5m，且当地下式室外消火栓的取水口在冰冻线以上时，应采取保温措施；

2）室外消火栓宜采用直径 DN150 的室外消火栓，并应符合下列规定：

① 室外地上式消火栓应有一个直径 150mm（或 100mm）和两个直径 65mm 的栓口；

② 室外地下式消火栓应有直径 100mm 和直径 65mm 的栓口各一个，室外地下式消火栓应有明显永久性标志。

3）建筑室外消火栓布置应满足下列规定：

① 建筑室外消火栓的数量应根据室外消火栓设计流量和保护半径经计算确定，保护半径不应大于 150m，间距不应大于 120m。每个室外消火栓的出水流量宜按 10～15L／s 计算；

② 室外消火栓宜沿建筑周围均匀布置，且不宜集中布置在建筑一侧，建筑消防扑救面一侧的室外消火栓不宜少于 2 个；

③ 停车场的室外消火栓宜沿停车场周边布置，且与最近一排汽车的距离不宜小于 7m，距加油站或油库不宜小于 15m；

④ 人防工程、地下工程等建筑应在出入口附近设置室外消火栓，且距出入口的距离不宜小于 5m，并不宜大于 40m。

4）甲、乙、丙类液体储罐区和液化烃储罐区等构筑物的室外消火栓应设在防火堤或防护墙外，数量应根据每个罐的设计流量经计算确定，但距罐壁 15m 范围内的消火栓，不应计算在该罐可使用的数量内。

5）工艺装置区等采用高压或临时高压消防给水系统的场所，其周围应设置室外消火栓，数量应根据设计流量经计算确定，且间距不应大于 60.0m。当工艺装置区宽度大于 120.0m 时，宜在该装置区内的路边设置室外消火栓。

6）当工艺装置区、罐区、堆场、可燃气体和液体码头等构筑物的面积较大或高度较高，室外消火栓的充实水柱无法完全覆盖时，宜在适当部位设置室外固定消防炮。

7）当工艺装置区、储罐区、堆场等构筑物采用高压或临时高压消防给水系统时，消火栓的设置应符合下列规定：

① 室外消火栓处宜配置消防水带和消防水枪；

② 工艺装置区休息平台等处需要设置的消火栓的场所应采用室内消火栓，并应符合

室内消火栓设置的相关规定。

8）室外消火栓应布置在消防车易于接近的人行道和绿地等地点，且不应妨碍交通，并应符合下列规定：

① 室外消火栓距路边不宜小于0.5m，不应大于2.0m；

② 室外消火栓距建筑外墙或外墙边缘不宜小于5.0m；

③ 室外消火栓应避免设置在机械撞击的地点，确有困难时，应采取防撞措施。

9）当室外消火栓系统的室外消防给水引入管设有倒流防止器时，应在该倒流防止器前增设一个室外消火栓。

2.5.4 室内消火栓

（1）设置条件

1）除不适用水保护或灭火的场所、远离城镇且无人值守的独立建筑、散装粮食仓库、金库可不设置室内消火栓系统外，下列建筑应设置室内消火栓系统：

① 建筑占地面积大于300m^2的甲、乙、丙类厂房；

② 建筑占地面积大于300m^2的甲、乙、丙类仓库；

③ 高层公共建筑，建筑高度大于21m的住宅建筑；

④ 特等和甲等剧场，座位数大于800个的乙等剧场，座位数大于800个的电影院，座位数大于1200个的礼堂，座位数大于1200个体育馆等建筑；

⑤ 建筑体积大于5000m^3的下列单、多层建筑：车站、码头、机场的候车（船、机）建筑，展览、商店、旅馆和医疗建筑，老年人照料设施，档案馆，图书馆；

⑥ 建筑高度大于15m或建筑体积大于10000m^3的办公建筑、教学建筑及其他单、多层民用建筑；

⑦ 建筑面积大于300m^2的汽车库和修车库；

⑧ 建筑面积大于300m^2且平时使用的人民防空工程；

⑨ 地铁工程中的地下区间、控制中心、车站及长度大于30m的人行通道，车辆基地内建筑面积大于300m^2的建筑；

⑩ 通行机动车的一、二、三类城市交通隧道。

2）国家级文物保护单位的重点砖木或木结构的古建筑，宜设置室内消火栓。

3）下列建筑或场所可不设置室内消火栓，但宜设置消防软管卷盘或轻便消防水龙：

① 存有与水接触能引起燃烧爆炸的物品的建筑；

② 室内无生产、生活给水管道、室外消防用水取自储水池且建筑体积不大于5000m^3的其他建筑；

③ 耐火等级为一级、二级且可燃物较少的单层、多层丁、戊类厂房（仓库）；

④ 耐火等级为三级、四级且建筑体积不大于3000m^3的丁类厂房；耐火为三级、四级且建筑体积不大于5000m^3的戊类厂房（仓库）；

⑤ 粮食仓库、金库、远离城镇且无人值班的独立建筑体。

4）人员密集的公共建筑、建筑高度大于100m的建筑和建筑面积大于200m^2的商业服务网点内应设置消防软管卷盘或轻便消防水龙。高层住宅建筑的户内宜配置轻便消防水龙。老年人照料设施内应设置与室内供水系统直接连接的消防软管卷盘，其设置间距不应大于30m。

（2）给水形式选择

室内消火栓给水系统应采用高压、临时高压消防给水系统。

（3）给水方式

1）高压室内消火栓给水系统

① 供水方式：市政给水管网（或其他供水管网）→ 室内消火栓，如图2-3所示。

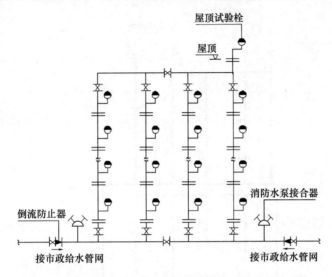

图2-3　利用市政给水管网直接供水的高压消防给水系统

② 供水方式：高位消防水池→室内消火栓，如图2-4所示。

2）临时高压室外消火栓给水系统

供水方式：消防水池 → 消防水泵 → 室内消火栓，如图2-5所示。

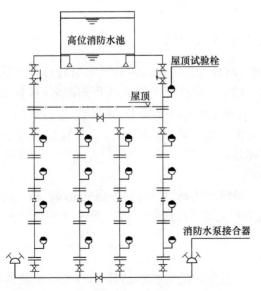

图2-4　利用高位消防水池供水的高压
消防给水系统

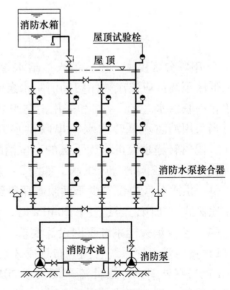

图2-5　采用消防水泵加压的临时高压
消防给水系统

3）竖向分区给水：当室内消火栓栓口处水静压大于 1.0MPa 时，应采用分区供水方式。室内消火栓给水系统竖向分区供水形式：并联分区供水、串联分区供水、采用减压水箱分区供水和采用减压阀分区供水等分区供水方式。

① 并联分区供水：室内消火栓给水管网竖向分区，每区分别有各自专用的消防水泵，并集中设置在消防泵房内，如图 2-6 所示。

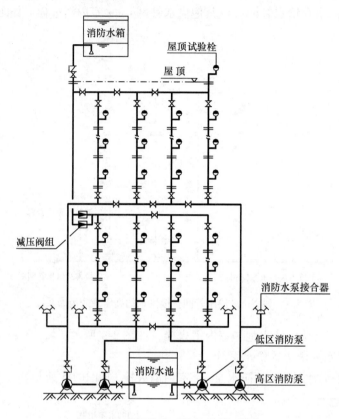

图 2-6　消防给水系统并联分区供水

② 串联分区供水：室内消火栓给水管网竖向分区，由设在各分区专用的消防水泵串联从低区至高区应依次顺序启动消防水泵向上供水。串联分区供水包括采用消防水泵及转输水箱串联供水（图 2-7）和采用消防水泵直接串联供水（图 2-8）两种方式。

当采用消防水泵转输水箱串联供水方式时，其转输水箱的有效储水容积不应小于 $60m^3$，同时转输水箱可作为下区的高位消防水箱。

③ 采用减压阀的分区供水，如图 2-9 所示。

每一供水分区应设不少于两组减压阀组，每组减压阀组宜设置备用减压阀；减压阀宜采用比例式减压阀，当超过 1.20MPa 时，宜采用先导式减压阀。

（4）室内消火栓系统管网设计要求

1）室内消火栓系统管网应布置成环状；

2）当室外消火栓设计流量不大于 20L/s，且室内消火栓不超过 10 个时，其室内消火栓系统管网可布置成枝状；但室内消火栓采用由屋顶消防水箱供水（临时高压）的除外；

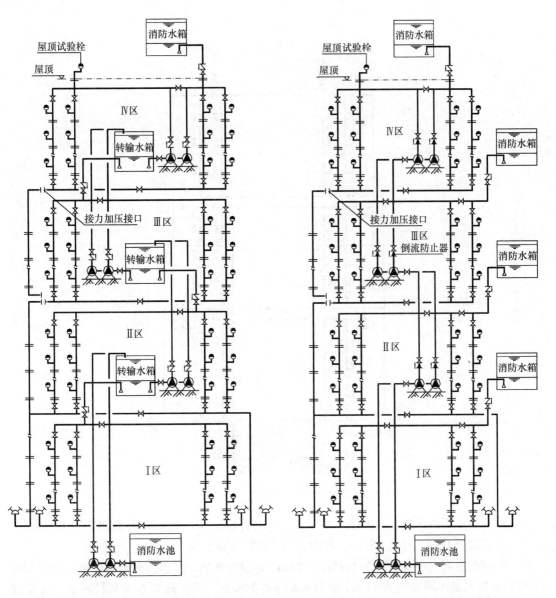

图 2-7 采用消防水泵及转输水箱串联供水　　　　图 2-8 采用消防水泵直接串联供水

3）室内消火栓系统管道管径应根据系统设计流量、流速和压力要求经计算确定；室内消火栓系统竖管管径应根据竖管最低流量经计算确定，但不应小于 $DN100$；

4）室内消火栓环状管网竖管布置应保证管道在检修时关闭停用的竖管不超过 1 根，当竖管超过 4 根时，可关闭不相邻的 2 根；

5）室内消火栓环状管网竖管与供水横干管相接处应设置阀门；

6）室内消火栓环状给水管网宜与自动喷水等其他水灭火系统的管网分开设置；当合用消防水泵时，供水管路沿水流方向应在报警阀前分开设置。

（5）室内消火栓设计要求

1）室内消火栓的配置应符合下列规定：

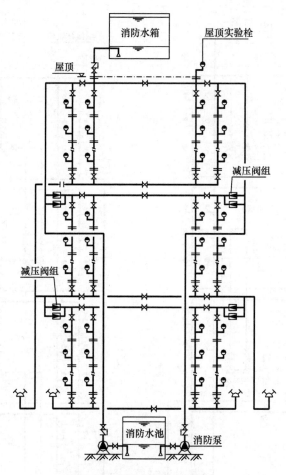

图 2-9　采用减压阀分区供水

① 应采用 DN65 室内消火栓，并可与消防软管卷盘或轻便水龙设置在同一箱体内；

② 应配置公称直径为 65mm、有内衬里的消防水带，长度不宜超过 25m；

③ 宜配置当量喷嘴直径为 16mm 或 19mm 的消防水枪，但当消火栓设计流量为 2.5L／s 时宜配置当量喷嘴直径为 11mm 或 13mm 的消防水枪；消防软管卷盘和轻便水龙应配置当量喷嘴直径为 6mm 的消防水枪。

注：消防软管卷盘和轻便水龙的用水量可不计入消防用水总量。

2）室内消火栓栓口压力和消防水枪充实水柱，应符合下列规定：

① 消火栓栓口动压力不应大于 0.50MPa，当大于 0.70MPa 时必须设置减压装置。

② 高层建筑、厂房、库房和室内净空高度超过 8m 的民用建筑等场所，消火栓栓口动压力不应小于 0.35MPa，且消防水枪充实水柱应按 13m 计算；其他场所，消火栓栓口动压力不应小于 0.25MPa，且消防水枪充实水柱应按 10m 计算。

3）室内消火栓设置要求

① 设置室内消火栓的建筑，包括各设备层内的各层均应设置消火栓；

② 消防电梯前室应设置室内消火栓，并应计入消火栓使用数量；

③ 建筑室内消火栓的设置应满足火灾扑救要求，并符合下列规定：

a. 室内消火栓应设置在楼梯间及其休息平台和前室、走道等明显易于取用以及便于火灾扑救的位置；

b. 住宅的室内消火栓宜设置在楼梯间及其休息平台；

c. 汽车库内消火栓的设置不应影响汽车的通行和车位的设置，并应确保消火栓的开启；

d. 同一楼梯间及其附近不同层设置的消火栓，其平面位置宜相同；

e. 冷库内的室内消火栓应设置在常温穿堂或楼梯间内。

④ 屋顶设有直升机停机坪的建筑，应在停机坪出入口处或非电器设备机房处设置消火栓，且距停机坪机位边缘的距离不应小于 5.0m。

⑤ 室内消火栓的布置应满足同一平面有 2 支消防水枪的 2 股充实水柱同时达到任何部位的要求，但建筑高度小于或等于 24.0m 且体积小于或等于 5000m^3 的多层仓库、建筑高度小于或等于 54.0m 且每单元设置一部疏散楼梯的住宅，以及可采用 1 支消防水枪的场所，可采用 1 支消防水枪的 1 股充实水柱同时达到任何部位。

⑥ 跃层住宅和商业网点的室内消火栓的布置应至少满足 1 支消防水枪的 1 股充实水柱同时达到室内任何部位，并宜设置在户门附近。

⑦ 室内消火栓宜按直线距离计算其布置间距，并应符合下列规定：

a. 消火栓按 2 支消防水枪的 2 股充实水柱同时达到任何部位要求布置的建筑物，消火栓的布置间距不应大于 30.0m；

b. 消火栓按 1 支消防水枪的 1 股充实水柱同时达到任何部位要求布置的建筑物，消火栓的布置间距不应大于 50.0m。

4）建筑室内消火栓栓口的安装高度应便于消防水带的连接和使用，其离地面高度宜为 1.1m，其出水方向应便于消防水带的敷设，并宜与设置消火栓的墙面呈 90°角或向下。

5）住宅户内宜在生活给水管道上预留一个接 DN15 消防软管卷盘或轻便水龙的接口。

6）建筑高度不大于 27m 的住宅，当设置消火栓时，可采用干式消防竖管，并应符合下列规定：

① 干式消防竖管宜设置在楼梯间休息平台，且仅配置消火栓栓口；

② 干式消防竖管应设置消防车供水接口；

③ 消防车供水接口应设置在首层便于消防车接近和安全的地点；

④ 竖管顶端应设置自动排气阀。

7）设有室内消火栓的建筑应设置带压力表的试验消火栓，其设置应符合下列规定：

① 多层和高层建筑应在其屋顶设置，严寒、寒冷等冬季结冰地区可设置在顶层出口处或水箱间内等便于操作和防冻的位置；

② 单层建筑宜设置在水利最不利处，且应靠近出入口。

8）城市交通隧道室内消火栓系统设置应符合下列规定：

① 城市交通隧道内宜设置独立的消防给水系统；

② 管道内的消防供水压力应保证用水量达到最大时，最低压力不应小于 0.30MPa，但当消火栓栓口的出水压力超过 0.70MPa 时，应设置减压设施；

③ 在隧道出入口处应设置消防水泵接合器和室外消火栓；

④ 消火栓的间距不应大于50m，双向同行车道或单行通行但大于3车道时，应双面间隔设置；

⑤ 隧道内允许通行危险化学品的机动车，且隧道长度超过3000m时，应配置水雾或泡沫消防水枪。

2.5.5 消火栓给水管道、阀门

消火栓给水系统中采用的设备、器材、管道材料、阀门和配件等系统组件的产品工作压力等级，应大于消防给水系统的系统工作压力，且应保证系统在最大运行压力时安全可靠。

1. 消防给水系统的系统工作压力

（1）低压消防给水系统的系统工作压力

低压消防给水系统的系统工作压力应根据市政给水管网（或其他给水管网）的系统工作压力确定，且不应小于0.6MPa。

（2）临时高压消防给水系统的系统工作压力

1）当消防水泵从消防水池吸水加压，且采用高位水箱稳压的临时高压消防给水系统的系统工作压力，应为消防水泵零流量时压力与水泵吸水口最大静水压力之和。

① 消防水泵零流量时的压力不应大于消防水泵设计工作压力的140%，且宜大于消防水泵设计工作压力的120%，因而，消防水泵零流量时的最大压力可取消防水泵设计工作压力的140%；

② 消防水泵吸水口最大静水压力为消防水泵吸水喇叭口与消防水池最高设计水位的高程差。

2）当消防水泵从市政给水管网直接吸水加压，且采用高位水箱稳压的临时高压消防给水系统的系统工作压力，应为消防水泵零流量时压力与水泵入口处市政给水管网的最高供水压力之和。

3）采用稳压泵稳压的临时高压消防给水系统的系统工作压力，应取消防水泵零流量时压力、消防水泵吸水口最大静水压力两者之和与稳压泵维持系统压力时两者其中的较大值。

（3）高压消防给水系统的系统工作压力

1）采用高位消防水池（或水塔）供水的高压消防给水系统的系统工作压力，应为高位消防水池（或水塔）的最大静压。

高位消防水池（或水塔）的最大静压就是高位消防水池（或水塔）最高设计水位与高压消防给水系统最低点处的高程差。

2）由市政给水管网（或其他给水管网）直接供水的高压消防给水系统的系统工作压力，应根据市政给水管网（或其他给水管网）的工作压力确定。

（4）当高压消防给水系统或临时高压消防给水系统的系统工作压力小于0.60MPa时，其系统工作压力应取0.60MPa。

2. 消火栓给水管道

埋地消火栓给水管道可采用球墨铸铁给水管、钢丝网骨架塑料复合给水管和加强防腐

钢管等管材，室内外架空消火栓给水管道应采用热浸锌镀锌钢管等金属管道。

（1）埋地消火栓给水管道

① 当系统工作压力不大于 1.20MPa 时，宜采用球墨铸铁给水管或钢丝网骨架塑料复合给水管；

② 当系统工作压力大于 1.20MPa 且小于 1.60MPa 时，宜采用钢丝网骨架塑料复合水管；

③ 当系统工作压力大于 1.60MPa 时，宜采用无缝钢管。

注：埋地管道采用钢丝网骨架塑料复合管的聚乙烯（PE）原材料不应低于 PE80、内环向应力不应低于 8.0MPa。

（2）架空消火栓给水管道

① 当系统工作压力不大于 1.20MPa 时，可采用热浸锌镀锌钢管；

② 当系统工作压力大于 1.20MPa 且小于或等于 1.60MPa 时，应采用热浸镀锌加厚钢管或热浸镀锌无缝钢管；

③ 当系统工作压力大于 1.60MPa 时，应采用热浸镀锌无缝钢管。

3. 消火栓给水系统阀门及其他

（1）阀门

1）埋地管道的阀门可采用带启闭刻度的暗杆闸阀、耐腐蚀的明杆闸阀，埋地管道阀门的材质应为球墨铸铁阀门。

2）室外架空管道的阀门可采用蝶阀、带启闭刻度的暗杆闸阀、耐腐蚀的明杆闸阀，阀门材质应为球墨铸铁或不锈钢阀门。

3）室内架空管道的阀门可采用蝶阀、带启闭刻度的暗杆闸阀、明杆闸阀等，阀门材质应为球墨铸铁或不锈钢阀门。

（2）止回阀

消防水泵出水管上的止回阀宜采用水锤消除止回阀，当消防水泵供水高度超过 24m 时，应采用水锤消除器。当消防水泵出水管上设有囊式气压水罐时，可不设水锤消除设施。

（3）减压阀

1）减压阀宜采用比例式减压阀，当超过 1.20MPa 时，宜采用先导式减压阀；

2）减压阀的阀前阀后压力比值不宜大于 3:1，当一级减压阀减压不能满足要求时，可采用减压阀串联减压，但串联减压不应大于二级，第二级减压阀宜采用先导式减压阀，阀前后压力差不宜超过 0.4MPa；

3）减压阀的进口处应设置过滤器，过滤器的孔网直径不宜小于 4～5 目/cm²，过滤面积不应小于管道截面积的 4 倍；

4）过滤器和减压阀前后应设压力表，过滤器前和减压阀后应设置控制阀门；

5）减压阀应设置流量检测测试接口或流量计，减压阀后应设置试验排水阀；

6）比例式减压阀宜垂直安装，可调式减压阀宜水平安装；

7）垂直安装的减压阀，水流方向宜向下；接减压阀的管段不应有气堵、气阻。

（4）减压孔板

1）减压孔板应采用不锈钢材质制作；

2）减压孔板应设在管道直径不小于 50mm 的水平管段上，前后管段的长度均不宜小于该管段直径的 5 倍；

3）减压孔板孔口直径不应小于设置管段管道直径的 30%，且不应小于 20mm。

（5）节流管

1）节流管直径宜按上游管段直径的 1/2 确定；

2）流管长度不宜小于 1m；

3）节流管内水的平均流速不应大于 20m/s。

（6）倒流防止器

1）室内消防给水系统由生产、生活给水管网直接供水时，应在引入管处设置倒流防止器。

2）当消防给水系统采用有空气隔断的倒流防止器时，该倒流防止器应设置在清洁卫生的场所，其排水口应采取防止被水淹没的技术措施。

2.5.6 水力计算

（1）消防给水输配水管道单位长度管道沿程水头损失，可按式（2-12）计算：

$$i = 2.9660 \times 10^{-7} \frac{q^{1.852}}{C^{1.852} d_i^{4.87}} \tag{2-12}$$

式中 i ——单位长度管道沿程水头损失（MPa）；

q ——管段设计流量（L/s）；

C ——海曾-威廉系数，可按表 2-38 取值；

d_i ——管道的内径（mm）。

表 2-38

海曾-威廉系数

管材名称	海曾-威廉系数（C）	管材名称	海曾-威廉系数（C）
球墨铸铁管（内衬水泥）	130	铜管/不锈钢管	140
钢管（旧）	100	钢丝网骨架 PE 塑料管	140
镀锌钢管	120		

（2）管道速度压力，可按式（2-13）计算：

$$P_v = 8.11 \times 10^{-10} \frac{q^2}{d_i^4} \tag{2-13}$$

式中 P_v ——管道速度压力（MPa）；

q ——管段设计流量（L/s）；

d_i ——管道的内径（m）。

（3）管道压力（动水压力），可按式（2-14）计算：

$$P_n = P_t - P_v \tag{2-14}$$

式中 P_n ——管道某一点处压力即动水压力（MPa）；

P_t ——管道某一点处总压力（MPa）；

P_v ——管道某一点处速度压力（MPa）。

（4）管道沿程水头损失，可按式（2-15）计算：

$$P_f = iL \tag{2-15}$$

式中 P_f——管道沿程水头损失（MPa）；

    i——单位长度管道沿程水头损失（MPa）；

    L——计算管段管道长度（m）。

（5）管道局部水头损失，可按式（2-16）计算：

$$P_p = iL_p \qquad (2\text{-}16)$$

式中 P_p——管件和阀门等局部水头损失（MPa）；

    i——单位长度管道沿程水头损失（MPa）；

    L_p——管件和阀门等当量长度（m）。

注：当资料不全时，局部水头损失可按管道沿程损失的 10%~30% 估算，消防给水干管和室内消火栓给水管可按其管道沿程损失的 10%~20% 计。

（6）消防水泵设计扬程或消防给水系统所需设计压力，可按式（2-17）计算：

$$P = k_1(\sum P_f + \sum P_p) + 0.01H + P_0 \qquad (2\text{-}17)$$

式中 P——消防水泵设计扬程或消防给水系统所需设计压力（MPa）；

    k_1——安全系数，可取 $k_1 = 1.20 \sim 1.40$，宜根据管道的复杂程度和不可预见发生的管道变更带来的不确定性；

    P_f——管道沿程水头损失（MPa）；

    P_p——管件和阀门等局部水头损失（MPa）；

    H——当消防水泵从消防水池吸水时，H 为消防水池最低设计有效水位至最不利点处水灭火设施的几何高差（m）；当消防水泵从市政给水管网直接吸水时，H 为火灾时市政给水管网在消防水泵入口处的设计压力值的高程至最不利点处水灭火设施的几何高差（m）；

    P_0——最不利点处水灭火设施所需的设计压力（MPa）。

（7）根据消防水枪充实水柱长度，消火栓消防水枪喷嘴处压力可按式（2-18）计算：

$$P_q = 10^{-2} \times \frac{\alpha_f S_k}{1 - \varphi \alpha_f S_k} \qquad (2\text{-}18)$$

式中 P_q——消火栓消防水枪喷嘴处的压力（MPa）；

    α_f——与消防水枪充实水柱长度有关的系数，见表 2-39；

    S_k——消防水枪充实水柱长度（m）；

    φ——与消防水枪喷嘴口径有关的阻力系数，见表 2-40。

根据现行国家标准《消防给水及消火栓系统技术规范》GB 50974 的规定：高层建筑、厂房、库房和室内净空高度超过 8m 的民用建筑等场所，消防水枪充实水柱应按 13m 计算；其他场所，消防水枪充实水柱应按 10m 计算。

与消防水枪充实水柱长度的系数 α_f 表 2-39

S_k（m）	6	8	10	12	16
α_f	1.19	1.19	1.20	1.21	1.24

与消防水枪喷嘴口径的系数 φ 表 2-40

水枪喷嘴口径（mm）	13	16	19
φ	0.0165	0.0124	0.0097

（8）根据消火栓消防水枪喷嘴处压力，消防水枪的射流量可按式（2-19）计算：

$$q_j = 10\sqrt{BP_q} \qquad (2\text{-}19)$$

式中　q_j——消防水枪的射流量（L/s）；

　　　P_q——消防水枪喷嘴处的压力（MPa）；

　　　B——消防水枪水流特性系数，见表2-41。

消防水枪水流特性系数 B　　　　　　　　　　表 2-41

水枪喷嘴口径（mm）	13	16	19	22	25
B	0.346	0.793	1.577	2.836	4.727

（9）消火栓消防水带的水头损失，可按式（2-20）计算：

$$P_d = 10^{-2}A_d L_d q_j^2 \qquad (2\text{-}20)$$

式中　P_d——消防水带的水头损失（MPa）；

　　　q_j——消防水枪的射流量（L/s）；

　　　A_d——消防水带阻力系数，见表2-42；

　　　L_d——消防水带长度（m），$L_d \leqslant 25m$。

消防水带的阻力系数 A_d　　　　　　　　　　表 2-42

水带材质	消防水带口径		
	50mm	65mm	80mm
麻织	0.01501	0.00430	0.00150
衬胶	0.00677	0.00172	0.00075

消防水枪充实水柱 S_k、喷嘴处压力 P_q 与流量 q_{xh} 之间的关系，见表2-43。

消防水枪 S_k、P_q、q_{xh} 的关系　　　　　　　表 2-43

充实水柱长度 S_k （m）	不同喷嘴口径的压力和流量					
	13mm		16mm		19mm	
	P_q 压力（MPa）	q_{xh} 流量（L/s）	P_q 压力（MPa）	q_{xh} 流量（L/s）	P_q 压力（MPa）	q_{xh} 流量（L/s）
7	0.096	1.8	0.092	2.7	0.090	3.8
8	0.112	2.0	0.105	2.9	0.105	4.1
9	0.130	2.1	0.125	3.1	0.120	4.3
10	0.150	2.3	0.141	3.3	0.135	4.6
11	0.169	2.4	0.158	3.5	0.152	4.9
12	0.190	2.6	0.177	3.7	0.168	5.2
13	0.240	2.9	0.220	4.2	0.206	5.7
14	0.296	3.2	0.265	4.6	0.246	6.2
15	0.330	3.4	0.290	4.8	0.268	6.5
16	0.415	3.8	0.355	5.3	0.324	7.1
17	0.470	4.0	0.395	5.6	0.357	7.5

（10）根据消火栓消防水枪喷嘴处压力、消防水枪的射流量，消火栓栓口处所需设计压力（总压力）可按式（2-21）~式（2-23）计算：

$$P_t = P_q + P_d + P_v + P_k \qquad (2\text{-}21)$$

$$P_t = 10^{-2} \times \frac{q_j^2}{B} + 10^{-2} A_d L_d q_j^2 + 8.11 \times 10^{-10} \frac{q_j^2}{d_i^4} + P_k \tag{2-22}$$

$$q_j = 10 \times \left(\frac{P_t - P_k}{B^{-1} + A_d L_d + 8.11 \times 10^{-8} d_i^{-4}} \right)^{1/2} \tag{2-23}$$

式中　　P_t——消火栓栓口处所需设计压力（MPa）；

$\quad\quad P_q$——消火栓消防水枪喷嘴处的压力（MPa）；

$\quad\quad P_d$——消防水带的水头损失（MPa）；

$\quad\quad q_j$——消火栓消防水枪的射流量（L/s）；

$\quad\quad B$——消防水枪水流特性系数；

$\quad\quad A_d$——消防水带阻力系数，见表2-42；

$\quad\quad L_d$——消防水带长度（m），L_d 不宜超过25m；消防软管卷盘应配置内径不小于 ϕ19 的消防软管或轻便水龙应配置公称直径25 有内衬的消防水带，长度均宜为30m；

$\quad\quad P_k$——消火栓栓口局部水头损失（MPa），取 $P_k = 0.02$MPa；

$\quad\quad P_v$——消火栓栓口处速度压力（MPa）；

$\quad\quad d_i$——消火栓栓口口径（m）。

根据现行国家标准《消防给水及消火栓系统技术规范》GB 50974 的规定：高层建筑、厂房、库房和室内净空高度超过8m 的民用建筑等场所，室内消火栓栓口动压（P_t）不应小于0.35MPa；其他场所，消火栓栓口动压不应小于0.25MPa。

（11）计算层室内消火栓栓口处所需设计压力（总压力），可按式（2-24）计算：

$$P_{ti} = P - k_1(\sum P_f + \sum P_p) - 0.01H \tag{2-24}$$

式中　　P_{ti}——计算层室内消火栓栓口处设计压力（MPa）；

$\quad\quad P$——消防水泵设计扬程或系统设计工作压力（MPa）；

$\quad\quad k_1$——安全系数，宜根据管道的复杂程度和不可预见发生的管道变更所带来的不确定性取值；

$\quad\quad P_f$——管道沿程水头损失（MPa）；

$\quad\quad P_p$——管件、阀门等局部水头损失（MPa）；

$\quad\quad H$——①临时高压给水系统：当消防水泵从消防水池吸水时，H 为消防水池最低设计有效水位至计算层消火栓栓口处的几何高差（m）；当消防水泵从市政给水管网直接吸水时，H 为火灾时市政给水管网在消防水泵入口处的设计压力值的高程至计算层消火栓栓口处的几何高差（m）；

②高压给水系统：当采用高位消防水池供水时，H 为高位消防水池最低设计有效水位至计算层消火栓栓口处的几何高差（m）；当采用市政给水管网直接供水时，H 为计算系统工作压力的消防引入管接口处至计算层消火栓栓口处的几何高差（m）。

（12）室内消火栓保护半径，可按式（2-25）计算：

$$R = k_2 L_d + L_s \tag{2-25}$$

式中　　R——消火栓保护半径（m）；

k_2 ——消防水带弯曲折减系数，宜根据消防水带转弯数量，取 $k_2 = 0.8 \sim 0.9$；

L_d ——消防水带长度（m），同前；

L_s ——水枪充实水柱长度在平面上的投影长度，$L_s = S_k \cos \alpha$（m）；

S_k ——水枪充实水柱长度（m）；

α ——水枪倾角，$\alpha = 45° \sim 60°$。

（13）室内消火栓的间距计算

1）按 1 支水枪的 1 股充实水柱达到室内任何部位时的间距（图 2-10）可按式（2-26）计算：

$$S_1 = 2\sqrt{R^2 - b^2} \tag{2-26}$$

式中　S_1 ——消火栓间距（m）；

　　　R ——消火栓保护半径（m）；

　　　b ——消火栓最大保护宽度（m）。

2）按 2 支水枪的 2 股充实水柱达到室内任何部位时的间距（图 2-11）可按式（2-27）计算：

$$S_2 = \sqrt{R^2 - b^2} \tag{2-27}$$

式中　S_2 ——消火栓间距（m）；

　　　R ——消火栓保护半径（m）；

　　　b ——消火栓最大保护宽度（m）。

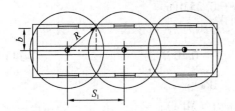

图 2-10　1 支水枪的 1 股充实水柱达到室内任
何部位时的间距

注：当计算的消火栓间距 $S_1 > 50.0$m 时，应取 $S_1 \leqslant$
50.0m。

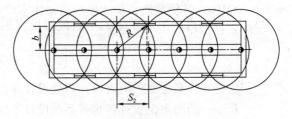

图 2-11　2 支水枪的 2 股充实水柱达到室内任
何部位时的间距

注：当计算的消火栓间距 $S_2 > 30.0$m 时，应取 $S_2 \leqslant$
30.0m。

（14）减压孔板的水头损失，应按式（2-28）、式（2-29）计算：

$$H_k = 0.01 \xi_1 \frac{V_k^2}{2g} \tag{2-28}$$

$$\xi_1 = \left(1.75 \frac{d_i^2}{d_k^2} \cdot \frac{1.1 - \dfrac{d_i^2}{d_k^2}}{1.175 - \dfrac{d_i^2}{d_k^2}} - 1 \right)^2 \tag{2-29}$$

式中　H_k ——减压孔板的水头损失（MPa）；

　　　V_k ——减压孔板后管道内水的平均流速（m/s）；

　　　g ——重力加速度（m/s²）；

　　　ξ_1 ——减压孔板的局部阻力系数，也可按表 2-44 取值；

　　　d_k ——减压孔板孔口的计算内径，取值应按减压孔板孔口直径减 1mm 确定（m）；

d_i ——管道的内径（m）。

减压孔板局部阻力系数
表 2-44

d_k / d_i	0.3	0.4	0.5	0.6	0.7	0.8
ξ_1	292	83.3	29.5	11.7	4.75	1.83

（15）节流管的水头损失，应按式（2-30）计算：

$$H_g = 0.01\xi_2 \frac{V_g^2}{2g} + 0.0000107 \frac{V_g^2}{d_g^{1.3}}L_j \qquad (2-30)$$

式中　H_g ——节流管的水头损失（MPa）；

　　　V_g ——节流管内水的平均流速（m/s）；

　　　g ——重力加速度（m/s²）；

　　　ξ_2 ——节流管中渐扩管与渐缩管的局部阻力系数之和，取值 0.7；

　　　d_g ——节流管的计算内径，取值应按节流管内径减 1mm 确定（m）；

　　　L_j ——节流管的长度（m）。

2.5.7　室内消火栓系统设计计算

1. 室内消火栓给水系统设计计算参考步骤

1）确定最不利点处消火栓位置及所需的设计压力；

2）根据阀门位置把消火栓管网简化为枝状管网计算；

3）室内消火栓给水系统的竖管流量应根据可关闭竖管数量，剩余一组最不利的竖管，并由这一组竖管平均分摊消火栓用水量，但每根竖管的流量不应小于规范中有关竖管最小流量的规定；

4）室内消火栓给水系统横干管的流量为消火栓设计用水量；

5）确定系统最不利处消火栓和计算管路，根据管段流量按海澄-威廉公式计算系统沿程和局部水头损失；

6）按消防水泵或高位水池供水的枝状管网进行水力计算；

7）确定系统所需压力和流量，选择消防水泵、确定消防水池（箱）容积；临时高压给水系统还应校核水箱安装高度、确定是否需设稳压设备；

8）确定消火栓减压孔板或减压稳压消火栓。

2. 室内消火栓给水系统设计计算案例

【例 2-1】某高级酒店，地下 1 层，地上 17 层。地下一层为设备、停车库等用房，层高 4.2m；首层为公共用房，层高 4.2m，室内外地面设计高差为 0.30m；二层～十七层为客房标准层，层高均为 3.2m；该高级酒店建筑总高度 55.70m，总建筑面积 31500m²。室外市政给水管网为环状供水，供水管径为 DN300；设有两根引入管，管径均为 DN100，市政供水引入管接口处供水水压不小于 0.3MPa，符合两路消防供水要求，且市政给水管网可满足其室外消防设计流量要求。

该酒店室内消防给水设有室内消火栓系统和自动喷水灭火系统，自动喷水灭火系统设计流量为 45L/s；地下消防水池采用两路消防给水，其进水管均为 DN100。

该酒店标准层的消火栓平面布置如图 2-12 所示，室内消火栓系统图如图 2-13 所示。

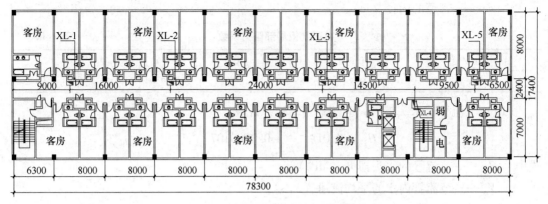

图 2-12　标准层消火栓平面布置图

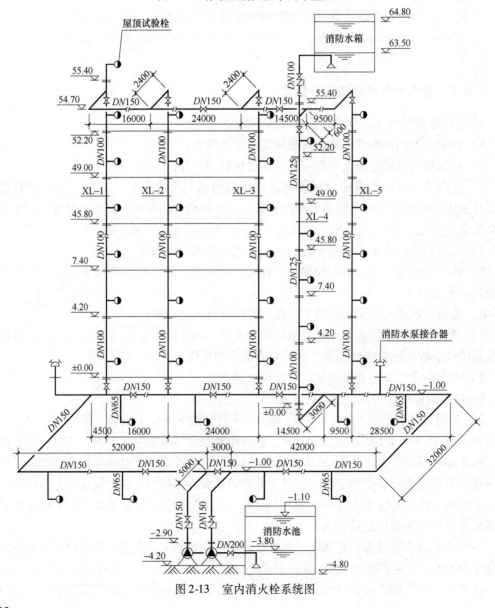

图 2-13　室内消火栓系统图

室内消火栓消防水带采用衬胶水带，水带长25m，消防水枪口径为19mm，室内消火栓栓口安装高度距其所在楼（地）面1.10m，消防给水管材采用热浸锌镀锌钢管。则：

（1）该酒店标准层室内消火栓的布置是否满足现行国家标准《消防给水及消火栓系统技术规范》GB 50974的规定？

（2）屋顶消防水箱、地下消防水池有效容积以及消防水泵的设计流量、设计扬程分别为多少？

注：消防竖管接消火栓支管的水头损失忽略不计；消防水泵及其吸水管的水头损失按0.05MPa计，消火栓栓口的水头损失按0.02MPa计，其他局部水头损失按其沿程水头损失的15%计。

【解】

（1）室内消火栓布置及计算

本建筑属一类高层民用建筑，根据《消防给水及消火栓系统技术规范》GB 50974—2014第7.4.6条规定：室内消火栓的布置应保证同一平面有2支消防水枪的2股充实水柱同时达到任何部位；以及GB 50974—2014第7.4.12条第2款规定：消火栓栓口动压不应小于0.35MPa（即$P_n \geq 0.35$MPa），消防水枪充实水柱按13m（即：$S_k = 13$m）计算。

1）消火栓保护半径R，根据式（2-25），消火栓保护半径$R = k_2 L_d + L_s$

已知：消防水带长度$L_d = 25$m；取$S_k = 13$m，消防水带弯曲折减系数k_2取0.9；

消防水枪倾角$\alpha = 45° \sim 60°$，取水枪倾角$\alpha = 45°$，则，水枪充实水柱长度在平面上的投影长度$L_s = S_k \cos\alpha$，$L_s = 13 \times \cos 45° = 13 \times 0.71 = 9.23$m。

∴ 消火栓计算保护半径：$R = 0.9 \times 25 + 9.23 = 31.73$m

2）消火栓间距S_2，根据式（2-27），消火栓间距$S_2 = \sqrt{R^2 - b^2}$

图2-12中，消防竖管XL-1、XL-2、XL-3、XL-5处消火栓的最大保护宽度$b = 9.4$m，消防竖管XL-4处消火栓的最大保护宽度$b = 10.4$m，取$b = 10.4$m。

则：$S_2 = (31.73^2 - 10.4^2)^{1/2} = 29.98$m

3）根据GB 50974—2014第7.4.10条第1款规定：消火栓布置间距不应大于30m，即$S_2 \leq 30$m。

图2-13中的消火栓的布置间距均小于30m，且消火栓的布置能够保证同一平面有2支消防水枪的2股充实水柱同时达到任何部位。

故，该酒店标准层的消火栓及其消防竖管布置满足现行国家标准《消防给水及消火栓系统技术规范》GB 50974的规定。

（2）室内消火栓流量分配及计算

1）计算依据

① 根据GB 50974—2014第10.1.9条第2款规定：室内消火栓系统管网在水力计算时，可简化为枝状管网。

② 室内消火栓系统的竖管流量应按GB 50974—2014第8.1.6条第1款规定可关闭竖管数量最大时，剩余一组最不利的竖管确定该组竖管中每根竖管平均分摊室内消火栓设计流量，且不应小于GB 50974—2014第3.5.2条规定。

③ 室内消火栓系统供水横干管的流量应为室内消火栓设计流量。

2）室内消火栓系统管网计算管路

室内消火栓系统管网水力计算管路图见图2-14。

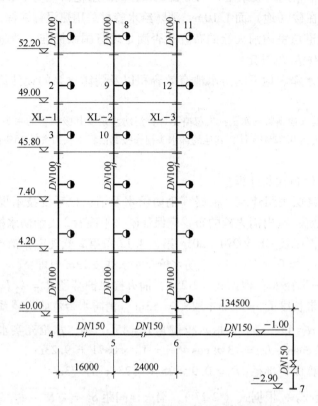

图 2-14 室内消火栓系统管网水力计算简图

① 确定检修管道时关闭停用的竖管：根据 GB 50974—2014 第 8.1.6 条第 1 款规定：室内消火栓竖管应保证检修管道时关闭停用的竖管不超过 1 根，当竖管超过 4 根时，可关闭不相邻的 2 根。

图 2-13 中的消火栓系统共有 5 根竖管，检修管道时，可关闭停用 2 根竖管。

② 分别按关闭立管 XL-1 和 XL-3、XL-1 和 XL-4、XL-1 和 XL-5、XL-2 和 XL-4、XL-2 和 XL-5、XL-3 和 XL-5 并与地下一层横干管接点至消防水泵出口的管道长度，组合计算确定一组最不利的立管，确定最不利一组立管为 XL-1、XL-2、XL-4。

但在不关闭消防立管时，最不利一组立管为 XL-1、XL-2、XL-3，且比较 XL-1、XL-2、XL-3 与 XL-1、XL-2、XL-4 两组立管，XL-1、XL-2、XL-3 为最不利立管组合。

该酒店室内消火栓系统管网计算简图按如图 2-14 所示确定，根据图 2-14，该酒店室内消火栓系统最不利管路为：1-2-3-4-5-6-7，编号为 1 的消火栓为最不利点处的消火栓。

（3）最不利点处消火栓（1 号消火栓）栓口处所需压力、消防水枪射流量计算

1）最不利点处消火栓（1 号消火栓）栓口处所需压力（总压力）计算：

① 由式（2-14）某点处管道压力（动压）：$P_n = P_t - P_v$，则该点处总压力：$P_t = P_n + P_v$

② 根据 GB 50974—2014 第 7.4.12 条第 2 款规定：消火栓栓口动压（P_n）不应小于 0.35MPa，即：$P_{n1} \geq 0.35MPa$，可取 $P_{n1} = 0.35MPa$；消防水枪充实水柱按 13m 计算。

③ 按式（2-13）计算管道速度压力：$P_v = 8.11 \times 10^{-10} q_j^2 / d_i^4$；

∴ 1 号消火栓栓口处所需压力（总压力）：$P_t = 0.35 + 8.11 \times 10^{-10} q_j^2 / d_i^4$

2）消防水枪的射流量 q_{j1} 计算：

① 按式（2-22）计算，$P_t = 10^{-2} q_j^2 / B + 10^{-2} A_d L_d q_j^2 + 8.11 \times 10^{-10} q_j^2 / d_i^4 + P_k$，

即：$0.35 + 8.11 \times 10^{-10} q_j^2 / d_i^4 = 10^{-2} q_j^2 / B + 10^{-2} A_d L_d q_j^2 + 8.11 \times 10^{-10} q_j^2 / d_i^4 + P_k$

得：$q_{j1} = 10 \times [(P_{n1} - P_k) \div (B^{-1} + A_d L_d)]^{1/2}$

② 已知消防水带长度 $L_d = 25m$，消火栓栓口局部水头损失 $P_k = 0.02MPa$；查表 2-42，DN65 的衬胶消防水带阻力系数 $A_d = 0.00172$；查表 2-41，$\phi 19mm$ 的消防水枪水流特性系数 $B = 1.577$。

∴ $q_{j1} = 10 \times [(0.35 - 0.02) \div (1.577^{-1} + 0.00172 \times 25)]^{1/2} = 6.98 L/s$

当消防水枪射流量为 6.981L/s 时，查表 2-43，其充实水柱长度 > 15m，满足 GB 50974—2014 第 7.4.12 条第 2 款规定。

3）1 号消火栓栓口处速度压力 P_{v1} 计算：已知消火栓栓口口径 $d_i = 65mm = 0.065m$

∴ $P_{v1} = 8.11 \times 10^{-10} \times 6.98^2 \div 0.065^4 = 0.0022MPa$

∴ 1 号消火栓栓口处所需设计压力（总压力）$P_{t1} = P_{n1} + P_{v1} = 0.35 + 0.0022 = 0.3522MPa$

（4）消防立管水力计算

根据 GB 50974—2014 第 3.5.2 条规定，该酒店为一类高层公共建筑，建筑高度大于 50m，每根消防竖管的最小流量为 15L/s。

1）管段 1-2：

① 管段 1-2 的计算流量 $q_{1-2} = q_{j1} = 6.98 L/s = 0.00698 \, m^3/s$；

② 管段 1-2 的计算流速 $V_{1-2} = 4 q_{1-2} \div (\pi d_{1-2}^2)$

镀锌钢管 DN100 的内径为 106mm，则其管道计算内径：$d_{1-2} = 106 - 1 = 105mm = 0.105m$；

管段 1-2 的管长：$L_{1-2} = (52.20 + 1.10) - (49.00 + 1.10) = 3.2m$。

∴ $V_{1-2} = 4 \times 0.00698 \div (3.14 \times 0.105^2) = 0.81 m/s$

③ 管段 1-2 的单位长度管道沿程水头损失 i_{1-2}，查表 2-38，海曾－威廉系数 $C = 120$。

按式（2-12）计算，$i_{1-2} = 2.9660 \times 10^{-7} q_{1-2}^{1.852} C^{-1.852} d_{1-2}^{-4.87}$

∴ $i_{1-2} = 2.9660 \times 10^{-7} \times 6.98^{1.852} \times 120^{-1.852} \times 0.105^{-4.87} = 0.000089MPa/m$

④ 管段 1-2 的沿程水头损失计算，按式（2-15）计算：

即：$P_{f1-2} = i_{1-2} L_{1-2} = 0.000089 \times 3.2 = 0.00029MPa$

⑤ 管段 1-2 水头损失 P_{1-2} 计算，管段 1-2 的局部水头损失 $P_{p1-2} = 15\% P_{f1-2}$

∴ $P_{1-2} = (1 + 15\%) P_{f1-2} = (1 + 15\%) \times 0.00029 = 0.00033MPa$

⑥ 管段 1-2 的终点 2 点处的压力 P_{t2}，$P_{t2} = P_{t1} + P_{1-2} + 0.01 H_{1-2}$

管段 1-2 的起点 1 与终点 2 点的高程差 $H_{1-2} = (52.20 + 1.10) - (49.00 + 1.10) = 3.2m$，

∴ $P_{t2} = P_{t1} + P_{1-2} + 0.01 H_{1-2} = 0.3522 + 0.00033 + 0.01 \times 3.2 = 0.3845MPa$

⑦ 2 号消火栓的射流量 q_{j2}，可按式（2-23）计算：

$$q_{j2} = 10 \times \left(\frac{P_{t2} - P_k}{B^{-1} + A_d L_d + 8.11 \times 10^{-8} d_i^{-4}} \right)^{1/2}$$

$$q_{j2} = 10 \times \left(\frac{0.384 - 0.02}{1.577^{-1} + 0.00172 \times 25 + 8.11 \times 10^{-8} \times 0.065^{-4}} \right)^{1/2} = 7.31 \text{L/s}$$

2）管段2-3：

① 管段2-3的计算流量：$q_{2-3} = q_{1-2} + q_{j2} = 6.98 + 7.31 = 14.29 \text{L/s} = 0.01429 \text{ m}^3/\text{s}$

② 管段2-3的计算流速：

管段2-3的管长：$L_{2-3} = (49.00 + 1.10) - (45.80 + 1.10) = 3.2\text{m}$；管段2-3的计算内径，$d_{2-3} = d_{1-2} = 105\text{mm} = 0.105\text{m}$。

∴ $V_{2-3} = 4 \times 0.01429 \div (3.14 \times 0.105^2) = 1.65\text{m/s}$

③ 管段2-3的单位长度管道沿程水头损失计算：

$i_{2-3} = 2.9660 \times 10^{-7} \times 14.29^{1.852} \times 120^{-1.852} \times 0.105^{-4.87} = 0.00034 \text{MPa/m}$

④ 管段2-3的沿程水头损失：$P_{f2-3} = i_{2-3} L_{2-3} = 0.00034 \times 3.2 = 0.00109 \text{MPa}$

⑤ 管段2-3的水头损失：$P_{2-3} = (1 + 15\%) P_{f2-3} = (1 + 15\%) \times 0.00109 = 0.00125 \text{MPa}$

⑥ 管段2-3的终点3点处的压力 P_{t3}，$P_{t3} = P_{t2} + P_{2-3} + 0.01 H_{2-3}$

管段2-3的起点1与终点2点的高程差 $H_{2-3} = (49.00 + 1.10) - (45.80 + 1.10) = 3.2\text{m}$，

∴ $P_{t3} = 0.3845 + 0.00125 + 0.01 \times 3.2 = 0.418 \text{MPa}$

⑦ 3号消火栓的射流量 q_{j3}：

$$q_{j3} = 10 \times \left[(P_{t3} - P_k) \div (B^{-1} + A_d L_d + 8.11 \times 10^{-8} d_i^{-4}) \right]^{1/2}$$

$q_{j3} = 10 \times \left[(0.418 - 0.02) \div (1.577^{-1} + 0.00172 \times 25 + 8.11 \times 10^{-8} \times 0.065^{-4}) \right]^{1/2}$
$= 7.64 \text{L/s}$

3）管段3-4：

① 管段3-4的计算流量：$q_{3-4} = q_{2-3} + q_{j3} = 14.29 + 7.64 = 21.93 \text{L/s} = 0.02193 \text{ m}^3/\text{s}$

② 管段3-4的计算流速 $V_{3-4} = 4 q_{3-4} \div (\pi d_{3-4}^2)$

管段3-4的管长：$L_{3-4} = (45.80 + 1.10) - (-1.00) = 47.9\text{m}$；

管段3-4的计算内径：$d_{3-4} = d_{1-2} = 105\text{mm} = 0.105\text{m}$。

∴ $V_{3-4} = 4 \times 0.02193 \div (3.14 \times 0.105^2) = 2.53\text{m/s}$

③ 管段3-4的单位长度管道沿程水头损失计算：

$i_{3-4} = 2.9660 \times 10^{-7} \times 21.93^{1.852} \times 120^{-1.852} \times 0.105^{-4.87} = 0.00074 \text{MPa/m}$

④ 管段3-4的沿程水头损失 $P_{f3-4} = i_{3-4} L_{3-4} = 0.00074 \times 47.9 = 0.03545 \text{MPa}$

⑤ 管段3-4的水头损失 P_{3-4}：

∴ $P_{3-4} = (1 + 15\%) P_{f3-4} = (1 + 15\%) \times 0.03545 = 0.04077 \text{MPa}$

⑥ 管段3-4的终点4点处的压力：$P_4 = P_{t3} + P_{3-4} + 0.01 H_{3-4}$

管段3-4的起点3与终点4点的高程差 $H_{3-4} = (45.80 + 1.10) - (-1.00) = 47.9\text{m}$，

∴ $P_{t4} = 0.418 + 0.04077 + 0.01 \times 47.9 = 0.938 \text{MPa}$

故：5根立管（底部）计算内径为105mm。

（5）消防干管水力计算

该酒店室内消火栓设计流量不应小于40L/s，同时使用消防水枪数量为8支。

最不利管路上干管的同时使用消防水枪数量见表2-45。

最不利管路上干管的同时使用消防水枪数量   表2-45

干管管段编号	同时使用消防水枪数量（支）
4-5	3
5-6	6
6-7	8

1）管段4-5：

① 管段4-5计算流量 $q_{4-5} = q_{3-4} = 21.93\text{L/s} = 0.02193\ \text{m}^3/\text{s}$

② 管段4-5计算流速：

管段4-5的管长：$L_{4-5} = 16\text{m}$；镀锌钢管 $DN150$ 的内径为156mm，则其管道计算内径：$d_{4-5} = 156 - 1 = 155\text{mm} = 0.155\text{m}$。

∴ $V_{4-5} = 4 \times 0.02193 \div (3.14 \times 0.155^2) = 1.16\text{m/s}$

③ 管段4-5的单位长度管道沿程水头损失计算：

∴ $i_{4-5} = 2.9660 \times 10^{-7} \times 21.93^{1.852} \times 120^{-1.852} \times 0.155^{-4.87} = 0.00011\text{MPa/m}$

④ 管段4-5的沿程水头损失：$P_{f4-5} = i_{4-5} L_{4-5} = 0.00011 \times 16 = 0.00176\text{MPa}$

⑤ 管段4-5的水头损失：$P_{4-5} = (1 + 15\%)P_{f4-5} = (1 + 15\%) \times 0.00176 = 0.00202\text{MPa}$

⑥ 管段4-5的终点5点处的压力 P_{t5}：$P_{t5} = 0.938 + 0.00202 = 0.940\text{MPa}$

2）管段5-6：

① 管段5-6计算流量：

理论上，各点计算压力不同，消防立管 XL-1 与 XL-2 的流量不同，但在实际工程中可视为相同，取：$q_{XL-1} = q_{3-4} = 21.93\text{L/s}$

∴ $q_{5-6} = 2 q_{XL-1} = 2 \times 21.93 = 43.86\text{L/s} = 0.04386\text{m}^3/\text{s}$，取 40L/s

② 管段5-6的计算流速：

管段5-6的管长：$L_{5-6} = 24\text{m}$；管段5-6的计算内径：$d_{5-6} = d_{4-5} = 155\text{mm} = 0.155\text{m}$。

∴ $V_{5-6} = 4 \times 0.04 \div (3.14 \times 0.155^2) = 2.12\text{m/s}$

③ 管段5-6的单位长度管道沿程水头损失：

$i_{5-6} = 2.9660 \times 10^{-7} \times 40^{1.852} \times 120^{-1.852} \times 0.155^{-4.87} = 0.00034\text{MPa/m}$

④ 管段5-6的沿程水头损失 $P_{f5-6} = i_{5-6} L_{5-6} = 0.00034 \times 24 = 0.00816\text{MPa}$

⑤ 管段5-6的水头损失：$P_{5-6} = (1 + 15\%)P_{f5-6} = (1 + 15\%) \times 0.00816 = 0.00938\text{MPa}$

⑥ 管段5-6的终点6点处的压力：$P_{t6} = 0.940 + 0.00938 = 0.949\text{MPa}$

3）管段6-7：

① 管段6-7计算流量：该管段按最小设计流量40L/s计算

② 管段6-7计算流速：

管段6-7管长：$L_{6-7} = 134.5 + [(-1.00) - (-2.90)] = 136.4\text{m}$；

管段6-7的计算内径：$d_{6-7} = d_{4-5} = 155\text{mm} = 0.155\text{m}$。

∴ $V_{6-7} = 4 \times 0.04 \div (3.14 \times 0.155^2) = 2.12\text{m/s}$

③ 管段6-7的单位长度管道沿程水头损失：

$$i_{6-7} = 2.9660 \times 10^{-7} \times 40^{1.852} \times 120^{-1.852} \times 0.155^{-4.87} = 0.00034\text{MPa/m}$$

④ 管段 6-7 沿程水头损失：$P_{f6-7} = i_{6-7} L_{6-7} = 0.00034 \times 136.4 = 0.04638\text{MPa}$

⑤ 管段 6-7 水头损失：$P_{6-7} = (1 + 15\%)P_{f6-7} = (1 + 15\%) \times 0.04638 = 0.05334\text{MPa}$

⑥ 管段 6-7 的终点 7 点处的压力 P_{t7}，$P_{t7} = P_{t6} + P_{6-7} + 0.01H_{6-7}$

管段 6-7 的起点 6 与终点 7 点的高程差 $H_{6-7} = -1.00 - (-2.90) = 1.9\text{m}$。

$\therefore \quad P_{t7} = 0.949 + 0.05334 + 0.01 \times 1.9 = 1.02\text{MPa}$

室内消火栓系统最不利管路水力计算见表 2-46。

室内消火栓系统最不利管路水力计算表　　　　　　表 2-46

管段编号	管径 （mm）	管长 （m）	流量 （L/s）	流速 （m/s）	水头损失 （MPa）	起点压力 （MPa）	终点压力 （MPa）
管段 1-2	DN100	3.2	6.98	0.81	0.00032	0.350	0.3845
管段 2-3	DN100	3.2	14.29	1.65	0.00125	0.3845	0.418
管段 3-4	DN100	47.9	21.93	2.53	0.04077	0.418	0.938
管段 4-5	DN150	16.0	21.93	1.16	0.00202	0.938	0.940
管段 5-6	DN150	24.0	40 *	2.12	0.00938	0.940	0.949
管段 6-7	DN150	136.4	40 *	2.12	0.05334	0.949	1.02
$\sum$					0.10708		

* 表示工程设计中，此管段流量按系统设计流量 40L/s 设计，选泵压力按水力计算确定。

（6）屋顶消防水箱、地下消防水池有效容积计算

1）屋顶消防水箱有效容积计算

屋顶消防水箱有效容积 V_1 应满足火灾初期的室内消防给水灭火设施用水量要求。

根据 GB 50974—2014 第 5.2.1 条规定，当一类高层公共建筑高度不超过 100m 时，屋顶消防水箱有效容积不应小于 36m³。故，该酒店屋顶消防水箱有效容积 V_1 可按 36m³ 设计。

2）地下消防水池有效容积计算

① 该酒店室外市政给水管网可满足其室外消防设计流量要求，故其消防水池的有效容积 V 只需要满足火灾延续时间内室内消防给水系统水灭火设施的用水量要求，可按式（2-5）计算：

$$V = 3.6 \sum_{i=1}^{i=m} q_{2i}t_{2i} - q_f T$$

② 该酒店该酒店室内消火栓系统 $q_{21} = 40\text{L/s}$，自动喷水灭火系统设计流量为 $q_{22} = 45\text{L/s}$；

③ 根据 GB 50974—2014 第 3.6.2 条规定，该酒店消火栓系统的火灾延续时间为 3h，即 $t_{21} = 3\text{h}$；根据《自动喷水灭火系统设计规范》GB 50084—2017 第 5.0.11 条规定，该酒店自动喷水灭火系统的持续喷水时间应按火灾延续时间不小于 1h 确定，即 $t_{22} = 1\text{h}$；

④ 该酒店地下消防水池采用两路消防给水，其进水管管径 d 均为 DN100，火灾时消防水池的补水流量按一根进水管计算，可按式（2-7）计算，即：$q_f = 3600Av$。

消防水池进水管断面面积 $A = (1/4)\,\pi d^2$；根据 GB 50974—2014 第 4.3.5 条第 3 款规定，消防水池进水管管道内水的平均流速可取 $v = 1.5\text{m/s}$；应取 $T = t_{21} = 3\text{h}$；$d = 100\text{mm} = 0.10\text{m}$。

$\therefore \quad V = 3.6 \times (40 \times 3 + 45 \times 1) - 3600 \times (1 \div 4) \times 3.14 \times 0.10^2 \times 1.5 \times 3 = 466.83\text{ m}^3$

（7）消防水泵的设计流量、设计扬程计算

1）室内消火栓系统消防水泵的设计流量 Q : $Q = q_{6\text{-}7} = 40\text{L/s}$

2）室内消火栓系统消防水泵的设计扬程 P ，可按式（2-17）计算：

$$P = k_1(\sum P_\text{f} + \sum P_\text{p}) + 0.01H + P_0$$

① 查表2-46，管路沿程和局部水头损失 $\sum P_\text{f} + \sum P_\text{p} = 0.10708\text{MPa}$ ，消防水泵及其吸水管的水头损失按 0.05MPa 计；

② 最不利点处1号消火栓栓口所需的设计压力 $P_0 = 0.350\text{MPa}$ ；

③ 消防水池最低设计有效水位至1号消火栓栓口的几何高差 H :

$$H = (52.20 + 1.10) - (-3.80) = 57.10\text{m}$$

$$\therefore P = (1.2 \sim 1.4) \times (0.10708 + 0.05) + 0.01 \times 57.10 + 0.350 \approx 1.11 \sim 1.14\text{MPa}$$

2.6 自动喷水灭火系统

自动喷水灭火系统是由洒水喷头、报警阀组、水流报警装置（水流指示器、压力开关等）等组件，以及管道、供水设施所组成，能在发生火灾时喷水的自动灭火系统。

2.6.1 系统设置场所

依据现行国家标准《建筑防火通用规范》GB 55037 及《建筑设计防火规范》GB 50016 的相关规定，在人员密集、不易疏散、外部增援灭火与救生较困难、性质重要或火灾危害性较大的场所，应采用自动喷水灭火系统。

（1）下列厂房或生产部位、仓库应设置自动灭火系统（散装粮食仓库除外）：

1）地上不小于50000纱锭的棉纺厂房中的开包、清花车间，不小于5000锭的麻纺厂房中的分级、梳麻车间，火柴厂的烤梗、筛选部位；

2）地上占地面积大于1500m²或总建筑面积大于3000m²的单、多层制鞋、制衣、玩具及电子等类似用途的厂房；

3）占地面积大于1500m²的地上木器厂房；

4）泡沫塑料厂的预发、成型、切片、压花部位；

5）除本条第1）款～第4）款规定外的其他乙、丙类高层厂房；

6）建筑面积大于500m²的地下或半地下丙类生产场所；

7）除占地面积不大于2000m²的单层棉花仓库外，每座占地面积大于1000m²的棉、毛、丝、麻、化纤、毛皮及其制品的地上仓库；

8）每座占地面积大于600m²的地上火柴仓库；

9）邮政建筑内建筑面积大于500m²的地上空邮袋库；

10）设计温度高于0℃的地上高架冷库，设计温度高于0℃且每个防火分区建筑面积大于1500m²的地上非高架冷库；

11）除本条第7）款～第10）款规定外，其他每座占地面积大于1500m²或建筑面积大于3000m²的单、多层丙类仓库；

12）除本条第7）款～第11）款规定外，其他丙、丁类地上高架仓库，丙、丁类高层仓库；

13）地下或半地下总建筑面积大于500m²的丙类仓库。

（2）下列民用建筑、场所和平时使用的人民防空工程应设置自动灭火系统（建筑内的游泳池、浴池、溜冰场除外）：

1）一类高层公共建筑及其地下、半地下室；

2）二类高层公共建筑及其地下、半地下室中的公共活动用房、走道、办公室、旅馆的客房、可燃物品库房；

3）建筑高度大于100m的住宅建筑；

4）特等和甲等剧场，座位数大于1500个的乙等剧场，座位数大于2000个的会堂或礼堂，座位数大于3000个的体育馆，座位数大于5000个的体育场的室内人员休息室与器材间等；

5）任一层建筑面积大于1500m²或总建筑面积大于3000m²的单、多层展览建筑、商店建筑、餐饮建筑和旅馆建筑；

6）中型和大型幼儿园，老年人照料设施，任一层建筑面积大于1500m²或总建筑面积大于3000m²的单、多层病房楼、门诊楼和手术部；

7）除本条上述规定外，设置具有送回风道（管）系统的集中空气调节系统且总建筑面积大于3000m²的其他单、多层公共建筑；

8）总建筑面积大于500m²的地下或半地下商店；

9）设置在地下或半地下、多层建筑的地上第四层及以上楼层、高层民用建筑内的歌舞娱乐放映游艺场所，设置在多层建筑第一层至第三层且楼层建筑面积大于300m²的地上歌舞娱乐放映游艺场所；

10）位于地下或半地下且座位数大于800个的电影院、剧场或礼堂的观众厅；

11）建筑面积大于1000m²且平时使用的人民防空工程。

（3）除敞开式汽车库可不设置自动灭火设施外，Ⅰ、Ⅱ、Ⅲ类地上汽车库，停车数大于10辆的地下或半地下汽车库，机械式汽车库，采用汽车专用升降机作汽车疏散出口的汽车库，Ⅰ类的机动车修车库均应设自动灭火系统。

（4）下列部位宜设置水幕系统：

1）特等和甲等剧场、超过1500个座位的其他等级的剧场、超过2000个座位的会堂或礼堂和高层民用建筑内超过800个座位的剧场或礼堂的舞台口及上述场所内与舞台相连的侧台、后台的洞口；

2）应设置防火墙等防火分隔物而无法设置的局部开口部位；

3）需要防护冷却的防火卷帘或防火幕的上部。

（5）下列建筑或部位应设置雨淋灭火系统：

1）火柴厂的氯酸钾压碾车间；

2）建筑面积大于100m²且生产或使用硝化棉、喷漆棉、火胶棉、赛璐珞胶片、硝化纤维的场所；

3）乒乓球厂的轧坯、切片、磨球、分球检验部位；

4）建筑面积大于60m²或储存量大于2t的硝化棉、喷漆棉、火胶棉、赛璐珞胶片、硝化纤维库房；

5）日装瓶数量大于3000瓶的液化石油气储配站的灌瓶间、实瓶库；

6）特等和甲等剧场的舞台葡萄架下部，座位数大于1500个的乙等剧场的舞台葡萄架下部，座位数大于2000个的会堂或礼堂的舞台葡萄架下部；

7）建筑面积大于或等于400m²的演播室，建筑面积大于或等于500m²的电影摄影棚。

（6）自动喷水灭火系统不适用存在较多以下物品的场所：

1）遇水发生爆炸或加速燃烧的物品；

2）遇水发生剧烈化学反应或产生有毒有害物质的物品；

3）洒水将发生喷溅或沸溢的液体。

2.6.2　系统分类及适用场所

自动喷水灭火系统根据所使用洒水喷头的形式不同可分为开式系统和闭式系统。其中：

闭式系统：包括湿式系统、干式系统、预作用系统、重复启闭预作用系统、防护冷却系统等。

开式系统：为雨淋系统、水幕系统的总称。

自动喷水—泡沫联用系统可采用闭式系统＋泡沫联用系统，也可采用开式系统＋泡沫联用系统。

（1）湿式系统

湿式自动喷水灭火系统（图2-15）由湿式报警阀组、水流指示器、闭式洒水喷头，以及管道和供水设施等组成。湿式系统在准工作状态时，配水管道内充满了保持一定压力的水。

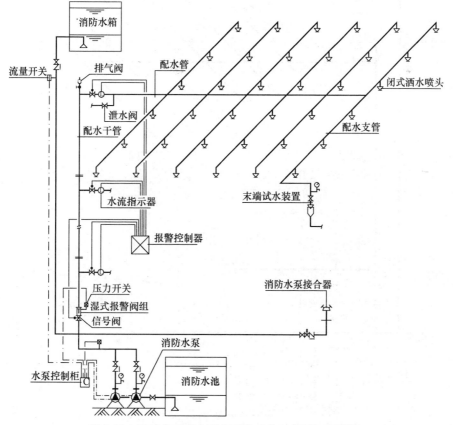

图2-15　湿式自动喷水灭火系统（临时高压）原理图

与其他自动喷水灭火系统相比,湿式系统结构相对简单,系统平时由消防水箱(或高位水池、水塔)、稳压泵或气压给水设备等稳压设施维持管道内水的压力。发生火灾时,由闭式喷头探测火灾(其闭锁装置融化脱落喷水),水流指示器报告起火区域,消防水箱出水管上的流量开关、消防水泵出水管上的压力开关或报警阀组的压力开关输出启动消防水泵信号,完成系统启动。系统启动后,由消防水泵向开启的喷头供水,按不低于设计规定的喷水强度均匀喷洒,实施灭火。为了保证扑救初期火灾,喷头开启后要求在持续喷水时间内连续喷水。

湿式系统适用场所:适用于环境温度在 4～70℃ 的场所。

(2)干式系统

干式自动喷水灭火系统(图 2-16)由干式报警阀组、报警装置、水流指示器、闭式洒水喷头、充气设备以及管道和供水设施等组成。

干式系统在准工作状态时,干式报警阀前(水源侧)的管道内充以压力水,干式报警阀后(系统侧)的管道内充以有压气体,报警阀处于关闭状态。

对于干式系统,发生火灾时,闭式喷头受热动作,喷头开启,管道中的有压气体从开启的喷头喷出,干式报警阀系统侧压力下降,造成干式报警阀水源侧压力大于系统侧压力,干式报警阀被自动打开,压力水进入管道,将剩余压缩空气从系统立管顶端或横干管最高处的排气阀

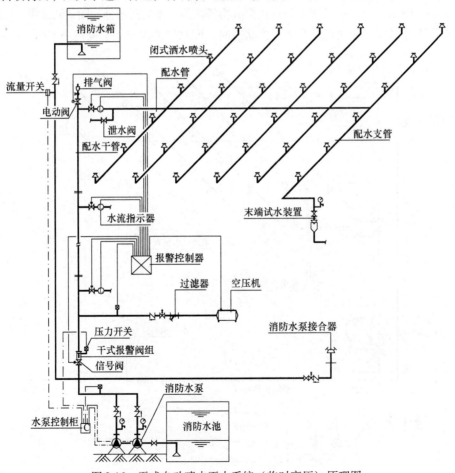

图 2-16 干式自动喷水灭火系统(临时高压)原理图

或已开启的喷头处排出,然后喷水灭火。在干式报警阀被打开的同时,通向水力警铃和压力开关的通道也被打开,水流冲击水力警铃和压力开关,压力开关直接自动启动消防水泵供水。

干式系统与湿式系统的区别在于干式系统采用干式报警阀组,准工作状态时配水管道内充以压缩空气等有压气体。为保持气压,需要配套设置补气设施。

干式系统在开始喷水的时间将因排气充水过程而产生滞后,因而削弱了系统的灭火能力。因而,对于可能发生蔓延速度较快火灾的场所,不适合采用干式系统。

干式系统在组成上与湿式系统基本一致,只是干式报警阀中没有延迟器,干式系统安装普通喷头时应向上安装,安装专用干式喷头时可向下安装,ESFR 喷头和快速响应喷头不能用于干式系统。

干式系统配水管道的充水时间不宜大于 1min;空压机供气量应在 30min 内使管道内的气压达到设计要求。

干式系统适用场所:适用于环境温度低于 4℃或高于 70℃的场所。

(3)预作用系统

预作用自动喷水灭火系统(图 2-17)由预作用报警阀(或由雨淋阀、湿式阀上下

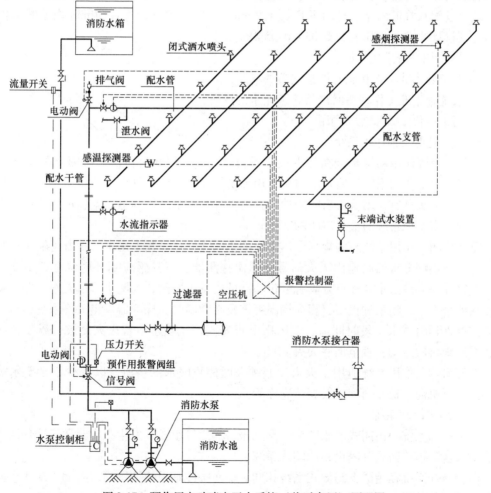

图 2-17 预作用自动喷水灭火系统(临时高压)原理图

串接组成)、报警装置、水流指示器、闭式喷头、充气设备以及管道和供水设施等组成。

系统准工作状态时配水管道内不充水，发生火灾时由火灾自动报警系统、充气管道上的压力开关连锁控制预作用装置和启动消防水泵，向配水管道供水。

1）预作用控制系统：

① 预作用单连锁系统：仅有火灾自动报警系统动作时才允许水进入到报警阀后的管道系统中。用于不允许系统误喷的场所。

② 预作用双连锁系统：火灾自动报警系统和充气管道上的压力开关都动作时才允许水进入到报警阀后的管道中。用于严禁准工作状态时管道充水和替代干式系统的场所。

预作用系统既兼有湿式、干式系统的优点，又避免了湿式、干式系统的缺点，在不允许出现误喷或管道漏水的重要场所，可替代湿式系统使用；在低温或高温场所可替代干式系统使用，可避免喷头开启后延迟喷水的缺点。

由火灾自动报警系统和充气管道上设置的压力开关开启预作用装置的预作用系统，其配水管道的充水时间不宜长于1min；仅由火灾自动报警系统联动开启预作用装置的预作用系统，其配水管道的充水时间不宜长于2min。空压机供气量应在30min内使管道内的气压达到设计要求（气压值为0.03~0.05MPa）。

2）预作用系统适用场所：

① 系统处于准工作状态时严禁误喷的场所；

② 系统处于准工作状态时严禁管道充水的场所；

③ 用于替代干式系统的场所。

（4）重复启闭预作用系统

重复启闭预作用系统是能在扑灭火灾后自动关阀、复燃时再次开阀喷水的预作用系统。重复启闭预作用系统组成基本与预作用系统相同。目前重复启闭预作用系统有两种形式：一种是喷头具有自动重复启闭的功能；另一种是系统通过烟感、温感传感器控制系统的控制阀，来实现系统的重复启闭的功能。

重复启闭预作用系统与常规预作用系统的不同之处在于其采用了一种既可输出火警信号又可在环境恢复常温时输出灭火信号的感温探测器。当其感应到环境温度超出预定值时，报警并开启消防水泵和打开具有复位功能的雨淋报警阀，为配水管道充水，并在喷头动作后喷水灭火，喷水过程中，当火场温度恢复至常温时，探测器发出关停系统信号，在按设定条件延迟喷水一段时间后，关闭雨淋报警阀停止喷水。若火灾复燃，温度再次升高，系统则再次启动，直至彻底灭火。

重复启闭预作用系统适用于灭火后必须及时停止喷水的场所，以减少不必要水渍损失。如计算机房、棉花仓库以及烟草仓库等。

（5）防护冷却系统

防护冷却系统：由闭式洒水喷头、湿式报警阀组等组成，发生火灾时用于冷却防火卷帘、防火玻璃墙等防火分隔设施的闭式系统。

防护冷却系统在组成上与湿式系统相同。但防护冷却系统持续喷水时间不应小于其保护的设置部位的耐火极限要求。

（6）雨淋系统

一般由火灾感应自动控制传动系统、自动控制雨淋阀系统、开式喷头的自动喷水灭火系统三部分组成。

该系统采用开式喷头，由配套设置的火灾自动报警系统或传动管系统自动连锁或远控、手动启动雨淋阀后，控制一组喷头同时喷水的灭火系统。其特点是：动作速度快、淋水强度大，雨淋报警阀后保护区范围内的所有喷头都喷水。该系统适用于扑救面积大、燃烧猛烈、蔓延速度快的火灾，以及扑救高度较高空间的地面火灾。

1）系统分类与组成

① 干式（空管式）系统：雨淋阀后的淋水管网平时处于无水状态，雨淋喷头一般向下安装。适用于民用建筑中需设雨淋系统的一般火灾危险场所。

② 组成：一般由火灾感应自动控制传动系统、自动控制雨淋阀门系统、带开式喷头的自动喷水灭火系统三部分组成。

2）雨淋阀自动控制方法

① 湿式控制方法（图 2-18）：是通过湿式先导管的自动喷水喷头受热爆破，喷头出水，雨淋阀控制膜室压力下降，雨淋阀打开，压力开关动作自动启动消防水泵向系统供水。

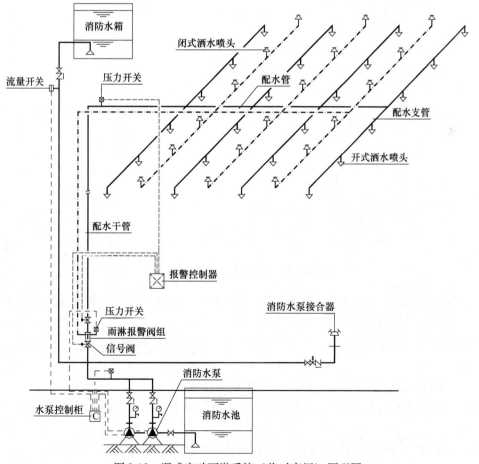

图 2-18　湿式启动雨淋系统（临时高压）原理图

② 干式控制方法：是通过干式先导管的自动喷水喷头受热爆破，喷头排气系统泄压，气动驱动器气侧压力下降，气动驱动器打开并排水，导致雨淋阀控制膜室的水被排走，雨淋阀控制膜室压力下降，雨淋阀打开，压力开关动作自动启动消防水泵向系统供水。

③ 电气控制方法（图2-19）：是保护区内的火灾自动报警系统探测到火灾后发出信号，打开雨淋阀的电磁阀，雨淋阀控制膜室压力下降，雨淋阀开启，压力开关动作自动启动水泵向系统供水。

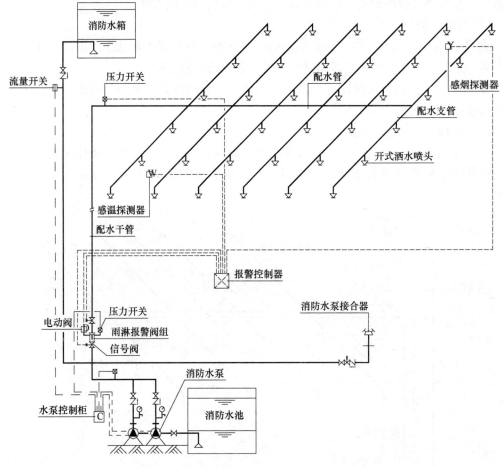

图2-19 电动启动雨淋系统（临时高压）原理图

④ 易熔金属锁封控制方法：易熔锁封在火灾下受热熔化脱落，钢丝绳失去拉力，传动阀开启放水，雨淋阀动作。

雨淋系统控制与启动的要求同预作用系统。雨淋系统配水管道的充水时间不宜长于2min。

3）雨淋系统适用场所：

① 火灾的水平蔓延速度快、闭式洒水喷头的开放不能及时使喷水有效覆盖着火区域的场所；

② 设置场所的净空高度超过表2-47的规定，且必须迅速扑灭初期火灾的场所；

③ 火灾危险等级为严重危险级Ⅱ级的场所。

（7）水幕系统

水幕系统由开式洒水喷头或水幕喷头、雨淋报警阀组或感温雨淋阀，以及水流报警装置等组成。水幕系统如图2-20所示。

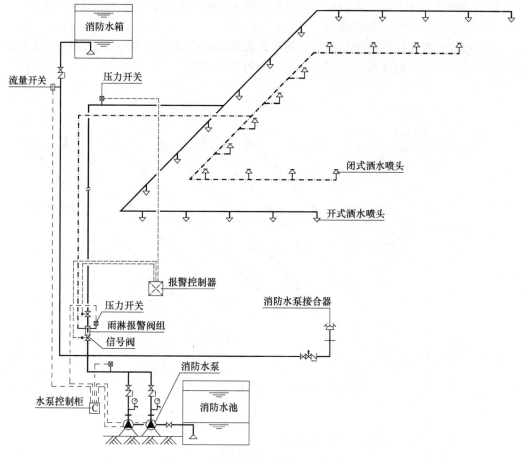

图2-20　水幕系统（临时高压）原理图

该系统不具备直接灭火能力，其线状布置喷头在喷水时形成的"水帘"，主要起阻火、冷却、隔离作用。而配合防火卷帘等分隔物的水幕，是利用直接喷向分隔物水的冷却作用，保持分隔物在火灾中的完整性和隔热性。防火分隔水幕不宜用于尺寸超过15m（宽）×8m（高）的开口（舞台口除外）。防护冷却水幕仅用于防火卷帘、防火幕、防火玻璃等防火分隔措施的冷却，可参考湿式系统或雨淋系统来确定系统大小。

1）系统形式

水幕系统常见有两种形式，一种与雨淋系统相似，由开式喷头（开式洒水喷头或水幕喷头）、供水管道、控制供水的阀门，以及供水设施和火灾自动报警系统等组成，用水"墙"或水"帘"作为防火分隔或冷却防火分隔物，一旦有火，系统整体动作喷水。

2）报警阀

可以采用雨淋报警阀组，也可采用常规的手动操作启闭的阀门。采用雨淋报警阀组的水幕系统，需设配套的火灾自动报警系统或传动管系统联动，由报警系统或传动管系统监测火灾和启动雨淋阀与供水泵的启动。

3）喷头要求

防火分隔水幕应采用开式洒水喷头或水幕喷头；防护冷却水幕应采用水幕喷头。

（8）自动喷水—泡沫联用系统

自动喷水—泡沫联用系统是在自动喷水灭火系统中配置可供给泡沫混合液的设备后，组成既可喷水又可喷泡沫的固定灭火系统，如图2-21所示。

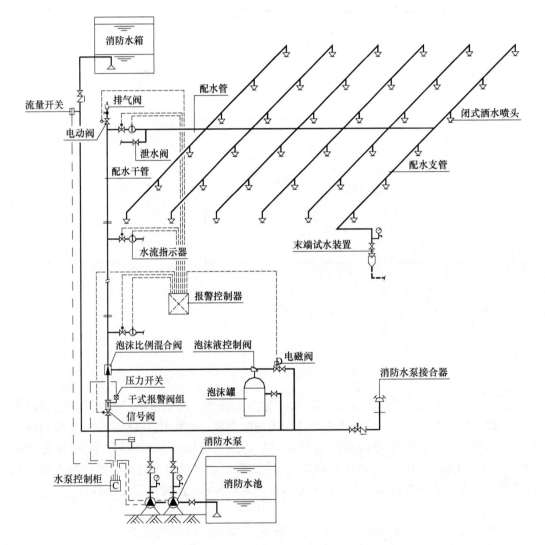

图 2-21　自动喷水—泡沫联用系统（临时高压）原理图

自动喷水—泡沫联用系统根据喷水先后可分为两种类型：一种是先喷泡沫后喷水，即前期喷泡沫灭火，后期喷水冷却防止复燃；另一种是先喷水后喷泡沫，即前期喷水控火，后期喷泡沫强化灭火效果。自动喷水—泡沫联用系统本身类型可分为闭式系统和开式系统两种。

1）系统功能

自动喷水—泡沫联用灭火系统有3个功能：一是灭火功能；二是有预防作用，在有B类易燃液体火灾时，可以预防因易燃液体的沸溢和溢流而把火灾引到临近区域，引起复燃；三是控制和暴露防护，在不能扑灭火灾时，控制火灾燃烧，减少热量的传递，使暴露在火灾中的其他物质不致受损。

2）系统形式

① 雨淋—泡沫系统：在原有的雨淋系统上增加泡沫供给装置，使系统能喷泡沫。

② 干式—泡沫系统：在原有的干式自动喷水系统上增加泡沫供给装置，使系统能喷泡沫。

③ 预作用—泡沫系统：在原有的预作用自动喷水系统上增加泡沫供给装置，使系统能喷泡沫。

④ 水喷雾—泡沫系统：在原有的水喷雾系统上增加泡沫供给装置，使系统能喷泡沫。

⑤ 湿式—泡沫系统：在原有的湿式自动喷水系统上增加泡沫供给装置，使系统能喷泡沫。

自动喷水—泡沫联用系统的大小与自动喷水系统湿式、干式、预作用、雨淋、水喷雾等系统相同。

3）泡沫供给装置

泡沫供给装置由泡沫罐和比例混合器两部分组成，泡沫罐和比例混合器可以组装成一体式，也可以分开设置。泡沫罐有隔膜式和无隔膜式两种；比例混合器要求在很大流量范围内混合比精度都很高。

4）适用范围

自动喷水—泡沫联用系统是比自动喷水灭火系统更高级的系统，可应用于A类固体火灾、B类易燃液体火灾、C类气体火灾的扑灭，大型汽车库宜采用自动喷水—泡沫联用系统。

当保护场所中含有可燃液体时，宜采用自动喷水—泡沫联用系统，如地下汽车库、含有少量易燃液体的燃油锅炉房和柴油发电机房等。

2.6.3 系统主要组件及设置要求

自动喷水灭火系统主要组件包括：洒水喷头、报警阀组、水流指示器、压力开关、末端试水装置等。

1. 洒水喷头

自动喷水灭火系统洒水喷头按闭式系统和开式系统可分为闭式喷头和开式喷头两种类型。

（1）闭式喷头

闭式喷头在其喷口处设有定温封闭装置，当环境温度达到其动作温度时，该装置可自动开启，一般定温装置有玻璃球形和易熔合金两种形式。为防误动作，选择喷头时，要求喷头的公称动作温度比使用环境的最高温度高30℃。

现在已有双金属围片式和活塞式自动启闭喷头产品。喷头在灭火后可自行关闭，动作灵敏、抗外界干扰，但结构复杂。可用于湿式系统、干式系统、预作用系统、重复启闭预作用系统。

闭式喷头。按产品安装方式上可分为：普通型、下垂型、直立型、边墙型和吊顶隐蔽型等。按响应时间、覆盖面积、应用场所分以下几种。

① 快速响应洒水喷头：响应时间指数 $RTI \leqslant 50 (\text{m} \cdot \text{s})^{0.5}$ 的闭式洒水喷头。

② 特殊响应洒水喷头：响应时间指数 $50 (\text{m} \cdot \text{s})^{0.5} < RTI \leqslant 80 (\text{m} \cdot \text{s})^{0.5}$ 的闭式洒水喷头。

③ 标准响应洒水喷头：响应时间指数 $80 (\text{m} \cdot \text{s})^{0.5} < RTI \leqslant 350 (\text{m} \cdot \text{s})^{0.5}$ 的闭式洒水喷头。

④ 标准覆盖面积洒水喷头：流量系数 $K \geqslant 80$，一只喷头的最大保护面积不超过 20m^2 的直立型、下垂型洒水喷头及一只喷头的最大保护面积不超过 18m^2 的边墙型洒水喷头。

⑤ 扩大覆盖面积洒水喷头：流量系数 $K \geqslant 80$，一只喷头的最大保护面积大于标准覆盖面积，且不超过 36m^2 的洒水喷头，包括直立型、下垂型和边墙型扩大覆盖面积洒水喷头。

⑥ 标准流量洒水喷头：流量系数 $K = 80$ 的标准覆盖面积洒水喷头。

⑦ 早期抑制快速响应喷头（ESFR）：流量系数 $\geqslant 161$，响应时间指数 $RTI \leqslant (28 \pm 8)(\text{m} \cdot \text{s})^{0.5}$，用于保护堆垛与高架仓库的标准覆盖面积的洒水喷头。

⑧ 特殊应用喷头：流量系数 $\geqslant 161$，具有较大水滴粒径，在通过标准试验验证后，可用于民用建筑和厂房高大空间场所以及仓库的标准覆盖面积，包括非仓库型特殊应用喷头和仓库型特殊应用喷头。

a. 非仓库型特殊应用喷头用于民用建筑和厂房高大空间场所；

b. 仓库型特殊应用喷头是用于堆垛和高架仓库的大流量特种洒水喷头，与 ESFR 喷头相比，其以控制火灾蔓延为目的，喷头最低工作压力较 ESFR 喷头低，且障碍物对喷头洒水的影响小。

⑨ 家用喷头：适用于住宅建筑和非住宅类居住建筑的一种快速响应洒水喷头。

（2）开式喷头

开式洒水喷头：没有安装感温元件的喷头，用于雨淋系统或水幕系统。

① 水幕喷头：可喷出一定形状的幕帘，起阻隔火焰穿透、吸热和隔烟等作用，不直接用于灭火，用于水幕系统。

② 水喷雾喷头：可使一定压力的水经过喷头后，形成雾状水滴并按一定的雾化角度喷向设定的保护对象以达到冷却、抑制和灭火目的。

（3）自动喷水—泡沫联用系统的喷头

自动喷水—泡沫联用系统的喷头有 3 种类型：水泡沫喷头、水喷雾喷头和自动喷水喷头（闭式喷头）。开式系统用喷头有吸气型和非吸气型两类：吸气型喷头是专用的泡沫喷头，其额定压力一般为 0.30MPa。非吸气型喷头可以采用开式洒水喷头或水雾喷头代替。

（4）喷头设计选型

1）设置闭式系统的场所，洒水喷头类型选择和场所的最大净空高度应符合表 2-47 的规定。

洒水喷头类型和场所净空高度 表 2-47

设置场所		喷 头 类 型			场所净空高度 h（m）
		一只喷头的保护面积	响应时间性能	流量系数 K	
民用建筑	普通场所	标准覆盖面积洒水喷头	快速响应喷头 特殊响应喷头 标准响应喷头	≥80	$h \leqslant 8$
		扩大覆盖面积洒水喷头	快速响应喷头	≥80	
	高大空间场所	标准覆盖面积洒水喷头	快速响应喷头	≥115	$8 < h \leqslant 12$
		非仓库型特殊应用喷头			
		非仓库型特殊应用喷头			$12 < h \leqslant 18$
厂房		标准覆盖面积洒水喷头	特殊响应喷头 标准响应喷头	≥80	$h \leqslant 8$
		扩大覆盖面积洒水喷头	标准响应喷头	≥80	
		标准覆盖面积洒水喷头	特殊响应喷头 标准响应喷头	≥115	$8 < h \leqslant 12$
		非仓库型特殊应用喷头			
仓库		标准覆盖面积洒水喷头	特殊响应喷头 标准响应喷头	≥80	$h \leqslant 9$
		仓库型特殊应用喷头			$h \leqslant 12$
		早期抑制快速响应喷头			$h \leqslant 13.5$

注：仅用于保护室内钢屋架等建筑构件的洒水喷头和设置在货架内置洒水喷头的场所可不受本表规定限制。

2）闭式系统的洒水喷头，其公称动作温度宜高于环境最高温度30℃。

3）湿式系统的洒水喷头选型应符合下列规定：

① 不做吊顶的场所，当配水支管布置在梁下时，应采用直立型洒水喷头；

② 吊顶下布置的洒水喷头，应采用下垂型洒水喷头或吊顶型洒水喷头；

③ 顶板为水平面的轻危险级、中危险级Ⅰ级的住宅建筑、宿舍、旅馆建筑客房、医疗建筑病房和办公室，可采用边墙型洒水喷头；自动喷水防护冷却系统可采用边墙型洒水喷头；

④ 易受碰撞的部位，应采用带保护罩的洒水喷头；或吊顶型洒水喷头；

⑤ 住宅建筑、宿舍、公寓等非住宅类居住建筑宜采用家用喷头；

⑥ 不宜选用隐藏式洒水喷头；确需采用时，应仅适用于轻危险级、中危险级Ⅰ级的场所。

⑦ 下列场所宜采用快速响应洒水喷头：公共娱乐场所、中庭环廊，医院、疗养院的病房及治疗区域，老年、少儿、残疾人的集体活动场所，地下商业场所。

⑧ 建筑高度大于100m的公共建筑，其高层主体内设置的自动喷水灭火系统应采用快速响应喷头；局部应用系统应采用快速响应喷头。

4）干式系统、预作用系统应采用直立型洒水喷头或干式下垂型洒水喷头。

5）水幕系统的喷头选型应符合下列规定：

① 防火分隔水幕应采用开式洒水喷头或水幕喷头；

② 防护冷却水幕应采用水幕喷头。

6）下列场所宜采用设置早期抑制快速响应喷头的湿式自动喷水灭火系统：

① 最大净空高度不超过 13.5m 且最大储物高度不超过 12.0m，储物类别为仓库危险级 Ⅰ 级、Ⅱ 级或沥青制品、箱装不发泡塑料的仓库及类似场所；

② 最大净空高度不超过 12.0m 且最大储物高度不超过 10.5m，储物类别为袋装不发泡塑料、箱装发泡塑料、袋装发泡塑料的仓库及类似场所。

7）下列场所宜采用设置仓库性特殊应用喷头的自动喷水灭火系统：

① 最大净空高度不超过 12.0m 且最大储物高度不超过 10.5m，储物类别为仓库危险级 Ⅰ、Ⅱ 级或沥青制品、箱装不发泡塑料的仓库及类似场所；

② 最大净空高度不超过 7.5m 且最大储物高度不超过 6.0m，储物类别为袋装不发泡塑料和箱装发泡塑料的仓库及类似场所。

8）同一间隔内应采用相同热敏性能的洒水喷头。

9）雨淋系统的防护区内应采用相同的洒水喷头。

（5）喷头布置形式

喷头的布置可采用正方形布置、矩形布置和菱形（平行四边形）布置等布置形式。

1）正方形布置

喷头正方形布置如图 2-22 所示，其间距按式（2-31）计算：

$$S = 2R\cos45°$$ (2-31)

式中　R——喷头有效保护计算半径（m）；

　　　S——喷头间距（m）。

2）菱形布置

喷头菱形布置如图 2-23 所示，喷头间距按式（2-32）计算：

$$S \leqslant \sqrt{3}R \qquad D = 1.5R$$ (2-32)

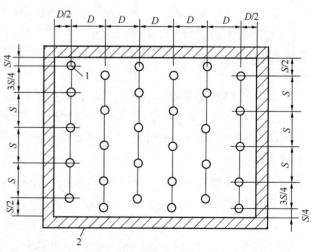

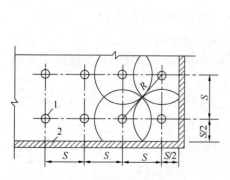

图 2-22　喷头正方形布置图

1—喷头，2—墙壁

图 2-23　喷头菱形布置图

1—喷头；2—墙壁

3）矩形布置

喷头矩形布置如图 2-24 所示，每个长方形对角线长度不应超过 2R，喷头与边墙的距离不应超过喷头间距的 1/2。喷头间距按式（2-33）计算：

$$\sqrt{A^2 + B^2} \leqslant 2R \tag{2-33}$$

2. 报警阀组

自动喷水灭火系统应设报警阀组。报警阀组的作用是接通或关断向配水管道供水的水流；传递控制信号至控制系统并启动水力警铃、压力开关报警；防止水倒流。

（1）报警阀组分类及选型

自动喷水灭火系统常采用的报警阀有湿式报警阀、干式报警阀、干湿式报警阀、预作用报警阀和雨淋报警阀五种类型报警阀。

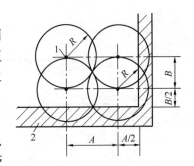

图 2-24　喷头矩形布置图
1—喷头；2—墙壁

1）湿式报警阀组：由湿式报警阀、延迟器、压力开关、水力警铃、过滤器、压力表以及控制阀等组成。湿式报警阀组用于湿式自动喷水灭火系统。

2）干式报警阀组：由干式报警阀、压力开关、水力警铃、过滤器、压力表以及控制阀等组成。干式报警阀组用于干式自动喷水灭火系统。

3）预作用报警阀组：由预作用装置（由雨淋阀和湿式报警阀上下串接组成）、压力开关、水力警铃、过滤器、压力表以及控制阀等组成。预作用装置用于预作用自动喷水灭火系统。

4）雨淋报警阀组：由雨淋报警阀、压力开关、水力警铃、过滤器、压力表以及控制阀等组成。雨淋报警阀可用于雨淋系统、预作用系统、水幕系统、水喷雾系统等。

5）报警阀组组件（如延迟器、水力警铃、控制阀等）的作用及设计要求：

① 水力警铃

水力警铃是靠水力驱动的机械警铃，安装于报警阀的报警管路上，系统动作后，水流会使水力警铃声响报警。水力警铃的工作压力不应小于 0.05MPa；水力警铃应设在有人值班的地点附近或公共通道外墙上；水力警铃与报警阀连接的管道，其管径应为 20mm，总长不宜大于 20m。

② 延迟器

湿式报警阀设有延迟器，延迟器为罐式容器，安装于报警阀与水力警铃和压力开关之间，其作用是防止水源压力波动引起误报警，延迟时间在 15~90s 可调。

③ 连接报警阀进、出口的控制阀应采用信号阀，当其不采用信号阀时，控制阀应设锁定阀位的锁具。

（2）报警阀设置要求

1）保护室内钢屋架等建筑构件的闭式系统，应设独立的报警阀组。水幕系统应设独立的报警阀组或感温雨淋阀。串联接入湿式系统配水干管的其他自动喷水灭火系统（图 2-25），应分别设置独立的报警阀组，其控制的喷头数计入湿式阀组控制的喷头总数。

2）串联接入湿式系统配水干管的其他自动喷水系统（图2-25），应分别设置独立的报警阀组，其控制的洒水喷头数计入湿式报警阀组控制的洒水喷头总数。

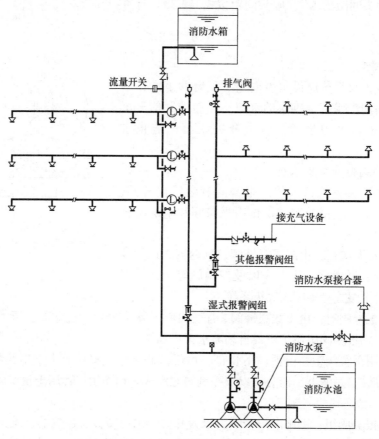

图2-25　其他自动喷水灭火系统接入湿式系统原理图

3）一个报警阀组控制的洒水喷头数应符合以下规定：

① 湿式系统、预作用系统不宜超过800只；干式系统不宜超过500只。

② 当配水支管同时设置保护下方和上方（闷顶内）空间的洒水喷头时，应只将数量较多一侧的洒水喷头计入报警阀组控制的洒水喷头总数。

4）雨淋系统报警阀设置数量宜按每个雨淋报警阀控制的喷水面积不大于表2-24规定的作用面积确定。

5）当自动喷水灭火系统中设有2个及2个以上报警阀组时，报警阀组前应设环状供水管道。

另外，每个报警阀组供水的最高与最低位置洒水喷头，其高程差不宜大于50m。

6）雨淋报警阀组的电磁阀，其入口应设过滤器。并联设置雨淋报警阀组的雨淋系统，其雨淋报警阀控制腔的入口应设止回阀。

7）报警阀组宜设在安全及易于操作的地点，报警阀距地面的高度宜为1.2m。设置报警阀组的部位应设有排水设施。

3. 水流指示器

1）功能及作用：水流指示器是能将水流信号转换成电信号的一种报警装置，水流指示器的功能是能及时报告发生火灾的部位。水流指示器的最大工作压力为1.2MPa。

另外，水流指示器具有延时功能，一般有20～30s的延迟时间才会报警。

2）水流指示器设置要求：

① 除报警阀组控制的洒水喷头只保护不超过防火分区面积的同层场所外，每个防火分区、每个楼层均应设水流指示器。

② 仓库内顶板下洒水喷头与货架内置洒水喷头应分别设置水流指示器。

③ 当水流指示器入口设置控制阀时，应采用信号阀。

4. 压力开关

压力开关是一种压力型水流探测开关，压力开关在水压作用下接通点触电，发出电信号。

报警阀组配置的压力开关安装在延迟器和水力警铃之间的报警管路上，报警阀开启时输出电信号，启动水泵并报警。

雨淋系统和防火分隔水幕系统，其水流报警装置应采用压力开关。

自动喷水灭火系统设有稳压泵时，应采用压力开关控制稳压泵，并要求根据最不利点处喷头的工作压力调节稳压泵的启停压力。

5. 末端试水装置

自动喷水灭火系统设置末端试水装置，是为了检验系统的可靠性、测试系统能否在开放一只喷头的最不利条件下可靠报警并正常启动。末端试水装置测试内容包括水流指示器、报警阀、压力开关、水力警铃的动作是否正常，配水管道是否畅通，以及最不利点处的喷头工作压力等。对于干式系统、预作用系统，可以测试系统的充水时间。

每个报警阀组控制的供水管网水力计算最不利点洒水喷头处应设置末端试水装置，其他防火分区、楼层均应设置直径为25mm的试水阀。

末端试水装置由试水阀、压力表和试水接头组成。试水接头出水口流量系数，应等同于同楼层或防火分区内的最小流量系统洒水喷头。末端试水装置的出水，应采用孔口出流方式排入排水管道，该排水管道排水立管宜设伸顶通气管，且管径不宜小于75mm。

末端试水装置和试水阀应有标识，距离地面的高度宜为1.5m，并应采取不被他用的措施。

2.6.4 供水水源、供水方式及供水设施

1. 供水水源

（1）自动喷水灭火系统用水应无污染、无腐蚀、无悬浮物。可由市政或企业的生产、消防给水管道供给，也可由消防水池或天然水源供给，并应确保系统持续喷水时间内的用水量。

（2）与生活用水合用的消防水池和消防水箱，其贮水水质应符合现行国家标准《生活饮用水卫生标准》GB 5749要求。

（3）严寒与寒冷地区，对系统中遭受冰冻影响的部分，应采取防冻措施。

2. 供水方式

自动喷水灭火系统的供水方式应采用高压供水或临时高压供水方式。

（1）高压供水方式

1）市政给水管网（或其他供水管网)→自动喷水灭火系统

采用该高压供水方式必须同时满足下列条件：

① 市政给水管网（或其他供水管网）在满足生产、生活最大小时用水量后仍能始终保持满足自动喷水灭火系统所需要的工作压力和设计流量要求以及其他消防用水量要求；

② 采用两路消防供水。

2）高位消防水池（或高位水箱，或水塔)→自动喷水灭火系统

采用该高压供水方式必须同时满足下列条件：

① 高位消防水池最低有效水位能满足自动喷水灭火系统所需要的工作压力和设计流量要求，且高位消防水池的有效容积能满足自动喷水灭火系统持续喷水时间内所需消防用水量和其他消防用水量要求；

②高位消防水池（或高位水箱，或水塔）采用两路消防供水。

（2）临时高压供水方式

1）消防水池→消防水泵→自动喷水灭火系统，如图 2-16 ~ 图 2-21 所示。

2）市政给水管网（或其他供水管网)→消防水泵→自动喷水灭火系统。

当消防水泵直接从市政给水管网吸水应同时满足下列条件：

① 当市政给水管网（或其他供水管网）能满足生产、生活及自动喷水灭火系统设计流量要求，采用两路消防供水，且市政允许消防水泵直接吸水；

② 城镇市政消防给水设计流量宜大于建筑室内外消防给水设计流量之和。

（3）分区供水

当自动喷水灭火系统报警阀处的工作压力大于 1.6MPa 或喷头处的工作压力大于 1.2MPa 时，应采用分区供水方式。

自动喷水灭火系统分区供水方式可参考采用图 2-6 ~ 图 2-9 所示的并联、串联和减压分区供水方式。

3. 供水设施

自动喷水灭火系统供水设施包括消防水泵、气压供水设备、高位消防水池（水塔）、高位消防水箱（水塔）、消防水泵接合器以及供水管道、阀门、减压设施等。

（1）消防水泵（自动喷水灭火系统）

1）采用临时高压给水系统的自动喷水灭火系统，宜设置独立的消防水泵，并应按一用一备或两用一备，及最大一台消防水泵设置备用泵。当与消火栓系统合用消防水泵时，系统管道应在报警阀前分开。

2）自动喷水灭火系统消防水泵、稳压泵，应采用自灌式吸水方式，采用天然水源时，消防水泵的吸水口应采取防止杂物堵塞的措施。

3）自动喷水灭火系统每组消防水泵的吸水管不应少于 2 根。报警阀入口前设置环状管道的系统，每组供水泵的出水管不应少于 2 根。消防水泵的吸水管应设控制阀和压力表；出水管应设控制阀、止回阀、压力表，出水管上还应设置流量和压力检测装置或预留可供连接流量和压力检测装置的接口。必要时，应采取控制消防水泵出口压力的措施。

4）自动喷水灭火系统消防水泵设计选型以及水泵出水管、吸水管和吸水口等其他设计要求详见本书 2.4.2 节。

5）消防水泵设计流量不应小于自动喷水灭火系统设计流量。

6）消防水泵设计扬程应按式（2-48）计算确定。

（2）气压供水设备

采用临时高压给水系统的自动喷水灭火系统，当按现行国家标准《消防给水及消火栓系统技术规范》GB 50974 的规定可不设置高位消防水箱时，系统应设气压供水设备。气压供水设备的有效水容积，应按系统最不利处 4 只喷头在最低工作压力下的 5min 用水量确定。

干式系统、预作用系统设置的气压供水设备，应同时满足配水管道的充水要求。

（3）高位消防水箱、高位消防水池（水塔）

1）采用临时高压给水系统的自动喷水灭火系统，应设高位消防水箱。自动喷水灭火系统可与消火栓系统合用高位消防水箱。

2）高位消防水箱的设置高度不能满足自动喷水灭火系统最不利点处喷头的工作压力时，系统应设置增压稳压设施（稳压泵）。

3）高位消防水箱的出水管应符合下列规定：

① 应设止回阀，并应与报警阀入口前管道连接；

② 出水管管径应经计算确定，且不应小于 100mm。

4）增压稳压设施（稳压泵）设计要求及高位消防水箱的其他设计要求见本书2.4.2 节。

5）高位消防水池（水塔）设计要求见本书2.4.2 节。

（4）水泵接合器

1）自动喷水灭火系统系统应设消防水泵接合器，其数量应按系统的设计流量确定，每个消防水泵接合器的流量宜按 10～15L/s 计算。

2）当消防水泵接合器的供水能力不能满足最不利点处作用面积的流量和压力要求时，应采取增压措施。

3）消防水泵接合器的其他设计要求见本书2.4.2 节。

（5）供水管道

1）自动喷水灭火系统配水管道可采用内外壁热镀锌钢管、铜管、不锈钢管、涂覆钢管等管材。报警阀入口前采用不防腐的钢管时，应在报警阀前设置过滤器。

2）配水管道连接方式应符合下列要求：

① 镀锌钢管、涂覆钢管可采用沟槽式连接件（卡箍）、螺纹或法兰连接，当报警阀前采用内外壁不防腐的钢管时，可焊接连接。

② 铜管可采用钎焊、沟槽式连接件（卡箍）、法兰和卡压等连接方式。

③ 不锈钢管采用沟槽式连接件（卡箍）、法兰和卡压等连接方式，不宜采用焊接。

3）当配水管道采用氯化聚氯乙烯（PVC-C）管材时，应满足现行国家标准《自动喷水灭火系统设计规范》GB 50084 相关规定。

4）系统中直径等于或大于 100mm 的配水管道，应分段采用法兰或沟槽式连接件（卡箍）连接。水平管道上法兰间的管道长度不宜大于 20m；立管上法兰间的距离，不应跨越 3 个及以上楼层。净空高度大于 8m 的场所，立管上应有法兰。

5）管道的直径应经水力计算确定。配水管道的布置应使配水管入口压力均衡。轻危险级、中危险级场所中各配水管入口的压力均不宜大于 0.40MPa。

6）配水管两侧每根配水支管控制的标准流量洒水喷头数量，轻危险级、中危险级场所不应超过 8 只，同时在吊顶上下设置喷头的配水支管，上下侧均不应超过 8 只。严重危险级及仓库危险级场所均不应超过 6 只。

7）轻危险级、中危险级场所中配水支管、配水管控制的标准流量洒水喷头数量，不宜超过表 2-48 的规定。

轻、中危险级场所中配水支管、配水管控制的标准流量洒水喷头数量　　　表 2-48

公称直径（mm）	控制的喷头数量（只）	
	轻危险级	中危险级
25	1	1
32	3	3
40	5	4
50	10	8
65	18	12
80	48	32
100	—	64

8）短立管、末端试水装置的连接管，其管径不应小于 25mm。

9）干式系统、预作用系统的供气管道，采用钢管时，管径不宜小于 15mm；采用铜管时，管径不宜小于 10mm。

10）水平设置的管道宜有坡度，并应坡向泄水阀。充水管道的坡度不宜小于 2‰，准工作状态不充水管道的坡度不宜小于 4‰。

11）配水管道的工作压力不应大于 1.20MPa，并不应设置其他用水设施。

（6）阀门

自动喷水灭火系统采用的阀门有：蝶阀、闸阀、安全阀、止回阀等，详见本书 2.5.5 节。

（7）减压设施

1）减压孔板、节流管，详见本书 2.5.5 节。

2）减压阀的设置应符合下列规定：

① 应设在报警阀入口前。

② 当连接两个及以上报警阀组时，应设置备用减压阀。

③ 垂直设置的减压阀，水流方向宜向下。

④ 减压阀的其他设置要求，详见本书 2.5.5 节。

2.6.5　系统操作与控制

（1）采用临时高压给水系统的湿式系统、干式系统应由消防水泵出水干管上设置的压力开关、高位消防水箱出水管上的流量开关和报警阀组压力开关直接自动启动消防水泵。

（2）采用临时高压给水系统的预作用系统应由火灾报警系统、消防水泵出水干管上设置的压力开关、高位消防水箱出水管上的流量开关和报警阀组压力开关直接自动启动消防水泵。

（3）采用临时高压给水系统的雨淋系统和自动控制的水幕系统，消防水泵的自动启动方式应符合下列要求：

1）当采用火灾自动报警系统控制雨淋报警阀时，消防水泵应由火灾报警系统、消防水泵出水干管上设置的压力开关、高位消防水箱出水管上的流量开关和报警阀组压力开关直接自动启动。

2）当采用充液（水）传动管控制雨淋报警阀时，消防水泵应由消防水泵出水干管上设置的压力开关、高位消防水箱出水管上的流量开关和报警阀组压力开关直接启动。

（4）消防水泵除具有自动控制启动方式外，还应具备下列启动方式：

1）消防控制室（盘）远程控制。

2）消防水泵房现场应急操作。

（5）预作用装置的自动控制方式可采用仅有火灾自动报警系统直接控制，或由火灾自动报警系统和充气管道上设置的压力开关控制，并应符合下列规定：

1）处于准工作状态时严禁误喷的场所，宜采用仅有火灾自动报警系统直接控制的预作用系统。

2）处于准工作状态时严禁管道充水的场所和用于替代干式系统的场所，宜采用由火灾自动报警系统和充气管道上设置的压力开关控制的预作用系统。

（6）雨淋报警阀的控制方式可采用电动、液（水）动或气动。当雨淋报警阀采用充液（水）传动管自动控制时，闭式喷头与雨淋报警阀之间的高程差，应根据雨淋报警阀的性能确定。

（7）预作用系统、雨淋系统和自动控制的水幕系统，应同时具备下列三种开启报警阀组的控制方式：

1）自动控制。

2）消防控制室（盘）远程控制。

3）预作用装置或雨淋报警阀处现场手动应急操作。

（8）系统快速排气阀入口前的电动阀应在启动消防水泵的同时开启。

（9）消防控制室（盘）应能显示水流指示器、压力开关、信号阀、消防水泵、消防水池和高位消防水箱水位、有压气体管道气压，以及电源和备用动力等是否处于正常状态的反馈信号，并应能控制消防水泵、电磁阀、电动阀等的操作。

2.6.6 局部应用系统

（1）局部应用系统

局部应用系统是应用于室内最大净空高度不大于 8m 的民用建筑中，为局部设置且保护区域总面积不超过 1000m^2 的湿式自动喷水灭火系统。

设置局部应用系统的场所应为轻危险级或中危险级Ⅰ级场所。

（2）局部应用系统喷头选型、喷头布置及设计流量计算应符合下列规定：

1）局部应用系统应采用快速响应洒水喷头，喷水强度应符合表 2-24 的规定，持续喷水时间不应低于 0.5h。

2）局部应用系统保护区域内的房间和走道均应布置喷头。喷头选型、布置和按开放喷头数确定的作用面积应符合下列规定：

① 采用标准覆盖面积洒水喷头的系统，喷头布置应符合轻危险级或中危险级Ⅰ级场所的有关规定，作用面积内开放的喷头数量应符合表 2-49 的规定。

局部应用系统采用标准覆盖面积洒水喷头时作用面积内开放喷头数量　　　表 2-49

保护区域总建筑面积和最大厅室建筑面积	开放喷头数量
保护区域总建筑面积超过 300m² 或 最大厅室建筑面积超过 200m²	10
保护区域总建筑面积不超过 300m²	最大厅室喷头数 +2 当少于 5 只时，取 5 只；当多于 8 只时，取 8 只

② 采用扩大覆盖面积洒水喷头的系统，作用面积内开放喷头数量按不少于 6 只确定。

（3）当室内消火栓系统设计流量能满足局部应用系统设计流量时，局部应用系统可与室内消火栓合用室内消防用水量、稳压设施、消防水泵及供水管道等。

（4）采用标准覆盖面积洒水喷头且喷头总数不超过 20 只，或采用扩大覆盖面积洒水喷头且喷头总数不超过 12 只的局部应用系统，可不设报警阀组。

（5）不设报警阀组的局部应用系统，配水管可与室内消防竖管连接，其配水管入口处应设过滤器和带有锁定装置的控制阀。

（6）局部应用系统应设报警控制装置。报警控制装置应具有显示水流指示器、压力开关及消防水泵、信号阀等组件状态和输出启动消防水泵控制信号的功能。

（7）不设报警阀组或采用消防水泵直接从市政供水管吸水的局部应用系统，应采用压力开关联动消防水泵的控制方式。不设报警阀组的局部应用系统可采用电动警铃报警。

（8）无室内消火栓的建筑或室内消火栓的设计流量不能满足局部应用系统要求时，局部应用系统的供水应符合下列规定：

1）市政供水能够同时保证最大生活用水量和局部应用系统的设计流量与压力时，市政供水管可直接向局部应用系统供水。

2）市政供水不能同时保证最大生活用水量和局部应用系统的设计流量与压力，但允许消防水泵直接从市政供水管直接吸水时，局部应用系统可设直接从市政供水管吸水的消防水泵。

3）市政供水不能同时保证最大生活用水量和局部应用系统的设计流量与压力，也不允许从市政供水管直接吸水时，局部应用系统应设储水池（罐）和消防水泵，储水池（罐）有效容积应按局部应用系统设计用水量确定，并可扣除局部应用系统持续喷水时间内仍能连续补充的补水量。

4）可按三级负荷供电，且可不设备用消防水泵。

5）应设置倒流防止器或采用其他有效防止污染生活用水的措施。

2.6.7　水力计算

1. 洒水喷头出水量计算

（1）根据喷头处的工作压力计算喷头流量，喷头的出水量应按式（2-34）计算：

$$q = K\sqrt{10P} \tag{2-34}$$

式中　q——喷头流量（L/min）；

　　　P——喷头处的工作压力（MPa）；

　　　K——喷头流量系数。

（2）根据喷头的喷水强度、保护面积计算喷头流量，喷头的出水量可按式（2-35）计算：

$$q_i = DA_s \tag{2-35}$$

式中　q_i—— 喷头流量（L/min）；

　　　D——喷头设计喷水强度 $[L/(min \cdot m^2)]$；

　　　A_s——单只喷头保护面积（m²）。

（3）根据喷头的出流量计算喷头处的工作压力，喷头处的工作压力可按式（2-36）计算：

$$P_i = \frac{q_i^2}{10K^2} \tag{2-36}$$

式中　P_i—— 喷头处的工作压力（MPa）；

　　　q_i——喷头流量（L/min）；

　　　K——喷头流量系数。

注：计算的喷头处的工作压力不应小于规范规定的最低工作压力及规定的喷水强度。

（4）最不利点处喷头流量折算系数可按式（2-37）计算：

$$K_s = \frac{q_s}{\sqrt{10 \times (P_s + h_s + Z_s)}} \tag{2-37}$$

式中　K_s—— 喷头流量折算系数；

　　　q_s——喷头流量（L/min）；

　　　P_s——喷头处的工作压力（MPa）；

　　　h_s——喷头与配水支管连接的短立管的水头损失（沿程与局部损失之和）（MPa）；

　　　Z_s——喷头喷口（溅水盘）与配水支管连接点处高程差产生的水压（MPa），喷头在配水支管上方时为正值，喷头在配水支管下方时为负值。

由式（2-37）可知，当喷头在配水支管下方时，计算的喷头流量折算系数将大于喷头流量系数 K；而当喷头在配水支管上方时，计算的喷头流量折算系数将小于喷头流量系数 K。

在实际工程计算中，一般将喷头短立管的水头损失及喷头与配水支管连接点处高程差产生的水压忽略不计，即以喷头与配水支管连接点处的压力作为喷头的工作压力计算喷头的出流量。当喷头在配水支管下方时，计算结果影响不大，因为喷头的实际出流量一般会大于计算结果；但当喷头在配水支管上方时，将对计算结果有影响，因为喷头的实际出流量一般会小于计算结果，从而其喷头的喷水强度有可能小于规范规定值。

因此，当喷头布置在配水支管上方且其短立管较长时，应考虑其短立管的水头损失以及其高程差产生的水压对喷头出水量产生的影响。

（5）最不利配水支管流量折算系数可按式（2-38）计算：

$$K_Z = \frac{q_Z}{\sqrt{10P_Z}} \qquad (2\text{-}38)$$

式中　K_Z——最不利配水支管流量折算系数；

　　　q_Z——最不利配水支管流量（L/min）；

　　　P_Z——最不利配水支管与配水管连接点处的压力（MPa）。

（6）当与最不利配水支管同层且在同一配水管上的其他支管的喷头及配水管的布置与最不利配水支管的喷头及配水管的布置相同时，该支管的支管流量可按式（2-39）计算：

$$Q_C = K_Z\sqrt{10P_C} \qquad (2\text{-}39)$$

式中　K_Z——最不利配水支管喷头流量折算系数；

　　　Q_C——计算支管的支管流量（L/min）；

　　　P_C——计算支管与配水管连接点处的压力（MPa）。

（7）最不利点处作用面积流量折算系数可按式（2-40）计算：

$$K_A = \frac{q_A}{\sqrt{10P_A}} \qquad (2\text{-}40)$$

式中　K_A——最不利点处作用面积流量折算系数；

　　　q_A——最不利点处作用面积计算流量（系统设计流量）（L/min）；

　　　P_A——消防立管与最不利配水干管连接点处的压力（MPa）。

（8）当与系统最不利点处作用面积层的下层系统的喷头及配水管的布置与最不利点处作用面积层的喷头及配水管的布置相同时，则该层系统最不利点处作用面积流量可按式（2-41）计算：

$$Q_Y = K_A\sqrt{10P_Y} \qquad (2\text{-}41)$$

式中　K_A——最不利点处作用面积流量折算系数；

　　　Q_Y——计算层系统最不利点处作用面积流量（L/min）；

　　　P_Y——计算层系统配水干管与消防立管连接点处的压力（MPa）。

【例2-2】某3层建筑自动喷水灭火系统原理图如图2-26所示，已知：系统最不利点处喷头为节点1处的喷头，最不利作用面积内的喷头数为15个（即节点1~节点15处的喷头组成），系统设计流量为Q_0，管段5-A的流量为Q_S，节点A、B、C、E、F、G处压力分别为P_A、P_B、P_C、P_E、P_F、P_G；一层、二层、三层喷头布置相同，每层各配水支管喷头的布置也相同。求管段10-B、管段15-C的流量以及一层和二层系统作用面积的设计流量Q_1、Q_2。

【解】

（1）A支管流量系数K_Z由式（2-38）计算得出，即：$K_Z = Q_S/\sqrt{10P_A}$

则管段10-B的流量即B支管流量Q_B：$Q_B = K_Z\sqrt{10P_B} = Q_S\sqrt{10P_B}/\sqrt{10P_A}$

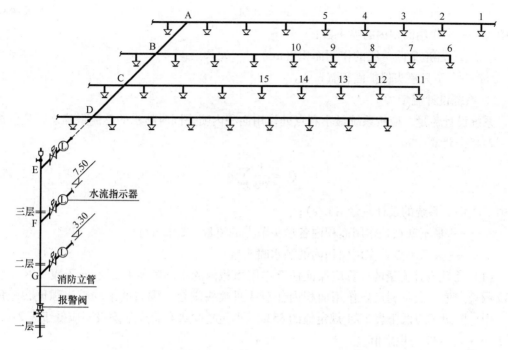

图 2-26 【例 2-2】某 3 层建筑自动喷水灭火系统原理图

则管段 15-C 的流量即 C 支管流量 Q_C：$Q_C = K_Z\sqrt{10P_C} = Q_S\sqrt{10P_C}/\sqrt{10P_A}$

（2）最不利点处作用面积流量折算系数 K_A 由式（2-40）计算得出，即：$K_A = Q_0/\sqrt{10P_E}$

则一层系统作用面积的设计流量 Q_1：$Q_1 = K_A\sqrt{10P_G} = Q_0\sqrt{10P_G}/\sqrt{10P_E}$

则二层系统作用面积的设计流量 Q_2：$Q_2 = K_A\sqrt{10P_F} = Q_0\sqrt{10P_F}/\sqrt{10P_E}$

2. 系统作用面积

系统最不利点处作用面积的位置和形状，最不利点处作用面积的位置应选择在系统水力计算选定的水利条件最不利处；最不利点处作用面积的形状宜为矩形，其长边应平行于配水支管，其长度不宜小于作用面积平方根的 1.2 倍。

（1）作用面积的长边 L 可按式（2-42）计算：

$$L \geqslant 1.2\sqrt{A} \tag{2-42}$$

式中　L——作用面积的长边（m）；

　　　A——相应危险等级的作用面积（m²）。

（2）作用面积的短边 B 可按式（2-43）计算：

$$B = A/L \tag{2-43}$$

式中　B——作用面积的短边（m）；

　　　L——计算确定的作用面积长边（m）；

　　　A——相应危险等级的作用面积（m²）。

（3）作用面积内的喷头数可按式（2-44）计算：

$$N = A/A_S \tag{2-44}$$

式中 N—— 作用面积内的喷头数；

  A——相应危险等级的作用面积（m^2）；

  A_S——单只喷头保护面积（m^2）。

3. 系统设计流量

系统设计流量，应按系统最不利点处作用面积内喷头同时喷水的总流量确定，且应按式（2-45）计算：

$$Q = \frac{1}{60}\sum_{i=1}^{n} q_i \tag{2-45}$$

式中 Q—— 系统的设计流量（L/s）；

  q_i——最不利点处作用面积内各喷头节点的流量（L/min）；

  n——最不利点处作用面积内的洒水喷头数。

（1）系统设计流量的计算应保证任意作用面积内的平均喷水强度不低于表 2-24 ~ 表 2-30 的规定值。最不利点处作用面积内任意 4 只喷头围合范围内的平均喷水强度，轻危险、中危险级不应低于表 2-24 规定值的 85%；严重危险级和仓库危险级不应低于表 2-24、表 2-26 ~ 表 2-30 的规定值。

（2）设置货架内置洒水喷头的仓库，顶板下洒水喷头与货架内洒水喷头应分别计算设计流量，并应按其设计流量之和确定系统的设计流量。

（3）建筑内设有不同类型的系统或有不同危险等级的场所时，系统的设计流量应按其设计流量的最大值确定。

（4）当建筑物内同时设有自动喷水灭火系统和水幕系统时，系统的设计流量，应按同时启用的自动喷水灭火系统和水幕系统的用水量计算，并取二者之和中的最大值确定。

（5）雨淋系统和水幕系统的设计流量，应按雨淋报警阀控制的洒水喷头的流量之和确定。多个雨淋报警阀并联的雨淋系统，其系统设计流量，应按同时启用雨淋报警阀的流量之和的最大值确定。

（6）保护防火卷帘、防火玻璃墙等防火分隔设施的防护冷却系统，系统的设计流量应按计算长度内喷头同时喷水的总数量确定。计算长度应符合下列要求：

1）当设置场所设有自动喷水灭火系统时，计算长度不应小于矩形作用面积的长边长度。

2）当设置场所未设置自动喷水灭火系统时，计算长度不应小于任意一个防火分区内所有需要保护的防火分隔设施总长度之和。

（7）当原有系统延伸管道、扩展保护范围时，应对增设洒水喷头后的系统重新进行水力计算。

4. 管道水力计算

（1）管道沿程水头损失

1）自动喷水灭火系统管道内的水流速度宜采用经济流速，必要时可超过 5m/s，但不应大于 10m/s。管道流速可按式（2-46）计算：

$$v = \frac{4Q}{\pi d_i^2} = K_C Q, \quad K_C = \frac{4}{\pi d_i^2} \qquad (2-46)$$

式中　v——管道流速（m/s）；

　　K_C——管道流速系数（L/m）；

　　Q——管道流量（L/s）；

　　d_i——管道计算内径（m）。

表 2-50 为与钢管管道管径对应的流速系数值。

与钢管管道管径对应的流速系数值　　　　　　　表 2-50

公称直径（mm）	15	20	25	32	40	50	65	80	100	125	150
流速系数 K_C（L/m）	5.85	3.105	1.883	1.05	0.8	0.47	0.283	0.204	0.115	0.075	0.053

2）管道单位长度沿程水头损失应按式（2-12）计算。

采用式（2-12）计算管道单位长度沿程水头损失时，其管道的计算内经按管道内径减 1mm 确定。低压焊接钢管及镀锌钢管规格参见表 2-51。

低压焊接钢管及镀锌钢管规格　　　　　　　表 2-51

DN		外径（mm）		普通钢管			加厚钢管		
（mm）	（in）	外径	允许误差	壁厚（mm）		单位质量（kg/m）	壁厚（mm）		单位质量（kg/m）
				公称尺寸	允许偏差		公称尺寸	允许偏差	
6	1/8	10		2.06		0.39	2.5		0.46
8	1/4	13.5		2.25		0.62	2.75		0.73
10	3/8	17.0		2.25		0.82	2.75		0.97
15	1/2	21.3		2.75		1.26	3.25		1.45
20	3/4	26.8		2.75		1.63	3.50		2.01
25	1	33.5		3.25		2.42	4.00		2.91
32	$1\frac{1}{4}$	42.5		3.25		3.13	4.00		3.78
40	$1\frac{1}{2}$	48.0	±0.50%~±1%	3.50	12%~15%	3.84	4.25	12%~15%	4.58
50	2	60.0		3.50		4.88	4.50		6.16
65	$2\frac{1}{2}$	75.5		3.75		6.64	4.50		7.88
80	3	88.5		4.00		8.34	4.75		9.81
100	4	114.0		4.00		10.85	5.00		13.44
125	5	140.0		4.50		15.04	5.50		18.24
150	6	165.0		4.50		17.81	5.50		21.63

3）管道的沿程水头损失应按式（2-15）计算。

（2）管道的局部水头损失

管道的管件和阀门的局部水头损失宜采用当量长度法计算。当量长度法实际是把管件和阀门等的局部水头损失折算成同管径的水力阻力系数与其管径的当量长度的乘积。因此，局部水头损失也采用式（2-15）计算，i 为同管径同流量下的水力阻力系数，L 为管件的当量长度。镀锌钢管钢件和阀门的当量长度见表2-52。

镀锌钢管管件和阀门的当量长度　　　　　　　表 2-52

管件和阀门	公称直径（mm）								
	25	32	40	50	65	80	100	125	150
45°弯头	0.3	0.3	0.6	0.6	0.9	0.9	1.2	1.5	2.1
90°弯头	0.6	0.9	1.2	1.5	1.8	2.1	3.0	3.7	4.3
90°长弯头	0.6	0.6	0.6	0.6	1.2	1.5	1.8	2.4	2.7
三通或四通（侧向）	1.5	1.8	2.4	3.0	3.7	4.6	6.1	7.6	9.1
蝶阀	—	—	—	1.8	2.1	3.1	3.7	2.7	3.1
闸阀	—	—	—	0.3	0.3	0.3	0.6	0.6	0.9
异径接头	32/25	40/32	50/40	65/50	80/65	100/80	125/100	150/125	200/150
	0.2	0.3	0.3	0.5	0.6	0.8	1.1	1.3	1.6

表 2-52 中三通或四通的当量长度是水流按侧向流动的数值，水流直通流动时其当量长度可按表中数值的 1/5 取值。当采用其他材料管材或阀门等能产生局部水头损失的部件，应根据产品的要求确定其管件或阀门的当量长度。

减压孔板的局部水头损失可按式（2-28）和式（2-29）计算，节流管的局部水头损失可按式（2-30）计算。

（3）消防水泵扬程或系统入口的供水压力应按式（2-47）计算：

$$H = (1.20 \sim 1.40)\sum P_{\mathrm{P}} + P_0 + Z - h_{\mathrm{c}} \tag{2-47}$$

式中　H——消防水泵扬程或系统入口的供水压力（MPa）；

　$\sum P_{\mathrm{P}}$——管道沿程和局部水头损失的累计值（MPa），报警阀的局部水头损失应按照产品样本或检测数据确定。当无上述数据时，湿式报警阀取值 0.04MPa、干式报警阀取值 0.02MPa、预作用装置取值 0.08MPa、雨淋报警阀取值 0.07MPa、水流指示器取值 0.02MPa；

　P_0——最不利点处喷头的工作压力（MPa）；

　Z——最不利点处喷头与消防水池的最低水位或系统入口管水平中心线之间的高程差，当系统入口管或消防水池最低水位高于最不利点处喷头时，Z 应取负值（MPa）；

　h_{c}——从城市市政管网直接抽水时城市管网的最低水压（MPa）；当从消防水池吸水时，h_{c} 取 0。

5. 自动喷水灭火系统设计计算

（1）根据系统设置场所性质、危险等级，选择系统类型；

（2）确定系统的作用面积、喷水强度、单个喷头保护面积等基本设计计算参数；

（3）确定喷头选型和单个喷头的保护面积；

（4）根据喷头布置形式、喷头间距要求及建筑平面等要求布置喷头；

（5）确定系统最不利点处喷头及其作用面积位置和形状，计算作用面积内的喷头数；

（6）绘制管道系统图，选择最不利计算管路，绘制有节点编号的系统计算简图；

（7）按确定的喷水强度和单个喷头保护面积，计算最不利点处喷头的工作压力；

（8）按节点编号依次计算最不利配水支管上作用面积内的各喷头处水压、喷头出水量以及相应管段流量和水头损失（沿程和局部水头损失）；

（9）根据最不利配水支管的流量系数，依次计算作用面积内配水干管上其他各配水支管的流量和水头损失（沿程和局部水头损失）；

（10）计算系统设计流量，计算系统供水压力或消防水泵扬程；

（11）根据水力计算结果，确定减压设施的设置；

（12）根据系统持续喷水时间，计算系统消防用水量，确定消防水池有效容积等。

【例 2-3】某 3 层建筑物体内设置湿式自动喷水灭火系统，设置场所均按中危险级 Ⅱ 级设计，喷头采用标准流量洒水喷头。各层建筑功能和布局均相同，各层层高均为 4.2m。图 2-27 为顶层（第三层）局部喷头平面布置图（图中编号为 1 的喷头为最不利点处喷头），图 2-28 为其管道系统原理图，喷头采用标准流量洒水喷头，管材采用内外壁热镀锌钢管。请计算该建筑物湿式自动喷水灭火系统的系统设计流量和消防水泵扬程？

注：① 喷头短立管的水头损失及喷头与配水支管连接点处高程差产生的水压忽略不计；

② 图中阀门均采用闸阀，消防水泵及其吸水管的水头损失共计按 0.07MPa 计。

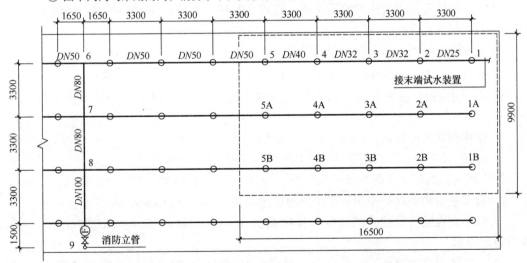

图 2-27 【例 2-3】系统最不利点处喷头布置平面图

【解】

（1）已知系统设置场所均按中危险级 Ⅱ 级设计，查表 2-24，该湿式系统的喷水强度不应小于 8L/（min·m²），即 $D = 8L/（min·m²）$；作用面积不应小于 160m²，即 $A = 160m²$；

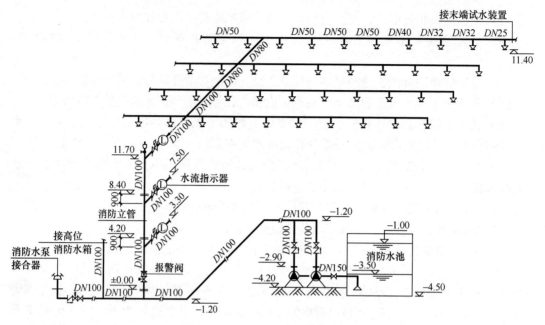

图 2-28 　【例2-3】管道系统原理图

（2）单个标准覆盖面积洒水喷头的保护面积不应大于 $3.4 \times 3.4 = 11.56\text{m}^2$。

根据图 2-27，每个喷头的实际保护面积 $A_\text{s} = 3.3 \times 3.3 = 10.89\text{m}^2 \leqslant 11.56\text{m}^2$，满足规定要求。

（3）初步计算作用面积内的喷头数，按式（2-44）计算，即：$N = A/A_\text{s} = 160 \div 10.89 = 14.7$ 个，取 $N = 15$ 个。

（4）系统最不利点处作用面积的形状选择为矩形。

① 按式（2-42），作用面积长边 $L \geqslant 1.2 \sqrt{A}$，$L = 1.2 \times \sqrt{160} = 15.18\text{m}$。

则与作用面积长边平行的配水支管上的喷头数：$n_1 \geqslant 15.18 \div 3.3 = 4.6$ 个，取 $n_1 = 5$ 个。

∴ 作用面积实际长边：$L = 5 \times 3.3 = 16.5\text{m}$。

② 按式（2-43），作用面积短边：$B = A/L = 160 \div 16.5 = 9.7\text{m}$。

则作用面积内配水支管数量（排）：$n_2 = 9.7 \div 3.3 = 2.94$ 排，取 $n_2 = 3$ 排。

∴ 最不利点喷头处的作用面积实际短边边长为：$B = 3 \times 3.3 = 9.9\text{m}$。

∴ 最不利点喷头处的系统实际的作用面积 $A = LB = 16.5 \times 9.9 = 163.35\text{m}^2 \geqslant 160\text{m}^2$，满足规定要求。

（5）根据《自动喷水灭火系统设计规范》GB 50084—2017（以下简称《喷规》）第 9.1.5 条规定，本系统设计流量的计算应保证任意作用面积内的平均喷水强度不低于表 2-24。

∴ 系统的设计流量，$Q \geqslant 8 \times 163.35 = 1306.8\text{L}/(\text{min} \cdot \text{m}^2) = 21.78\text{L/s}$，即 $Q \geqslant 21.78\text{L/s}$。

（6）根据图 2-27、图 2-28 及已知设计条件，绘制系统计算简图，如图 2-29 所示。

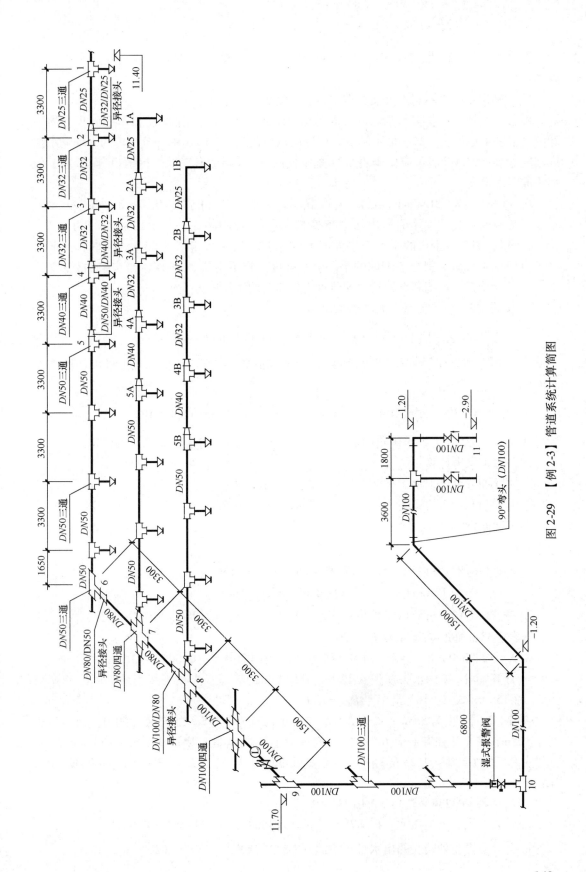

图 2-29 【例 2-3】管道系统计算简图

系统最不利管路为：1-2-3-4-5-6-7-8-9-10-11，节点编号为 1 处的喷头为系统最不利点处洒水喷头。

（7）确定系统最不利点处喷头即节点 1 处喷头的喷水强度。

根据《喷规》第 9.1.5 条规定，本系统设计流量的计算应保证任意作用面积内的平均喷水强度不低于表 2-24。最不利点处作用面积内任意 4 只喷头围合范围内的平均喷水强度，轻危险、中危险级不应低于表 2-24 规定值的 85%。结合已知设计条件，则节点 1 处喷头的喷水强度：

$D_1 \geqslant 85\% \times 8 = 6.8 \text{L/(min} \cdot \text{m}^2)$，若取节点 1 处喷头的喷水强度 $D_1 = 6.8 \text{L/(min} \cdot \text{m}^2)$，本系统最不利点处的作用面积内水力条件最不利的 4 只喷头（图 2-29 中编号为 1、2、1A、2A）的围合范围内的平均喷水强度不会低于表 2-24 规定值的 85%，则其作用面积内其他任意 4 只喷头围合范围内的平均喷水强度一定不会低于表 2-24 规定值的 85%。

（8）计算系统最不利点处喷头即节点 1 处喷头的工作压力。

① 按式（2-35），节点 1 处喷头的出水量：

$$q_1 = D_1 A_s = 6.8 \times (3.3 \times 3.3) = 74.05 \text{L/min} = 1.234 \text{L/s}$$

② 根据已知设计条件喷头流量系数 $K = 80$，按式（2-36）计算节点 1 处喷头的工作压力 P_1：

$$P_1 = q_1^2 / (10K^2) = 74.05^2 \div (10 \times 80^2) = 0.08568 \text{MPa}$$

计算的 P_1 大于表 2-24 规定的最小工作压力 0.05MPa，满足《喷规》的规定。

（9）管道水力计算。

1）管段 1-2 水力计算：

① 计算管段 1-2 的流量，$q_{1\text{-}2} = q_1 = 1.234 \text{L/s} = 0.001234 \text{m}^3/\text{s}$。

② 计算管段 1-2 的流速，$v_{1\text{-}2} = 4q_{1\text{-}2} / (\pi d_{1\text{-}2}^2)$，查表 2-51，镀锌钢管 $DN25$ 的内径为 27mm。

则管段 1-2 的计算内径：$d_{1\text{-}2} = 27 - 1 = 26 \text{mm} = 0.026 \text{m}$。

∴ $v_{1\text{-}2} = 4 \times 0.001234 \div (3.14 \times 0.026^2) = 2.325 \text{m/s}$。

③ 按式（2-12）计算管道单位长度水头损失 $i_{1\text{-}2}$，$i_{1\text{-}2} = 2.9660 \times 10^{-7} q_{1\text{-}2}^{1.852} C^{-1.852} d_{1\text{-}2}^{-4.87}$ 查表 2-38，海曾-威廉系数 $C = 120$。

∴ $i_{1\text{-}2} = 2.9660 \times 10^{-7} \times 1.234^{1.852} \times 120^{-1.852} \times 0.026^{-4.87} = 0.003234 \text{MPa/m}$。

④ 计算管段 1-2 的水头损失（其中，管段 1-2 的局部水头损失按当量长度法计算），按式（2-15）和式（2-16）计算：$P_{1\text{-}2} = i_{1\text{-}2} L_{1\text{-}2}$。

管段 1-2 的长度为 3.3m；查表 2-52，节点 1 处有 1 个 $DN25$ 的三通（侧向）的当量长度取 1.5m，节点 2 处有 1 个 $DN32$ 的三通（直通）的当量长度取 $1.8 \times (1/5) = 0.36$m，管段中有 1 个 $DN32 \times DN25$ 异径接头的当量长度取 0.2m。∴ $L_{1\text{-}2} = 3.3 + 1.5 + 0.36 + 0.2 = 5.36$m。

∴ $P_{1\text{-}2} = 0.003234 \times 5.36 = 0.01733 \text{MPa}$。

⑤ 计算节点 2 处的压力，$P_2 = P_1 + P_{1\text{-}2} = 0.08568 + 0.01733 = 0.10301 \text{MPa}$。

⑥ 计算节点 2 处喷头的出水量，按式（2-34）计算：$q_2 = K \sqrt{10 P_2}$。

$\therefore \ q_2 = 80 \times \sqrt{10 \times 0.10301} = 81.20\text{L/min} = 1.353\text{L/s}_\circ$

2）管段 2-3 水力计算：

① 计算管段 2-3 的流量：$q_{2\text{-}3} = q_{1\text{-}2} + q_2 = 1.234 + 1.353 = 2.587\text{L/s} = 0.002587\text{m}^3/\text{s}_\circ$

② 计算管段 1-2 的流速，查表 2-51，镀锌钢管 $DN32$ 的内径为 35.8mm。

则管段 2-3 的计算内径：$d_{2\text{-}3} = 35.8 - 1 = 34.8\text{mm} = 0.0348\text{m}_\circ$

$\therefore \ v_{2\text{-}3} = 4q_{2\text{-}3}/(\pi d_{2\text{-}3}^2) = 4 \times 0.002587 \div (3.14 \times 0.0348^2) = 2.721\text{m/s}_\circ$

③ 计算管段 2-3 的单位长度水头损失：

$\therefore \ i_{2\text{-}3} = 2.9660 \times 10^{-7} \times 2.587^{1.852} \times 120^{-1.852} \times 0.0348^{-4.87} = 0.003080\text{MPa/m}_\circ$

④ 计算管段 2-3 的水头损失：

管段 2-3 的长度为 3.3m；查表 2-52，节点 3 处有 1 个 $DN32$ 的三通（直通）的当量长度取 $1.8 \times 1/5 = 0.36\text{m}_\circ \ \therefore \ L_{2\text{-}3} = 3.3 + 0.36 = 3.66\text{m}_\circ$

$\therefore \ P_{2\text{-}3} = 0.003080 \times 3.66 = 0.01127\text{MPa}_\circ$

⑤ 计算节点 3 处的压力，$P_3 = P_2 + P_{2\text{-}3} = 0.10301 + 0.01127 = 0.11428\text{MPa}_\circ$

⑥ 计算节点 3 处喷头的出水量，$q_3 = K\sqrt{10P_3}_\circ$

$\therefore \ q_3 = 80 \times \sqrt{10 \times 0.11428} = 85.52\text{L/min} = 1.425\text{L/s}_\circ$

3）管段 3-4 水力计算：

① 计算管段 3-4 的流量：$q_{3\text{-}4} = q_{2\text{-}3} + q_3 = 2.587 + 1.425 = 4.012\text{L/s} = 0.004012\text{m}^3/\text{s}_\circ$

② 计算管段 3-4 的流速，$d_{3\text{-}4} = 35.8 - 1 = 34.8\text{mm} = 0.0348\text{m}_\circ$

$\therefore \ v_{3\text{-}4} = 4q_{3\text{-}4}/(\pi d_{3\text{-}4}^2) = 4 \times 0.004012 \div (3.14 \times 0.0348^2) = 4.22\text{m/s}_\circ$

③ 计算管段 2-3 的单位长度水头损失：

$\therefore \ i_{3\text{-}4} = 2.9660 \times 10^{-7} \times 4.012^{1.852} \times 120^{-1.852} \times 0.0348^{-4.87} = 0.006942\text{MPa/m}_\circ$

④ 计算管段 3-4 的水头损失：

管段 3-4 的长度为 3.3m；查表 2-52，节点 4 处有 1 个 $DN40$ 的三通（直通）的当量长度取 $2.4 \times 1/5 = 0.48\text{m}$，管段中有 1 个 $DN40 \times DN32$ 异径接头的当量长度取 0.3m。

$\therefore \ L_{3\text{-}4} = 3.3 + 0.48 + 0.3 = 4.08\text{m} \qquad \therefore \ P_{3\text{-}4} = 0.006942 \times 4.08 = 0.02837\text{MPa}_\circ$

⑤ 计算节点 4 处的压力，$P_4 = P_3 + P_{3\text{-}4} = 0.11478 + 0.02832 = 0.14260\text{MPa}_\circ$

⑥ 计算节点 4 处喷头的出水量，$q_4 = K\sqrt{10P_4}_\circ$

$\therefore \ q_4 = 80 \times \sqrt{10 \times 0.14260} = 95.53\text{L/min} = 1.592\text{L/s}_\circ$

4）管段 4-5 水力计算：

① 计算管段 4-5 的流量：$q_{4\text{-}5} = q_{3\text{-}4} + q_4 = 4.012 + 1.592 = 5.604\text{L/s} = 0.005604\text{m}^3/\text{s}_\circ$

② 计算管段 4-5 的流速，查表 2-51，镀锌钢管 $DN40$ 的内径为 41mm。

则管段 4-5 的计算内径：$d_{4\text{-}5} = 41 - 1 = 40\text{mm} = 0.04\text{m}_\circ$

$\therefore \ v_{4\text{-}5} = 4q_{4\text{-}5}^2/(\pi d_{4\text{-}5}^2) = 4 \times 0.005604 \div (3.14 \times 0.04^2) = 4.462\text{m/s}_\circ$

③ 计算管段 2-3 的单位长度水头损失：

$\therefore \ i_{4\text{-}5} = 2.9660 \times 10^{-7} \times 5.604^{1.852} \times 120^{-1.852} \times 0.04^{-4.87} = 0.006542\text{MPa/m}_\circ$

④ 计算管段 4-5 的水头损失：

管段 4-5 的长度为 3.3m；查表 2-52，节点 5 处有 1 个 DN50 的三通（直通）的当量长度取 $3 \times 1/5 = 0.6$m，管段中有 1 个 $DN50 \times DN40$ 异径接头的当量长度取 0.3m。

$\therefore L_{4-5} = 3.3 + 0.6 + 0.3 = 4.2$m $\quad \therefore P_{4-5} = 0.006542 \times 4.2 = 0.02748$MPa。

⑤ 计算节点 5 处的压力，$P_5 = P_4 + P_{4-5} = 0.14260 + 0.02748 = 0.17008$MPa。

⑥ 计算节点 5 处喷头的出水量，$q_5 = K\sqrt{10P_5}$。

$\therefore q_5 = 80 \times \sqrt{10 \times 0.17008} = 104.33$L/min $= 1.739$L/s。

5）管段 5-6 水力计算：

① 计算管段 5-6 的流量：$q_{5-6} = q_{4-5} + q_5 = 5.604 + 1.739 = 7.343$L/s $= 0.007343$m³/s。

② 计算管段 5-6 的流速，查表 2-51，镀锌钢管 DN50 的内径为 53mm。

则管段 5-6 的计算内径：$d_{5-6} = 53 - 1 = 52$mm $= 0.052$m。

$\therefore v_{5-6} = 4q_{5-6}/(\pi d_{5-6}^2) = 4 \times 0.007343 \div (3.14 \times 0.052^2) = 3.46$m/s。

③ 计算管段 5-6 的单位长度水头损失：

$\therefore i_{5-6} = 2.9660 \times 10^{-7} \times 7.343^{1.852} \times 120^{-1.852} \times 0.052^{-4.87} = 0.003007$MPa/m。

④ 计算管段 5-6 的水头损失：

管段 5-6 的长度为 $3.3 \times 3 + 1.65 = 11.55$m；查表 2-52，节点 6 处有 1 个 DN50 的三通（侧向）的当量长度取 3m，管段中有 3 个 DN50 的三通（直通）的当量长度取 $3 \times 3 \times 1/5 = 1.8$m。

$\therefore L_{5-6} = 11.55 + 3 + 1.8 = 16.35$m $\quad \therefore P_{5-6} = 0.003007 \times 16.35 = 0.04916$MPa。

⑤ 计算节点 6 处的压力，$P_6 = P_5 + P_{5-6} = 0.17008 + 0.04916 = 0.21924$MPa。

计算最不利配水支管流量折算系数 K_Z：按式（2-38）计算，$K_Z = q_Z/\sqrt{10P_Z}$。

$$q_Z = q_{5-6} = 7.343\text{L/s} = 440.6\text{L/min}, \quad P_Z = P_6 = 0.21924\text{MPa}$$

$\therefore K_Z = 440.6 \div \sqrt{10 \times 0.21924} = 297.57$。

6）管段 6-7 水力计算：

① 计算管段 6-7 的流量：$q_{6-7} = q_{5-6} = 7.343$L/s $= 0.007343$m³/s。

② 计算管段 6-7 的流速，查表 2-51，镀锌钢管 DN80 的内径为 80.5mm。

则管段 6-7 的计算内径：$d_{6-7} = 80.5 - 1 = 79.5$mm $= 0.0795$mm。

$\therefore v_{6-7} = 4q_{6-7}/(\pi d_{6-7}^2) = 4 \times 0.007343 \div (3.14 \times 0.0795^2) = 1.48$m/s。

③ 计算管段 6-7 的单位长度水头损失：

$\therefore i_{6-7} = 2.9660 \times 10^{-7} \times 7.343^{-1.852} \times 120^{-1.852} \times 0.0795^{-4.87} = 0.00038$MPa/m。

④ 计算管段 6-7 的水头损失：

管段 6-7 的长度为 3.3m；查表 2-52，节点 7 处有 1 个 DN80 的四通（直通）的当量长度取 $4.6 \times 1/5 = 0.92$m，管段中有 1 个 $DN80 \times DN50$ 异径接头的当量长度取 $0.5 + 0.5 \times 0.5 = 0.75$m（注：$DN65 \times DN50$ 异径接头的当量长度为 0.5m，当出口直径不变，入口直径提高一级，其当量长度增大 0.5 倍）。

$\therefore L_{6-7} = 3.3 + 0.92 + 0.75 = 4.97$m $\quad \therefore P_{6-7} = 0.00038 \times 4.97 = 0.00189$MPa。

⑤ 计算节点 7 处的压力，$P_7 = P_6 + P_{6-7} = 0.21924 + 0.00189 = 0.22113$MPa。

7）由节点 7 流入管段 7-5A 的流量 q_{7-5A} 可按式（2-39）计算：

$\therefore q_{7-5A} = K_Z\sqrt{10P_7} = 297.57 \times \sqrt{10 \times 0.22113} = 442.50\text{L/min} = 7.375\text{L/s}。$

8）管段 7-8 水力计算：

① 计算管段 7-8 的流量：

$$q_{7-8} = q_{6-7} + q_{7-5A} = 7.343 + 7.375 = 14.718\text{L/s} = 0.014718\text{m}^3/\text{s}$$

② 计算管段 7-8 的流速，查表 2-51，镀锌钢管 $DN80$ 的内径为 80.5mm。

则管段 7-8 的计算内径：$d_{7-8} = 80.5 - 1 = 79.5\text{mm} = 0.0795\text{m}。$

$\therefore v_{7-8} = 4q_{7-8}/(\pi d_{7-8}^2) = 4 \times 0.014718 \div (3.14 \times 0.0795^2) = 2.967\text{m/s}。$

③ 计算管段 7-8 的单位长度水头损失：

$\therefore i_{7-8} = 2.9660 \times 10^{-7} \times 14.718^{-1.852} \times 120^{-1.852} \times 0.0795^{-4.87} = 0.001379\text{MPa/m}。$

④ 计算管段 7-8 的水头损失：

管段 7-8 的长度为 3.3m；查表 2-52，节点 8 处有 1 个 $DN100$ 的四通（直通）的当量长度取 $6.1 \times (1/5) = 1.22\text{m}$，管段中有 1 个 $DN100 \times DN80$ 异径接头的当量长度取 0.8m。

$\therefore L_{7-8} = 3.3 + 1.22 + 0.8 = 5.32\text{m} \qquad \therefore P_{7-8} = 0.001379 \times 5.32 = 0.007336\text{MPa}。$

⑤ 计算节点 8 处的压力，$P_8 = P_7 + P_{7-8} = 0.22113 + 0.007336 = 0.22847\text{MPa}。$

9）由节点 8 流入管段 8-5B 的流量 q_{8-5B} 可按式（2-39）计算：

$\therefore q_{8-5B} = K_Z\sqrt{10P_8} = 297.57 \times \sqrt{10 \times 0.22847} = 449.78\text{L/min} = 7.496\text{L/s}。$

本系统计算的设计流量：

$$Q = q_{7-8} + q_{8-5B} = 14.718 + 7.496 = 22.214\text{L/s}。$$

$\therefore$ 本系统的设计流量为：$Q = 22.214\text{L/s}。$

10）管段 8-9 水力计算：

① 计算管段 8-9 的流量：

$$q_{8-9} = q_{7-8} + q_{8-5B} = 14.718 + 7.496 = 22.214\text{L/s} = 0.022214\text{m}^3/\text{s}$$

② 计算管段 8-9 的流速，查表 2-51，镀锌钢管 $DN100$ 的内径为 106mm。

则管段 8-9 的计算内径：$d_{8-9} = 106 - 1 = 105\text{mm} = 0.105\text{m}。$

$\therefore v_{8-9} = 4q_{8-9}/(\pi d_{8-9}^2) = 4 \times 0.022214 \div (3.14 \times 0.105^2) = 2.567\text{m/s}。$

③ 计算管段 8-9 的单位长度水头损失：

$\therefore i_{8-9} = 2.9660 \times 10^{-7} \times 22.214^{-1.852} \times 120^{-1.852} \times 0.105^{-4.87} = 0.000763\text{MPa/m}。$

④ 计算管段 8-9 的水头损失：

管段 8-9 的长度为 $3.3 + 1.5 = 4.8\text{m}$；查表 2-52，节点 9 处有 1 个 $DN100$ 的三通（侧向）的当量长度取 6.1m，管段中有 1 个 $DN100$ 的四通（直通）的当量长度取 $6.1 \times 1/5 = 1.22\text{m}$，有 1 个 $DN100$ 信号闸阀的当量长度取 0.6m，有 1 个水流指示器的局部水头损失取 0.02MPa。

$\therefore L_{8-9} = 4.8 + 1.22 + 0.6 = 6.62\text{m} \qquad \therefore P_{8-9} = 0.000763 \times 6.62 + 0.02 = 0.02505\text{MPa}。$

⑤ 计算节点 9 处的压力，$P_1 = P_8 + P_{8-9} = 0.22847 + 0.02505 = 0.25352\text{MPa}。$

11）管段 9-10 水力计算：

① 计算管段 9-10 的流量：$q_{9-10} = q_{8-9} = 22.214\text{L/s} = 0.022214\text{m}^3/\text{s}。$

② 计算管段 9-10 的流速：$v_{9-10} = v_{8-9} = 2.567\text{m/s}。$

③ 计算管段9-10的单位长度水头损失：$i_{9-10} = i_{8-9} = 0.000763 \mathrm{MPa/m}$。

④ 计算管段9-10的水头损失：

管段9-10的长度为 $11.7 - (-1.2) = 12.9 \mathrm{m}$；节点10处有1个 $DN100$ 的三通（侧向）的当量长度取 $6.1 \mathrm{m}$，管段中有2个 $DN100$ 的三通（直通）的当量长度取 $2 \times 6.1 \times 1/5 = 2.44 \mathrm{m}$，有1个 $DN100$ 信号闸阀的当量长度取 $0.6 \mathrm{m}$，有1个湿式报警阀的局部水头损失取 $0.04 \mathrm{MPa}$。

∴ $L_{9-10} = 12.9 + 6.1 + 2.44 + 0.6 = 22.04 \mathrm{m}$。

∴ $P_{9-10} = 0.000763 \times 22.04 + 0.04 = 0.05682 \mathrm{MPa}$。

⑤ 计算节点10处的压力：

节点9和节点10的高程差 $Z_{9-10} = 11.7 - (-1.2) = 12.9 \mathrm{m} \approx 0.129 \mathrm{MPa}$。

∴ $P_{10} = P_9 + P_{9-10} + Z_{9-10} = 0.25352 + 0.05682 + 0.129 = 0.43934 \mathrm{MPa}$。

12）管段10-11水力计算：

① 计算管段10-11的流量：$q_{10-11} = q_{9-10} = 22.214 \mathrm{L/s} = 0.022214 \mathrm{m^3/s}$。

② 计算管段10-11的流速：$v_{10-11} = v_{9-10} = 2.567 \mathrm{m/s}$。

③ 计算管段10-11的单位长度水头损失：$i_{10-11} = i_{9-10} = 0.000763 \mathrm{MPa/m}$。

④ 计算管段10-11的水头损失：

管段10-11的长度为 $6.8 + 15.0 + 3.6 + 1.8 + (-1.2) - (-2.9) = 28.9 \mathrm{m}$；

管段中有1个 $DN100$ 的三通（直通）的当量长度取 $6.1 \times 1/5 = 1.22 \mathrm{m}$，管段中有3个 $DN100$ 的 $90°$ 的当量长度取 $3 \times 3 = 9 \mathrm{m}$。∴ $L_{10-11} = 28.9 + 1.22 + 9 = 39.12 \mathrm{m}$。

∴ $P_{10-11} = 0.000763 \times 39.12 = 0.02985 \mathrm{MPa}$。

⑤ 计算节点11处的压力：

节点10和节点11的高程差 $Z_{10-11} = (-1.2) - (-2.9) = 1.7 \mathrm{m} \approx 0.017 \mathrm{MPa}$。

∴ $P_{11} = P_{10} + P_{10-11} + Z_{10-11} = 0.43934 \mathrm{MPa} + 0.02985 + 0.017 = 0.48619 \mathrm{MPa}$。

湿式自动喷水灭火系统最不利管路水力计算见表2-53。

湿式自动喷水灭火系统最不利管路水力计算表 表2-53

管段编号	管径 （mm）	管长 （m）	当量长度 （m）	流量 （L/s）	流速 （m/s）	水头损失 （MPa）	起点压力 （MPa）	终点压力 （MPa）
1-2	$DN25$	3.3	2.06	1.234	2.352	0.01733	0.08568	0.10301
2-3	$DN32$	3.3	0.36	2.587	2.721	0.01127	0.10301	0.11428
3-4	$DN32$	3.3	0.78	4.012	4.220	0.02832	0.11428	0.14260
4-5	$DN40$	3.3	0.9	5.604	4.462	0.02748	0.14260	0.17008
5-6	$DN50$	11.55	4.8	7.343	3.460	0.04916	0.17008	0.21924
6-7	$DN80$	3.3	1.67	7.343	1.480	0.00189	0.21924	0.22113
7-8	$DN80$	3.3	2.02	14.718	2.967	0.00734	0.22113	0.22847
8-9	$DN100$	4.8	1.82	22.214	2.567	0.02505	0.22847	0.25352
9-10	$DN100$	12.9	9.14	22.214	2.567	0.05682	0.25352	0.43934
10-11	$DN100$	28.9	10.22	22.214	2.567	0.02985	0.43934	0.48619
Σ						0.25451		

（10）消防水泵扬程 H 按式（2-47）计算：$H = (1.20 \sim 1.40)\sum P_{\mathrm{P}} + P_0 + Z - h_{\mathrm{c}}$

由已知设计条件及上述计算可得：

① 系统水头损失（沿程和局部）累计值，$\sum P_{\mathrm{P}} = 0.25451 + 0.07 = 0.32451\mathrm{MPa}$。

② 最不利点处喷头工作压力，$P_0 = P_1 = 0.08568\mathrm{MPa}$。

③ 根据图 2-28，最不利点处喷头的标高为 11.40m，消防水池的最低水位为 -3.50m，则最不利点处喷头与消防水池的最低水位的高程差为：

$$Z = 11.40 - (-3.5) = 14.9\mathrm{m} \approx 0.149\mathrm{MPa}$$

④ 消防水泵从消防水池吸水，$h_{\mathrm{c}} = 0$。

$\therefore H = (1.20 \sim 1.40) \times 0.32451 + 0.08568 + 0.149 = 0.62 \sim 0.69\mathrm{MPa}$。

2.7　水喷雾和细水雾灭火系统

水喷雾灭火系统是在自动喷水灭火系统基础上发展起来的，该系统是采用特殊专用水雾喷头，将水流分散为细小的水雾滴来灭火（喷出粒径为 0.3 ~ 0.8mm），是雨淋系统的一种形式。其特点是水的利用率极大提高，细小的水雾滴几乎可完全汽化，冷却效果好，产生膨胀约 1680 倍的水蒸气可形成窒息的环境条件。其灭火机理主要是表面冷却、蒸汽窒息、乳化和稀释作用等。

2.7.1　水喷雾灭火系统

（1）设置场所和作用

水喷雾灭火系统可用于扑救固体物质火灾、丙类液体火灾、饮料酒火灾和电气火灾。并可用于可燃气体和甲、乙、丙类液体的生产、储存装置或装卸设施的防护冷却。某些危险固体如火药和烟花爆竹引起的火灾。

可燃油油浸电力变压器、充可燃油的高压电容器和多油开关室宜设水喷雾灭火系统。

水喷雾灭火系统不得用于扑救遇水发生化学反应造成燃烧、爆炸的火灾，以及水雾会对保护对象造成明显损害的火灾。

（2）分类与组成

水喷雾灭火系统是一种局部灭火系统，水喷雾灭火系统一般由水雾喷头、过滤器、雨淋报警阀组（或电动控制阀、气动控制阀）、管道、供水设备、水源和火灾探测自控系统等组成。

1）水雾喷头

水雾喷头根据喷头进口最低水压分为中速喷头和高速喷头两类。

中速喷头：喷头压力为 0.15 ~ 0.50MPa，水滴粒径为 0.4 ~ 0.8mm，用于轻质油类火灾或化学容器的防护冷却，可设于室内或室外。

高速喷头：喷头压力为 0.25 ~ 0.80MPa，雾化效果好，水滴粒径为 0.3 ~ 0.4mm，用于扑救柴油、闪点高于60℃的液体火灾和电气火灾，一般多用于室内。

2）过滤器

雨淋报警阀前的管道应设置可冲洗的过滤器，过滤器滤网应采用耐腐蚀金属材料，其网孔基本尺寸应为 0.600 ~ 0.710mm。

3）雨淋报警阀组

水喷雾灭火系统采用的雨淋报警阀组主要由雨淋报警阀、电磁阀、压力开关、水力警铃、压力表以及配套的通用阀门等组成。

杠杆式雨淋报警阀只能直立安装，隔膜式雨淋报警阀既可直立安装也可水平安装。雨淋报警阀组应设在环境温度不低于4℃并有排水设施的室内。

4）管道

可选用热固化内外涂环氧涂塑钢管、不锈钢管、铜管、内外热浸镀锌钢管。管道的耐压等级应大于系统的最大工作压力，且不低于 1.2 MPa；管道工作压力不应大于 1.6MPa。管网宜采用中央中心分配式枝状管网或环状管网。

5）供水设备和水源

水泵宜自灌引水；采用天然水源供水时，水泵吸水口应采取防止杂物堵塞的措施。系统供水压力应满足在相应设计流量范围内各组件的工作压力要求，且应有防止系统超压的措施。

可靠的水源，可由消防水池（罐）、消防水箱或天然水源供给，也可由企业独立设置的稳高压消防给水系统供给；系统水源的水量应满足系统最大设计流量和供给时间的要求。

当采用区域应用系统保护大型区域时，供水系统的总用水量应为着火点所对应的系统，再加上与其相邻的2个或多个系统用水量之和，且应根据各种组合中流量最大的一组数据来选择水泵。

供水系统如果与其他水消防系统合用一套管网，还应考虑满足各个系统同时工作时的总用水量。

6）火灾探测自控系统

系统应具有自动控制、手动控制和应急操作三种控制方式。

（3）设计参数

1）基本参数

水喷雾灭火系统基本设计参数见表2-54。

水喷雾灭火系统基本设计参数　　　　　　　表 2-54

防护目的	保护对象		供给强度 [L/(min·m²)]	持续供给时间（h）	响应时间（s）	
灭火	固体物质火灾		15	1		60
	输送机皮带		10	1		60
	液体火灾	闪点 60 ~ 120℃的液体	20	0.5		60
		闪点高于 120℃的液体	13			
		饮料酒	20			
	电气火灾	油浸式电力变压器、油断路器	20	0.4		60
		油浸式电力变压器的集油坑	6			
		电缆	13			

防护目的	保护对象				供给强度 $[L/(min \cdot m^2)]$	持续供给时间（h）	响应时间（s）
防护冷却	甲_B、乙、丙类液体储罐			固定顶罐	2.5	直径大于20m的固定顶罐为6h，其他为4h	300
				浮顶罐	2.0		
				相邻罐	2.0		
	液化烃或类似液体储罐	全压力、半冷冻式储罐			9	6	120
		全冷冻式储罐	单、双容罐	罐壁	2.5		
				罐顶	4		
			全容罐	罐顶泵平台、管道进出口等局部危险部位	20		
				管带	10		
				液氨储罐	6		
	甲、乙类液体及可燃气体生产、输送、装卸设施				9	6	120
	液化石油气灌瓶间、瓶库				9	6	60

注：1. 添加水系灭火剂的系统，其供给强度应由试验确定；

2. 钢制单盘式、双盘式、敞口隔舱式内浮顶罐应按浮顶罐对待，其他内浮顶罐应按固定顶罐对待。

2) 喷头基本要求

水雾喷头的工作压力，当用于灭火时不应小于0.35MPa；当用于防护冷却时不应小于0.2MPa，但对于甲_B、乙、丙类液体储罐不应小于0.15MPa。

喷头的水雾锥底圆半径，应按式（2-48）计算：

$$R = B \cdot \tan \frac{\theta}{2} \tag{2-48}$$

式中　R——水雾锥底圆半径（m）；

B——水雾喷头的喷口与保护对象之间的距离（m）；

θ——水雾喷头的雾化角（°），θ的取值范围为30°、45°、60°、90°、120°。

喷头一般布置成矩形或菱形。当按矩形布置时，水雾喷头之间的距离不应大于1.4倍水雾喷头的水雾锥底圆半径；当按菱形布置时，水雾喷头之间的距离不应大于1.7倍水雾喷头的水雾锥底圆半径。

喷头布置应满足喷头喷水特性的要求，而且喷头的垂直和水平间距不应超过3m，但当喷头的最大间距经过认证后，可超过3m。对于暴露防护的容器，对于垂直或倾斜的容器有流淌可能的地方，喷头垂直间距不应大于3.7m。对于金属管道、导管的暴露防护，喷头应不低于被保护层的底部0.8m。

水雾喷头的选型应符合下列要求：

① 扑救电气火灾应选用离心雾化型水雾喷头；

② 室内粉尘场所设置的水雾喷头应带防尘帽，室外设置的水雾喷头宜带防尘帽；

③ 离心雾化型水雾喷头应带柱状过滤网。

（4）管道系统计算

1）设计流量

① 水雾喷头的流量：

$$q = K\sqrt{10P} \tag{2-49}$$

式中　q——水雾喷头的流量（L/min）；

　　　P——水雾喷头的工作压力（MPa）；

　　　K——水雾喷头的流量系数，取值由喷头制造商提供。

② 保护对象所需水雾喷头的计算数量：

$$N = \frac{SW}{q} \tag{2-50}$$

式中　N——保护对象所需水雾喷头的计算数量（只）；

　　　S——保护对象的保护面积（m²）；

　　　W——保护对象的设计供给强度[L/(min·m²)]。

③ 系统的计算流量：

$$Q_j = \frac{1}{60}\sum_{i=1}^{n} q_i \tag{2-51}$$

式中　Q_j——系统的计算流量（L/s）；

　　　n——系统启动后同时喷雾的水雾喷头的数量（只）；

　　　q_i——水雾喷头的实际流量（L/min），应按水雾喷头的实际工作压力计算。

④ 系统设计流量：

$$Q_s = k \cdot Q_j = k \cdot \frac{1}{60}\sum_{i=1}^{n} q_i \tag{2-52}$$

式中　Q_s——系统设计流量（L/s）；

　　　k——安全系数，应不小于1.05；

　　　Q_j——系统计算流量（L/s）；

　　　q_i——水雾喷头的实际流量（L/min），应按水雾喷头的实际工作压力计算；

　　　n——系统启动后同时喷雾的水雾喷头的数量（只）。

2）管径和水头损失的计算详见2.6节有关内容。

2.7.2　细水雾灭火系统

细水雾灭火系统实际上是水喷雾灭火系统的一种形式，但其水雾的平均雾滴尺寸更小，一般在400μm以下。其特点是：比表面积更大、利于吸收热量、更易汽化、用水量少，灭火效果比水喷雾灭火系统更理想。在有些场所可代替气体灭火系统和水喷雾灭火系统，并可扑灭 A 、B 、C 类火灾。

细水雾灭火系统的灭火机理是冷却，同时伴有局部稀释氧浓度的窒息灭火和把可燃物与火焰以及氧隔离开来的隔离灭火，通常细水雾灭火时火场的氧含量为16%～18%。

（1）适用范围

1）电子数据处理机房、电信机房、控制室等电气设备场所；

2）喷漆车间、柴油发电机等可燃液体使用或临时贮存场所；

3）博物馆、档案库等可燃固体场所。

（2）分类

1）按工作压力分：低压系统，压力≤1.21MPa；中压系统，1.21MPa＜压力＜3.45MPa；高压系统，压力≥3.45MPa。

2）按范围分：全淹没系统用于整个封闭空间的保护；区域应用系统用于封闭空间的一部分的保护；局部应用系统用于某一设备、设施的保护。

3）按压力源分：泵组式系统由活塞泵或离心泵等把水供应到管网并使水雾化灭火的系统，该系统的供水泵应一用一备；瓶组式系统由储水瓶或罐储水，以惰性压缩气体作为动力把水供应到管网并使水雾化灭火的系统。

4）按喷头形式分：闭式系统；开式系统。

5）按流体介质分：双流体介质系统：水、空气或氮气等惰性介质；单流体介质系统：只有水。

（3）喷头形式

细水雾喷头通常分为闭式喷头和开式喷头。喷头一般内置过滤网，滤网的最大孔径应为喷头通径的80%。

1）闭式喷头：该喷嘴集成了直径为2.0～2.5mm的热敏玻璃球，选择喷头额定温度时宜高于最高环境温度30℃。主要用于湿式系统或预作用系统，保护重要的机房、博物馆、指挥控制大厅。

2）开式喷头：喷嘴处无热敏玻璃球，用于全淹没系统、局部应用系统或区域应用系统，保护闪点高于60℃的液体火灾。如柴油发电机、油浸电力变压器或电子数据处理设备。

（4）系统选择

细水雾灭火系统宜采用全淹没灭火系统，当采用局部应用系统和区域系统时，应有试验数据或认证的设计参数。

1）闭式系统

用于火灾控制、抑制或建筑结构的保护。

用于可燃固体火灾扑救，如博物馆、古建筑等。

不应用于扑救可燃液体火灾。

2）开式系统

用于局部、区域或整个防护区需要保护。

用于扑救二维油盘火、流淌火或三维火。

用于替代气体灭火剂（如卤代烷气体）保护各类设备机房。

用于需要严格控制火场烟雾和温度，且需要避免水渍损失的场所，如电子数据处理机房。

3）瓶组式系统

用于对某一设备的局部保护，如涡轮发电机、汽车发动机、空气压缩机等。

用于电力供给无保障、防护空间小或无人值守的小型机房。

4）泵组式系统

用于电力供给有保障的场所。

用于需要长时间持续灭火的场所。

用于防护空间尺寸大、数量多的场所。

适用于长距离的被保护场所，如电缆隧道、传送带或电视塔等高层或超高层建筑。

（5）主要设计参数

1）喷头布置

① 全淹没系统喷头宜按矩形、正方形或菱形均衡布置在防护区顶部；对于高度超过4m 的防护区空间宜分层布置。

② 局部应用系统喷头宜均衡布置在被保护物体周围，对于高度超过4m 的较高物体应分层布置。

③ 区域系统是采用细水雾喷头把保护区域与其他区域分开，保护区域内的喷头按全淹没系统设置。

④ 闭式系统的喷头间距不应大于 3.0m ，并不应小于 2.0m ，一般约为2m。系统最小喷雾强度为 2 ~ 3 L/(min · m^2)。

2）开式系统的喷头间距、系统最小喷雾强度和安装高度应符合现行国家标准《细水雾灭火系统技术规范》GB 50898 的有关规定。全淹没应用开式系统防护区数量不应大于3 个，一个防护区的容积对于泵组系统不宜大于3000m^3，对于瓶组系统不宜大于260m^3，当防护区容积比较大时应经过专门认证。开式系统设计响应时间不应长于 30s。

3）应以系统或喷头认证设计参数或设备商提供的试验数据为设计依据。当无数据时可以参考现行国家标准《细水雾灭火系统技术规范》GB 50898。

4）持续喷雾时间：用于保护电子信息系统机房、配电室等电子、电气设备间，图书库、资料库、档案库、文物库、电缆隧道和电缆夹层等场所时，系统的设计持续喷雾时间不应低于 30min；用于保护油浸变压器室、涡轮机房、柴油发电机房、液压站、润滑油站、燃油锅炉房等含有可燃液体的机械设备间时，系统的设计持续喷雾时间不应低于20min；用于扑救厨房内烹饪设备及其排烟罩和排烟管道部位的火灾时，系统的设计持续喷雾时间不应低于 15s，冷却水持续喷放时间不应低于 15min。

5）B 类火灾宜连续喷雾；A 类火灾为增加水雾的蒸发量，在试验数据确认的情况下，可采用间歇喷雾方式灭火。

6）容器（瓶组）式供水系统的水源水应采用纯水，泵组式供水系统可采用纯水或自来水。

7）一套系统保护的防护区的数量不应超过8 个，当超过 8 个防护区时应增设备用量，备用量不应小于设计用水量。

8）喷头的最低设计工作压力不应小于 1.2 MPa。一般不宜小于系统设计压力的50% ~ 80% ，且应符合产品认证的技术参数。

9）泵组式细水雾灭火系统水泵的吸水管或出水管应设置过滤器；容器（瓶组）式供水系统宜在控制阀前设置过滤器。

10）全淹没灭火系统的保护区灭火时宜关闭所有的洞口。确有特殊原因不能关闭的洞口应符合下列条件：

① 防护区允许开口总面积与四周侧壁的面积比不应大于0.2%；

② 单个最大开口面积不应大于$1.0m^2$；

③ 开口设置的高度不应大于防护区总高度的50%，并不应小于防护区总高度的10%。

11）喷雾灭火前，防护区用的通风机、排烟机、送风机及其管道中的防火阀、排烟防火阀应自动关闭。人员确认灭火后方可启动排烟机排烟。

12）瓶组系统应具有自动控制、手动控制和机械应急操作控制三种方式；泵组系统应具有自动控制和手动控制两种方式。

13）火灾自动报警系统及控制系统在自动控制下，开式系统应能在接收到两个独立的火灾信号后自动启动；闭式系统的自动控制应能在喷头动作后，由动作信号反馈装置直接联锁自动启动。

2.8 灭火器及其他灭火方法

2.8.1 灭火器

（1）灭火器类型及选择

根据灭火器内填充的灭火剂性质不同可分为5类，见图2-30。

灭火器的选择应考虑下列因素：灭火器配置场所的火灾种类，灭火器配置场所的危险等级，灭火器的灭火效能和通用性，灭火剂对保护物品的污损程度，灭火器设置点的环境温度，使用灭火器人员的体能。

在同一灭火器配置场所，宜选用相同类型和操作方法的灭火器。当同一灭火器配置场所存在不同火灾种类时，应选用通用型灭火器。

在同一灭火器配置场所，当选用两种或两种以上类型灭火器时，应采用灭火剂相容的灭火器。不相容灭火剂见表2-55。

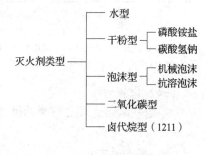

图2-30 灭火器分类

不相容灭火剂 表2-55

类型	不相容的灭火剂	
干粉与干粉	磷酸铵盐	碳酸氢钠、碳酸氢钾
干粉与泡沫	碳酸氢钠、碳酸氢钾	蛋白泡沫
泡沫与泡沫	蛋白泡沫、氟蛋白泡沫	水成膜泡沫

建筑灭火器的适用条件见表2-56。

建筑灭火器的适用条件

表 2-56

C 火灾类别	水型	干粉型		泡沫型		二氧化碳型	卤代烷1211灭火器
		磷酸铵盐	碳酸氢钠	机械泡沫[2]	抗溶泡沫[3]		
A类火灾	适用。水能冷却并穿透固体燃烧物质而灭火，并可有效防止复燃	适用。粉剂能附着在燃烧物的表面层，起到窒息火焰作用	不适用。碳酸氢钠对固体可燃物无粘附作用，只能控火，不能灭火	适用。具有冷却和覆盖燃烧物表面与空气隔绝的作用		不适用。灭火器喷出的二氧化碳无液滴，全是气体，对A类火灾基本无效	适用。具有扑灭A类火灾的效能
B类火灾	不适用[1]。水射流冲击油面，会激溅油火，致使火势蔓延，灭火困难	适用。干粉灭火剂能快速窒息火焰，具有中断燃烧过程的连锁反应的化学活性		适用于扑救非极性溶剂和油品火灾，覆盖燃烧物表面，使其与空气隔绝	适用于扑救极性溶剂火灾	适用。二氧化碳靠气体堆积在燃烧物表面，稀释并隔绝空气	适用。洁净气体灭火剂能快速窒息火焰，抑制燃烧连锁反应，而中止燃烧
C类火灾	不适用。灭火器喷出的细小水流对气体火灾作用很小，基本无效	适用。喷射干粉灭火剂能迅速扑灭气体火焰，具有中断燃烧过程的连锁反应的化学活性		不适用。泡沫对可燃液体的平面灭火有效，但扑救可燃气体火灾基本无效		适用。二氧化碳窒息灭火，不留残渍，不损坏设备	适用。洁净气体灭火剂能抑制燃烧连锁反应，而中止燃烧
E类火灾	不适用	适用	适用于带电的B类火灾	不适用		适用于带电B类火灾	适用

① 新型的添加了能灭B类火灾添加剂的水型灭火器具有B类灭火级别，可灭B类火灾。

② 化学泡沫灭火器已经淘汰。

③ 目前，抗溶泡沫灭火器常用机械泡沫类型灭火器。

注：D类火灾为金属火灾。

（2）设置要求

除地铁区间、综合管廊的燃气舱和住宅建筑套内可不配置灭火器外，建筑内应配置灭火器。

1）基本要求

① 灭火器应设置在位置明显和便于取用的地点，且不得影响安全疏散。

② 对有视线障碍的灭火器设置点，应设置指示其位置的发光标志。

③ 灭火器的摆放应稳固，其铭牌应朝外。手提式灭火器宜设置在灭火器箱内或挂钩、托架上，其顶部离地面高度不应大于1.50m；底部离地面高度不宜小于0.08m。灭火器箱不得上锁。

④ 灭火器不宜设置在潮湿或强腐蚀性的地点，当必须设置时，应有相应的保护措施。灭火器设置在室外时，应有相应的保护措施。

⑤ 灭火器不应设置在超出其使用温度范围的场所，并应采取与设置场所环境条件相适应的防护措施。

2）确定计算单元

灭火器配置的设计与计算应按计算单元进行。当一个楼层或一个水平防火分区内各场所的危险等级和火灾种类相同时，可将其作为一个计算单元；当一个楼层或一个水平防火分区内各场所的危险等级和火灾种类不相同时，应将其分别作为不同的计算单元；同一计算单元不得跨越防火分区和楼层。

确定计算单元保护面积时，建筑物应按其建筑面积确定；可燃物露天堆场，甲、乙、丙类液体储罐区，可燃气体储罐区应按堆垛、储罐的占地面积确定。

3）配置要求

灭火器最小需配灭火级别和最少需配数量的计算值应进位取整。

每个灭火器设置点实配灭火器的灭火级别和数量不得小于最小需配灭火级别和数量的计算值。灭火器设置点的位置和数量应根据灭火器的最大保护距离确定，并应保证最不利点至少在1具灭火器的保护范围内。

一个计算单元内配置的灭火器数量不得少于2具。每个设置点的灭火器数量不宜多于5具。当住宅楼每层的公共部位建筑面积超过100m²时，应配置1具1A的手提式灭火器；每增加100m²时，增配1具1A的手提式灭火器。

4）最大保护距离

A类火灾场所设置的灭火器，其最大保护距离应符合表2-57的规定；B、C类火灾场所设置的灭火器，其最大保护距离应符合表2-58的规定；D类火灾场所，目前尚无适用的定型产品；E类火灾场所，通常伴随A类或B类火灾而同时存在，可参考A类或B类火灾场所设置灭火器的要求，但不能低于其规定的要求。

A类火灾场所设置的灭火器最大保护距离（m）   表2-57

危险等级	灭火器形式	
	手提式灭火器	推车式灭火器
严重危险级	15	30
中危险级	20	40
轻危险级	25	50

B、C类火灾场所设置的灭火器最大保护距离（m）   表2-58

危险等级	灭火器形式	
	手提式灭火器	推车式灭火器
严重危险级	9	18
中危险级	12	24
轻危险级	15	30

（3）灭火器配置设计计算步骤

1）确定各灭火器配置场所的火灾种类和危险等级；

2）划分计算单元，计算各计算单元的保护面积；

3）计算各计算单元的最小需配灭火级别。

① 灭火器的最低配置基准

A类火灾场所灭火器的最低配置基准应符合表2-59的规定。B、C类火灾场所灭火器的最低配置基准应符合表2-60的规定。D类火灾场所的灭火器最低配置基准应根据金属的种类、物态及其特性等研究确定。E 类火灾场所的灭火器最低配置基准不应低于该场所内 A 类（或 B 类）火灾的规定。

A 类火灾场所灭火器的最低配置基准   表 2-59

危险等级	严重危险级	中危险级	轻危险级
单具灭火器最小配置灭火级别	3A	2A	1A
单位灭火级别最大保护面积（m^2/A）	50	75	100

B、C 类火灾场所灭火器的最低配置基准   表 2-60

危险等级	严重危险级	中危险级	轻危险级
单具灭火器最小配置灭火级别	89B	55B	21B
单位灭火级别最大保护面积（m^2/B）	0.5	1.0	1.5

② 最小需配灭火级别

最小需配灭火级别，应按式（2-53）计算：

$$Q = K \frac{S}{U} \tag{2-53}$$

式中　Q——计算单元的最小需配灭火级别（A 或 B）；

　　　S——计算单元的保护面积（m^2）；

　　　U——A 类或 B 类火灾场所单位灭火级别最大保护面积（m^2/A 或 m^2/B）；

　　　K——修正系数，按表 2-61 的规定取值。

修正系数 K   表 2-61

计算单元	K	计算单元	K
未设室内消火栓系统和灭火系统	1.0	设有室内消火栓系统和灭火系统	0.5
设有室内消火栓系统	0.9	可燃物露天堆场 甲、乙、丙类液体储罐区 可燃气体储罐区	0.3
设有灭火系统	0.7		

歌舞娱乐放映游艺场所、网吧、商场、寺庙以及地下场所等的计算单元的最小需配灭火级别应按式（2-54）计算：

$$Q = 1.3K \frac{S}{U} \tag{2-54}$$

③ 确定各计算单元中的灭火器设置点的位置和数量。

④ 计算单元中每个灭火器设置点的最小需配灭火级别，应按式（2-55）计算：

$$Q_e = \frac{Q}{N} \tag{2-55}$$

式中　Q_e——计算单元中每个灭火器设置点的最小需配灭火级别（A 或 B）；

　　　N——计算单元中的灭火器设置点数（个）；

　　　Q——计算单元的最小需配灭火级别（A 或 B）。

⑤ 确定每个设置点灭火器的类型、规格与数量。

⑥ 确定每具灭火器的设置方式和要求。

⑦ 在工程设计图上用灭火器图例和文字标明灭火器的型号、数量与设置位置。

【例 2-4】某学校多层办公楼标准层的建筑平面如图 2-31 所示，该楼层有电子计算机、复印机等设备办公室，还有专用计算机房，各办公室均设无送回风道（管）系统的独立空调，设置了消火栓给水系统。试配置灭火器。

【解】由于办公室和计算机房灭火器最小配置灭火级别不同，故按 2 个计算单元设计。

（1）办公室计算单元灭火器配置设计

1）确定灭火器配置场所的火灾种类和危险等级

该楼层有可能发生 A 类火灾和带电的 E 类火灾。E 类火灾场所的灭火器最低配置基准不应低于该场所内 A 类火灾的规定。

该楼层除计算机房外的办公室属中危险级。

2）划分计算单元，计算各计算单元的保护面积

可将该楼层除计算机房外的区域作为 1 个组合单元来进行建筑灭火器配置的设计与计算。计算单元保护面积按其建筑面积确定。因此，该计算单元的保护面积为：

$$S = 15 \times 39 - 13.6 \times 6 = 503.4 \text{m}^2$$

3）单元的最小需配灭火级别

在 A 类的中危险级火灾场所中，单位灭火级别最大保护面积 $U = 75 \text{m}^2/\text{A}$。该楼层设有室内消火栓系统，$K = 0.9$。该层办公室扑救初期火灾所需的最小灭火级别为：

$$Q = K \frac{S}{U} = 0.9 \times \frac{503.4}{75} = 6.04 \text{A}, \ Q \text{取} 7\text{A}$$

4）计算单元中的灭火器的位置和数量

在 A 类的中危险级火灾场所中，手提式灭火器的最大保护距离为 20m。根据该楼层的尺寸和平面布局，灭火器设置点数为 3，即 $N = 3$，分布在该楼层两侧的 1、3 点和走廊中间的 2 点，见图 2-31。分别从 1 和 3 点处向最远点 A，B 画出通过房门中点的折线（如图中的虚线部分），其距离均小于 20m，符合保护距离要求。

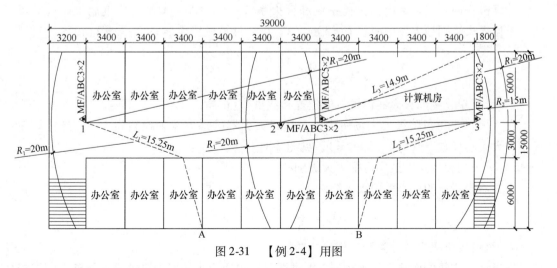

图 2-31 【例 2-4】用图

5）各灭火器设置点的最小需配灭火级别

由以上计算可知，该计算单元的最小需配灭火级别 $Q = 7A$，灭火器设置点数 $N = 3$，则每个灭火器设置点的最小需配灭火级别为：

$$Q_e = \frac{Q}{N} = \frac{7}{3} = 2.34A, \quad 取 3A$$

6）每个设置点灭火器的类型、规格与数量

根据该建筑物的特点和防火设计要求，选择手提式磷酸铵盐干粉灭火器。

A 类中危险级火灾场所中，单具灭火器最小配置级别为 2A，1 具 MF/ABC3 灭火器级别为 2A。每个设置点最少需配灭火器数量：

$$n = \frac{3A}{2A} = 1.5 具，取 2 具$$

每个设置点配灭火器数量为 2 具。

因此，本工程设计中的每个灭火器设置点选配 2 具 3kg 的手提式磷酸铵盐式干粉灭火器，MF/ABC3 ×2；该楼层应配置 6 具手提式磷酸铵盐干粉灭火器。符合"一个计算单元内配置的灭火器数量不得少于 2 具，每个设置点的灭火器数量不宜多于 5 具"的要求。

（2）计算机房计算单元灭火器配置设计

1）确定灭火器配置场所的火灾种类和危险等级

该机房可能发生 A 类火灾和 E 类火灾危险。E 类火灾场所的灭火器最低配置基准不应低于该场所内 A 类火灾的规定。计算机房属于严重危险级的民用建筑。

2）划分计算单元，计算各计算单元的保护面积

计算机房作为一个单元来进行建筑灭火器配置的设计与计算。

该计算单元的保护面积为：

$$S = 13.6 \times 6 = 81.6m^2$$

3）计算单元的最小需配灭火级别

计算机房内未安装室内消火栓系统和灭火系统，$K = 1.0$。A 类的严重危险级火灾场所，单位灭火级别最大保护面积 $U = 50m^2/A$。该层计算机房最小需配灭火级别为：

$$Q = K\frac{S}{U} = 1.0 \times \frac{81.6}{50} = 1.6A, \quad 取 2A$$

4）计算单元中的灭火器设置点的位置和数量

在 A 类的严重危险级火灾场所中，手提式灭火器的最大保护距离为 15m。选定该单元中的灭火器设置点数为 1，即 $N = 1$，见图 2-31。

5）灭火器设置点的最小需配灭火级别

灭火器设置点的最小需配灭火级别为：

$$Q_e = \frac{Q}{N} = \frac{2A}{1} = 2A$$

6）该设置点灭火器的类型、规格与数量

选择手提式磷酸铵盐干粉灭火器。A 类严重危险级火灾场所中单具灭火器最小配置级

别为 3A，1 具 MF/ABC5 灭火器级别为 3A。该设置点最少需配灭火器数量：

$$n = \frac{3A}{3A} = 1 \text{ 具}$$

按规定，一个计算单元内配置的灭火器数量不得少于 2 具，故机房中应配置 2 具 5kg 的手提式磷酸铵盐式干粉灭火器。

2.8.2 泡沫灭火系统

泡沫灭火原理是利用体积小、表面被液体包围的气泡群在液体表面形成一个泡沫覆盖的漂浮层。泡沫具有一定黏度，可以粘附于一般可燃固体的表面。灭火作用主要是：覆盖作用——使燃烧物表面与空气隔离，隔断火焰对燃烧物的热辐射，防止燃烧蒸发或热解挥发，使可燃气体难以进入燃烧室；冷却作用——泡沫析出液体对燃烧表面有冷却作用；稀释作用——泡沫受热产生的水蒸气可稀释燃烧区氧气浓度。其中覆盖作用是泡沫的主要灭火方式。

（1）系统分类

泡沫灭火系统分类见图 2-32。

（2）设置场所

1）低倍数泡沫灭火系统

适用于加工、储存、装卸、使用甲（液化烃除外）、乙、丙类液体场所的火灾。但不适用于船舶、海上石油平台等场所设置的泡沫灭火系统的设计。

2）高倍数、中倍数泡沫灭火系统

适用于木材、纸张、橡胶、纺织品等 A 类火灾；汽油、煤油、柴油、工业苯等 B 类火灾；封闭的带电设备场所的火灾；控制液化石油气、液化天然气的流淌火灾。但不得用于：硝化纤维、炸药等在无空气的环境中仍能迅速氧化的化学物质与强氧化剂火灾；钾、钠、镁、钛和五氧化二磷等活泼性的金属和化学物质火灾；未封闭的带电设备火灾。

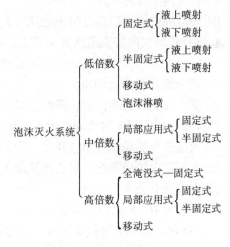

图 2-32 泡沫灭火系统分类

（3）系统选型原则

应符合现行国家标准《石油化工企业设计防火标准》GB 50160、《石油库设计规范》GB 50074、《石油天然气工程设计防火规范》GB 50183 等。

1）低倍数泡沫系统

宜选用固定式泡沫灭火系统的场所：

① 总储量大于或等于 500m³ 独立的非水溶性甲、乙、丙类液体储罐区；

② 总储量大于或等于 200m³ 水溶性甲、乙、丙类液体立式储罐区；

③ 机动消防设施不足的企业附属非水溶性甲、乙、丙类液体储罐区。

宜选用半固定式泡沫灭火系统的场所：

① 机动消防设施较强的企业附属甲、乙、丙类液体储罐区；

② 石油化工生产装置区火灾危险性大的场所。

宜选用移动式泡沫灭火系统的场所：

① 总储量不大于 500m³、单罐容量不大于 200m³，且罐壁高度不大于 7m 的地上非水溶性甲、乙、丙类液体立式储罐；

② 总储量小于 200m³、单罐容量不大于 100m³，且罐壁高度不大于 5m 的地上溶性甲、乙、丙类液体立式储罐；

③ 卧式储罐；

④ 甲、乙、丙类液体装卸区易泄漏的场所。

2）高倍数、中倍数泡沫灭火系统

宜选择全淹没式高倍数泡沫灭火系统的场所：

① 大范围的封闭空间；

② 大范围的设有阻止泡沫流失的固定围墙或其他围挡设施的场所。

宜选择局部应用式高倍数泡沫灭火系统的场所：

① 大范围内的局部封闭空间；

② 大范围内的局部设有阻止泡沫流失的围挡设施的场所。

宜选择移动式高倍数泡沫灭火系统的场所：

① 发生火灾的部位难以确定或人员难以接近的火灾场所；

② 流淌的 B 类火灾场所；

③ 发生火灾时需要排烟、降温或排除有害气体的封闭空间。

宜选择局部应用中倍数泡沫灭火系统的场所：

① 大范围内的局部封闭空间；

② 大范围内的局部设有阻止泡沫流失的围挡设施的场所；

③ 流淌的 B 类火灾场所；

④ 不超过 100m² 流淌的 B 类火灾场所。

宜选择移动式中倍数泡沫灭火系统的场所：

① 发生火灾的部位难以确定或人员难以接近的较小火灾场所；

② 流散的 B 类火灾场所；

③ 不超过 100m² 流淌的 B 类火灾场所。

（4）泡沫液的选择和储存

非水溶性甲、乙、丙类液体储罐固定式低倍数泡沫灭火系统泡沫液的选择，应符合：

① 应选用 3% 型氟蛋白或水成膜泡沫液；

② 临近生态保护红线、饮用水源地、永久基本农田等环境敏感地区，应选用不含强酸强碱盐的 3% 型氟蛋白泡沫液；

③ 当选用水成膜泡沫液时，泡沫液的抗烧水平不应低于 C 级。

保护非水溶性液体的泡沫-水喷淋系统、泡沫枪系统、泡沫炮系统泡沫液的选择应符合：

① 当采用吸气型泡沫产生装置时，可选用 3% 型氟蛋白、水成膜泡沫液；

② 当采用非吸气型喷射装置时，应选用 3% 型水成膜泡沫液。

水溶性甲、乙、丙类液体及其他对普通泡沫有破坏作用的甲、乙、丙类液体，必须选用抗溶水成膜、抗溶氟蛋白或低黏度抗溶氟蛋白泡沫液。

当采用泡沫-水喷淋系统时，应选用抗溶水成膜、抗溶氟蛋白泡沫液。

固定式中倍数或高倍数泡沫灭火系统应选用3%型泡沫液。

当采用海水作为系统水源时，必须选择适用于海水的泡沫液。

泡沫液宜储存在干燥通风的房间或敞棚内；储存的环境温度应满足泡沫液使用温度的要求。

（5）泡沫消防泵和泡沫液泵

泡沫消防水泵的选择与设置应符合下列规定：

① 应选择特性曲线平缓的水泵，且其工作压力和流量应满足系统设计要求；

② 泵出口管道上应设置压力表、单向阀，泵出口总管道上应设置持压泄压阀及带手动控制阀的回流管；

③ 当泡沫液泵采用不向外泄水的水轮机驱动时，其水轮机压力损失应计入泡沫消防水泵的扬程；当泡沫液泵采用向外泄水的水轮机驱动时，其水轮机消耗的水流量应计入泡沫消防水泵的额定流量。

泡沫液泵的选择与设置应符合下列规定：

① 泡沫液泵的工作压力和流量应满足系统设计要求，同时应保证在设计流量范围内泡沫液供给压力大于供水压力；

② 泡沫液泵的结构形式、密封或填料类型应适宜输送所选的泡沫液，其材料应耐泡沫液腐蚀且不影响泡沫液的性能；

③ 当用于普通泡沫液时，泡沫液泵的允许吸上真空高度不得小于4m；当用于抗溶泡沫液时，泡沫液泵的允许吸上真空高度不得小于6m，且泡沫液储罐至泡沫液泵之间的管道长度不宜超过5m，泡沫液泵出口管道长度不宜超过10m，泡沫液泵及管道平时不得充入泡沫液；

④ 除四级及以下独立石油库与油品站场、防护面积小于200m² 单个非重要防护区设置的泡沫系统外，应设置备用泵，且工作泵故障时应能自动与手动切换到备用泵；

⑤ 泡沫液泵应能耐受不低于10min 的空载运转。

（6）泡沫比例混合器

泡沫比例混合装置的选择应符合下列规定：

① 固定式系统，应选用平衡式、机械泵入式、囊式压力比例混合装置或泵直接注入式比例混合流程，混合比类型应与所选泡沫液一致，且混合比不得小于额定值；

② 单罐容量不小于5000m³ 的固定顶储罐、外浮顶储罐、内浮顶储罐，应选择平衡式或机械泵入式比例混合装置；

③ 全淹没高倍数泡沫灭火系统或局部应用中倍数、高倍数泡沫灭火系统，应选用机械泵入式、平衡式或囊式压力比例混合装置；

④ 各分区泡沫混合液流量相等或相近的泡沫－水喷淋系统宜采用泵直接注入式比例混合流程；

⑤ 保护油浸变压器的泡沫喷雾系统，可选用囊式压力比例混合装置。

当采用平衡式比例混合装置时，应符合下列规定：

① 平衡阀的泡沫液进口压力应大于水进口压力，且其压差应满足产品的使用要求；

② 比例混合器的泡沫液进口管道上应设单向阀；

③ 泡沫液管道上应设冲洗及放空设施。

当采用机械泵入式比例混合装置时，应符合下列规定：

① 泡沫液进口管道上应设单向阀；

② 泡沫液管道上应设冲洗及放空设施。

当采用泵直接注入式比例混合流程时，应符合下列规定：

① 泡沫液注入点的泡沫液流压力应大于水流压力 0.2MPa；

② 泡沫液进口管道上应设单向阀；

③ 泡沫液管道上应设冲洗及放空设施。

当采用囊式压力比例混合装置时，应符合下列规定：

① 泡沫液储罐的单罐容积不应大于 $5m^3$；

② 内囊应由适宜所储存泡沫液的橡胶制成，且应标明使用寿命。

当半固定式或移动式系统采用管线式比例混合器时，应符合下列规定：

① 比例混合器的水进口压力应在 $0.6 \sim 1.2MPa$ 范围内，且出口压力应满足泡沫产生装置的进口压力要求；

② 比例混合器的压力损失可按水进口压力的 35% 计算。

（7）泡沫液储罐

盛装泡沫液的储罐应采用耐腐蚀材料制作，常压泡沫液储罐内应留有泡沫液热膨胀空间和泡沫液沉降损失部分所占空间；储罐出液口的设置应保障泡沫液泵进口为正压，且出液口不应高于泡沫液储罐最低液面 0.5m；储罐泡沫液管道吸液口应朝下，并应设置在沉降层之上，且当采用蛋白类泡沫液时，吸液口距泡沫液储罐底面不应小于 0.15m；储罐宜设计成锥形或拱形顶，且上部应设呼吸阀或用弯管通向大气；储罐上应设出液口、液位计、进料孔、排渣孔、人孔、取样口。

（8）泡沫产生装置

低倍数泡沫产生器应符合下列规定：

① 固定顶储罐、内浮顶储罐应选用立式泡沫产生器；

② 外浮顶储罐宜选用与泡沫导流罩匹配的立式泡沫产生器，并不得设置密封玻璃，当采用横式泡沫产生器时，其吸气口应为圆形；

③ 泡沫产生器应根据其应用环境的腐蚀特性，采用碳钢或不锈钢材料制成；

④ 立式泡沫产生器及其附件的公称压力不得低于 1.6MPa，与管道应采用法兰连接；

⑤ 泡沫产生器进口的工作压力应为其额定值 ±0.1MPa；

⑥ 泡沫产生器的空气吸入口及露天的泡沫喷射口，应设置防止异物进入的金属网。

高背压泡沫产生器应符合下列规定：

① 进口工作压力应在标定的工作压力范围内；

② 出口工作压力应大于泡沫管道的阻力和罐内液体静压力之和；

③ 发泡倍数不应小于 2，且不应大于 4。

泡沫喷头、水雾喷头的工作压力应在标定的工作压力范围内，且不应小于其额定压力的 80%。

（9）控制阀门和管道

泡沫灭火系统中所用的控制阀门应有明显的启闭标志。当泡沫消防水泵或出口管道口径大于300mm时，不宜采用手动阀门。低倍数泡沫灭火系统的水与泡沫混合液及泡沫管道应采用钢管，且管道外壁应进行防腐处理。中倍数、高倍数泡沫灭火系统的干式管道，宜采用镀锌钢管；湿式管道，宜采用不锈钢管或内、外部进行防腐处理的钢管；中倍数、高倍数泡沫产生器与其管道过滤器的连接管道应采用奥氏体不锈钢管。

泡沫液管道应采用奥氏体不锈钢管。在寒冷季节有冰冻的地区，泡沫灭火系统的湿式管道应采取防冻措施。泡沫-水喷淋系统的管道应采用热镀锌钢管。其报警阀组、水流指示器、压力开关、末端试水装置、末端放水装置的设置应符合现行国家标准《自动喷水灭火系统设计规范》GB 50084 的有关规定。

防火堤或防护区内的法兰垫片应采用不燃材料或难燃材料。

对于设置在防爆区内的地上或者管沟敷设的干式管道，应采用防静电接地措施，且法兰连接螺栓数量少于5个时应进行防静电跨接。钢制甲、乙、丙类液体储罐的防雷接地装置可兼作防静电接地装置。

2.8.3 气体灭火系统

（1）设置场所

气体灭火系统适用于扑救下列火灾：电气火灾；固体表面火灾；液体火灾；灭火前能切断气源的气体火灾。除电缆隧道（夹层、井）及自备发电机房外，K型和其他型热气溶胶预制灭火系统不得用于其他电气火灾。

气体灭火系统不适用于扑救下列火灾：硝化纤维、硝酸钠等氧化剂或含氧化剂的化学制品火灾；钾、镁、钠、钛、镐、铀等活泼金属火灾；氢化钾、氢化钠等金属氢化物火灾；过氧化氢、联胺等能自行分解的化学物质火灾；可燃固体物质的深位火灾。

热气溶胶预制灭火系统不应设置在人员密集场所、有爆炸危险性的场所及有超净要求的场所。K型及其他型热气溶胶预制灭火系统不得用于电子计算机房、通信机房等场所。

设置气体灭火系统场所见表2-62。

设置气体灭火系统场所	表 2-62
设置场所	备注
1. 国家、省级或人口超过100万人的城市广播电视发射塔楼内的微波机房、分米波机房、米波机房、变配电室和不间断电源（UPS）室； 2. 国际电信局、大区中心、省中心和一万路以上的地区中心内的长途程控交换机房、控制室和信令转接点室； 3. 两万线以上的市话汇接局和六万门以上的市话端局内的程控交换机房、控制室和信令转接点室； 4. 中央及省级治安、防灾和网局级及以上的电力等调度指挥中心内的通信机房和控制室； 5. A、B级电子信息系统机房内的主机房和基本工作间的已记录磁（纸）介质库； 6. 中央和省级广播电视中心内建筑面积不小于120m²的音像制品仓库； 7. 国家、省级或藏书量超过100万册的图书馆内的特藏库；中央和省级档案馆内的珍藏库和非纸质档案库；大、中型博物馆内的珍品仓库；一级纸（绢）质文物的陈列室； 8. 其他特殊重要设备室	1. 当有备用主机和备用已记录磁（纸）介质，且设置在不同建筑中或同一建筑中的不同防火分区内时，第5条规定的部位亦可采用预作用自动喷水灭火系统 2. 场所1.4、5.8部位也可采用细水雾灭火系统

（2）分类

按气体种类分类见图2-33，其他分类方法见表2-63。

$$
按照气体种类分类
\begin{cases}
氮气灭火系统 & （IG-100） \\
二氧化碳灭火系统 & \\
七氟丙烷灭火系统 & （HFC-227ea） \\
三氟甲烷灭火系统 & （HFC-23） \\
混合气体灭火系统 & （IG-541） \\
热气溶胶灭火系统 &
\end{cases}
$$

图 2-33　气体灭火系统的分类

气体灭火系统其他分类方法　　　　　　　　　表 2-63

分　类		主要特征	适用条件
按固定方式分	半固定式气体灭火装置（预制灭火系统）	无固定的输送气体管道。由药剂瓶、喷嘴和启动装置组成的成套装置	一个防护区的面积不宜大于 $500m^2$，且体积不大于 $1600m^3$
	固定式气体灭火系统（管网灭火系统）	由贮存容器、各种组件、供气管道、喷嘴及控制部分组成的灭火系统	一个防护区的面积不宜大于 $800m^2$，且容积不宜大于 $3600m^3$
按管网布置形式分	均衡管网系统	从贮存容器到每个喷嘴的管道长度和等效长度应大于最长管道长度和等效长度的 90%；每个喷头的平均质量流量相等	适用于贮存压力低，设计灭火浓度小的系统
	非均衡管网系统	不具备均衡管网系统的条件	适用于能使灭火剂迅速均化，各部分空间能同时达到设计浓度的高压系统
按系统组成分	单元独立灭火系统	用一套贮存装置单独保护一个防护区或保护对象的灭火系统	适用于防护区少而又有条件设置多个钢瓶间的工程
	组合分配灭火系统	用一套灭火剂贮存装置保护两个及两个以上防护区或保护对象的灭火系统	适用于防护区多而又没有条件设置多个瓶站，且每个防护区不同时着火的工程
按应用方式分	全淹没灭火系统	在规定的时间内，向防护区喷射一定浓度的灭火剂，并使其均匀地充满整个防护区的灭火系统	适用于在开孔率不超过3%的封闭空间，保护区内除泄压口外，其余均能在灭火剂喷放前自动关闭
	局部应用灭火系统	向保护对象以设计喷射率直接喷射灭火剂，并持续一定时间的灭火系统	保护区在灭火过程中不能封闭或虽能封闭但不符合全淹没系统所要求的条件。适宜扑灭表面火灾

（3）二氧化碳（CO_2）灭火系统

CO_2是一种无色、无味、不导电的惰性气体，比空气略重。CO_2灭火剂具有来源广泛、价格低廉、灭火性能好、热稳定性及化学稳定性好、灭火后不污损保护物等优点。

1）灭火机理

CO_2灭火剂在常温、常压下为气相，其临界温度为 31.4℃，临界压力为 2.4MPa，固—液—气三相共存温度为 -56.6℃，该点压力为 0.52MPa。CO_2灭火剂是在气-液两相状态下储存。储存状态分为：高压储存和常温储存，温度容许在 0 ~ 60℃ 变化；低压储存可在 −20 ~ −18℃ 条件下。

CO_2 灭火机理有：① 窒息作用：CO_2 被喷放出来后，分布于燃烧物周围，稀释周围空气中的氧含量，使燃烧物产生的热量减小，当小于热散失率时燃烧就会停止；② 冷却作用：CO_2 灭火剂被喷放出来后由液相迅速变为气相，会吸收周围大量的热量，使周围温度急剧下降。在两个作用中窒息作用是主要的，冷却作用是次要的。

2）适用条件

适于扑救的火灾：

① 灭火前可切断气源的气体火灾；

② 液体火灾或石蜡、沥青等可熔化的固体火灾；

③ 固体表面火灾及棉毛、织物、纸张等部分固体深位火灾；

④ 电器火灾。

不适于扑救的火灾：

① 硝化纤维、火药等含氧化剂的化学制品火灾；

② 钾、钠、镁、钛、锆等活泼金属火灾；

③ 氰化钾、氰化钠等金属氰化物火灾。

3）系统分类

按储罐内压力分为：

① 低压 CO_2 灭火系统：储存容器储存压力 2MPa。

② 高压 CO_2 灭火系统：储存容器储存压力不小于 15MPa。

二者的组成基本相同，但低压 CO_2 灭火系统中需要增加一套制冷系统，保证储罐内的 CO_2 的温度为 −20 ~ −18℃，使储罐保持在一个安全的物理状态。

按应用形式分为：

① 全淹没灭火系统：CO_2 设计浓度不应小于灭火浓度的 1.7 倍，并不得低于 34%；CO_2 的喷放时间不应长于 1min。当扑救固体深位火灾时，喷放时间不应长于 7min，并应在前 2min 内使 CO_2 的浓度达到 30%。该系统不应用于经常有人停留的场所。

② 局部应用灭火系统：CO_2 喷射时间不应低于 0.5min。对于燃点温度低于沸点温度的液体和可熔化固体的火灾，CO_2 的喷射时间不应低于 1.5min。

4）系统组成

高压 CO_2 灭火系统有全淹没和局部应用两种形式。按使用方法不同又分为：组合分配系统和单元独立系统。CO_2 灭火系统由探测、报警控制装置、灭火装置（储气瓶、驱动装置、功能阀等）、管网和喷嘴、灭火剂泄漏检测装置等组成，见图 2-34。

与高压 CO_2 灭火系统相比，低压 CO_2 灭火系统主要是增加了一套冷却系统，其他基本相同。低压储存装置一般是在压力

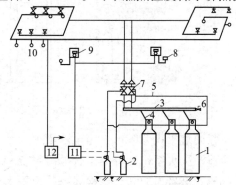

图 2-34　高压 CO_2 灭火系统组成

1—CO_2 储瓶；2—启动用气瓶；3—总管；4—连接管；
5—操作管；6—安全阀；7—选择阀；8—报警器；
9—手动启动装置；10—探测器；11—控制盘；12—检测盘

容器外包一个密封的金属壳，壳内有绝缘体，在储存容器一端安装有制冷机装置，它的冷却蛇管装于储存容器内。该装置以电力操纵，用压力开关自动控制。

（4）七氟丙烷灭火系统

1）特点与适用场所

七氟丙烷灭火剂，分子式为 CF_3CHFCF_3，代号 HFC-227ea。其灭火原理是灭火剂喷洒在火场周围时，因化学作用惰化火焰中的活性自由基，使氧化燃烧的链式反应中断从而达到灭火目的。它具有无色、无味、不导电、无污染的特点。对臭氧层的耗损潜能值（ODP）为零，其毒副作用比卤代烷灭火剂更小，是卤代烷灭火剂替代物之一，七氟丙烷灭火剂效能高，速度快，对设备无污损。

七氟丙烷灭火系统适用于计算机房、配电房、电信中心、图书馆、档案馆、珍品库、地下工程等 A 类表面火灾；B、C 类火灾及电器设备火灾。

2）组成与分类

七氟丙烷灭火系统主要由储气瓶、瓶头阀、启动气瓶、启动瓶阀、液体单向阀、气体单向阀、安全阀、压力信号器、喷嘴、管道系统等组成。组合分配系统示意见图 2-35。

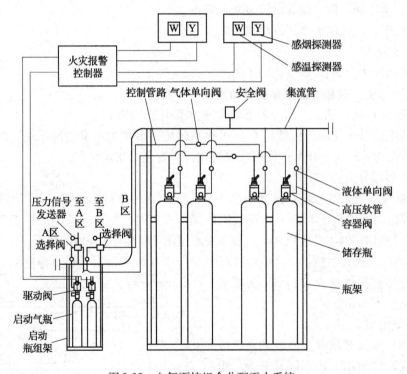

图 2-35 七氟丙烷组合分配灭火系统

七氟丙烷灭火系统可分为全淹没灭火系统和无管网灭火系统：

全淹没灭火系统又分为组合分配系统和单元独立系统。组合分配系统：由一套公用的灭火剂储存装置对应几套管网系统，保护多个防护区域的形式；单元独立系统：由一套灭火剂储存装置对应一套管网系统，保护一个防护区域的，有单瓶和多瓶 2 种形式。

无管网灭火系统：不设瓶站，储气瓶及整个系统均设置在保护区内，不需要输送管道，启动后灭火剂通过短管经喷嘴直接喷洒向保护区。适用于较小空间的保护。

3）灭火浓度

七氟丙烷灭火系统的灭火设计浓度不应小于灭火浓度的1.3倍，惰化设计浓度不应小于惰化浓度的1.1倍。固体表面火灾的灭火浓度为5.8%，其他灭火浓度可按《气体灭火系统设计规范》GB 50370—2005附录A中附表A-1的规定取值，惰化浓度可按《气体灭火系统设计规范》GB 50370—2005附录A中附表A-2的规定取值。

图书、档案、票据和文物资料库等防护区，灭火设计浓度宜采用10%；油浸变压器室、带油开关的配电室和自备发电机房等防护区，灭火设计浓度宜采用9%；通信机房和电子计算机房等防护区，灭火设计浓度宜采用8%；防护区实际应用的浓度不应大于灭火设计浓度的1.1倍；储存压力为2.4MPa、4.2MPa和5.6MPa。

4）喷放时间

在通信机房和电子计算机房等防护区，设计喷放时间不应长于8s，在其他防护区，设计喷放时间不应大于10s。灭火浸渍时间应符合：木材、纸张、织物等固体表面火灾宜采用20min，通信机房、电子计算机房内的电器设备火灾应采用5min，其他固体表面火灾宜采用10min，气体和液体火灾不应低于1min。

七氟丙烷灭火系统应采用氮气增压输送，氮气的含水量不应大于0.006%。

5）管道布置及计算

七氟丙烷灭火系统管网的管道内容积，不应大于流经该管网的七氟丙烷储存量体积的80%。管网布置宜设计为均衡系统，喷头的设计流量应相等，管网的第一分流点至各喷头的管道阻力损失，其相互间的最大差值不应大于20%。

防护区的泄压口面积，宜按式（2-56）计算：

$$F_x = 0.15 \frac{Q_x}{\sqrt{P_f}} \tag{2-56}$$

式中　F_x——泄压口面积（m^2）；

　　　Q_x——灭火剂在防护区的平均喷放速率（kg/s）；

　　　P_f——围护结构承受内压的允许压强（Pa）。

灭火设计用量或惰化设计用量和系统灭火剂储存量，应符合：

① 防护区灭火设计用量或惰化设计用量，应按式（2-57）计算：

$$W = K \cdot \frac{V}{S} \cdot \frac{C_1}{(100 - C_1)} \tag{2-57}$$

式中　W——灭火设计用量或惰化设计用量（kg）；

　　　C_1——灭火设计浓度或惰化设计浓度（%）；

　　　S——灭火剂过热蒸汽在101kPa大气压和防护区最低环境温度下的质量体积（m^3/kg）；

　　　V——防护区净容积（m^3）；

　　　K——海拔高度修正系数。

灭火剂过热蒸汽在101kPa大气压和防护区最低环境温度下的质量体积按式（2-58）计算：

$$S = 0.1269 + 0.000513 \cdot T \tag{2-58}$$

T——防护区最低环境温度（℃）。

②系统灭火剂储存量应按式（2-59）计算：

$$W_0 = W + \Delta W_1 + \Delta W_2 \qquad (2-59)$$

式中　W_0——系统灭火剂储存量（kg）；

　　ΔW_1——储存容器内的灭火剂剩余量（kg）；

　　ΔW_2——管道内的灭火剂剩余量（kg）。

储存容器内的灭火剂剩余量，可按储存容器内引升管管口以下的容器容积量换算，均衡管网和只含一个封闭空间的费均衡管网，其管网内的灭火剂剩余量均可不计。

防护区内含两个或两个以上封闭空间的非均衡管网，其管网内的灭火剂剩余量，可按各支管与最短支管之间长度差值的容积量计算。

（5）混合气体灭火系统（IG-541）

混合气体由三种气体组成：氮气（52%）、氩气（40%）和二氧化碳（8%）。

其灭火机理是将燃烧区中氧的浓度降低到维持燃烧所需最低氧浓度值以下，实现窒息灭火，是纯物理作用。

最小设计灭火浓度：固体表面火灾 28.1%；其他在 20.0% ～54.7% 之间。储存压力有 15.0MPa 和 20.0MPa 两种。由于灭火剂喷射压力较高，需采用专用喷头。混合气体灭火剂喷放至设计用量的 95% 时，喷放时间不应长于 60s 且不应低于 48s。

特点：不污染被保护对象；不破坏大气臭氧层（即 ODP 值为零）；对人体及动植物无不良影响；电绝缘性好；无色、无味、无毒、无害。

混合气体灭火系统适用于扑救 A 类表面火灾；B、C 类火灾；E 电器设备火灾。但不适用于扑救自身含氧化剂的化学制品火灾，活泼金属火灾及强氢化物火灾。

混合气体灭火系统按保护区域分为：单元独立系统：每个保护区单设一套 IG-541 灭火剂储存装置的系统；组合分配系统：多个需要保护的区域共用一套 IG-541 灭火剂储存装置的系统。

IG-541 灭火系统由火灾报警系统、灭火控制系统和灭火系统 3 部分组成，而灭火系统又由灭火剂储存装置及管网系统两部分组成。IG-541 灭火系统组成示意见图 2-36。

（6）热气溶胶预制灭火系统

热气溶胶由固体化学混合物（热气溶胶发生剂）经化学反应生成的具有灭火性质的气溶胶，包括 S 型热气溶胶、K 型热气溶胶和其他型热气溶胶。

1）灭火密度

S 型和 K 型热气溶胶灭固体表面火灾的灭火密度为 $100g/m^3$。

通信机房和电子计算机房等场所的电气设备火灾，S 型热气溶胶的灭火设计密度不应小于 $130g/m^3$。

电缆隧道（夹层、井）及自备发电机房火灾，S 型和 K 型热气溶胶的灭火设计密度不应小于 $140g/m^3$。

2）喷放时间及喷口温度

在通信机房、电子计算机房等防护区，灭火剂喷放时间不应长于 90s，喷口温度不应高于 150℃；在其他防护区，喷放时间不应长于 120s，喷口温度不应高于 180℃。

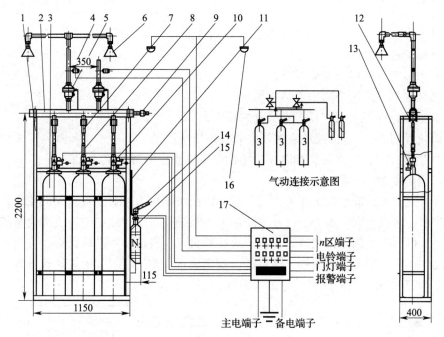

图 2-36　IG–541 灭火系统组成示意图

1—瓶组架；2—汇集管；3—IG541 储瓶；4—压力反馈装置；5—选择阀；6—喷头；7—挠性接头；
8—单向阀；9—安全阀；10—IG541 储瓶的瓶头阀；11—气动管路；12—汇集管固定夹；13—压力表；
14—启动气瓶的瓶头阀；15—启动气瓶；16—探测器；17—控制器

2.8.4　固定消防炮灭火系统

消防炮是以射流形式喷射灭火剂的装置，灭火剂水、泡沫混合液流量大于 16L/s，或干粉喷射率大于 7kg/s。

（1）分类及特点

① 按其喷射介质分为：消防水炮、消防泡沫炮和消防干粉炮。

② 按安装形式分为：固定炮、移动炮等。

③ 按控制方式分为：手控炮、电控炮、液控炮、气控炮等。

消防炮因其流量大（16～1333L/s），射程远（50～230m），主要用来扑救石油化工企业、炼油厂、贮油罐区、飞机库、油轮、油码头、海上钻井平台和贮油平台等可燃易燃液体集中、火灾危险性大、消防人员不易接近的场所的火灾。同时，当工业与民用建筑某些高大空间、人员密集场所无法采用自动喷水灭火系统时，也需设置固定消防炮等灭火系统。

（2）适用场所

1）选用的灭火剂应和保护对象相适应，并应符合下列规定：

① 泡沫炮系统适用于甲、乙、丙类液体、固体可燃物火灾场所；

② 干粉炮系统适用于液化石油气、天然气等可燃气体火灾场所；

③ 水炮系统适用于一般固体可燃物火灾场所；

④ 水炮系统和泡沫炮系统不得用于扑救遇水发生化学反应而引起燃烧、爆炸等的物

质火灾。

2）下列场所的固定消防炮灭火系统宜选用远控炮系统：

① 有爆炸危险性的场所；

② 有大量有毒气体产生的场所；

③ 燃烧猛烈，产生强烈辐射热的场所；

④ 火灾蔓延面积较大，且损失严重的场所；

⑤ 高度超过 8m，且火灾危险性较大的室内场所；

⑥ 发生火灾时，灭火人员难以及时接近或撤离固定消防炮位的场所。

（3）消防水炮灭火系统

消防水炮灭火系统是以水作为灭火介质，以消防炮作为喷射设备的灭火系统，工作介质包括清水、海水、江河水等。自动消防炮灭火系统是自动跟踪定位射流灭火系统的其中一种类型，可远程控制并自动搜索火源、对准着火点、自动射水进行灭火，可与火灾报警系统联动，实现自动或手动操作。该系统由探测装置、控制装置和灭火装置组成，其系统原理如图 2-37 所示，相关内容参见 2.8.5 节。

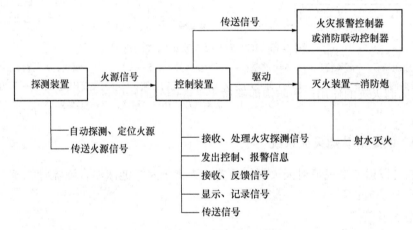

图 2-37　自动消防炮系统原理图

（4）消防泡沫炮灭火系统

消防泡沫炮灭火系统是以泡沫混合液作为灭火介质，以消防炮作为喷射设备的灭火系统，工作介质包括蛋白泡沫液、水成膜泡沫液等。适用于甲、乙、丙类液体、固体可燃物火灾的扑救。在石化企业、展馆仓库、输油码头、机库船舶等火灾重点保护场所有着广泛的应用。

按照泡沫液混合形式分为：预混式消防泡沫炮系统和自吸式消防泡沫炮系统。

预混式消防泡沫炮系统是指火灾发生时，开启消防泵组及管路阀门，消防水流经泡沫混合装置时按照一定比例与泡沫原液混合，形成泡沫混合液，高速射流由喷嘴射出。在空中，泡沫混合液与空气混合、发泡形成空气泡沫液。空气泡沫液被投射到火源后，隔绝空气，起到迅速扑灭或抑制火灾的作用。消防炮能够做水平或俯仰回转以调节喷射角度，从而提高灭火效果。预混式消防泡沫炮系统又分为：管线负压式系统、环泵负压式系统、储罐压力式系统、泵入平衡式压力系统、注入式系统等。

自吸式消防泡沫炮系统是指火灾发生时，开启消防泵组及管路阀门，抽吸泡沫原液与空气形成空气泡沫液并被抛射至空中，空气泡沫液在空中完成发泡。空气泡沫液被投射到火源后，隔绝空气，起到迅速扑灭或抑制火灾的作用。消防炮能够做水平或俯仰回转以调节喷射角度，从而提高灭火效果。

消防泡沫炮灭火系统由消防泡沫炮、管路及支架、消防泵组、泡沫液储罐、泡沫液混合装置、消防炮控制系统等组成。

消防泡沫炮灭火系统原理如图 2-38 所示。

（5）消防干粉炮灭火系统

消防干粉炮灭火系统是以干粉作为灭火介质，以消防干粉炮作为喷射设备的灭火系统。适用于液化石油气、天然气等可燃气体火灾的扑救。在石化企业、油船油库、输油码头、机场机库等火灾重点保护场所有着广泛的应用。

消防干粉炮灭火系统由消防干粉炮、管路及支架、干粉储罐、干粉产生装置、消防炮控制系统等组成。

消防干粉炮灭火系统原理如图 2-39 所示。火灾发生时，开启氮气瓶组。氮气瓶组内的高压氮气经过减压阀减压后进入干粉储罐。其中，部分氮气被送入储罐顶部与干粉灭火剂混合，另一部分氮气被送入储罐底部对干粉灭火剂进行松散。随着系统压力的建立，混合有高压气体的干粉灭火剂积聚在干粉炮阀门处。当管路压力达到一定值时，开启干粉炮阀门，固气两相的干粉灭火剂高速射流被射向火源，切割火焰、破坏燃烧链，从而起到迅速扑灭或抑制火灾的作用。消防炮能够做水平或俯仰回转以调节喷射角度，从而提高灭火效果。

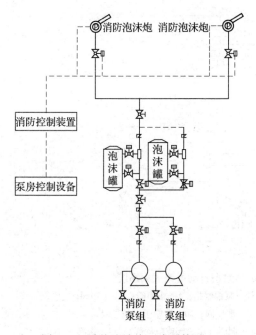

图 2-38　消防泡沫炮灭火系统原理

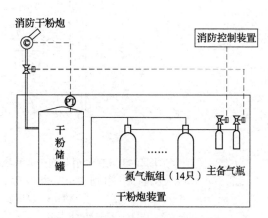

图 2-39　消防干粉炮灭火系统原理

2.8.5　自动跟踪定位射流灭火系统

自动跟踪定位射流灭火系统是近年来由我国自主研发的一种新型自动灭火系统，该系统是以水为射流介质，利用红外线、紫外线、数字图像或其他火灾探测装置，通过对火焰、温度、烟雾的探测实现对初期火灾的自动探测、跟踪、定位，并运用计算机技术自动控制方式来实现射流灭火的自动灭火系统。

（1）系统组成与类型

自动跟踪定位射流灭火系统主要由灭火装置、探测装置、控制装置、水流指示器、模拟末端试水装置、管网及供水设施组成。自动跟踪定位射流灭火系统可分为自动消防炮灭火系统、喷射型自动射流灭火系统和喷洒型自动射流灭火系统三种类型，如图2-40、图2-41所示。

灭火装置是指以射流方式喷射水介质进行灭火的设备，按照灭火装置的流量与喷射方式分为：自动消防炮、喷射型自动射流灭火装置、喷洒型自动射流灭火装置，见表2-64。

灭火装置的流量与喷射方式　　　　　　　　　　　表2-64

系统类型	流量（L/s）	射流方式
自动消防炮灭火系统	>16	喷射型
喷射型自动射流灭火系统	5~16	喷射型
喷洒型自动射流灭火系统	5~16	喷洒型

图2-40、图2-41所示分别为自动消防炮灭火系统、喷射型自动射流灭火系统、喷洒

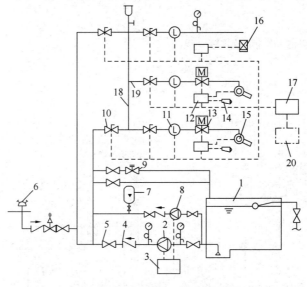

图2-40　自动消防炮灭火系统、喷射型自动射流灭火系统

1—消防水池；2—消防水泵；3—消防水泵、稳压泵控制柜；4—止回阀；5—手动阀；
6—水泵接合器；7—气压罐；8—稳压泵；9—泄压阀；10—检修阀（信号阀）；
11—水流指示器；12—控制模块箱；13—自动控制阀（电磁阀或电动阀）；14—探测
装置；15—自动消防炮、喷射型自动射流灭火装置；16—模拟末端试水装置；17—控制
装置（控制主机、现场控制箱等）；18—供水管网；19—供水支管；20—联动控制器
（或自动报警系统主机）

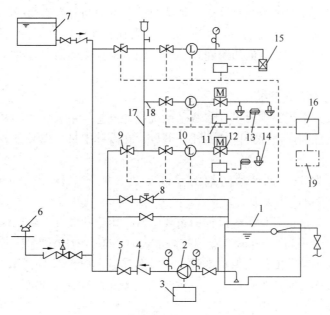

图 2-41　喷洒型自动射流灭火系统

1—消防水池；2—消防水泵；3—消防水泵控制柜；4—止回阀；5—手动阀；6—水泵接合器；

7—高位消防水箱；8—泄压阀；9—检修阀（信号阀）；10—水流指示器；11—控制模块箱；

12—自动控制阀（电磁阀或电动阀）；13—探测装置；14—喷洒型自动射流灭火装置；

15—模拟末端试水装置；16—控制装置（控制主机、现场控制箱等）；17—供水管网；

18—供水支管；19—联动控制器（或自动报警系统主机）

型自动射流灭火系统。探测装置是指系统中具有自动探测、定位火源的功能，并向控制装置传送火源信号的设备。控制装置是指系统的控制和信息处理组件，具有接收并及时处理火灾探测信号，发出控制和报警信息，驱动灭火装置定点灭火，接收反馈信号，同时完成相应的显示、记录，并向火灾报警控制器或消防联动控制器传送信号等功能的装置。

（2）适用场所与选型

自动跟踪定位射流灭火系统可用于扑救民用建筑和丙类生产车间、丙类库房中，火灾类别为 A 类的净空高度大于 12m 的高大空间场所，以及净空高度大于 8m 且不大于 12m、难以设置自动喷水灭火系统的高大空间场所。例如：火灾部位较明确，需要特定保护的建筑顶棚采用膜结构或玻璃等采光材料的部位；闭式洒水喷头无法有效感知温度和无法有效喷水灭火的部位；曲面吊顶、喷头固定困难、喷水有遮挡的部位等。不能用于经常有明火作业、不适宜用水保护、存在明显遮挡、火灾水平蔓延速度快、高架仓库的货架区域和严重危险级场所。

自动跟踪定位射流灭火系统的选型应根据设置场所的火灾类别、火灾危险等级、环境条件、空间高度、保护区域特点等因素来确定，其设置场所的火灾危险等级按现行国家标准《自动喷水灭火系统设计规范》GB 50084 的规定划分。

轻危险级场所和中危险级场所，宜选用灭火装置流量相对较小的喷射型自动射流灭火系统和喷洒型自动射流灭火系统；中危险级场所与丙类库房宜选用流量相对较大、灭火能力更强的自动消防炮灭火系统。

一般来说，同一保护区域内宜采用一种系统类型，但当确有必要时，可以采用两种类型系统组合设置。例如，某商场中庭的高大空间内在其主体空间采用自动消防炮灭火系统，而与主体空间相邻且相通的边跨建筑空间，则可根据实际情况合理采用喷射型或喷洒型自动射流灭火系统。

（3）自动消防炮灭火系统

自动消防炮灭火系统的主要设计参数是系统设计流量、最大保护半径，应保证至少2台灭火装置的射流能到达被保护区域的任一部分，在设计中只考虑最多2台灭火装置同时开启射流。

系统设计流量取决于自动消防炮的性能参数（额定工作压力时的额定流量，见表2-65）和同时开启射流的灭火装置。

自动消防炮的流量选择是系统设计的重要参数，用于扑救民用建筑内火灾时，单台炮的流量不应小于20L/s；用于扑救工业建筑内火灾时，单台炮的流量不应小于30L/s。

自动消防炮灭火装置的最大保护半径，应按照产品在额定工作压力时的指标确定，但当设计工作压力与产品额定工作压力不一致时，应按式（2-60）计算：

$$D = D_0 \cdot \sqrt{\frac{P_e}{P_0}} \tag{2-60}$$

式中　D——灭火装置的设计最大保护半径（m）；

　　　D_0——灭火装置在额定工作压力时的最大保护半径（m）；

　　　P_e——灭火装置的设计工作压力（MPa）；

　　　P_0——灭火装置的额定工作压力（MPa）。

自动消防炮的灭火装置除应该满足相应使用环境和介质的防腐要求之外，俯仰和水平回转角度也应该满足使用要求，但在系统自动控制状态下，只能以平设和向下方喷射瞄准灭火，而不能仰射瞄准火源。且自动消防炮应该具有直流－喷雾的转换功能。灭火装置的性能参数应符合表2-65的规定。

自动消防炮性能参数

表2-65

额定流量 （L/s）	额定工作压力 上限（MPa）	额定工作压力时的 最大保护半径（m）	定位时间 （s）	最小安装高度 （m）	最大安装高度 （m）
20		42			
30		50			
40	1.0	52	≤60	8	35
50		55			

探测装置应采用复合探测方式，并应能有效探测和判定保护区域内火源，其监控半径应与对应灭火装置的保护半径或保护范围相匹配。

其包括控制主机、信号处理器（火灾信号处理单元、驱动信号处理单元、反馈信号处理单元、解码器）、现场控制箱。

为了增加一套辅助的报警措施来对发生火灾的位置进行报告，每台自动消防炮的供水支管上在手动控制阀门的出口之后都应设置水流指示器。

为了便于测试系统自动探测火灾、自动启动功能、联动功能是否正常，检验供水管网是否通畅、供水压力和流量是否正常，要求在每个保护区的管网最不利点处设置模拟末端试水装置。模拟末端试水装置应由探测部件、压力表、自动控制阀、手动试水阀、与灭火装置流量系数相同的试水接头及排水管组成。

（4）喷射型自动射流灭火系统

喷射型自动射流灭火系统的灭火装置同自动消防炮，俯仰和水平回转角度也应满足使用要求。但其流量相对较小（不大于16L/s且不少于5L/s）。系统用于扑救轻危险级场所火灾时，单台灭火装置的流量不应小于5L/s；用于扑救中危险级场所火灾时，单台灭火装置的流量不应小于10L/s。为了提高系统灭火的可靠性，系统应保证至少2台灭火装置的射流能达到被保护区域的任一部位，但在设计中只考虑最多两台灭火装置同时开启。

喷射型自动射流灭火装置的性能参数见表2-66，当设计工作压力为非额定工作压力时，灭火装置的设计最大保护半径的计算同自动消防炮。

喷射型自动射流灭火装置的性能参数 表2-66

额定流量 （L/s）	额定工作压力 上限（MPa）	额定工作压力时的 最大保护半径（m）	定位时间 （s）	最小安装高度 （m）	最大安装高度 （m）
5	0.8	20	≤30	8	20
10		28			25

（5）喷洒型自动射流灭火系统

喷洒型自动射流灭火系统通过探测装置探测到着火点，并自动开启对应的灭火装置进行喷洒灭火，具有准确定位火源、快速灭火和抑制火灾的作用。系统灭火装置的布置应能使射流完全覆盖被保护场所及被保护物，系统的设计参数不应低于表2-67的规定。灭火装置的设计同时开启数量，应按保护场所内任何一点着火时，可能开启射流的灭火装置的最大数量确定，且应符合表2-68的规定。

喷洒型自动射流灭火系统的设计参数 表2-67

保护场所的 火灾危险等级		保护场所的净空 高度（m）	喷水强度 [L/(min·m²)]	作用面积 （m²）
轻危险级		≤25	4	300
中危险级	I级		6	
	II级		8	

喷洒型自动射流灭火系统灭火装置的设计同时开启数量 N（台） 表2-68

保护场所的火灾危险等级		灭火装置的流量规格（L/s）	
		5	10
轻危险级		4≤N≤6	N=2或N=3
中危险级	I级	6≤N≤9	3≤N≤5
	II级	8≤N≤12	4≤N≤6

喷洒型自动射流灭火装置的性能参数见表 2-69，当设计工作压力为非额定工作压力时，灭火装置的设计最大保护半径应按式（2-60）计算确定。

喷洒型自动射流灭火装置的性能参数

表 2-69

额定流量 （L/s）	额定工作压力 上限（MPa）	额定工作压力时的 最大保护半径（m）	定位时间 （s）	最小安装高度 （m）	最大安装高度 （m）
5	0.6	6	≤30	8	25
10		7			

（6）管道布置及计算

1）管道布置

自动消防炮灭火系统应设置独立的消防水泵和供水管网。在有条件的情况下，喷射型自动射流灭火系统和喷洒型自动射流灭火系统的消防水泵和供水管网应尽可能单独设置，如果受到客观条件限制，自动跟踪定位射流灭火系统需要与自动喷水灭火系统合并设置消防供水时，两个系统可以合用消防水泵和部分供水管道，但其供水管道应在自动喷水灭火系统的报警阀前分开。

自动消防炮灭火系统和喷射型自动射流灭火系统每台灭火装置、喷洒型自动射流灭火系统每组灭火装置之前的供水管路应布置成环状管网，管道管径应按对应的设计流量确定，且供水管网上应设置具有信号反馈的检修阀，检修阀的设置应确保在管路检修时，受影响的供水支管不大于 5 根。灭火装置的供水支管上应设置自动控制阀和具有信号反馈的手动控制阀，自动控制阀应设置在靠近灭火装置进口的部位。

室内、室外架空消防给水管道宜采用热浸锌镀锌钢管等金属管材，埋地管道宜采用球墨铸铁管、钢丝网骨架塑料复合管和加强防腐的钢管等管材，且埋地金属管道应采取可靠的防腐措施。

2）水力计算

灭火装置的设计流量可按式（2-61）计算：

$$q = q_0 \cdot \sqrt{\frac{P_e}{P_0}} \tag{2-61}$$

式中　q——灭火装置的设计流量（L/s）；

　　　q_0——灭火装置的额定流量（L/s）。

系统的设计流量应按式（2-62）计算：

$$Q = \sum_{n=1}^{N} q_n \tag{2-62}$$

式中　Q——系统的设计流量（L/s）；

　　　N——灭火装置的设计同时开启数量（台）；

　　　q_n——第 n 个灭火装置的设计流量（L/s）。

管道总水头损失可按式（2-63）~式（2-65）计算：

$$\Sigma h = h_1' + h_2 \tag{2-63}$$

$$h_1 = iL \tag{2-64}$$

$$h_2 = 0.01 \sum \zeta \frac{v^2}{2g} \tag{2-65}$$

式中　$\sum h$ ——水泵出口至最不利点灭火装置进口的管道总水头损失（MPa）；

　　　h_1 ——沿程水头损失（MPa）；

　　　h_2 ——局部水头损失（MPa）；

　　　i ——单位长度管道的沿程水头损失（MPa/m）；

　　　L ——计算管道长度（m）；

　　　ζ ——局部阻力系数；

　　　v ——管道内的平均流速（m/s）；

　　　g ——重力加速度（m/s²）。

管道的水流局部水头损失可采用当量长度法，流速宜采用经济流速，必要时可大于5m/s，但不应大于10m/s。

管内平均流速可按式（2-66）计算：

$$v = 0.004 \frac{q_g}{\pi d_j^2} \tag{2-66}$$

式中　q_g ——管道设计流量（L/s）；

　　　π ——圆周率；

　　　d_j ——管道的计算内径（m），取值按管道内径 d 减少1mm确定。

单位长度管道的水头损失按式（2-67）计算：

$$i = 2.966 \times 10^{-7} \left(\frac{q_g^{1.852}}{C_h^{1.852} d_j^{4.87}} \right) \tag{2-67}$$

式中　C_h ——海曾-威廉系数，可按表2-70取值。

不同类型管道的海曾-威廉系数　　　　　　　　　　　表2-70

管道类型	C_h值
镀锌钢管	120
钢管、不锈钢管	140
涂覆钢管、氯化聚氯乙烯（PVC-C）管	130

消防水泵或消防给水的设计压力可按式（2-68）计算：

$$P = 0.01Z + \sum h + P_e - h_c \tag{2-68}$$

式中　P ——消防水泵或消防给水系统所需要的设计压力（MPa）；

　　　Z ——最不利点处灭火装置进口与消防水池最低水位或系统供水入口管水平中心线之间的高程差（m）；

　　　$\sum h$ ——水泵出口至最不利点处灭火装置进口管道水头总损失（MPa）；

　　　h_c ——消防水泵从城市市政管网直接抽水时城市管网的最低水压（MPa）。

3 建筑排水

3.1 排水系统分类、体制及选择

3.1.1 排水系统分类

根据污废水的来源，建筑排水系统可分为 3 类：

(1) 生活排水系统　排除生活污水和生活废水。粪便污水为生活污水；盥洗、洗涤等排水为生活废水。

(2) 工业废水排水系统　排除生产废水和生产污水。生产废水为工业建筑中污染较轻或经过简单处理后可循环或重复使用的废水；生产污水为生产过程中被化学杂质（有机物、重金属离子、酸、碱等）或机械杂质（悬浮物及胶体物）污染较重的污水。

(3) 屋面雨水排水系统　排除建筑屋面雨水和冰、雪融化水。建筑物屋面雨水排水系统应单独设置。建筑物雨水管道是按当地暴雨强度公式和设计重现期进行设计，而生活污、废水管道是按卫生器具的排水流量进行设计，若将雨水与生活污水或生活废水合流，将会影响生活污、废水管道的正常运行。

3.1.2 排水系统体制及选择

建筑排水合流制是指生活污水与生活废水、生产污水与生产废水采用同一套排水管道系统排放，或污、废水在建筑物内汇合后用同一排水干管排至建筑物外；分流制是指生活污水与生活废水或生产污水与生产废水设置独立的管道系统：生活污水排水系统、生活废水排水系统、生产污水排水系统、生产废水排水系统分别排水。

排水系统体制应根据污、废水性质及污染程度、室外排水体制、综合利用要求等诸多因素确定。以下情况宜采用生活污水与生活废水分流的排水系统：

(1) 当政府有关部门要求污、废水分流且生活污水需经化粪池处理后才能排入城镇排水管道时；

(2) 当小区或建筑物设有中水系统，生活废水需回收利用时应分流排水，生活废水单独收集作为中水水源。

局部受到油脂、致病菌、放射性元素、有机溶剂等污染，以及温度高于40℃的建筑排水，应单独排水至水处理构筑物或回收构筑物：

(1) 职工食堂、营业餐厅的厨房含油脂废水；

(2) 洗车冲洗水；

(3) 含有致病菌，放射性元素等超过排放标准的医疗院、科研机构的污废水；

(4) 水温超过40℃的锅炉排污水；

（5）用作中水水源的生活排水；

（6）实验室有毒有害废水；

（7）重复利用的循环冷却水系统排水；

（8）应急防疫隔离区及医疗保健站的废水。

3.2 排水系统组成及其设置要求

卫生器具：是供水并收集、排出污废水或污物的容器或装置。

排水管道：排水管道包括卫生器具排水支管（含存水弯）、横支管、立管、横干管和排出管等。

通气管：为使排水系统内空气流通、压力稳定，防止水封破坏而设置的气体流通管道。

清通设备：为清除排水管道内污物、疏通排水管道而设置的排水附件。

污废水提升设施：当建筑物地下室、地下铁道等地下空间的污废水无法自流排至室外检查井时，需设置污废水提升设施。

小型生活污水处理设施：当建筑排水的水质不符合直接排入市政排水管网或水体的要求时，需设置污水局部处理构筑物。

3.2.1 卫生器具及水封

（1）卫生器具

卫生器具应采用不透水、无气孔、表面光滑、耐腐蚀、耐磨损、耐冷热、便于清扫，有一定强度的材料制造，如陶瓷、搪瓷生铁、塑料、不锈钢、水磨石和复合材料等，其材质和技术要求应符合现行标准《卫生陶瓷》GB/T 6952 和《非陶瓷类卫生洁具》JC/T 2116 的规定。

卫生器具的主要类型有：盥洗用卫生器具（洗脸盆、洗手盆、盥洗槽等）、沐浴用卫生器具（浴盆、淋浴器、淋浴盆和净身盆等）、洗涤用卫生器具（洗涤盆、化验盆、污水盆、洗碗机等）、便溺用卫生器具（大便器、大便槽、小便器、小便槽和倒便器等）、洗漱类卫生器具，饮水器、实验室、医疗专用卫生器具等。

大便器应根据使用对象、设置场所、建筑标准等因素选用，各类建筑均应选用节水型大便器。

卫生器具的安装高度可按表 3-1 确定。

卫生器具的安装高度　　　　　　　　　　　　　　表 3-1

序号	卫生器具名称	卫生器具边缘离地面的高度（mm）	
		居住和公共建筑	幼儿园
1	架空式污水盆（池）（至上边缘）	800	800
2	落地式污水盆（池）（至上边缘）	500	500
3	洗涤盆（池）（至上边缘）	800	800
4	洗手盆（至上边缘）	800	500
5	洗脸盆（至上边缘）	800	500

序号	卫生器具名称	卫生器具边缘离地面的高度（mm）	
		居住和公共建筑	幼儿园
6	盥洗槽（至上边缘）	800	500
7	浴盆（至上边缘）	480	
	残障人用（至上边缘）	450	
	按摩浴盆（至上边缘）	450	
	沐浴盆（至上边缘）	100	
8	蹲、坐式大便器（从台阶面至高水箱底）	1800	1800
9	蹲式大便器（从台阶面至低水箱底）	900	900
10	坐式大便器（至低水箱底）		
	外露排出管式	510	
	虹吸喷射式	470	
	冲落式	510	270
	旋涡连体式	250	
11	坐式大便器（至上边缘）		
	外露排出管式	400	
	旋涡连体式	360	
	残障人用	450	
12	蹲式大便器（至上边缘）		
	2踏步	320	
	1踏步	200~270	
13	大便槽（从台阶面至冲洗水箱底）	不低于2000	
14	立式小便器（至受水部分上边缘）	100	
15	挂式小便器（至受水部分上边缘）	600	450
16	小便槽（至台阶面）	200	150
17	化验盆（至上边缘）	800	
18	净身器（至上边缘）	360	
19	饮水器（至上边缘）	1000	

（2）存水弯与水封

存水弯是设置在卫生器具内部（如坐便器）或与卫生器具排水管连接、带有水封的配件。存水弯中的水封是由一定高度的水柱所形成，其高度不得小于50mm，用以防止排水管道系统中的有毒有害气体窜入室内。

最为常见的S形、P形存水弯是利用排水管道的几何形状形成水封，如图3-1所示。S形存水弯适用于排水横支管距卫生器具出水口较远，器具排水管与排水横管垂直连接时；P形存水弯适用于排水横支管距卫生器具出水口较近横向连接时。

1）水封破坏原因

水封高度受管内气压变化、水蒸发率、水量损失、水中固体杂质的含量及比重的影响。因静态和动态原因会造成存水弯内水封深度减小，不足以抵抗管道内允许的压力变化值时，管系内的气体会窜入室内，这种现象称为水封破坏。

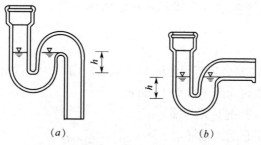

图 3-1　存水弯及其水封（h—水封高度）

(a) S形；(b) P形

造成水封水量损失的主要原因是：

① 管系内的压力波动

由于卫生器具排水的间断性和多个器具同时排水的多变性，以及大风倒灌等原因，会引起管道中的压力波动，使某些管段瞬时出现正压，则连接该管段存水弯的进口端水面上升，甚至出现喷溅现象，致使水封水量损失；某些管段瞬时出现负压，则连接该管段存水弯的出口端水面上升出流，也会使水封水量损失。

② 自虹吸

卫生设备在瞬时大量排水的情况下，该存水弯自身会迅速充满而形成虹吸，致使排水结束后存水弯中水量损失，水面下降。

③ 蒸发

卫生器具较长时间不使用，由于蒸发造成的水量损失。水量损失与室内温度、湿度及卫生器具使用情况有关。

④ 毛细管作用

由于污水中残存杂物（如纤维、毛发等积存），在存水弯出流端延至出口外，从而形成毛细作用，使存水弯中的水被吸出。

2）设置要求

构造内无存水弯的卫生器具、无水封的地漏、其他设备排水口或排水沟的排水口，与生活污水管道或其他可能产生有害气体的排水管道连接时，必须在排水口以下安装水封高度不小于50mm的存水弯。严禁采用活动机械活瓣替代水封。

在医疗卫生机构内的门诊、病房、化验室、试验室等场所，不在同一房间内的卫生器具不得共用存水弯，以防不同病区或房间的空气通过卫生器具排水管而串通，引起病菌传播。

卫生器具排水管段上不得重复设置水封。重复设置水封会形成气塞，造成气阻现象，排水不畅且产生排水噪声。

3.2.2　地漏

（1）设置场所

在有用水设备和地面排水的场所应设置地漏，如：卫生间、盥洗室、淋浴间和开水间；洗衣机、直饮水设备、开水器等设备的附近；食堂、餐饮业厨房间等。住宅和公共建筑卫生间内，如不需要经常从地面排水时，可不设地漏。高级宾馆客房卫生间和有洁净度要求的场所，在业主同意时可不设。

地漏应设置在容易溅水的卫生器具或冲洗水嘴附近，地漏的顶面标高应低于地面5～10mm。

（2）选用与要求

地漏的构造和性能应符合现行行业标准《地漏》CJ/T 186 的规定。

1）带水封的地漏水封深度不得小于 50mm。

2）严禁使用钟罩（扣碗）式地漏。

3）设备排水应采用直通式地漏。

4）住宅内洗衣机附近应采用洗衣机排水专用地漏或洗衣机排水存水弯，排水管道不得接入室内雨水管中。

5）密闭型地漏带有密闭盖板，排水时可人工打开盖板，不排水时可密闭。在需要地面排水的洁净车间、手术室等卫生标准高及不经常使用地漏的场所可采用密闭型地漏。

6）地下车库如有消防排水时，宜设置大流量专用地漏。

7）网框式地漏内部带有活动网框，可以取出倾倒被拦截的杂物。食堂、厨房和公共浴室等排水中常挟有大块杂物，宜设置网框式地漏。

8）防溢地漏内部设有防止废水排放时冒溢出地面的装置，用于所接地漏的排水管有可能从地漏口冒溢之处。

9）侧墙式地漏的箅子垂直安装，可侧向排除地面水；直埋式地漏安装在垫层内，排水横支管不穿越楼层。采用同层排水方式时可采用两者。

10）淋浴室地漏的直径，可按表3-2确定。当采用排水沟排水时，8个淋浴器在沟端出口处可设置一个直径为100mm的地漏。

表 3-2
淋浴室地漏直径

地漏直径（mm）	淋浴器数量（个）
50	1～2
75	3
100	4～5

11）地漏泄水能力应根据地漏规格、结构和排水横支管的设置坡度等经测试确定。当无实测资料时，可按表3-3确定。

表 3-3
地漏泄水能力

地漏规格			DN50	DN75	DN100	DN150
用于地面排水（L/s）	普通地漏	积水深15mm	0.8	1.0	1.9	4.0
	大流量地漏	积水深15mm	—	1.2	2.1	4.3
		积水深50mm	—	2.4	5.0	1.0
用于设备排水（L/s）			1.2	2.5	7.0	18.0

12）事故排水地漏不宜设水封，连接地漏的排水管道应采用间接排水。

3.2.3 管道材料、布置与敷设

（1）管道材料

在选择排水管道管材时应考虑污废水性质、建筑高度、抗震要求、防火要求及当地管

材供应条件等：

1）建筑内部生活排水管道应采用建筑排水塑料管材、柔性接口机制排水铸铁管及相应管件，可适应楼层间变位导致的轴向位移和横向曲挠变形，防止管道裂缝、折断。排水塑料管有普通排水塑料管、芯层发泡排水塑料管、螺旋消声排水塑料管等多种。通气管材宜与排水管管材一致。

2）排水管道及管件的材质应耐腐蚀，应具有承受不低于40℃温度且连续排水的耐热能力。

3）压力排水管道可采用耐压塑料管、金属管或钢塑复合管。

（2）管道布置与敷设

建筑内部排水管道的布置与敷设应符合排水畅通、水力条件好；使用安全可靠，不影响室内环境卫生；施工安装，维护管理方便；总管线短，工程造价低；占地面积小；美观等要求。

1）保障排水畅通

① 卫生器具至排出管的距离应最短、管道转弯最少；

② 排水立管宜靠近排水量最大或水质最差的排水点；

③ 合理选择室内管道的连接管件（图3-2）：

a. 卫生器具排水管与排水横支管垂直连接时，宜采用90°斜三通；

b. 横管与立管连接时，宜采用45°斜三通或45°斜四通和顺水三通或顺水四通；在特殊单立管系统中横支管与立管可采用特殊配件连接；

c. 立管与排出管端部连接时，宜采用两个45°弯头、弯曲半径不小于4倍管径的90°弯头或90°变径弯头；

d. 立管应避免在轴线偏置；当受条件限制时，宜用乙字管或两个45°弯头连接；

e. 支管、立管接入横干管时，应在横干管管顶或其两侧45°范围内，采用45°斜三通接入。

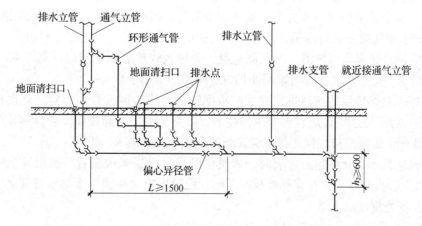

图3-2 排水支管、排水立管与横干管连接

④ 合理确定室外排水管的连接方式：

a. 排水管与排水管之间应设检查井连接；若由于排出管较密集无法直接连接检查井时，可采用管件连接后接入检查井，但应设置清扫口；

b. 室外排水管除有水流跌落差外，宜采用管顶平接；

c. 排出管管顶标高不得低于室外接户管管顶标高；

d. 连接处的水流偏转角不得大于90°。当排水管管径不大于300mm且跌落差大于0.3m时，可不受角度的限制。

⑤ 当建筑物沉降可能导致排出管倒坡时，应采取防倒坡措施。

2）满足安全、环境、卫生的要求

① 排水管道不得敷设在食品及贵重商品仓库、通风小室、电气机房和电梯机房内；

② 排水管、通气管不得穿越住宅客厅、餐厅；排水管道不得穿越卧室、客房、病房和宿舍等人员居住房间；排水立管不宜靠近与卧室相邻的内墙；

③ 排水管道不宜穿越橱窗、壁柜，不得穿越贮藏室；

④ 排水管道不得穿越生活饮用水池（箱）的上方；

⑤ 排水横管不得布置在食堂、饮食业厨房的主副食操作、烹调和备餐的上方，以防排水管渗漏或结露滴水造成食品被污染的事故；

⑥ 住宅厨房的废水立管应与卫生间的污水立管分别设置；

⑦ 排水管不得布置在遇水会引起燃烧、爆炸或损坏的原料、产品和设备上面；

⑧ 排水管道外表面如有可能结露时，应根据建筑物性质和使用要求采取防结露措施；

⑨ 排水管穿过地下室外墙或地下构筑物的墙壁处，应采取防水措施。

3）保证管道不受外力、热烤等破坏

① 排水管道不得穿过变形缝、烟道和风道，当排水管道必须穿越变形缝时，应考虑采用橡胶密封管材和管件优化组合，以使建筑变形、沉降后的管道坡度满足正常排水的要求。

② 排水埋地管不得布置在可能受重物压坏处或穿越生产设备基础。

③ 排水管道在穿越楼层设套管且立管底部架空时，应在立管底部设支墩或采取其他固定措施。地下室与排水横管转弯处也应设置支墩或采取固定措施。

④ 塑料排水管道应避免布置在易受机械撞击处，如不能避免时应采取保护措施。

塑料排水管还应考虑防高温、防变形、防火的要求：

a. 塑料排水管应远离热源，当不能避免，并导致管道表面受热温度高于60℃时，应采用隔热措施。塑料排水立管与家用灶具边缘净距不得小于0.4m。

b. 粘接或热熔连接的塑料排水立管应根据管道的伸缩量设置伸缩器，宜设在汇合配件处（如三通）。排水横管应设置专用伸缩节，以避免由于立管或横支管伸缩使横支管或器具排水管产生错向位移，保证排水管道长时期运行，如图3-3所示。

c. 建筑塑料排水管穿越防火墙时，墙两侧管道应设置阻火装置。高层建筑中管径≥dn110排水立管明装时，应在穿越楼板的下侧管段设置阻火装置。当排水管穿越管道井壁时，应在井壁外侧设阻火器。

4）防止污染卫生要求高的设备、容器和室内环境

① 贮存饮用水、饮料、食品等卫生要求高的设备和容器，其排水管不得与污、废水管道系统直接连接，应采用间接排水，即卫生设备或容器的排水管与排水系统之间应有存水弯隔气，并留有空气间隙。间接排水口最小空气间隙，宜按表3-4确定，饮料用贮水箱的间接排水口最小空气间隙不得小于150mm。

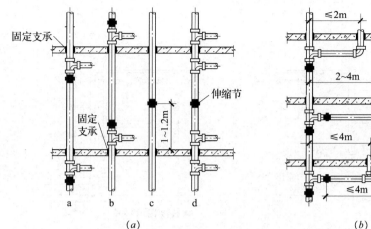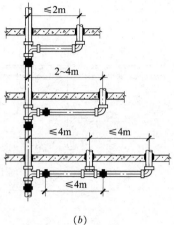

图 3-3　塑料排水管上设置伸缩节

（a）塑料排水立管上设置伸缩节；（b）塑料排水横管上设置伸缩节

间接排水口最小空气间隙　　　　　　　　　　　　　表 3-4

间接排水管管径（mm）	排水口最小空气间隙（mm）
≤25	50
32～50	100
>50	150

以下构筑物和设备的排水管，与生活排水管道系统应采用间接排水：

a. 生活饮用水贮水箱（池）的泄水管和溢流管；

b. 开水器、热水器排水；

c. 非传染病医疗灭菌消毒设备的排水；

d. 传染病医疗消毒设备的排水应单独收集和处理；

e. 蒸发式冷却器、空调设备冷凝水的排水；

f. 储存食品或饮料的冷藏库房的地面排水和冷风机融霜水盘的排水。

设备间接排水宜排入邻近的洗涤盆、地漏。无条件时，可设置排水明沟、排水漏斗或容器。间接排水的漏斗或容器不得产生溅水、溢流，并应布置在容易检查、清洁的位置。

② 排水立管最低排水横支管与立管连接处距排水立管管底的垂直距离 h_1（图 3-4）不得小于表 3-5 的规定，单根排水立管的排出管管径宜与排水立管相同。当不能满足表 3-5 规定的要求时，底层排水支管应单独排至室外检查井或采取有效的防反压措施。

③ 排水支管连接至排出管或排水横干管时，连接点至立管底部下游的水平距离不得小于 1.5m。否则，底层排水支管应单独排至室外检查井或采取有效的防反压措施。

④ 在距排水立管底部 1.5m 距离之内的排出管或排水横管有 90°水平转弯管段时，该水管底层排水支管应单独排至室外检查井或采取有效的防反压措施，如图 3-2 中的 L。

⑤ 排水横支管接入横干管竖直转向管段时，连接点应距转向处以下不得小于 0.6m，如图 3-2 中的 h_2。

⑥ 当排水立管采用内螺旋管时，排水立管底部宜采用长弯变径接头，排出管管径宜

放大 1 号。

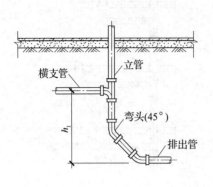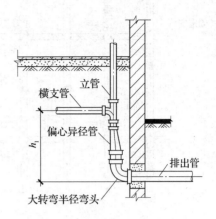

图 3-4 最低横支管与立管连接处至排出管管底垂直距离

最低横支管与立管连接处至立管管底的最小垂直距离　　　　　　　　　　表 3-5

立管连接卫生器具层数	最小垂直距离（m）	
	仅设伸顶通气	设通气立管
≤4	0.45	按配件最小安装尺寸确定
5～6	0.75	
7～12	1.20	
13～19	底层单独排出	0.75
≥20		1.20

⑦ 室内生活废水排水沟与室外生活污水管道连接处，应设置水封装置。以防室外管道中有毒气体通过明沟窜入室内。

5）方便施工安装和维护管理

① 室内生活废水在下列情况下宜采用有盖的排水沟代替排水管：

a. 废水中含有大量悬浮物或沉淀物需要经常清洗；

b. 设备排水支管很多，用管道连接有困难；

c. 设备排水点的位置不固定；

d. 地面需要经常清洗。

② 废水中可能夹带纤维或有大块物体时，应在排水管道连接处设置格栅或带网筐地漏。

③ 排水管道宜在地下或楼板填层中埋设或在地面上、楼板下明设，如建筑有要求时，可在管槽、管道井、管窿、管沟或吊顶、架空层内暗设，但应便于安装和检修。在气温较高、全年不结冻的地区，可沿建筑物外墙敷设。

④ 应按规范规定设置检查口或清扫口。

（3）同层排水

传统排水管道系统是将排水横支管布置在其下楼层的顶板之下，卫生器具排水管穿越楼板与横支管连接。同层排水是将排水横支管敷设在本层、卫生器具排水管不穿越楼层的一种排水方式。当卫生间的排水支管不允许穿越楼板进入下层用户时，应采用同层排水。

1）形式

同层排水形式有装饰墙敷设、外墙敷设、局部降板填充层敷设、全降板填充层敷设、全降板架空层敷设等多种形式，如图3-5所示。住宅卫生间同层排水形式应根据卫生间空间、卫生器具布置、室外环境气温等因素经技术经济比较确定。住宅卫生间宜采用不降板同层排水。

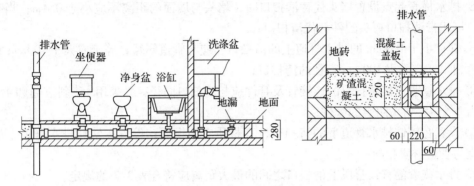

图3-5　降板式同层排水

2）设计要求

① 同层排水管道系统中地漏的设置及排水管管径、坡度和最大设计充满度的要求，均与传统排水系统的相关要求相同，应满足水封高度还应保持一定的自清流速；

② 器具排水横支管布置和设置标高不得造成排水滞留、地漏冒溢；

③ 埋设于填层中的管道接口应严密不得渗漏，故埋设于填层中的管道不得采用橡胶圈密封接口，宜采用粘结和熔接的连接方式。

3.2.4　清扫口与检查口

（1）设置条件

1）清扫口

① 在连接2个及2个以上的大便器或3个及3个以上卫生器具的铸铁排水横管上，宜设置清扫口；

② 在连接4个及4个以上的大便器的塑料排水横管上，宜设置清扫口；

③ 当排水立管底部或排出管上的清扫口至室外检查井中心的最大长度大于表3-6的数值时，应在排出管上设清扫口；

排水立管或排出管上的清扫口至室外检查井中心的最大长度　　　　　表3-6

管径（mm）	50	75	100	100以上
最大长度（m）	10	12	15	20

④ 在水流偏转角小于135°的排水横管上应设清扫口；也可采用带清扫口的转角配件替代。

2）检查口

① 排水立管上连接横支管的楼层应设检查口，在建筑物底层须设检查口；

② 当立管水平拐弯或有乙字管时，在该层立管拐弯处和乙字管的上部应设检查口。

（2）设置要求

1）清扫口

① 在排水横管上的清扫口宜设置在楼板或地坪上，与地面相平。排水横管起点的清扫口与其端部相垂直的墙面的距离不得小于 0.2m；当有困难时可用检查口替代清扫口；

② 排水横管起点设置堵头代替清扫口时，堵头与墙面的距离不应小于 0.4m；当有困难时，可用带清扫口弯头配件替代清扫口；

③ 管径小于 100mm 的排水管道上的清扫口，应与管道同径；等于或大于 100mm 管段上的清扫口，应采用 100mm 直径的清扫口；

④ 排水横管连接清扫口的连接管及管件应与清扫口同径，并采用 45°斜三通和 45°弯头或由 2 个 45°弯头组合的管件；

⑤ 设置在铸铁排水管道上的清扫口，其材质应为铜质；设置在塑料排水管道上的清扫口宜与管道材质相同；

⑥ 排水横管的直线管段上清扫口之间的最大距离应符合表 3-7 的规定。

排水横管的直线管段上清扫口之间的最大距离 表 3-7

管径（mm）	距离（m）	
	生活废水	生活污水
50～75	10	8
100～150	15	10
200	25	20

2）检查口

① 立管上设置的检查口中心高度，宜距离操作地（楼）面 1.0m 以上，并应高于该层卫生器具上边缘 0.15m，当排水立管设有 H 管时，检查口应设置在 H 管件的上部位置；

② 地下室立管上的检查口，应设置在立管底部之上；

③ 立管上检查口的检查盖，应面向便于检查清扫的方位。

3.2.5 通气管

（1）通气方式及通气管类型

1）通气方式

① 通气管顶端与大气相通以补气排气，平衡排水管道系统中压力波动的通气方式。

② 通气管顶端不与大气相通，仅与排水立管相连，其底部与排水管连接。排水时管道内产生的正、负压通过通气管道迁回补气而达到平衡的通气方式也称自循环通气方式。

2）通气管类型

通气管的类型与系统设置方式见图 3-6。

① 伸顶通气管是指排水立管与最上层排水横支管连接处向上延伸至室外通气的管道。

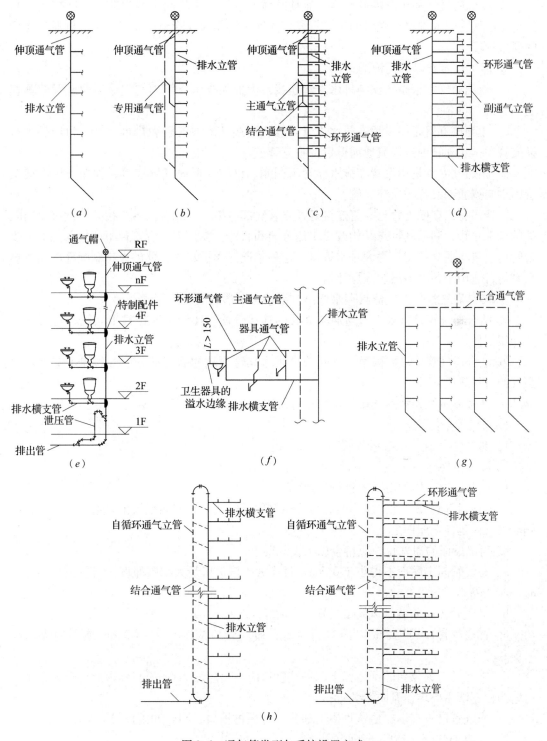

图 3-6　通气管类型与系统设置方式

（a）伸顶通气管；（b）专用通气立管；（c）主通气立管与环形通气管；（d）副通气立管与环形通气管；

（e）特制配件的伸顶通气管；（f）主通气立管与器具通气管；

（g）汇合通气管；（h）自循环通气管系统

② 环形通气管是在连接多个卫生器具的横支管最始端的两个卫生器具之间接出，并接至主通气立管或副通气立管的通气管段，或连接器具通气管至主通气立管或副通气立管的通气管段。

③ 通气立管有以下几种形式：

a. 专用通气立管是指仅与排水立管连接，为加强排水立管内空气流通而设置的垂直通气管道。

b. 主通气立管是指设置在排水立管同侧、连接环形通气管和排水立管，为加强排水横支管和排水立管内空气流通而设置的垂直管道。

c. 副通气立管是指设置在排水立管不同侧、仅与环形通气管连接，为加强排水横支管内空气流通而设置的通气立管。

此外还有，在横支管与立管连接处及立管底部与横干管或排出管连接处，设有特制配件的排水立管，利用其特殊结构改变水流方向和状态，在排水立管管径不变的情况下可改善管内水流与通气状态，增大排水流量。这种集通气和排水为一体的设特制配件单立管排水系统，适用于各类多层、高层建筑。

④ 器具通气管是卫生器具存水弯出口端接至环形通气管的管段。

⑤ 结合通气管是排水立管与通气立管的连接管段，H 管是连接排水立管与通气立管的专用配件。

⑥ 汇合通气管连接数根通气立管或是排水立管顶端的通气部分，并延伸至室外接通大气的通气管段。

⑦ 自循环通气立管的顶端与排水立管相连、底端与排出管连接。

（2）设置条件及要求

1）伸顶通气管、汇合通气管

① 设置条件

生活排水立管的顶端应设置伸顶通气管。

当伸顶通气管无法伸出屋面时，可采用侧墙通气或是在室内设置汇合通气立管后，在侧墙伸出并延伸至屋面之上。

② 高出屋面的通气管，应符合以下设置要求：

a. 通气管高出屋面不得小于 0.3m，且应大于该地区最大积雪厚度。当屋顶有隔热层时，应从隔热层板面算起；

b. 通气管顶端应装设风帽或网罩；

c. 在通气管口周围 4m 以内有门窗时，通气管口应高出窗顶 0.6m 或引向无门窗一侧；

d. 在经常有人停留的平屋面上，通气管口应高出屋面 2.0m。当伸顶通气管为金属管材时应根据防雷要求设置防雷装置；

e. 通气管口不宜设在建筑物挑出部分（如屋檐檐口、阳台和雨篷等）的下面。

2）器具通气管、环形通气管

① 设置条件

a. 对卫生、安静要求较高的建筑物内，生活排水管道宜设置器具通气管；

b. 设有器具通气管时应设环形通气管；

c. 连接 4 个及 4 个以上卫生器具且横支管的长度大于 12m 的排水横支管上应设环形通气管；

d. 连接 6 个及 6 个以上大便器的排水横支管上应设环形通气管；

e. 特殊单立管偏置时，应设置环形通气管。

② 设置要求

a. 器具通气管应在存水弯出口端接出；

b. 当排水横支管上设有环形通气管时，环形通气管应在横支管最起端的两个卫生器具之间接出，连接点应在排水支管中心线以上，与横支管呈垂直或 45° 连接；

c. 器具通气管、环形通气管应在卫生器具上边缘 0.15m 以上，按不小于 0.01 的上升坡度与通气立管连接。

3）通气立管（专用通气立管、主通气立管、副通气立管）

① 设置条件

a. 建筑标准要求较高的多层住宅、公共建筑、10 层及 10 层以上高层建筑卫生间的生活污水立管应设置专用通气立管或特制配件单立管排水系统；

b. 生活排水立管所承担的卫生器具排水设计流量，当超过表 3-5 中仅设伸顶通气管的排水立管最大排水能力时，应设置通气立管或特制配件单立管排水系统；

c. 建筑物内的排水管道上设有环形通气管时，应设置连接各层环形通气管的主通气立管或副通气立管。

② 设置要求

a. 通气立管不得接纳器具污水、废水和雨水，不得与风道和烟道连接；

b. 专用通气立管和主通气立管的上端可在最高层卫生器具上边缘 0.15m 或检查口以上与排水立管通气部分以斜三通连接；下端应在最低排水横支管以下与排水立管用斜三通连接；或者下端应在排水立管底部距排水立管底部下游侧 10 倍立管管径长度距离范围内，与横干管或排出管用斜三通连接。

4）结合通气管

① 结合通气管宜每层或隔层与专用通气立管、排水立管连接，与主通气立管、排水立管连接时不宜多于 8 层；

② 结合通气管的上端可在卫生器具上边缘 0.15m 处与通气立管以斜三通连接，下端宜在排水横支管以下与排水立管以斜三通连接；

③ 用 H 管件替代结合通气管时，其下端宜在排水横支管以上与排水立管连接；

④ 当污水立管与废水立管合用 1 根通气立管时，结合通气管配件可隔层分别与污水立管和废水立管连接，通气立管底部分别以斜三通与污废水立管连接。

5）自循环通气系统

当伸顶通气、侧墙通气、汇合通气方式均无法实施时，可设置自循环通气管道系统。自循环通气管道系统可采用专用通气立管与排水立管连接方式和环形通气管与排水横支管连接两种方式。专用通气管立管与排水立管连接应符合下列要求：

① 通气立管顶端应在最高层卫生器具上边缘 0.15m 或检查口以上，采用 2 个 90° 弯头相连接；

② 宜隔层由结合通气管或 H 管件将通气立管与排水立管连接；

③ 通气立管下端应在排水横干管或排出管上采用倒顺水三通或倒斜三通相连，以减小气流在配件处的局部阻力，使自循环气流通畅。

当自循环通气系统采用环形通气管与排水横支管连接时，通气立管顶部和底部与排水立管的连接同上，同时还应符合以下要求：

① 结合通气管的连接间隔不宜多于 8 层；

② 每层排水支管下游端接出环形通气管与通气立管连接。

排水立管设置吸气阀，或是排水立管为自循环通气的排水系统时，宜在室外接户管的起始检查井上设置管径不小于 100mm 的通气管，用来排除有害气体。通气管如延伸在建筑物外墙时，通气管口的设置要求同前所述；通气管如设置在其他隐蔽部位时，应高出地面 2m 以上。

在建筑物内不得设置吸气阀替代器具通气管和环形通气管。

（3）管材与管径

1）通气管可采用塑料管、柔性接口排水铸铁管等。

2）管径

① 通气管管径应根据排水能力、管道长度来确定，最小管径按表 3-8 确定。自循环通气立管管径应与排水立管管径相同。

通气管最小管径　　　　　　　　　　　　　表 3-8

通气管名称	排水管管径（mm）			
	50	75	100	150
器具通气管	32	—	50	—
环形通气管	32	40	50	—
通气立管（专用通气立管、主通气立管、副通气立管）	40	50	75	100

② 伸顶通气管管径应与排水立管管径相同。但在最冷月平均气温低于 $-13℃$ 的地区，为防止伸顶通气管管口结霜，减小通气管断面，应在室内平顶或吊顶以下 0.3m 处将管径放大一级。

③ 通气立管长度大于 50m 时，通气立管管径应与排水立管管径相同；通气立管长度小于或等于 50m，且 2 根及 2 根以上排水立管同时与 1 根通气立管相连时，通气立管管径以最大 1 根排水立管按表 3-8 确定，且其管径不宜小于其余任何 1 根排水立管管径。

④ 结合通气管的管径不宜小于与其连接的通气立管管径；自循环通气时，结合通气管管径宜小于与其连接的通气立管管径。

⑤ 当 2 根或 2 根以上排水立管的通气管汇合连接时，汇合通气管的断面积应为最大 1 根排水立管的通气管的断面积加其余排水立管的通气管断面积之和的 0.25 倍：

$$A_e \geqslant A_{max} + 0.25 \sum A_i \quad 即: \quad d_e \geqslant \sqrt{d_{max}^2 + 0.25 \sum d_i^2} \tag{3-1}$$

式中　A_e——汇合通气管的断面积（m^2）；

A_{max}——最大 1 根排水立管的通气管的断面积（m^2）；

A_i——其余排水立管通气管的断面积（m^2）；

d_e——汇合通气管和总伸顶通气管管径（m）；

d_{max}——最大 1 根通气立管管径（m）；

d_i——其余通气立管管径（m）。

【例3-1】某工程中的 6 根排水立管的通气管至顶层后，汇合为 1 根通气管，6 根通气管中有 2 根为 DN150，4 根为 DN100。汇合后的通气管管径应为多少？

【解】最大 1 根通气管管径 d_{max} = 0.15m，其余 5 根通气管管径 d_i 分别为 0.15m、0.10m

代入式（3-1）可得：

$$d_e \geqslant \sqrt{d_{max}^2 + 0.25 \sum d_i^2} = \sqrt{0.15^2 + 0.25 \times \left[(0.1^2 \times 4) + 0.15^2 \right]} = 0.19m \quad 取 200mm$$

即：汇合后的通气管管径应为 200mm。

3.2.6 污水泵和集水池

建筑物室内地面低于室外地面时，地下室、消防电梯井坑的污废水无法自流排至室外检查井时，应设置污水集水井、污水泵。

（1）污水泵

污水泵可采用潜污泵、液下排水泵、立式污水泵和卧式污水泵等。潜污泵泵体直接放置在集水池内，不占场地、噪声小、自灌式吸水，使用较多。污水泵吸水管和出水管流速宜为 0.7 ~ 2.0m/s。

污水泵房应建成单独构筑物，并应有卫生防护隔离带。泵房设计应按现行国家标准《室外排水设计标准》GB 50014 执行。

1）设计流量

建筑物内的污水泵的流量应按生活排水设计秒流量选定；当室内设有生活污水处理设施并设有有效容积不大于 6h 生活排水平均小时流量的调节池时，污水泵流量可按最大小时流量选定。

当地面集水池接纳生活贮水池或消防水池的溢流水和泄空水时，污水泵的设计流量应以水池溢流量、泄流量与排入集水池的其他排水量中的最大者为选择水泵机组的设计流量。其中水池溢流量需根据水池进水管上所设的液位控制阀的可靠程度予以考虑。如果液位水力控制阀前设有电动阀等双阀串联控制时，水池的溢流量可不予考虑；采用水力控制阀单阀控制时，水池的溢流量可取水池进水量。水池的泄流量可以生活给水泵或消防水泵吸水最低水位计算确定。

用于排除消防电梯井集水坑的污水泵的设计流量不应小于 10L/s。

2）扬程

水泵扬程应为提升高度与管道水头损失之和，并附加 2 ~ 3m 的流出水头计算。

3）设置要求

污水泵出水管内呈有压流，其排水不应排至室内生活排水重力管道内，宜设置排水管单独排出室外，排出管的横管段应设坡向出口的坡度。当 2 台或 2 台以上污水泵共用一条出水管时，应在每台水泵出水管上装设阀门和污水专用止回阀。

在公共建筑地下室布置的污水集水池一般较为分散，应以每个生活排水集水池为单元设置一台备用泵，平时交替运行。地下室、车库冲洗地面的排水系统，多个集水池一般由排水沟连通，当有 2 台及 2 台以上排水泵时可不设备用泵。

污水泵应设置自动控制的启闭装置。多台水泵可并联交替或分段投入运行。

当集水池无法设置事故排出管时，污水泵应按行业标准有关规定确定电力负荷级别。如能关闭污水进水管时，可按三级负荷配电；当承担消防排水时应依照现行消防规范执行。

污水泵、阀门、管道等应选择耐腐蚀、大流通量、不易堵塞的设备、器材。

（2）集水池

1）容积

集水池有效容积的下限值以污水泵配置条件所确定，不宜小于最大一台污水泵 5min 的出水量，并用污水泵每小时内启动次数不宜超过 6 次来校核。成品污水提升装置的污水泵每小时启动次数应满足产品技术要求。集水池中生活排水量的调节（有效）容积的上限值，应按不得大于 6h 生活排水平均小时流量确定。以防污水在集水池中停留时间过长发生沉淀、腐化。

集水池总容积，除满足有效容积的设计要求外，还应满足水泵布置、水位控制器、格栅等安装和检修的要求。

消防电梯井集水坑的有效容积不应小于 $2.0m^3$。

2）设计要求

集水池的深度及平面尺寸应按水泵类型确定。

集水池有效水深一般取 1~1.5m，超高取 0.3~0.5m。集水池最低设计水位应满足水泵吸水的要求。集水池应设置水位指示装置，必要时应设置超警戒水位报警装置，将信号引至物业管理中心。

集水池底宜有坡向泵位不小于 0.05 的坡度，宜在池底设自冲管。

设在室内地下室的集水池，应密封池盖，并应在独立设备间设置通风、通气管系；如采用敞开式室内集水池时，应设强制通风装置。成品污水提升装置可设在卫生间内或敞开空间内，宜考虑地面排水措施。

3.2.7　小型生活污水处理

直接排入城市排水管网的污水应符合下列要求：

污水温度不应高于40℃；职工食堂和营业餐厅的含油污水，应经过除油处理后再接入污水管道；

污水基本上呈中性（pH 为 6~9），以防酸碱污水对管道有侵蚀作用，且会影响污水的进一步处理；

污水中不应含有大量的固体杂质，以免在管道中沉淀而阻塞管道；

污水中不允许含有大量汽油或油脂等易燃易挥发液体，以免在管道中产生易燃、爆炸和有毒气体；

污水中不能含有毒物，以免伤害管道养护工作人员和影响污水的利用、处理和排放；

对含有伤寒、痢疾、炭疽、结核、肝炎等病原体的污水，必须严格消毒；

对含有放射性物质的污水，应严格按照国家有关规定执行，以免危害农作物、污染环境、危害人们身体健康。

当建筑或小区的排水不符合以上要求时，应采取局部处理技术措施。

（1）隔油池与隔油器

职工食堂和营业餐厅的含油污水在排入污水管道之前，应进行除油处理后方许排入污水管道。除油设施有隔油池、隔油器两种类型，隔油池是用于分隔、拦集生活废水中油脂的小型处理构筑物；隔油器是用于分隔、拦集生活废水中油脂的装置。

1）隔油池

图3-7为隔油池构造，作用原理为：含油污水进入隔油池后，由于过水断面增大，水平流速减小，污水中密度小的浮油自然上浮至水面，可收集后去除。隔油池应设活动盖板。进水管应清通方便。

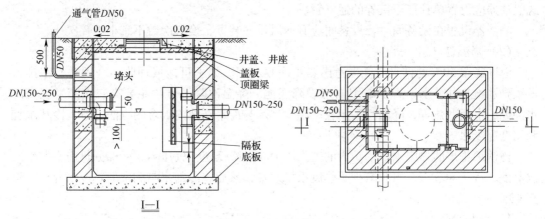

图3-7　隔油池构造

隔油池的有效容积是指隔油池出水管管底标高以下的池容积，可根据厨房洗涤废水的流量、污水在池中的停留时间确定。含油污水在池中的停留时间应考虑建筑物性质、废水中油脂成分含量等因素。

隔油池有效容积可按式（3-2）~式（3-6）计算：

$$V = Q_{max} t60 \tag{3-2}$$

$$A = \frac{Q_{max}}{v} \tag{3-3}$$

$$L = \frac{V}{A} \tag{3-4}$$

$$b = \frac{A}{h} \tag{3-5}$$

$$V_1 \geqslant 0.25V \tag{3-6}$$

式中　V——隔油池有效容积（m³）；

Q_{max}——排水流量按设计秒流量确定（m³/s）；

t——污水在隔油池内的停留时间（min），含食用油污水在池中的停留时间不得少于10min；

v——污水在隔油池中的流速（m/s），含食用油污水的流速不得大于 0.005m/s；

A——隔油池中过水断面积（m²）；

b——隔油池池宽（m）；

h——隔油池有效水深，即隔油池出水管管底至池底的高度（m），不得小于 0.6m；

V_1——存油部分的容积，是指出水挡板的下端至水面油水分离室的容积（m³）；人工除油的隔油池内存油部分的容积不得小于该池有效容积的 25%。

2）隔油器

隔油器是成品装置，具有拦截残渣、分离油水的功能，可按含油污水的流量直接选用。所选用的产品应有拦截固体残渣装置，并便于清理；容器内宜设置气浮、加热、过滤等油水分离装置；当仅设一套隔油器时应设置超越管，超越管的管径与进水管同径；密闭式隔油器应设置单独接至室外的通气管。

隔油器设置在设备间时，设备间应有通风排气装置，换气次数不宜小于 8 次/h。

（2）降温池

温度高于40℃的排水应优先考虑热量回收利用。如不可能或回收不合理时，在排入城镇排水检查井处水温高于40℃时应设降温池。降温池降温方法主要有二次蒸发、与冷水混合、水面散热等，降温宜采用较高温度排水与冷水在池内混合的方法进行，冷却水宜利用低温废水。

当锅炉排出的热废水由锅炉内的工作压力骤然降低至大气压力，一部分热废水发生二次蒸发、汽化为蒸汽，由此减少了热废水排水量；然后将冷却水与剩余的热废水混合，降至40℃后排放。

1）冷却水量

冷却水量应按热平衡方法，按式（3-7）计算：

$$Q_冷 \geqslant \frac{Q_排(t_排 - 40)}{40 - t_冷} \tag{3-7}$$

式中　$Q_冷$——所需冷却水质量（kg）；

$Q_排$——热废水排放量，即一次排放的热废水质量（kg）；

$t_排$——大气压力下热废水的温度（℃）；

$t_冷$——冷却水的温度（℃）。

2）容积

降温池总容积由存放热废水的容积 V_1、存放冷却水的容积 V_2 和保护容积 V_3 组成。降温池容积计算与热废水排放形式有关，间断排放热废水时，降温池有效容积应按一次最大热废水排放量所需容积 V_1 与存放冷却水量所需容积 V_2 两者之和计算；连续排放热废水时，降温池容积应保证热废水与冷却水能够充分混合。

存放热废水的容积 V_1 与热废水排放量（$Q_排$）和热废水的蒸发量 q 有关，按式（3-8）计算：

$$V_1 = \frac{Q_排 - k_1 q}{\rho} \tag{3-8}$$

式中　V_1——存放热废水所需容积（m³）；

$Q_排$——热废水排放量，即一次排放的热废水质量（kg）；

q——热废水蒸发量，即蒸发带走的热废水质量（kg）；

k_1——安全系数，取0.8；

ρ——锅炉（设备）工作压力下水的密度（kg/m^3）。

二次蒸发带走的热废水质量 q 与热废水排放量 $Q_排$、设备工作压力下（大于大气压力）热废水的热焓有关。设 h_1 为设备工作压力下热废水的热焓，h_2 为大气压力下热废水的热焓，h 为大气压力下饱和蒸汽的热焓，由热量平衡有：$Q_排 \times h_1 = q \times h + (Q_排 - q)h_2$。在大气压力下，水与蒸汽的热焓差等于汽化潜热 γ，即：$\gamma = h - h_2$。不同压力下热焓差近似等于温度差与比热的乘积，即：$h_1 - h_2 = (t_1 - t_2)c_B$，因此：

$$q = \frac{(t_1 - t_2)Q_排 c_B}{\gamma} \tag{3-9}$$

式中　t_1——设备工作压力下排放的热废水温度（℃）；

t_2——大气压力下热废水的温度（℃）；

c_B——水的比热[kJ/（℃·kg）]，取4.19kJ/（℃·kg）；

γ——热废水的汽化潜热（kJ/kg）。

为简化计算，单位体积热废水的二次蒸发量可直接从图3-8中查出。例如，当绝对压力由1.2MPa减到 $P_2 = 0.2$MPa 时，1m^3 热废水可蒸发112kg水蒸气。

存放冷却水部分的容积 V_2 按式（3-10）计算：

$$V_2 = \frac{t_2 - t_y}{t_y - t_冷}KV_1 \tag{3-10}$$

式中　V_2——存放冷却水所需容积（m^3）；

t_y——允许排放的水温（℃），一般取40℃；

t_2——大气压力下热废水的温度（℃）；

$t_冷$——冷却水温度，取该地最冷月平均水温（℃）；

K——混合不均匀系数，取1.5。

保护容积 V_3 按保护高度 $h = 0.3 \sim 0.5$m 确定。

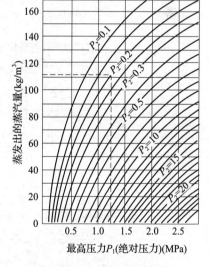

图3-8　过热水蒸发量计算图

3）设置要求

降温池构造见图3-9。降温池应设于室外，应设通气管，通气管排出口的设置位置应符合安全、环保要求。当用生活饮用水作冷却水时，应采取防回流污染措施。冷却水与高温水混合可采用穿孔管喷洒。降温池虹吸排水管管口应设在水池底部。

有压高温废水进水管口宜装消声设施。有二次蒸发时管口应露出水面向上并应采取防止烫伤人的措施。无二次蒸发时，管口宜插入水中深度200mm以上，并应设通气管。

（3）化粪池

化粪池的作用是使粪便沉淀并厌氧发酵腐化，以去除生活污水中的悬浮性有机物。化粪池构造见图3-10。

1）设置要求

为防止水源被污染，化粪池距离地下取水构筑物不得小于30m。

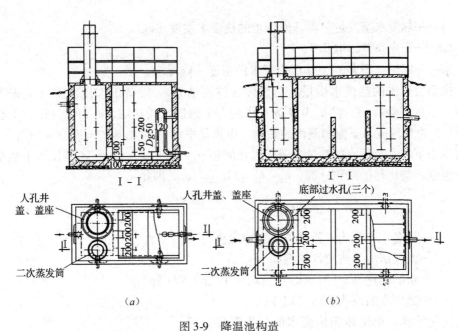

图 3-9 降温池构造
(a) 虹吸式降温池；(b) 隔板式降温池

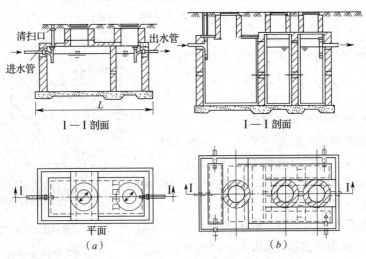

图 3-10 化粪池构造
(a) 双格化粪池；(b) 三格化粪池

化粪池宜设置在接户管的下游端，并应便于机动车清掏。其外壁距建筑物外墙不宜小于 5m，且不得影响建筑物基础。化粪池应设通气管，通气管排出口位置应满足安全和环保要求。

2) 构造要求

化粪池多为矩形或圆形。矩形化粪池的长度与深度、宽度的比例应按污水中悬浮物的沉降条件和积存数量，经水力计算确定。但水面至池底的深度不得小于 1.3m，宽度不得小于 0.75m，长度不得小于 1.0m。圆形化粪池的直径不得小于 1.0m。

为了改善处理条件，较大的化粪池往往用带孔的间壁分为 2~3 隔间。当日处理污水量小于或等于 10m³ 时，采用双格化粪池，其中第一格的容量宜占总容量的 75%；当日处

理水量大于 $10m^3$ 时采用三格化粪池，第一格的容量宜占总容量的 60%，其余两格的容量宜各占总容量的 20%。

化粪池格与格、池与连接井之间应设通气孔洞。化粪池进水口、出水口应设置连接井，与进水管、出水管相连。化粪池进水管口应设置三通或乙字弯管件等作为导流装置，出水口处及格与格之间应设置拦截污泥浮渣的设施。

化粪池池壁、池底应有防渗设施。化粪池顶板上应设有人孔和盖板。

3）容积计算

化粪池总容积由有效容积和保护层容积组成，保护层高度一般为 250~450mm。

化粪池的有效容积由污水容积和污泥容积组成，按式(3-11)~式(3-13)表示：

$$V = V_w + V_n \tag{3-11}$$

$$V_w = \frac{m \cdot b_f \cdot q_w \cdot t_w}{24 \times 1000} \tag{3-12}$$

$$V_n = \frac{m \cdot b_f \cdot q_n \cdot t_n \cdot (1 - b_x) \cdot M_s \times 1.2}{(1 - b_n) \times 1000} \tag{3-13}$$

式中　V——化粪池有效容积（m^3）；

　　　V_w——污水部分容积（m^3）；

　　　V_n——污泥部分容积（m^3）；

　　　m——设计服务人数（人）；

　　　q_w——每人每日计算污水量 [L/（人·d）]，按表3-9选值；

　　　t_w——污水在池内停留时间（h），应根据污水量确定，宜取 12~24h；当化粪池作为医院污水消毒前的预处理时，停留时间宜取 24~36h；

　　　q_n——每人每日计算污泥量 [L/（人·d）]，按表3-10选值；

　　　t_n——污泥清掏周期（d），应根据污水温度和当地气候条件确定，宜采用 3~12 个月；当化粪池作为医院污水消毒前的预处理时，污泥清掏周期宜取 0.5~1a；

　　　b_x——新鲜污泥含水率，可取 95%；

　　　b_n——污泥发酵浓缩后的含水率，可取 90%；

　　　M_s——污泥发酵后体积缩减系数，宜取 0.8；

　　　1.2——清掏后遗留 20% 的容积系数；

　　　b_f——化粪池使用人数占总人数的百分比，按表3-11确定。

每人每日计算污水量

表 3-9

分类	生活污水与生活废水合流排入	生活污水单独排入
每人每日污水量 [L/（人·d）]	（0.85~0.95）×用水量	15~20

每人每日计算污泥量 [L/（人·d）]

表 3-10

建筑物分类	生活污水与生活废水合流排入	生活污水单独排入
有住宿的建筑物	0.7	0.4
4h < 人员逗留时间≤10h 的建筑物	0.3	0.2
人员逗留时间≤4h 的建筑物	0.1	0.07

化粪池使用人数占总人数的百分比	表 3-11
建筑物名称	占比（%）
医院、疗养院、养老院、有住宿的幼儿园	100
住宅、宿舍、旅馆	70
办公室、教学楼、试验楼、工业企业生活间	40
职工食堂、餐饮业、影剧院、体育场（馆）、商场和其他场所（按座位）	5~10

小区内不同的建筑物或同一建筑物内，有不同生活用水定额等设计参数，其生活污水排至同一座化粪池时，应按式(3-11)~式(3-13)和表3-9、表3-10分别计算不同人员的污水量和污泥量，以叠加后的总容量确定化粪池的总有效容积。

（4）医院污水处理

1）原水

医院污水含有病原体或放射性物质、重金属及其他有毒有害物质，如不符合相关排放标准则须进行单独处理达标后方可排入医院污水处理站或城市排水管道。传染病房的污水经消毒后方可与普通病房污水进行合并处理。

2）处理后的水质要求

医院污水处理后的水质应根据排放条件，达到现行国家标准《医疗机构水污染物排放标准》GB 18466 的要求。但如要排入下列水体时，还应该根据受纳水体的要求进行深度处理：

① 现行国家标准《地表水环境质量标准》GB 3838 中规定的Ⅰ、Ⅱ类水域和Ⅲ类水域的饮用水保护区和游泳区；

② 现行国家标准《海水水质标准》GB 3097 中规定的的一、二类海域；

③ 经消毒处理后的污水，当排入娱乐和体育用水水体、渔业用水水体时，还应符合现行有关标准要求。

3）处理流程

医院污水处理流程应根据污水性质、排放条件等因素决定。当排至已建有正常运行的二级污水处理厂的城市下水道时，宜采用一级处理；当直接或间接排入地表水体或海域时，应采用二级处理或深度处理。

医院污水处理流程及构筑物的设置位置宜充分利用地形，采用重力排放。医院污水一级处理工艺流程如图3-11所示。一级处理主要去除漂浮物和悬浮物，主要构筑物有化粪池、调节池等。一级处理工艺流程简单，运转费用和基建投资少，可以去除50%~60%的悬浮物，有机物（BOD_5）仅去除20%左右，在后续的消毒过程中消毒剂耗费多、接触时间长。化粪池作为医院污水消毒前的预处理时，化粪池的有效容积应大于处理生活污水的化粪池容积，污水在池内的停留时间宜按24~36h计算，污泥清掏周期宜为0.5~1.0年。

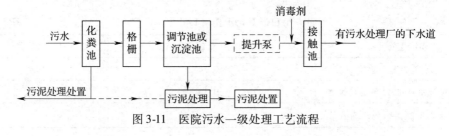

图 3-11　医院污水一级处理工艺流程

医院污水二级处理工艺流程如图 3-12（a）所示。二级处理的有机物去除率在 90% 以上。经二级处理后的医院污水，消毒剂用量可减少，且消毒较为彻底。当排放水质有更高要求时，可在二级处理后增加深度处理，如图 3-12（b）所示。

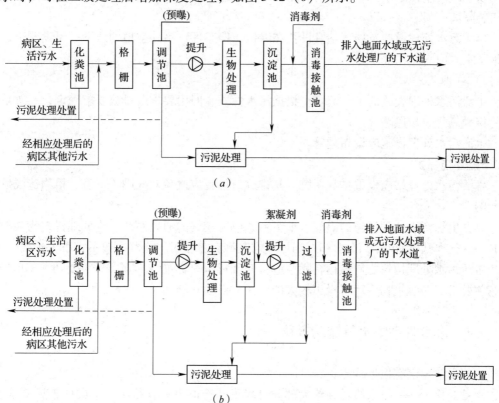

图 3-12　医院污水二级、深度处理工艺流程
(a) 二级处理；(b) 深度处理

4）消毒

医院污水必须进行消毒处理，宜采用氯消毒法，消毒剂有成品次氯酸钠、氯片、漂白粉、漂粉精或液氯等。如运输或供应有困难可采用现场制备次氯酸钠、化学法制备二氧化氯消毒方式。采用氯消毒后的污水，如直接排入地表水体和海域，应进行脱氯处理，处理后的余氯应小于 0.5mg/L。

如有特殊要求且经技术经济分析认为较合理时，可采用臭氧消毒。

5）污泥处置

医院污水处理过程中产生的污泥中含有大量的细菌和虫卵必须进行处置，不应随意堆放和填埋，宜由城市环卫部门按危险废物集中处置。当城镇无集中处置条件时，可采用高温堆肥或石灰消化法处理。

6）处理构筑物及处理站

医院污水处理构筑物应与病房、医疗室、住宅等建筑有卫生防护隔离带。

医院污水处理站宜进行除臭、除味处理。处理后应符合现行国家标准《医疗机构水污染物排放标准》GB 18466 规定的处理站周边大气污染物最高允许浓度的限定。

（5）生活污水处理设施及处理站

1）选址

生活污水处理设施及处理站宜靠近市政排水管道的排放点；处理站距给水泵站及清水池的水平距离不得小于10m；小区的处理站宜在常年最小频率的上风向，且应用绿化带与建筑物隔离。

生活污水处理设施及处理站宜设置在绿地、停车坪、室外空地的地下；当设置于建筑物地下室时应有专用隔间。

2）处理工艺

生活污水处理设施的工艺流程应根据污水性质、回用要求或排放要求确定，一般采用生物接触氧化、鼓风曝气。

生活污水处理设施应设超越管。

3）环境保护

生活污水处理站应设置排臭系统，其排放口位置应避免对周围人、畜、植物造成危害和影响。

设置生活污水处理设施的隔间、地下室，应有较好的通风系统。当处理构筑物为敞开式时，换气次数不宜小于15次/h；当处理构筑物有盖板时，换气次数不宜小于8次/h。

生活污水处理构筑物机械运行噪声应符合现行国家标准《声环境质量标准》GB 3096的有关要求。对建筑物内运行噪声较大的机械应设独立隔间。

3.3　排水管系中水气流动规律

建筑生活排水有以下特点：

水量变化大——排水管道在绝大部分时间里，管道内只有很小流量或处于无水状态。但卫生器具排水历时短、瞬间流量大，高峰流量可能充满整个管道断面。

气压变化幅度大——卫生器具不排水时，排水管道中的气体经通气管与大气相通。卫生器具排水时，管内气压会有较大波动，水封易遭破坏，水封高度不足时有害气体会进入室内恶化环境。

流速变化大——建筑排水特点是立体交汇，很多层的排水横管与同一根排水立管相连接，卫生器具排水由横支管排入立管时，水流方向发生改变，在重力作用下加速下落，水气混合，直至达到终限流速。当水流由立管进入底部横干管后，水流方向再次改变，流速骤然减小，水气分离。

3.3.1　横管内水流状态

（1）横支管内水气流动对压力波动的影响

图3-13所示为某一横支管内的排水流态。

当中间卫生器具B放水时，在排水横支管内的水流形成八字形双向流动，在AB段、BC管段内形成水跃。AB段内气体不能自由流动形成正压，使A存水弯中的水面上升见图3-13（a）。随着B点排水量的减少，在横支管坡度作用下水流向D点作单向运动，对A点形成负压抽吸，存水弯内水面下降见图3-13（b）。

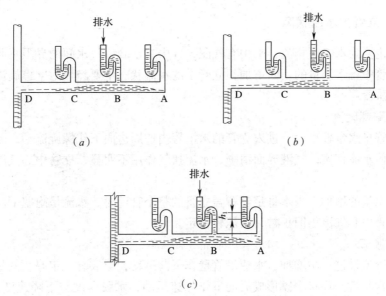

图 3-13 某一横支管内的排水流态

如果在卫生器具 B 排水的同时，立管中有大量水下落，把 D 点封闭。则 AB 段和 BC 段内的气体均不能自由流动，形成正压，使 A 和 C 两个存水弯内的水面都会上升，见图 3-13（c）。随 B 出流量减少，水位向 D 点作单向运动，AB 段和 BC 段因得不到空气的补充又形成负压抽吸现象，使 A、C 存水弯内形成惯性晃动，损失部分水量，水封高度降低。

如 B、C 两个卫生器具同时放水，B、C 两处呈八字形双向流，C 点的水流对 B 点向 D 点流动的水流产生阻隔作用，使 C 点以上的水位迅速增加，BC 段几乎为满流，而 AB 段的水位升高较多，水面形成阶梯状。管内压力变化比一个卫生器具放水时要大，且横支管内的正、负压力均较大，对水封可能产生破坏作用。

2 个卫生器具和 3 个卫生器具同时排水时，横支管最大流量分别是 1 个卫生器具排水量的 1.33 ~ 1.67 倍和 1.87 倍，且持续时间较长，对卫生器具的水封产生较大影响，水流进入立管处的水舌延续时间长，对立管内压力影响也较大。

（2）横干管中水气流动对压力波动的影响

竖直下落的大量污水进入横干管后，管内水位骤然上升，可能充满整个管道断面，使水流中挟带的气体不能自由流动，短时间内横管中压力突然增加形成正压，底层卫生器具存水弯的水封可能被破坏。

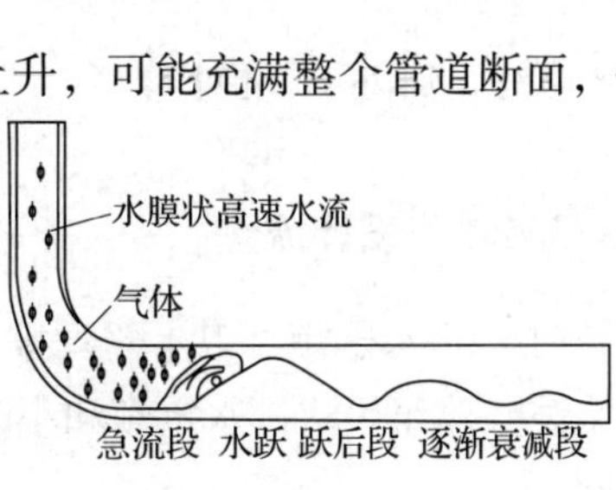

横管中的水流状态可分为急流段、水跃及跃后段、逐渐衰减段，见图 3-14。急流段水流速度大，水深较浅，冲刷能力强。急流段末端由于管壁阻力使流速减小，水深增加形成水跃。在水流继续向前运动的过程中，由于管壁阻力能量逐渐减小，水深逐渐减小，趋于均匀流。

水膜状高速水流

气体

急流段 水跃 跃后段 逐渐衰减段

图 3-14 横干管内水流状态

3.3.2 立管内水流状态

立管中主要为水气两相流，水中有气团，气中有水滴，气水间的界限不明显。

随着立管中排水流量的不断增加，立管中的水流状态主要经过附壁螺旋流、水膜流和水塞流3个阶段：

（1）附壁螺旋流

当横支管排水量较小时，进入立管的水沿管内壁周边向下作螺旋流动。因螺旋运动产生离心力，使水流密实，气液界面清晰，水流挟气作用不明显，立管中心气流正常，管内气压稳定。

随着排水量的增加，当水量足够覆盖立管的整个管壁时，水流呈附壁下流状态。因排水量较小，管中心气流仍旧正常，气压较稳定。

（2）水膜流

若横支管流量进一步增加，水流沿管壁作下落运动，形成有一定厚度的带有横向隔膜的附壁环状水膜流。环状水膜形成后向下作加速运动，水膜厚度与下降速度近似成正比。随着水流下降流速的增加，水膜所受管壁摩擦力也随之增加。当水膜所受的向上摩擦力与重力达到平衡时，水膜的下降速度和水膜厚度不再变化，这时的流速叫终限流速（v_t），从排水横支管水流入口处至终限流速形成处的高度叫终限长度（L_t）。

在向下运动过程中隔膜下部管内压力不断增加，压力达到一定值时，管内气体将横向隔膜冲破，管内气压又恢复正常。在继续下降的过程中，又形成新的横向隔膜，横向隔膜的形成与破坏交替进行。由于水膜流时排水量不是很大，形成的横向隔膜厚度较薄，横向隔膜破坏的压力小于水封破坏的控制压力。在水膜流阶段立管内的充水率为 1/4～1/3，立管内气压虽有波动，但对水封的影响不大。排水立管水膜流时的通水能力可作为确定排水立管最大排水流量的依据。

（3）水塞流

随着排水量继续增加，当充水率超过 1/3 后横向隔膜的形成与破坏越来越频繁，水膜厚度不断增加，隔膜下部的压力不能冲破水膜，最后形成较稳定的水塞。水塞向下运动，管内气体压力波动剧烈，导致水封破坏，整个排水系统不能正常使用。

3.4 排水系统计算

3.4.1 设计流量

（1）排水定额、卫生器具排水流量与当量

公共建筑生活排水定额和小时变化系数与公共建筑生活给水用水定额和小时变化系数相同。

以污水盆排水量 0.33L/s 为一个排水当量，将其他卫生器具的排水量与 0.33L/s 的比值作为该种卫生器具的排水当量。由于卫生器具排水具有突然、迅速、流量大的特点。所以，一个排水当量的排水流量是一个给水当量额定流量的 1.65 倍。

卫生器具排水的流量、当量和排水管的管径应按表 3-12 确定。

序号	卫生器具名称	卫生器具类型	排水流量 （L/s）	排水当量	排水管管径 （mm）
1	洗涤盆、污水盆（池）		0.33	1.00	50
2	餐厅、厨房洗菜盆（池）	单格洗涤盆（池）	0.67	2.00	50
		双格洗涤盆（池）	1.00	3.00	50
3	盥洗槽（每个水嘴）		0.33	1.00	50～75
4	洗手盆		0.10	0.30	32～50
5	洗脸盆		0.25	0.75	32～50
6	浴盆		1.0	3.0	50
7	淋浴器		0.15	0.45	50
8	大便器	冲洗水箱	1.5	4.5	100
		自闭式冲洗阀	1.2	3.6	100
9	医用倒便器		1.5	4.5	100
10	小便器	自闭式冲洗阀	0.1	0.3	40～50
		感应式冲洗阀	0.1	0.3	40～50
11	大便槽	≤4 个蹲位	2.5	7.5	100
		>4 个蹲位	3.0	9.0	150
12	小便槽（每米长）	自动冲洗水箱	0.17	0.5	
13	化验盆（无塞）		0.2	0.6	40～50
14	净身器		0.1	0.3	40～50
15	饮水器		0.05	0.15	25～50
16	家用洗衣机		0.5	1.5	50

注：家用洗衣机下排水软管直径为30mm，上排水软管内径为19mm。

（2）设计秒流量

建筑内部生活排水管道的设计流量应为该管段的瞬时最大排水流量，即排水设计秒流量。

1）住宅、宿舍（居室内设卫生间）、旅馆、宾馆、酒店式公寓、医院、疗养院、幼儿园、养老院、办公楼、商场、图书馆、书店、客运中心、航站楼、会展中心、中小学校教学楼、食堂或营业餐厅等建筑，其生活排水管道设计秒流量应按式（3-14）计算：

$$q_p = 0.12\alpha\sqrt{N_p} + q_{max} \qquad (3-14)$$

式中　q_p——计算管段排水设计秒流量（L/s）；

　　　N_p——计算管段卫生器具排水当量总数；

　　　q_{max}——计算管段上排水量最大的 1 个卫生器具的排水流量（L/s）；

　　　α——根据建筑物用途而定的系数，按表 3-13 确定。

根据建筑物用途而定的系数 α　　表 3-13

建筑物名称	宿舍（居室内设卫生间）、住宅、宾馆、酒店式公寓、 医院、疗养院、幼儿园、养老院的卫生间	旅馆和其他公共建筑的 盥洗室和厕所间
α 值	1.5	2.0～2.5

按式（3-14）计算的结果大于该管段上所有卫生器具排水流量的累加值时，应将该管段所有卫生器具排水流量的累加值作为该管段排水设计秒流量。

2）宿舍（设公用盥洗卫生间）、工业企业生活间、公共浴室、洗衣房、职工食堂或营业餐厅的厨房、实验室、影剧院、体育场馆等，其建筑生活排水管道设计秒流量应按式(3-15)计算：

$$q_p = \sum q_0 n_0 b \tag{3-15}$$

式中　q_p——计算管段排水设计秒流量（L/s）；

q_0——计算管段上同类型的卫生器具中1个卫生器具的排水流量（L/s）；

n_0——计算管段上同类型卫生器具的个数；

b——卫生器具同时排水百分数，冲洗水箱大便器按12%计算，其他卫生器具同给水。

按式（3-15）计算的排水流量小于1个大便器的排水流量时，应将1个大便器的排水流量作为该管段的排水设计秒流量。

【例3-2】某11层住宅楼，每户卫生间内设有1个坐便器、1个浴盆和1个洗脸盆，采用合流制排水。一层单独排水，二层～十一层采用1个排水立管系统。卫生器具的排水当量和排水量分别为：坐便器 $N=6$，$q=2$L/s；浴盆 $N=3$，$q=1$L/s；洗脸盆 $N=0.75$，$q=0.25$L/s。该排水立管最下部管段的设计秒流量是多少？

【解】住宅 $\alpha=1.5$，计算管段上排水量最大的一个卫生器具的排水流量 $q_{max}=2$L/s，计算管段上卫生器具的当量总数：$N_p=10$（$6+3+0.75$）$=97.5$

代入式（3-14）：$q_p=0.12\alpha\sqrt{N_p}+q_{max}=0.12\times1.5\times\sqrt{97.5}+2=3.78$L/s

该排水立管最下部管段的设计秒流量是3.78L/s。

【例3-3】某养老院，卫生间排水横支管上接纳了1个洗脸盆（$N=0.75$，$q=0.25$L/s）和1个淋浴器（$N=0.45$，$q=0.15$L/s）。该排水横支管设计秒流量为多少？

【解】养老院：$\alpha=1.5$

排水横支管上卫生洁具的当量总数为 $N_p=0.75+0.45=1.2$

排水横支管上排水量最大的1个卫生器具的排水流量：$q_{max}=0.25$L/s

代入式（3-14）：$q_p=0.12\alpha\sqrt{N_p}+q_{max}=0.12\times1.5\times\sqrt{1.2}+0.25=0.45$L/s

但是，该管段上接纳的洗脸盆和淋浴器同时排水时：$q_p=0.25+0.15=0.40$L/s

计算值0.45L/s大于实际所需最大流量值0.40L/s，应取0.4L/s作为设计流量。

3.4.2　管网水力计算

（1）横管

1）计算公式

对于横干管和连接多个卫生器具的横支管，在逐段计算各管段的设计秒流量后，需通过水力计算来确定各管段的管径和坡度。建筑内部横向排水管道按圆管均匀流公式计算：

$$q_p = A \cdot v \tag{3-16}$$

$$v = \frac{1}{n}R^{\frac{2}{3}} \cdot I^{\frac{1}{2}} \tag{3-17}$$

式中　q_p——计算管段排水设计秒流量（m³/s）；

A——管道在设计充满度的过水断面积（m²）；

v——流速（m/s）；

R——水力半径（m）；

I——水力坡度；

n——管道的粗糙系数，铸铁管取 0.013；塑料管取 0.009；钢管取 0.012。

2）充满度和坡度

管道充满度是指管道内水深 h 与管径 d 的比值。在重力流排水管中污水是非满流，管道上部未充满水流的空间用于排走污废水中的有害气体、容纳超负荷流量。

建筑物内生活排水铸铁管道和排水塑料管的最小坡度和最大设计充满度宜分别按表 3-14、表 3-15 确定。建筑排水横支管的标准坡度应为 0.026。

建筑物内生活排水铸铁管道的最小坡度和最大设计充满度　　　　表 3-14

管径（mm）	通用坡度	最小坡度	最大设计充满度
50	0.035	0.025	
75	0.025	0.015	0.5
100	0.020	0.012	
125	0.015	0.010	
150	0.010	0.007	0.6
200	0.008	0.005	

注：带小型大便器的横支管应按通用坡度确定。

建筑排水塑料管排水横管最小坡度、通用坡度和最大设计充满度　　　　表 3-15

外径（mm）	通用坡度	最小坡度	最大设计充满度
110	0.012	0.0040	0.5
125	0.010	0.0035	
160	0.007		
200		0.0030	0.6
250	0.005		
315			

注：胶圈密封接口的塑料排水横支管可调整为通用坡度。

3）管径

在计算出横管各管段的设计秒流量 q_p 后，取流速 v、充满度 h/d 在允许范围内，由 q_p、v、h/d 这 3 个参数根据不同管材选用水力计算表，直接查得管径和坡度。为了排水通畅，防止管道堵塞，保障室内环境卫生，建筑内部排水管的管径不能过小，其最小管径应符合以下要求：

① 大便器的排水管最小管径不得小于 100mm。

② 建筑物排出管的最小管径不得小于 50mm。

③ 下列场所排水横管的最小管径为：

a. 公共食堂厨房内的污水采用管道排除时，其管径应比计算管径大一级，但干管管径不得小于 100mm，支管管径不得小于 75mm。

b. 医疗机构污物洗涤盆（池）和污水盆（池）的排水管管径不得小于 75mm。

c. 小便槽或连接 3 个及 3 个以上小便器，其污水支管的管径不宜小于 75mm。

d. 浴池的泄水管管径宜为 100mm。

建筑底层无通气的排水管与其楼层管道分开单独排出时，其底层排水横管应符合下列条件：

① 住宅排水管以户排出；

② 公共建筑无通气的底层生活排水支管单独排出的最大卫生器具数量符合表 3-16 的规定；

③ 排水横管长度不应大于 12m。

公共建筑无通气的底层生活排水支管单独排出的最大卫生器具数量　　　　　表 3-16

排水横支管管径（mm）	卫生器具	数量
50	排水管管径≤50mm	1
75	排水管管径≤75mm	1
	排水管管径≤50mm	3
100	大便器	5

注：1. 排水横支管连接地漏时，地漏可不计数量；

　　2. DN100 管道除连接大便器外，还可连接该卫生间配置的小便器及洗涤设备。

（2）立管

生活排水立管的最大设计排水能力应按表 3-17 确定。立管管径不得小于所连接的横支管管径。多层住宅厨房的立管管径不宜小于 75mm。

生活排水立管最大设计排水能力　　　　　表 3-17

排水立管系统类型			最大设计排水能力（L/s）		
			排水立管管径（mm）		
			75	100（110）	150（160）
伸顶通气		厨房	1.00	4.00	6.40
		卫生间	2.00		
专用通气	专用通气管 75mm	结合通气管每层连接		6.30	—
		结合通气管隔层连接		5.20	
	专用通气管 100mm	结合通气管每层连接		10.00	
		结合通气管隔层连接	—	8.00	
	主通气立管＋环形通气管				
自循环通气	专用通气形式			4.40	
	环形通气形式			5.90	

生活排水系统立管当采用特殊单立管管材及配件时，应根据现行行业标准《住宅生活排水系统立管排水能力测试标准》CJJ/T 245 所规定的瞬间流量法进行测试，并应以 ±400Pa 为判定标准确定。当在 50m 及以下测试塔测试时，除苏维脱排水单位管外，其他特殊单位管应用在排水层数为 15 层及 15 层以上时，其立管最大设计排水能力的测试值应乘以系数 0.9。

3.5 屋面雨水排水系统

3.5.1 排水方式及设计流态

屋面雨水排水系统应迅速、及时地将屋面雨水排至室外雨水管渠或地面。

屋面雨水的排水方式分为外排水和内排水，外排水是利用屋面檐沟或天沟，将雨水收集并通过立管（雨落水管）排至室外地面或雨水收集装置；内排水是通过屋面上设置的雨水斗将雨水收集，并通过室内雨水管道系统将雨水排至室外地面或雨水收集装置。排水方式应根据建筑结构形式、气候条件及生产使用要求选用。

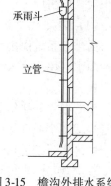

图 3-15　檐沟外排水系统

（1）檐沟外排水

檐沟外排水系统由檐沟、雨水斗及立管（雨落水管）组成，如图 3-15 所示。

降落到屋面的雨水沿屋面汇集到檐沟流入雨水斗，雨水斗是将屋面雨水导入雨水管的装置。立管（雨落水管）是敷设在建筑物外墙、用于排除屋面雨水的排水立管，它将雨水排至室外地面散水或雨水口。1 根立管应具备的排水能力根据屋面形状、面积计算确定，其间距一般民用建筑 12 ~ 16m，工业建筑 18 ~ 24m。立管的设置应尽量满足建筑立面的美观要求。

多层住宅建筑、屋面面积和建筑体量较小的一般民用建筑，多采用檐沟外排水。

（2）天沟外排水

天沟外排水系统由天沟、雨水斗、排水立管及排出管组成，如图 3-16 所示。天沟设置在两跨中间并坡向端墙，雨水斗设在伸出山墙的天沟末端，也可设在紧靠山墙的屋面。雨水斗底部经连接管接至立管，立管沿外墙敷设将雨水排至地面入雨水口或连接排出管将雨水排入雨水井。寒冷地区的雨水排水立管应注意防冻。

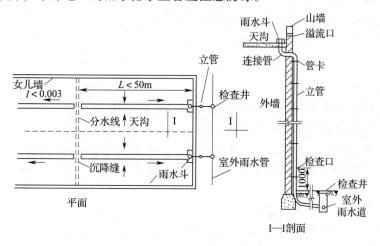

图 3-16　天沟外排水系统

天沟的排水断面形状多为矩形或梯形。一般天沟布置应以伸缩缝、沉降缝、变形缝为分界线。天沟的长度应根据当地暴雨强度、建筑物跨度、天沟断面面积等经水力计算确定，一般不超过50m。天沟宽度不宜小于300mm，并应满足雨水斗安装要求。天沟坡度不宜小于0.003，一般取 0.003 ~ 0.006，天沟坡度过大会增加天沟起始处屋面垫层的厚度，因而增加结构荷载；天沟坡度过小则会降低排水能力。金属屋面的水平金属长天沟可不设坡度。

天沟外排水方式在屋面不设雨水斗、室内无雨水排水管道，不会因施工不当引起屋面漏水或室内地面溢水问题。但是屋面垫层较厚，结构荷载增大。多跨工业厂房屋面的汇水面积大，厂房内生产工艺不允许设置雨水悬吊管（横管）时，可采用天沟外排水方式。

（3）内排水

内排水系统由雨水斗、连接管、悬吊管、立管、排出管及清通设备等组成。降落到屋面的雨水沿屋面流入雨水斗，经连接管、悬吊管、立管、排出管（多为埋地管）至室外雨水检查井。

按每根立管接纳的雨水斗的数目，有单斗和多斗雨水排水系统之分。多斗系统一根悬吊管连接2个或2个以上雨水斗。

内排水系统适用于跨度大、屋面面积大、寒冷地区、屋面造型特殊、屋面有天窗、立面要求美观不宜在外墙敷设立管的各种建筑。

（4）屋面雨水排水管道的设计流态

屋面雨水排水管道有重力流排水系统、满管压力流排水系统2种流态。不同排水特征的屋面雨水排水系统应选用相应的成品雨水斗，重力流排水系统采用重力流雨水斗或87型雨水斗，满管压力流排水系统应选用满管压力流专用雨水斗。

当屋面汇水面积较小且雨水排水立管不受建筑构造等条件限制时，宜采用重力流排水；当屋面汇水面积较大且可敷设雨水排水立管的位置很少时，往往需要将多个雨水斗接至1根雨水立管中，此时为了提高立管的宣泄能力应采用满管压力流排水。

檐沟外排水和高层建筑屋面的雨水排水宜按重力流设计；长天沟外排水由于排水立管数量少，其雨水排水宜采用满管压力流设计；工业厂房、库房、公共建筑的大型屋面的雨水排水宜按满管压力流设计；在风沙大、粉尘大、降雨量小的地区，不宜采用满管压力流排水系统。

（5）雨水斗

1）设置要求

雨水斗是雨水排水系统中控制屋面排水流态的重要组件，不同排水流态、排水特征的屋面雨水排水系统应选用相应的雨水斗。

雨水斗的设计位置应根据屋面汇水情况并结合建筑结构承载、管系敷设等因素确定。屋面雨水管道如按压力流设计时，同一系统的雨水斗宜在同一水平面上。

2）雨水斗的泄流量

雨水斗的泄流量与流动状态有关。

在重力流排水状态下，雨水斗排水呈自由堰流。雨水斗的泄流量与雨水斗口径和斗前水深有关，按环形溢流堰公式计算：

$$Q = \mu \pi D h \sqrt{2gh} \tag{3-18}$$

式中 Q——雨水斗泄流量（m^3/s）；

　　　μ——雨水斗进口的流量系数，取 0.45；

　　　D——雨水斗进口直径（m）；

　　　h——雨水斗进口前水深（m）。

　　在满管压力流排水状态下，管系内产生负压抽吸，此时雨水斗泄流量与该负压值有关：

$$Q = \frac{\pi d^2}{4}\mu\sqrt{2g(H + 0.1P)} \qquad (3\text{-}19)$$

式中 Q——雨水斗泄流量（m^3/s）；

　　　μ——雨水斗出口的流量系数，取 0.95；

　　　d——雨水斗出水口的内径（m）；

　　　H——雨水斗进水口前水面至雨水斗出水口处之间的高差（m）；

　　　P——雨水斗排水管中的负压值（kPa）。

　　雨水斗的最大泄流量（设计排水负荷）应根据雨水斗的特性并结合屋面排水条件等情况设计确定。雨水斗口径可按表 3-18 选用。

　　雨水斗的连接管管径可与雨水斗口径相同。

屋面雨水斗的最大设计排水流量　　　　　　　　　　　　　表 3-18

雨水斗规格（mm）			50	75	100	≥150
单斗压力流排水系统雨水斗	满管压力（虹吸）斗平底型	最大设计排水流量（L/s）	—	18.6（55）	41.0（80）	宜定制，泄流量应经测试确定
	满管压力（虹吸）斗集水盘型	最大设计排水流量（L/s）	—	18.6（55）	53.0（87）	
重力流多斗系统雨水斗		最大设计排水流量（L/s）	—	7.1（48）	7.4（50）	13.7（68）
满管压力流多斗系统雨水斗		设计泄流量（L/s）	4.2~6.0	8.4~13.0	17.5~30.0	—

注：1. 括号中数据为雨水斗最大排水流量所对应的斗前水深（mm）；

　　2. 满管压力流多斗系统雨水斗最大泄流量应根据产品确定。

3.5.2 雨水管系内水气流动规律

（1）重力流屋面雨水排水系统

1）单斗系统

　　单斗雨水排水系统是指 1 根立管只接纳 1 个雨水斗的泄水量，单斗系统可设悬吊管也可不设（根据布置要求而定）。

　　降落在屋面的雨水沿坡度经天沟到雨水斗，降雨初期只有部分汇水面积上的雨水汇集到雨水斗，天沟水深（h）较浅，雨水进入雨水斗时会挟带部分空气一同进入雨水管系，见图 3-17（a）。进入雨水斗的空气量与雨水量的比值称掺气比（K）。随着汇水面积增大，天沟内雨水斗前的水深逐渐增大，掺气量减少，雨水斗泄流量增加。

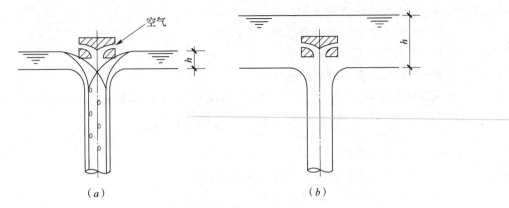

图 3-17　雨水斗前水深与水流状态

在重力流状态下，雨水斗在连接管内呈附壁流或水膜流，管中心空气畅通，管内压力接近大气压力；悬吊管中呈非满流，敷设坡度保持管内有一定的流速。管内水面上的空气经连接管、雨水斗与大气相通，压力变化不大；立管中的水流亦呈附壁流或水膜流，充水率不大于 0.35。由于立管内水流速度大于悬吊管内的流速，雨水下落时会挟带一部分空气，管中心由经雨水斗、悬吊管来的空气补充，立管内的压力变化较小；排出管和埋地管内的水流状态与悬吊管相似，充满度很小（可按满流设计），压力变化也很小。

因此，在重力流屋面雨水排水系统中，屋面雨水靠重力流动，管系内水流属水气两相重力无压流，系统内压力变化小。

2）多斗系统

多斗雨水排水系统（多斗系统）是指 1 根悬吊管上连接有 2 个或 2 个以上雨水斗。

多斗系统中悬吊管上连接的雨水斗都与大气相通，当雨水斗斗前水深 h 较浅时，从连接管流入悬吊管的雨水产生向下冲击力，在连接管与悬吊管的连接处水流呈八字形，因而下游雨水斗泄流时会对上游管段产生回水壅高，由于阻隔和干扰作用使上游雨水斗的泄水能力减小。所以，即使每个雨水斗的口径和汇水面积都相同，其泄流量也是不同的。

图 3-18 为立管高度 4.2m、天沟水深 40mm 时多斗雨水排水系统泄流量的实测资料。从中可以看到以下现象：

① 靠近立管的雨水斗泄流能力大；远离立管的雨水斗泄流能力小。这是因为靠近立管的雨水斗排水流程短，该管路上的阻力损失小，故泄流能力大；反之，远离立管的雨水斗排水流程长，水流阻力大，还受到近下游雨水斗排泄时的阻挡和干扰，故泄流能力小。

② 从图 3-18（e）看到，1 根悬吊管上连接 5 个雨水斗时，5 个雨水斗的泄流量为 0.10L/s、1.52L/s、2.20L/s、8.00L/s、19.60L/s，距离立管最近的两个雨水斗泄流量之和占总泄流量的 87.8%。且系统的总泄流量与图 3-18（d）接近。因此，在重力流多斗雨水排水系统中，1 根悬吊管上所连接的雨水斗不宜过多。

③ 图 3-18（a）、（b）、（d）均为双斗系统，且靠近立管的雨水斗至立管的距离相等，三者总泄流量基本相同。当 2 个雨水斗的间距增大时，则靠近立管的雨水斗泄流量逐渐增加，远离立管的雨水斗泄流量逐渐减小。故雨水斗间距不宜过大。

④ 图 3-18（c）、（d）为双斗系统，靠近立管的雨水斗距立管越近，系统总的泄流量

越大。故靠近立管的雨水斗应尽量靠近立管。

（2）满管压力流屋面雨水排水系统

1）单斗系统

如屋面汇水面积大，随着降雨历时延长和降雨量增大，雨水斗前水深继续增加，当雨水斗完全被淹没［图3-17（b）］时掺气比减少为零，管内出现水塞、负压抽吸形成满流，系统的泄流量达到最大，此时重力流排水管系转为满管压力流流态。因雨水斗完全淹没不掺气，所以悬吊管、立管和埋地管内都是水单相流。

满管压力流管系中，雨水斗和连接管内为负压，其泄水主要靠负压抽吸；悬吊管起始端内的压力可能是正压也可能是负压。随着悬吊管的流程增加，管内压力逐渐降低（负压值增大），至悬吊管末端与立管的连接处负压值最大，形成虹吸。

水流进入立管后，雨水斗前水面与排出管出口之间的高差所形成的有效作用压力迅速增加，立管内的负压值迅速减小，至某一高度时压力为零。该点以下，管内压力呈正压，在立管与埋地管连接处达到最大正压值。管内的压力变化见图3-19。

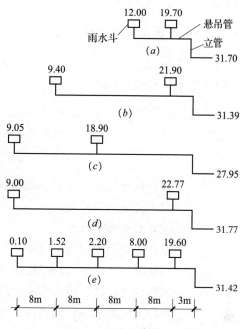

图 3-18　重力流多斗雨水排水系统雨水泄流规律（图中数值为泄流量，单位：L/s）

雨水进入埋地管内的排水过程中，由于水头损失不断增加，埋地管的正压值逐渐减小，至室外排水检查井处管系压力为零。

因此，满管压力流屋面雨水排水管系的泄流量大于重力流屋面雨水排水管系，其泄水能力取决于天沟位置高度、天沟水深、管道摩阻及雨水斗的局部阻力，其中主要取决于天沟位置高度。雨水斗与排出管的高差越大，可利用压力越大，产生的抽力越大，泄水能力也就越大。系统最大负压值出现在悬吊管与立管的连接处，最大正压值出现在立管与埋地横干管的连接处。

2）多斗系统

在满管压力流状态，多斗系统的每个雨水斗都被雨水淹没，管系内呈水单相流。

悬吊管和立管上部负压值达到最大，抽吸作用大，所以下游雨水斗的泄流不会向上游回水，对上游雨水斗排水产生的阻隔和干扰很小，各雨水斗的泄流量相差不多。为使各个雨水斗的泄流量相同，应使各雨水斗至悬吊管末端（即立管顶部）形成的不同支路的阻力损失接近，即应增加下游雨水斗到悬吊管的水头损失，或者减少悬吊管起始管段中的水头损失

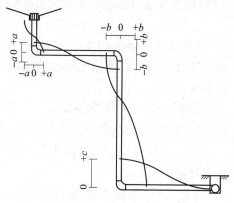

图 3-19　满管压力流屋面雨水排水管系管内压力变化

（加大悬吊管起始管段的管径）。

3.5.3 屋面设计雨水量

（1）计算公式

设计雨水量按式（3-20）、式（3-21）计算：

$$Q_y = \frac{\psi F_w q_j}{10000} \qquad (3-20)$$

$$Q_y = \frac{\psi F_w h_j}{3600} \qquad (3-21)$$

式中 Q_y——设计雨水流量（L/s），坡度大于 2.5% 的斜屋面或采用内檐沟集水时，设计雨水量应乘以系数 1.5；

F_w——屋面汇水面积（m^2）；

q_j——设计暴雨强度[L/（s·hm^2）]；

h_j——当地降雨历时为 5min 时的小时降雨厚度（mm/h）；

ψ——屋面径流系数，屋面雨水径流系数可取 1.0，当屋面有绿化时应按绿化面积和相关规范选取径流系数。

（2）设计暴雨强度

设计暴雨强度应按当地或相邻地区暴雨强度公式计算确定。其计算参数屋面雨水排水管道的设计重现期应根据建筑物的重要程度、气象特征等因素确定：一般性建筑物取 5 年；重要公共建筑物取不小于 10 年。

屋面雨水排水设计降雨历时按 5min 计算。

（3）汇水面积

雨水汇水面积应按屋面的水平投影面积计算。

降至毗邻侧墙上的雨水，在风力作用下会倾斜降落至下方的屋面或地面。因此，毗邻侧墙下方的屋面或地面，在计算其雨水量时除了考虑屋面自身的雨水汇水面积外，还应附加侧墙（最大受雨面）上承接的雨水量。因此，在确定高层建筑裙房屋面的雨水汇水面积时，应附加高出裙房屋面的侧墙面（最大受雨面）正投影的 1/2 计入有效汇水面积。窗井、贴近高层建筑外墙的地下汽车库出入口坡道，在确定其下方屋面或地面的雨水汇水面积时，应附加其高出部分侧墙面积的 1/2。

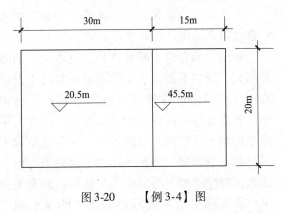

图 3-20 【例3-4】图

【例 3-4】 图 3-20 为一栋建筑的屋面水平投影。左侧部分屋面的雨水汇水面积为多少？

【解】 $F_w = 30 \times 20 + 1/2 \times 20 \times (45.5 - 20.5) = 850m^2$

则：左侧部分屋面的雨水汇水面积为 $850m^2$。

【例 3-5】 某城市降雨重现期及与其对应的降雨历时分别为 5min 和 10min 的暴雨强度 q_5、q_{10} 如下：$P = 1$

年时，$q_5 = 240\text{L}/(\text{s} \cdot \text{hm}^2)$，$q_{10} = 203\text{L}/(\text{s} \cdot \text{hm}^2)$；$P = 3$ 年时，$q_5 = 319\text{L}/(\text{s} \cdot \text{hm}^2)$，$q_{10} = 263\text{L}/(\text{s} \cdot \text{hm}^2)$；$P = 5$ 年时，$q_5 = 354\text{L}/(\text{s} \cdot \text{hm}^2)$，$q_{10} = 290\text{L}/(\text{s} \cdot \text{hm}^2)$；$P = 10$ 年时，$q_5 = 400\text{L}/(\text{s} \cdot \text{hm}^2)$，$q_{10} = 326\text{L}/(\text{s} \cdot \text{hm}^2)$。该城市某普通办公楼，取设计重现期为 3 年，屋面水平投影面积为 1500m²，该办公楼屋面雨水排水系统的最小设计雨水流量为多少？该市某座重要的演播大厅，屋面水平投影面积为 3000m²，该屋面雨水排水系统的最小设计雨水流量为多少？（采用 $\psi = 0.8$）

【解】取 $\psi = 0.8$，$q_5 = 319\text{L}/(\text{s} \cdot \text{hm}^2)$，$F = 1500\text{m}^2$　代入式（3-20）：

$$Q_y = (0.8 \times 319 \times 1500)/10000 = 38.28\text{L/s}$$

重要公共建筑物屋面雨水排水管道的设计重现期不小于 10 年，$q_5 = 400\text{L}/(\text{s} \cdot \text{hm}^2)$：

$$Q_y = (0.8 \times 400 \times 3000)/10000 = 96\text{L/s}$$

所以，办公楼屋面雨水排水系统的设计雨水流量为 38.28L/s。演播大厅屋面雨水排水系统的设计雨水流量为 96L/s。

3.5.4　溢流设施

如前所述，建筑屋面雨水排水管道的设计排水能力是依据屋面设计雨水量确定的，当实际雨水量超过设计重现期内的设计雨水量时，管道系统的设计排水能力不足以排泄屋面汇集的雨水量。为保证建筑安全，建筑屋面雨水排水工程还应设置溢流孔口或溢流管系等溢流设施，以承担超过设计重现期的那部分雨水量。即屋面雨水应由雨水排水管道系统和溢流设施共同承担。一般建筑的重力流屋面雨水排水工程与溢流设施的总排水能力不应小于 10 年重现期的雨水量；重要公共建筑、高层建筑的屋面雨水排水工程与溢流设施的总排水能力不应小于 50 年重现期的雨水量；满管压力流排水系统雨水排水管道工程的设计重现期宜采用 10 年；工业厂房屋面雨水排水管道与溢流设计的总排水能力设计重现期应根据生产工艺、重要程度等因素确定。

当采用外檐天沟排水、可直接散水的屋面雨水排水，或民用建筑内雨水管道单斗内排水系统、重力流多斗内排水系统设计重现期不小于 100 年时，可不设溢流设施。

墙体方孔溢流量可按式（3-22）计算：

$$Q = 320b\sqrt{2g} \cdot h^{\frac{3}{2}} \tag{3-22}$$

式中　Q——溢流量（L/s）；

b——溢流孔宽度（m）；

h——溢流水位高度（m），$h > 100\text{mm}$；

g——重力加速度（m/s²）。

金属天沟溢流孔溢流量、溢流水位高度 ≤100mm 的墙体方孔溢流量及墙体圆管溢流量计算详见《建筑给水排水设计标准》GB 50015—2019 附录 F。

溢流排水不得危害建筑设施和行人安全。

【例 3-6】某城市设计重现期 P 对应的 5min 暴雨强度 q_5 为：

$$P = 5 \text{ 年} \qquad q_5 = 354\text{L}/(\text{s} \cdot \text{hm}^2)$$

$$P = 10 \text{ 年} \qquad q_5 = 400\text{L}/(\text{s} \cdot \text{hm}^2)$$

$$P = 50 \text{ 年} \qquad q_5 = 480\text{L}/(\text{s} \cdot \text{hm}^2)$$

该城市某重要公共建筑屋面水平投影面积 $F=2000\mathrm{m}^2$，径流系数 $\psi=0.9$。屋面设置雨水内排水管系和溢流方孔。溢流水位高度 0.15m。则该溢流孔宽度为多少？

【解】重要公共建筑屋面排水管道的设计重现期应不小于 10 年，即：$P=10$ 年，$q_5=400\mathrm{L/(s\cdot hm^2)}$

代入式（3-20）：$Q_y=(0.9\times400\times2000)/10000=72\mathrm{L/s}$

重要公共建筑屋面雨水排水工程与溢流设施的总排水能力不应小于 50 年重现期的雨水量，故：$Q_y=(0.9\times480\times2000)/10000=86.4\mathrm{L/s}$

溢流口设计溢水量：$Q=86.4-72=14.4\mathrm{L/s}$

将 $h=0.15\mathrm{m}$，$Q=14.4\mathrm{L/s}$，$g=9.81\mathrm{m/s^2}$ 代入式（3-22）得：

$b=0.175\mathrm{m}$，取 $b=0.2\mathrm{m}$。则该溢流孔宽度取 0.2m。

3.5.5 外排水系统设计及计算

（1）檐沟外排水

1）根据屋面坡度和建筑物立面要求布置立管（雨落水管）；

2）确定每根立管（雨落水管）的汇水面积；

3）按式（3-20）计算每根立管（雨落水管）收集的雨水量 Q_y；

4）檐沟外排水宜按重力流设计。按表 3-18 选择雨水斗；立管（雨落水管）按其设计雨水量根据表 3-18 确定，且不宜小于 75mm。

（2）天沟外排水

长天沟外排水设计有以下两种情况：

1）已知天沟长度、形状、几何尺寸、坡度、材料和汇水面积，校核天沟的排水能力 Q 是否满足收集雨水量 Q_y 的要求：

① 根据已知条件确定天沟的过水断面积 ω。

② 按明渠均匀流式［式（3-17）］确定天沟内的水流流速 v。天沟粗糙度系数与天沟材料及施工情况有关，见表 3-19，天沟宽度不宜小于 300mm，天沟坡度不宜小于 0.003。

天沟粗糙度系数 表 3-19

天沟壁面材料	粗糙度系数 n
水泥砂浆光滑抹面	0.012
普通水泥砂浆抹面	0.012~0.013
无抹面	0.014~0.017
喷浆护面	0.016~0.021
不整齐表面	0.020
豆砂沥青玛琋脂护面	0.025

③ 按式（3-16）计算每条天沟的排水能力，其中：A 为天沟的过水断面积（$\mathrm{m^2}$），v 为天沟内的水流速度（m/s）。

④ 确定屋面上每条天沟的汇水面积 F，将 Q 和 F 代入式（3-20）求出对应的 5min 暴雨强度 q_j，即天沟在最大排水能力下对应的暴雨强度 q_j。

⑤ 根据暴雨强度 q_j 校核重现期 P：以 q_j 按当地暴雨强度公式求出对应的降雨重现期 P，也可以 q_j 查"我国部分城市暴雨强度"（见本执业指南中《第 4 册 常用资料》第 4.4 节）确定相应的降雨重现期 P。若 P 值符合规范的规定，说明天沟尺寸能满足屋面雨水排水的要求；若 P 值小于设计重现期 $P_设$，则需增大天沟尺寸（增大过水断面积），重新计算，再次校核重现期。

2）根据天沟长度、坡度、材料、汇水面积和设计重现期，确定天沟形状和几何尺寸：

① 根据每条天沟的汇水面积 F，由式（3-20）确定每条天沟的汇集雨水量 Q_y；

② 初步确定天沟形状和几何尺寸，求出天沟的过水断面积 ω。天沟实际断面应另增加 $50 \sim 100mm$ 的保护高度，天沟起端深度不宜小于 $80mm$；

③ 按式（3-17）计算天沟内的水流流速 v；

④ 按式（3-16）确定天沟的排水能力 Q；

⑤ 若天沟的汇集雨水量 $Q_y \leq$ 天沟的排水能力 Q，说明天沟尺寸能够满足屋面雨水排水的要求；若天沟的汇集雨水量 $Q_y >$ 天沟的排水能力 Q，则需要改变天沟的形状和几何尺寸，增大天沟的过水断面积 ω，重新计算。

天沟外排水宜按满管压力流设计。雨水斗口径查表 3-18 确定。雨水排水立管的管径按满管压力流设计，且不宜小于 100（110）mm。

【例 3-7】已知某车间全长为 $144m$，跨度为 $18m$，利用拱形屋架及大型屋面板所形成的矩形凹槽作天沟，天沟宽度为 $0.65m$，设计积水深度为 $0.15m$，坡度为 0.006，天沟表面粗糙度为 0.025。采用天沟外排水，天沟布置见图 3-21。设计暴雨强度 q_5 为 $389L/(s \cdot hm^2)$，屋面径流系数取 1.0。试核算天沟排水量是否满足要求？

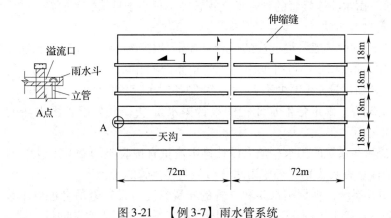

图 3-21 【例 3-7】雨水管系统

【解】由于天沟较长，向两端排水，每端排水长度为 $72m$。

（1）计算设计雨水量：

每条天沟的汇水面积为：

$$F = 72 \times 18 = 1296m^2 = 0.1296hm^2$$

按式（3-20），天沟的汇集雨水量为：

$$Q_y = 389 \times 0.1296 \times 1.0 = 50.4L/s$$

（2）计算天沟的排水能力：

天沟积水深度为0.15m，天沟的过水断面积为：

$$\omega = 0.65 \times 0.15 = 0.0975\text{m}^2$$

天沟断面的湿周：$R = \omega/C = 0.0975/(0.65 + 2 \times 0.15) = 0.103\text{m}$

将 $I = 0.006$、$n = 0.025$ 代入式（3-17）：

$$v = (1/n)R^{2/3}I^{1/2} = (1/0.025)(0.103)^{2/3}(0.006)^{1/2} = 0.68\text{m/s}$$

天沟的排水能力按式（3-16）：

$$Q = Av = 0.0975 \times 0.68 = 0.0663\text{m}^3/\text{s} = 66.3\text{L/s}$$

天沟排水能力为66.3L/s，大于天沟所汇集的雨水量50.4L/s，因此天沟断面可以满足要求。

3.5.6　内排水系统设计及计算

（1）重力流

1）设计规定

① 重力流屋面雨水排水管系的悬吊管和排出管的水力计算，同式（3-16）、式（3-17），悬吊管充满度应取0.8，排出管可按满流（$h/d = 1$）设计。

② 重力流屋面雨水排水管系的立管，其最大设计泄流量是按水膜流状态下充水率为1/3时的排水能力确定的。立管的管径应按表3-20确定。

③ 重力流屋面雨水排水管系，下游管段的管径不得小于上游管段的管径。即：悬吊管管径不得小于雨水斗连接管的管径；立管管径不得小于悬吊管的管径。

2）计算步骤与方法

① 根据建筑物内部墙、梁、柱的位置及屋面的构造和坡度确定分水线，将屋面划分为若干个（如屋面面积较小也可采用1个管道系统）雨水汇水面积。确定每个汇水面积中雨水斗的位置和数量 n（不少于2个）。绘制各雨水管系的水力计算草图。

② 按式（3-20）确定各汇水面积的设计雨水量 Q_y，并分配各雨水斗的设计泄流量（即 Q_y/n）。

③ 重力流单斗系统的雨水斗最大设计排水流量宜按表3-20确定；重力流多斗系统雨水斗的设计泄流量查表3-18，确定雨水斗口径及连接管的管径。

④ 对于单斗系统，根据雨水斗和立管的布置情况可设置悬吊管也可不设悬吊管。当设有悬吊管时只连接1个雨水斗，悬吊管的设计流量即单个雨水斗的设计泄流量；对于多斗系统，悬吊管上连接多个雨水斗，悬吊管的设计流量应为雨水斗泄流量之和。

悬吊管应按非满流设计，其充满度取0.8，管内流速不宜小于0.75m/s。悬吊管的管径可参照本书附录4确定。悬吊管的管径不得小于雨水斗连接管的管径，悬吊管的最小管径和最小设计坡度应符合表3-21的要求。

⑤ 雨水排水立管应按表3-20确定管径，且不应小于其最小管径和悬吊管的管径。

⑥ 埋地管可按满流设计（即 $h/d = 1$），其管内流速不宜小于0.75m/s，坡度不宜小于表3-21中最小设计坡度的规定。埋地管的管径可参照附录5确定。

铸铁管		塑料管		钢管	
公称直径 （mm）	最大泄流量 （L/s）	公称外径×壁厚 （mm）	最大泄流量 （L/s）	公称外径×壁厚 （mm）	最大泄流量 （L/s）
75	4.3	75×2.3	4.5	88.9×4.0	5.1
100	9.5	90×3.2	7.4	114.3×4.0	9.4
		110×3.2	12.8		
125	17.0	125×3.2	18.3	139.7×4.0	17.1
		125×3.7	18.0		
150	27.8	160×4.0	35.5	168.3×4.5	30.8
		160×4.7	34.7		
200	60.0	200×4.9	64.6	219.1×6.0	65.5
		200×5.9	62.8		
250	108.0	250×6.2	117.0	273.0×7.0	119.1
		250×7.3	114.1		
300	176.0	315×7.7	217.0	323.9×7.0	194.0
—	—	315×9.2	211.0	—	—

管道类型	最小管径 （mm）	横管最小设计坡度	
		铸铁管、钢管	塑料管
建筑外墙雨落水管	75（75）	—	—
雨水排水立管	100（110）	—	—
重力流排水悬吊管	100（110）	0.01	0.0050
满管压力流屋面排水 悬吊支管	50（50）	0.00	0.0000
雨水排出管	100（110）	0.01	0.0050

注：表中铸铁管管径为公称直径，括号内数据为塑料管外径。

【例3-8】某高层建筑的汇水面积为 $864m^2$，设置2个雨水斗，采用单斗内排水系统。屋面径流系数取1.0，设计重现期对应的暴雨强度 q_5 为 $210L/(s \cdot hm^2)$，管道系统如图3-22所示，悬吊管长度4m。试计算雨水管道系统的管径及横管坡度（采用排水铸铁管 n 取0.013）。

【解】每个雨水斗的汇水面积为：$864 \times 1/2 = 432m^2$

根据式（3-20），每个雨水斗的设计雨水量为：

$$Q = 210 \times 0.0432 \times 1.0 = 9.1L/s$$

高层建筑屋面雨水排水宜按重力流设计。查表3-20可知，重力流系统屋面雨水排水立管管径

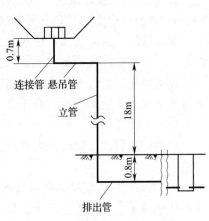

图3-22 【例3-8】管道系统图

（即雨水斗的最大设计排水流量）为 100mm 时最大排水能力可达 9.5L/s，大于设计雨水量 9.1L/s，故选用口径 100mm 的雨水斗。连接管取与雨水斗口径同径，即 100mm。

悬吊管排水设计流量为 9.1L/s，查本书附录 4 取管径 100mm，$I = 0.04$，$v = 1.39$m/s，$h/d = 0.8$。符合充满度不大于 0.8、最小设计坡度 0.01 和最小管径 100mm 的要求。

立管的排水设计流量为 9.1L/s，取管径 100mm。查表 3-20，符合最小管径的要求。

排出管（埋地管）的设计流量为 9.1L/s，将 $h/d = 1$、$D = 100$mm $= 0.1$m、最小设计坡度 $i = 0.01$ 代入式（3-17）：

$$v = \frac{1}{n} R^{2/3} \cdot I^{1/2} = \frac{1}{0.013} \times \left(\frac{0.1}{4}\right)^{2/3} \times (0.01)^{1/2} = 0.66 \text{m/s}$$

代入式（3-16）：$q_p = A \cdot v = \frac{3.14 \times 0.1^2}{4} \times 0.66 = 5.17 \times 10^{-3} \text{m}^3/\text{s} = 5.17 \text{L/s}$

$q_p < 9.1$L/s，不满足要求。

将 $h/d = 1$、$D = 125$mm $= 0.125$m、最小设计坡度 $i = 0.01$ 代入式（3-17）：

$$v = \frac{1}{0.013} \times \left(\frac{0.125}{4}\right)^{2/3} \times (0.01)^{1/2} = 0.76 \text{m/s}$$

则：$q_p = \frac{3.14 \times 0.125^2}{4} \times 0.76 = 9.33 \times 10^{-3} \text{m}^3/\text{s} = 9.33 \text{L/s}$

$q_p > 9.1$L/s，满足要求。

取：$D = 0.125$m 时，$v = 0.76$m/s，$Q = 9.1$L/s，代入式（3-17）校核：

$$0.76 = \frac{1}{0.013} \times \left(\frac{0.125}{4}\right)^{2/3} \times (i)^{1/2}$$

$i = 0.01$ 符合最小设计坡度的要求，故取排出管管径 $DN125$。

（2）满管压力流排水设计计算

1）设计规定

① 一个满管压力流多斗系统服务汇水面积不宜大于 2500m²。满管压力流屋面雨水排水管系的设计计算，管道的沿程水头损失 h_f 按海曾 – 威廉公式［式（1-13）、式（1-14）］计算。管道的局部水头损失 h_j 可按管件逐个计算［见式（1-15）］或按管件当量长度法计算。

② 悬吊管的设计流速不宜小于 1m/s，以使管内有较好的自净能力。其管径不宜小于 50mm，最小设计坡度不宜小于 0.00。

在满管压力流屋面雨水排水系统中，立管内水流流速是形成管系压力流排水的重要条件之一，立管设计流速不应小于 2.2m/s，以保证有一定的冲刷能力；另外，由于系统的最大流速发生在立管上，为减弱雨水流动时造成的噪声，管内流速不宜大于 10m/s。即雨水排水立管内水流的流速宜介于 2.2~10m/s。立管管径可小于上游横管的管径，但不宜小于 100（110）mm。

埋地排出管的出口应放大管径，其出口水流速度不宜大于 1.8m/s，否则应采取消能措施。

③ 在满管压力流屋面雨水排水系统中，悬吊管是按满管压力流状态设计的，但是在降雨初期悬吊管中雨水量较少，仍呈重力流（非满流）流态。此时，其排水动力是雨水斗出口到悬吊管中心线高差形成的水力坡度。为保证悬吊管在降雨初期排水通畅，悬吊管

中心线与雨水斗出口的高差宜大于1m，在水力计算时应复核是否满足流速等要求。

④ 在确定了各管段管径后还应进行压力校核计算，以确认设计值应具备形成满管压力流的条件。

a. 在压力流屋面雨水排水管系中，悬吊管排水时可利用的压力是雨水斗出口至悬吊管的几何高差 h_1 与悬吊管末端的负压值 $P_{负压}$ 之和，即：

$$9.81h_1 + (-P_{负压}) \geqslant \sum h_{悬吊管} \tag{3-23}$$

满管压力流雨水排水管系中，最大负压值出现在悬吊管与立管的连接处（即悬吊管的末端）。为防止管道受压过大而破坏，系统的允许最大负压值一般为 $-90 \sim -70$kPa。为保证悬吊管具有一定的流速和排水能力，悬吊干管中的水头损失 $\sum h_{悬吊管}$ 不得大于80kPa。

b. 在压力流屋面雨水排水管系中，系统可利用的最大压力是雨水管进、出口几何高差 H_0 形成的压力，该值不得小于雨水排水管道总水头损失与流出水头之和，即：

$$9.81H_0 \geqslant \sum h_{总} + \frac{v_{出口}^2}{2} \tag{3-24}$$

式中　$9.81H_0$——系统可利用的最大压力，即雨水斗顶面至雨水排水管出口几何高差形成的压力（kPa）；

$\sum h_{总}$——雨水排水管道总水头损失（kPa）；

$\dfrac{v_{出口}^2}{2}$——排出管出口的流出水头（kPa）。

c. 满管压力流屋面雨水排水常为多斗系统，1根悬吊管上连接有数个雨水斗，形成多条支路。为使各支路水头损失接近、雨水斗泄流量相等，管系各节点的上游不同支路的计算水头损失不应大于10kPa。

2）计算步骤与方法

① 划分屋面雨水汇集区，确定汇水面积并计算设计雨水量 Q_y。

② 按各区的设计雨水量 Q_y 选定雨水斗的口径和数量。布置雨水斗、悬吊管及立管等。

③ 绘制各管系的水力计算草图，并进行节点编号、标注各管道长度及标高等。

④ 估算最不利计算管路的单位等效长度的水头损失 R_0：

$$R_0 = \frac{9.81H_0}{L_0} \tag{3-25}$$

式中　R_0——最不利计算管路的单位等效长度的水头损失（kPa/m）；

$9.81H_0$——系统可利用的最大压力（kPa）；

L_0——最不利计算管路的等效长度（m）。金属管：$L_0 = (1.2 \sim 1.4)L$，塑料管：$L_0 = (1.4 \sim 1.6)L$（L 为设计管长）。

⑤ 估算悬吊管的单位等效长度的水头损失 $R_{悬吊管}$：

$$R_{悬吊管} = \frac{P_{max}}{L_{悬吊管-0}} \tag{3-26}$$

式中　$R_{悬吊管}$——悬吊管的单位等效长度的水头损失（kPa/m）；

P_{max}——最大允许负压值（kPa）；

$L_{悬吊管-0}$——悬吊管的等效长度（m）。

⑥ 初步确定管径：

按悬吊管的排水设计流量、最小允许流速（1m/s）和不大于 $R_{悬吊管}$ 的规定，初步确定悬吊管的管径；

按立管、埋地管各自的排水设计流量、控制流速和不大于 R_0 的规定，初步选定立管、埋地管的管径。立管管径可比悬吊管末端的管径小 1 号。

⑦ 按各管段的 v、单位长度水头损失 R 和管件局部阻力系数计算各管段的沿程水头损失 h_f、局部水头损失 h_j，进而得到各管段的水头损失 h。

⑧ 校核不同支路到某一节点的水头损失；校核悬吊管的水头损失；校核系统可利用的最大压力等。

【例 3-9】某建筑屋面长 100m，宽 40m，采用满管压力流排水系统。屋面径流系数取 1.0，设计重现期对应的暴雨强度 q_5 为 370L/（s·hm²）。管材为内壁涂塑离心排水铸铁管。试计算雨水排水管道系统。

【解】① 屋面汇水面积为：$100 \times 40 = 4000\text{m}^2$，设置两个满压力流多斗系统，每个系统服务汇水面积 2000m²。

由式（3-20），每个多斗系统的设计雨水量为：

$$Q = 370 \times 2000 \times 1.0/10000 = 74\text{L/s}$$

② 查表 3-18 选用满管压力流雨水斗，1 个 100mm 雨水斗的泄流量取为 25L/s，所需雨水斗的数量为：$N = 74/25 = 2.96$，取 3 个。雨水斗及管道平面布置见图 3-23。

③ 绘制各管系的水力计算草图，见图 3-24。

④ 由式（3-25）估算最不利计算管路的单位等效长度的水头损失 R_0：

$$H_0 = 1.5 + 14 + 1.3 = 16.8\text{m}$$

$$L_0 = 1.2L = 1.2 \times (1.5 + 3 + 15 + 15 + 5 +$$
$$14 + 1.3 + 8) = 75.36\text{m}$$

$$R_0 = \frac{9.81H_0}{L_0} = \frac{9.81 \times 16.8}{75.36} = 2.19\text{kPa/m}$$

⑤ 由式（3-26）估算悬吊管的单位等效长度的水头损失 $R_{悬吊管}$：

$$L_{悬吊管-0} = 1.4L_{悬吊管} = 1.4 \times (3 + 15 + 15 + 5)$$
$$= 53.2\text{m}$$

$$R_{悬吊管} = \frac{P_{max}}{L_{悬吊管-0}} = \frac{80}{53.2} = 1.50\text{kPa/m}$$

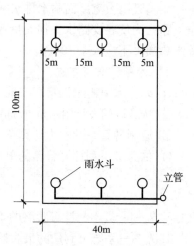

图 3-23 【例 3-9】雨水斗及管道平面布置图

⑥ 初步确定各管段的管径：

悬吊管各管段的设计泄流量见表 3-22，按 v 不小于 1m/s、R 小于 $R_{悬吊管}$ 的规定，初步确定悬吊管的管径（可参照本书附录 4）。

立管的设计泄流量见表 3-22，按 v 不小于 2.2m/s 且不大于 10m/s、R 小于 R_0 的规定，初步确定立管的管径。

表 3-22

【例 3-9】 水力计算表

管段	L (m)	Q (L/s)	d (mm)	v (m/s)	R (kPa/m)	h_y (kPa)	ζ	h_j	h_z	$\sum h_z$	校核计算
1—2	1.5	25	100	3.25	1.75	2.63	5.9	31.76	34.39	34.39	$\sum h_{悬吊管} = 23.59$kPa（符合要求）
2—3	3	25	125	2.07	0.585	1.76	0.3	0.66	2.41	36.80	$\sum h_总 = 99.03$kPa
3—4	15	25	150	1.44	0.24	3.60	0.5	0.53	4.13	40.93	$\sum h_总 + \dfrac{v_{出口}^2}{2} = 99.03 + 1.19 = 100.2$kPa
4—5	15	50	150	2.87	0.85	12.75	0.5	2.10	14.85	55.78	$9.81 H_0 = 9.81 \times 16.8 = 164.81$kPa（满足）
			200	1.61	0.21	3.15		0.66	3.81	44.74	节点4: $\sum h_{1-4} = 40.93$kPa
5—6	5	75	200	2.42	0.445	2.23	0.8	2.39	4.61	49.35	节点5: $\sum h_{1-5} = 55.78$kPa; $\sum h_{a-4} = 41.26$kPa（符合）
6—7	15.3	75	150	4.31	1.81	27.69	0.8	7.57	35.27	95.66	$\sum h_{1-5} = 55.78$kPa; $\sum h_{a-5} = h_{a-4} + h_{4-5} = 56.11$kPa; $\sum h_{b-5} = 41.26$kPa（不符合）
										84.62	节点6: $\sum h_{1-6} = 60.39$kPa; $\sum h_{a-6} = h_{a-4} + h_{4-5} + h_{5-6} = 60.72$kPa; $\sum h_{b-6} = h_{b-5} + h_{5-6} = 45.87$kPa（不符合）
7—8	8	75	250	1.54	0.15	1.20	1.8	2.18	3.38	99.03	放大管段 4-5 的管径后结果见下格中数据:
										87.99	节点5: $\sum h_{1-5} = 44.74$kPa;
a—a'	1.5	25	100	3.25	1.75	2.63	5.9	31.76	34.39	34.39	$\sum h_{a-5} = 45.07$kPa;
a'—4	3	25	100	3.25	1.75	5.25	0.3	1.62	6.87	41.26	$\sum h_{b-5} = 41.26$kPa（符合）
b—b'	1.5	25	100	3.25	1.75	2.63	5.9	31.76	34.39	34.39	节点6: $\sum h_{1-6} = 49.35$kPa; $\sum h_{a-6} = 49.68$kPa;
b'—5	3	25	100	3.25	1.75	5.25	0.3	1.62	6.87	41.26	$\sum h_{b-6} = 45.87$kPa（符合）

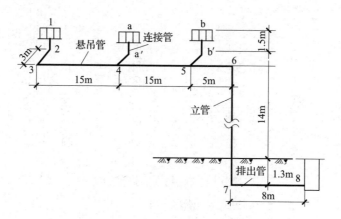

图 3-24　【例 3-9】管道系统图

排出管的设计泄流量见表 3-22，按 v 不大于 1.8m/s、R 小于 R_0 的规定，初步确定其管径。

⑦ 根据 R、L 计算各管段的沿程水头损失 h_y，根据管件局部阻力系数、v 便可计算出各管段的局部水头损失 h_j；h_y 与 h_j 之和为计算管段的总水头损失 h；累加得到各节点上游管段水头损失之和 $\sum h_z$。

⑧ 校核悬吊管的水头损失、系统可利用的最大压力及不同支路到某一节点的水头损失。

计算数据见表 3-22。

3.5.7　管道材料、布置敷设及集水池、排水泵

（1）屋面雨水排水管材

1）屋面雨水排水系统的管道、附配件以及连接接口应能耐受屋面灌水高度产生的正压。雨水斗标高高于 250m 的屋面雨水系统，管道、配附件以及连接接口承压能力不应小于 2.5MPa。

2）重力流雨水排水系统当采用外排水时，可采用建筑排水塑料管；当采用内排水雨水系统时，宜采用耐腐蚀的金属管、涂塑钢管或承压塑料管。

3）满管压力流雨水排水系统宜采用内壁较为光滑的带内衬的承压排水铸铁管、承压塑料管和涂塑复合管、金属管等。

4）虹吸式雨水斗屋面雨水系统、87 型雨水斗屋面雨水系统和有超标雨水汇入的屋面雨水系统，其管道、附配件以及连接接口应能耐受系统在运行期间产生的负压。塑料管道管材及管件的负压承压能力不应小于 80kPa。

（2）屋面雨水排水管道的布置与敷设

寒冷地区，雨水斗和天沟宜采用融水措施，雨水立管宜布置在室内。建筑屋面各汇水范围内，雨水排水立管不宜少于 2 根。雨水排水管的转向处宜作顺水连接。雨水管应牢固地固定在建筑物的承重结构上。雨水排水管系应根据管道直线长度、工作环境、选用管材等情况设置必要的伸缩装置。

建筑物内设置的雨水管道系统应密闭，有埋地排出管的屋面雨水排出管系，底层雨水排水立管底部宜设检查口。重力流雨水排水系统中，长度大于 15m 的雨水悬吊管应设检

查口，其间距不宜大于20m。检查口的位置应便于清通、维修操作。

塑料雨水排水管道不得布置在工业厂房的高温作业区。

（3）高层建筑裙房、阳台的雨水排水管道设计要求

1）高层建筑通常采用内排水方式，其裙房屋面的雨水应单独排放，不得汇入高层建筑屋面雨水排水管道系统以避免高层屋面的雨水从裙房屋面溢出。

2）为防止屋面雨水从阳台泄漏，避免生活排水系统向阳台排泄臭气和浊气，避免阳台洗衣机排水进入室外雨水系统污染环境，阳台雨水系统不应与屋面雨水共用排水立管。当阳台雨水和阳台生活排水设施共用排水立管时，不得排至室外雨水管道。

3）当住宅阳台、露台雨水排入室外地面或雨水控制利用设施时，雨落水管应采取断接方式；当阳台、露台雨水排入小区污水管道时，应设水封井。

4）当屋面雨落水管雨水间接排水且阳台排水有防返溢的技术措施时，阳台雨水可接入屋面雨落水管。

（4）集水池与雨水排水泵

1）集水池

下沉式广场地面排水、地下车库出入口的明沟排水，应设置雨水集水池和排水泵，将雨水提升排至室外检查井。下沉式广场地面雨水集水池的有效容积，不应小于最大一台排水泵30s的出水量。

地下车库出入口的明沟排水集水池的有效容积，不应小于最大一台排水泵5min的出水量。集水池除满足有效容积外，尚应满足水泵设置、水位控制器等安装要求和检修要求。

2）雨水排水泵

雨水排水泵的流量应按排入集水池的设计雨水量确定。雨水排水泵不应少于2台，不宜大于8台，紧急情况下可同时使用。雨水排水泵应有不间断的动力供应。

4　建筑热水及饮水供应

4.1　热水供应系统分类、组成及供水方式

4.1.1　分类

按供应范围，建筑热水供应系统分为集中热水供应系统、局部热水供应系统和区域热水供应系统。应根据使用要求、耗热量、用水点分布情况，结合热源条件选定。

（1）集中热水供应系统

集中热水供应系统是指在热交换站、锅炉房或加热间集中制备热水后通过热水管网供给一幢（不含单栋别墅）或数幢建筑物所需热水的供应系统。

该系统的优点是加热设备集中设置，便于维护管理，建筑物内各热水用水点不需另设加热设备占用建筑空间；加热设备的热效率较高，制备热水的成本较低。其缺点是设备、系统较复杂，投资较大，热水管网较长，热损失较大。

该系统宜用于热水用量较大（设计小时耗热量超过293100kJ/h，约折合4个淋浴器的耗热量）、用水点比较集中的建筑，如：标准较高的居住建筑、旅馆、公共浴室、医院、疗养院、体育馆、游泳池、大型饭店以及较为集中的工业企业建筑等。

在设有集中热水供应系统的建筑物内，对用水量较大的公共浴室、洗衣房、厨房等用户宜设置单独的热水管网，以免对其他用水点造成较大的水量、水压的波动。如热水为定时供水，对热水供应时间或水温等有特殊要求的个别用水点，宜采用局部热水供应。

（2）局部热水供应系统

局部热水供应系统是指用设置在热水用水点附近的小型加热器制备热水后供给单个或数个配水点的热水供应系统。例如，采用小型燃气热水器、电热水器、太阳能热水器等制备热水，供给个别厨房、浴室和生活间使用。在中型和大型建筑物中也可采用多个局部热水供应系统分别供给各个热水配水点。

该系统的优点是输送热水的管道短，热损失小；设备、系统简单，造价低；系统维护管理方便、灵活；易于改建或增设。缺点是小型加热器的热效率低，制水成本较高；建筑物内的各热水配水点需单独设置加热器占用建筑空间。

该系统适宜于热水用量较小（设计小时耗热量不超过293100kJ/h，约折合4个淋浴器的耗热量）的建筑；热水用水点分散且耗热量不大的建筑（如：只为洗手盆供应热水的办公楼）；或是采用集中热水供应系统不合理的场所。

（3）区域热水供应系统

区域热水供应系统是指在热电厂、区域性锅炉房或热交换站将冷水集中加热后通过市政热力管网输送至整个建筑群、居民区、城市街坊或工业企业的热水系统。

该系统的优点是有利于热能的综合利用，便于集中统一维护管理；不需在小区或建筑

物内设置锅炉，有利于减少环境污染，节省占地和空间；设备热效率和自动化程度较高；制备热水的成本低，设备总容量小。其缺点是设备、系统复杂，建设投资高；需要较高的维护管理水平。该系统适用于建筑较集中、热水用量较大的城市和工业企业。

4.1.2 组成

集中热水供应系统主要由热源、热媒管网系统（第一循环系统）、加（贮）热设备、配水和回水管网系统（第二循环系统）、附件和用水器具等组成，如图4-1所示。

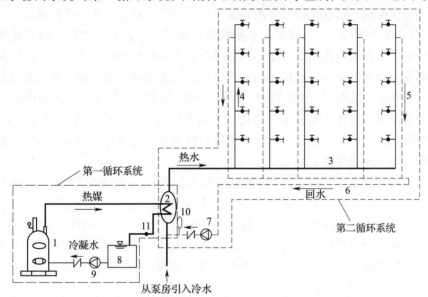

图 4-1　集中热水供应系统组成（图中箭头指水流方向）

1—蒸汽锅炉；2—水加热器（间接换热）；3—配水干管；4—配水立管；5—回水立管；6—回水干管；
7—循环水泵；8—凝结水池；9—冷凝水泵；10—膨胀罐；11—疏水器

（1）热源

热源是用以制取热水的能源，可以采用具有稳定、可靠来源的废热、余热、太阳能、可再生低温能源、地热、燃气、电能，也可以是城镇热力网、区域锅炉房或附近锅炉房提供的蒸汽或高温水。

1）集中热水供应系统热源的选用

① 本着节约能源的基本原则，集中热水供应系统宜首先利用工业余热、废热、地热等热源。

利用废热锅炉制备热媒时，烟气、废气的温度不宜低于400℃。当间接加热供水方式利用废热（废气、烟气、高温无毒废液等）作热媒时，水加热器应防腐，其构造应便于清理水垢和杂物；应采取防止热媒管道渗漏的措施，以防水质被污染；还应采取消除废气压力波动、除油等措施。

以地热作热源时，应根据地热水的水温、水质、水压采取相应的技术措施进行升温、降温、去除有害物质、加压提升等，以保证地热水安全利用。

② 太阳能以其取之不尽、安全洁净等特点，在建筑热水工程中广泛使用。在日照系数大于1400h/年且年太阳辐射量大于4200MJ/m²、年极端最低气温不低于 − 45℃的地区，

宜优先采用太阳能。

由于太阳能受日照时间、气象变化的影响，在不允许热水供应间断的场所，太阳能热水供应系统应设辅助热源。选择辅助热源时应因地制宜，结合热源条件、系统形式及太阳能供热的不稳定状态等因素，经技术经济比较后合理选择、配置，宜采用城市热力管网、燃气、燃油、电、热泵等。并在保证充分利用太阳能集热量的前提下，采用手动控制、全日自动控制或定时自动方式控制辅助热源的启闭和运行。

③ 由于热泵机组能够通过吸收自然界中的热能达到制热的效果，因此水源、空气源及土壤源均可作为热泵热水供应系统的热源，具有节能、环保、安全的特点。

a. 具有空调冷却水等水质较好、水温较高且水质、水量稳定的废水时宜优先选为热源；制冷机组的冷却水用作热泵机组的热源时应经技术经济比较后确定，一般空调季节很长且生活热水负荷相对空调负荷较小的炎热地区可优先考虑。如冷却水水质符合现行国家标准《生活饮用水卫生标准》GB 5749，升温后的冷却水可直接作为生活用热水。

在地下水源充沛、水文地质条件适宜，并能保证回灌的地区，宜采用地下水为热源；在沿江、沿海、沿湖、地表水充足，水文地质条件适宜，有条件利用城市污水、再生水的地区，宜采用地表水为热源。

水源热泵的水源，其供水水量及水温应能稳定地满足换热量要求，水温不宜低于10℃，以保证机组能高效运行和便于机组的维护。水源水质应满足热泵机组对水质的要求；当不能满足要求时应采用水源不直接进入热泵机组的间接换热方式，水源进入间接换热的预换热器前应视水质情况进行去除砂、杂质、污物和灭藻的机械过滤及化学处理。

当采用水源热泵系统时应经当地水务主管部门批准，必要时应进行生态环境、水质卫生方面的评估。

b. 在夏热冬暖、夏热冬冷地区采用空气作为热源。在最冷月平均气温不低于10℃的地区，采用空气源热泵制备热水时可不设辅助热源；在最冷月平均气温低于10℃且不低于0℃的地区，采用空气源热泵制备热水时宜设置辅助热源。

空气源热泵的辅助热源应就地获取。经技术经济比较合理时，供暖季节燃煤（气）锅炉、热力管网的高温水或电力可作为热水供应的辅助热源。

④ 当没有条件利用工业余热、废热或地热、太阳能等自然热源时，宜优先采用能保证全年供热的热力管网为集中热水供应的热媒；当区域锅炉房或附近的锅炉房能充分供应蒸汽或高温水时，可采用蒸汽或高温水作集中热水供应的热媒。

⑤ 当无上述热源时应自备热源，可采用燃油、燃气热水机组或电蓄热设备等制备热源或直接制备热水。

⑥ 利用电能制备热水较为方便、无污染。由于我国普遍电力供应不充足，一般仅用于太阳能热水供应系统的辅助热源。只有在电源供应充沛的地区，才考虑利用电能制备集中热水供应系统的热水。

2）局部热水供应系统热源的选用

局部热水供应系统的热源宜采用太阳能、电能、燃气、蒸汽等。

（2）热媒及加热系统

热媒是指传递热量的载体，常以热水（高温水）、蒸汽、烟气等为热媒。在以热水、蒸汽、烟气为热媒的集中热水供应系统中，蒸汽锅炉与水加热器之间或热水锅炉（机组）

与热水贮水器之间由热媒管和冷凝水管（或回水管）连接组成的热媒管网，称第一循环系统。热媒管网中的主要附件有：疏水器、分水器、集水器、分汽缸等。

图 4-2（a）所示，由锅炉产生的蒸汽（或高温水）通过热媒管网送到水加热器内，蒸汽经热量交换后冷凝成水（或高温水降温），靠余压经疏水器流入冷凝水池，经冷凝水循环泵提升压力后再送回锅炉加热。图 4-2（b）所示，由锅炉产生的热水经热媒管网进入热水贮水器（贮热器），一部分热水利用回水管与热水管之间的温差所产生的压差，经热媒回水管返回锅炉加热，以保持热水贮水器内水温恒定。

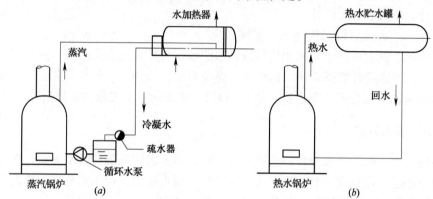

图 4-2　锅炉与水加热器或热水贮水器等组成的热媒管网

在区域热水供应系统中，水加热器的热媒管和冷凝水管直接与热力网连接。

太阳能加热系统由集热器、集热水箱、贮热水箱、辅助热源热媒系统及管道等组成，如图 4-3 所示。当集热水箱和贮热水箱合用时称集热贮热水箱。

图 4-4 所示为水源热泵机组制备热水系统（加热系统），由水源泵、热泵机组、加（贮）热设备及管道等组成。

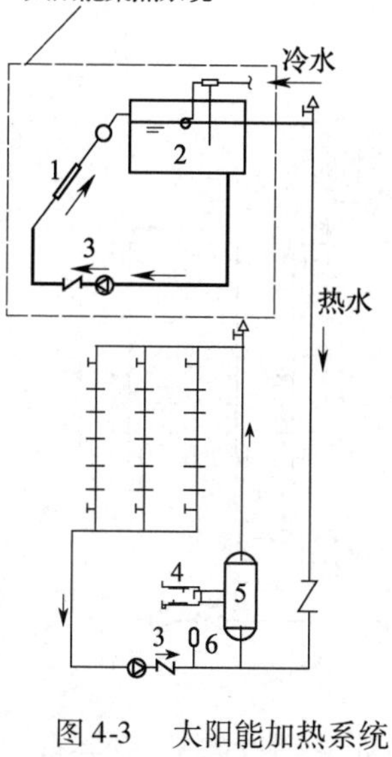

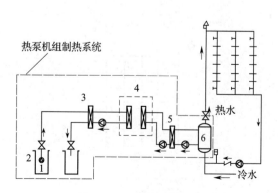

图 4-3　太阳能加热系统

1—集热器；2—集热贮热水箱；3—循环泵；
4—辅助热源；5—辅助水加热器；6—膨胀罐

图 4-4　水源热泵加热系统

1—水源泵；2—水源井；3—板式换热器；4—热泵机组；
5—板式换热器；6—贮热水罐

（3）加热、贮热设备

加热设备是用于直接制备热水供应系统所需的热水或是制备热媒后供给水加热器进行二次换热的设备。一次换热设备就是直接加热设备。二次换热设备就是间接加热设备，在间接加热设备中热媒与被加热水不直接接触。有些加热设备带有一定的容积，兼有贮存、调节热水用水量的作用。

贮热设备是仅有贮存热水功能的热水箱或热水罐。

加（贮）热设备的常用附件有：压力式膨胀罐、安全阀、泄压阀、温度自动调节装置、温度计、压力表、水位计等。

（4）配水、回水管网系统（第二循环系统）

在集中热水供应系统中，水加热器或热水贮水器与热水配水点之间、由配水管网和回水管网组成的热水循环管路系统，称作第二循环系统，如图4-1所示。主要附件有：排气装置、泄水装置、压力表、膨胀管（罐）、阀门、止回阀、水表及伸缩补偿器等。

4.1.3　供水方式

按加热冷水、贮存热水及管网布置方式不同，热水供应系统的供水方式有多种。应根据使用对象、建筑物特点、热水用水量、耗热量、用水规律、用水点分布、热源类型、加热设备及操作管理条件等因素，经技术经济比较后确定。

（1）开式与闭式

按热水供应系统的压力工况不同，分为开式和闭式系统。

1）开式热水供应系统是指在所有配水点关闭后热水管系仍与大气相通。

开式系统通常在管网顶部设有高位加（贮）热水箱（开式），如图4-5（a）所示，其优点是系统的水压仅取决于高位热水箱的设置高度，可保证系统供水水压稳定；缺点是高位水箱占用建筑空间，且开式水箱中的水质易受外界污染。

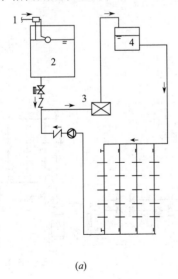

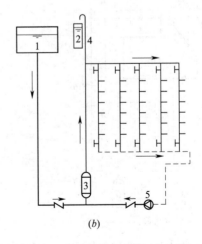

（a）　　　　　　　　　　　　　　　　（b）

1—冷水；2—冷水箱；3—热水机组；　　　1—生活饮用高位水箱；2—非生活饮用高位水箱；
4—贮热水箱（开式）　　　　　　　　　3—水加热器；4—膨胀管；5—循环水泵

图4-5　开式热水供应系统（图中箭头指水流方向）

图 4-5 (b) 是设有膨胀管的开式系统。在设有膨胀管的开式系统中，当热水系统由生活饮用高位水箱补水时，不应将膨胀的水量返至生活饮用冷水箱中，以免引起生活饮用水箱中水质的热污染。当同一建筑物顶层设有中水供水箱、消防水箱或专用膨胀水箱时，膨胀管应从上述水箱上方引入，以保障系统的安全性。

以下情况宜采用开式热水供应系统：

① 当给水管道的水压变化较大，用水点要求水压稳定时，宜采用开式热水供应系统或采用稳压措施。

② 公共浴室热水供应系统宜采用开式热水供应系统，以使管网水压不受室外给水管网水压变化的影响，避免水压过高造成水量浪费；也便于调节冷、热水混合水龙头的出水温度。

③ 采用蒸汽直接通入水中或采用汽水混合设备的加热方式时，宜采用开式热水供应系统。

2）闭式热水供应系统是指热水管系不与大气相通，即在所有配水点关闭后整个管系与大气隔绝，形成密闭系统。

闭式系统中应采用有安全阀的承压水加热器。日用热水量小于或等于 30m³ 的热水供应系统可采用安全阀等泄压措施；日用热水量大于 30m³ 的热水供应系统应设置压力式膨胀罐，膨胀罐的功能是补偿加热设备及管网中水温升高后水体积的膨胀量，以防系统超压，如图 4-6 所示。该方式具有管路简单、水质不易被污染的优点；但供水水压稳定性较差。适用于不宜设置高位加热水箱的热水供应系统。

（2）直接加热与间接加热

按热水加热方式不同，分为直接加热和间接加热 2 种供水方式。

1）直接加热

燃油（气）热水锅炉、太阳能热水器或热泵机组等将冷水加热至加热设备出口所要求的水

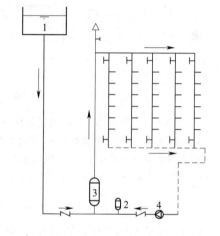

图 4-6 闭式热水供应系统
（图中箭头指水流方向）
1—冷水箱；2—膨胀罐；3—容积式水加热器；
4—循环水泵

温，经热水供水管直接输配到用水点，这种直接加热供水方式具有系统简单、设备造价低、热效率高、节能的优点。

① 直接加热的燃油（气）热水机组的冷水供水水质总硬度宜小于 150mg/L（以 $CaCO_3$ 计）。图 4-7 (a) 为热水锅炉制备热水的管路图，燃油（气）热水机组直接供应热水时，一般配置调节贮热用的贮水罐或贮热水箱，以保证用水高峰时不间断供水。当屋顶有放置加热和贮热设备的空间时，其热媒系统可布置在屋顶，如图 4-7 (b) 所示。

当开式贮热水箱无法重力供水时，通常与燃油（气）热水机组一起布置在地下室或底层，因热水供水系统无法利用冷水系统的供水压力需另设热水供水加压设备 [图 4-7 (c)]，由于冷、热水的压力源不同，不易保证系统中冷热水压力的平衡。当建筑物内用水器具主要是淋浴器及冷、热水混合水嘴，对冷、热水压力平衡的要求高时，不宜采用这种方式。

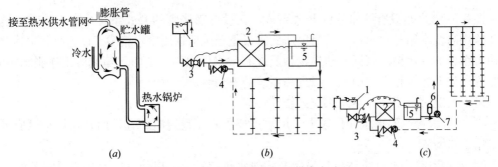

图 4-7　热水锅炉直接加热供水方式

1—给水补水箱；2—燃气（油）热水炉；3—电磁阀控制热水箱；4—系统循环水泵；5—热水箱；

6—膨胀罐；7—热水供应水泵或变频调速泵、气压给水泵组

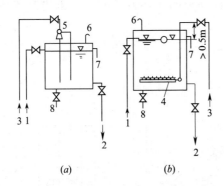

图 4-8　蒸汽与冷水混合直接加热供水方式

（a）蒸汽喷射器混合直接加热；（b）蒸汽多孔管直接加热

1—冷水进水；2—热水出水；3—蒸汽进口；4—多孔管；

5—喷射器；6—通气管；7—溢水管；8—泄水管

② 蒸汽（或高温水）直接加热供水方式是将蒸汽（或高温水）通过穿孔管或喷射器送入加热水箱中，与冷水直接混合后制备热水（图4-8）。该方式具有设备简单、热效率高、无需冷凝水管的优点。但这种方式产生的噪声大；对蒸汽质量要求高，热媒中不得含油质及有害物质；由于冷凝水不能回收而使热源供水量大，补充水需进行水质处理时，还会增加运行费用。该方式仅适用于对噪声无严格要求的公共浴室、洗衣房、工矿企业等用户。选用时应进行技术经济比较，认为合理时方可采用。

为减少噪声应采用消声混合器，噪声应符合现行国家标准《声环境质量标准》GB 3096的要求。一般蒸汽管应在最高水位500mm 以上以防止热水倒流至蒸汽管道中。

③ 当以太阳能为热源时，加热方式应根据冷水水质硬度、气候条件、冷热水压力平衡要求、节能、节水、维护管理等经技术经济比较后确定。

图4-3、图4-9所示为太阳能加热系统直接加热供水方式，是以集热器产生的集热水作为供给用户的热水。在下列情况时宜采用该供水方式：a. 冷水供水水质硬度不大于150mg/L（以 $CaCO_3$ 计）；b. 无冰冻地区；c. 用户对冷、热水压力差稳定要求不高的热水供应系统。

④ 水源热泵制备热水的方式，可根据冷水水质硬度、冷水和热水供应系统的形式等，经技术经济比较后确定。图4-10 为水源热泵机组直接制备热水的供水方式，系统较简单、设备造价较低，但需要另设热水加压泵，不利于冷水、热水的压力平衡。当冷水水质总硬度不大于150mg/L（以 $CaCO_3$ 计），且系统对冷、热水压力平衡要求不高时，可采用热泵与贮热设备联合直接供热水的方式。

⑤ 图4-11是收集热空气中的余热经热泵机组换热后制备热水，这种直接加热变供水方式需另设热水加压泵，不利于冷水、热水的压力平衡，适用于最冷月平均气温不低于0℃的地区，且对冷、热水压力平衡要求不高的系统中。

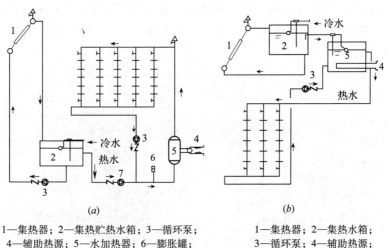

(a)   (b)

1—集热器；2—集热贮热水箱；3—循环泵；   1—集热器；2—集热水箱；
4—辅助热源；5—水加热器；6—膨胀罐；   3—循环泵；4—辅助热源；
7—供热水泵   5—供热水箱

图 4-9 太阳能集热系统直接加热供水方式
(a) 闭式系统；(b) 开式系统

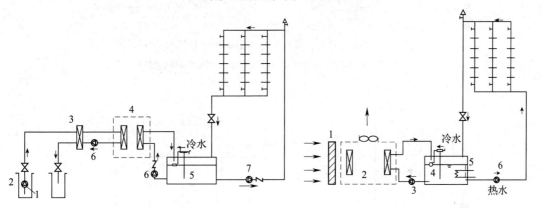

图 4-10 水源热泵机组直接加热供水方式   图 4-11 空气源热泵室外空气源直接加热供水方式
1—水源泵；2—水源井；3—板式换热器；4—热泵机组；   1—进风；2—热泵机组；3—循环泵；
5—贮热水箱；6—循环泵；7—热水加压泵   4—贮热水箱；5—辅助热源；6—热水加压泵

2）间接加热

间接加热供水方式是将锅炉、太阳能集热器、热泵机组、电加热器等加热设备产生的热媒，送入水加热器与冷水进行热量交换后制得热水供应系统所需的热水。其特点是：由于热水机组等加热设备只供热媒，不与被加热水接触，有利于保持热效率、可延长使用寿命；因回收的冷凝水可重复利用，只需对少量补充水进行软化处理，故运行费用较低；加热时不产生噪声；蒸汽或高温水热媒不会对热水产生污染，供水安全稳定。但是，由于间接加热供水方式进行二次换热，增加了换热设备（即水加热器），增大了热损失，造价较高。

由于间接加热供水方式能利用冷水系统的供水压力，无需另设热水加压系统，有利于保持整个系统冷、热水压力平衡，故适用于要求供水稳定安全、噪声小的旅馆、住宅、医院、办公楼等建筑。

① 图 4-12 是以高温水、蒸汽为热媒的间接加热供水方式。

② 太阳能集热系统间接加热供水方式是以集热器集热水为热媒，经水加热器间接加

241

热冷水供给热水，如图 4-13 所示。在下列情况时宜采用间接加热供水方式：a. 冷水供水水质硬度大于 150mg/L（以 CaCO_3 计）；b. 有冰冻地区；c. 用户对冷、热水压力平衡要求较高的系统。

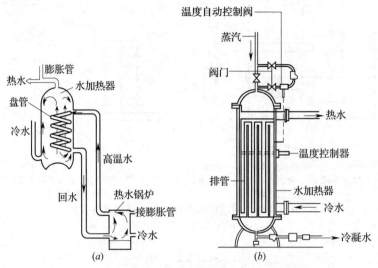

图 4-12　以高温水、蒸汽为热媒的间接加热供水方式

（a）热水锅炉-水加热器间接加热；（b）蒸汽-水加热器间接加热

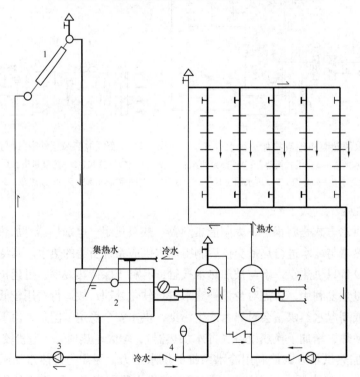

图 4-13　太阳能集热系统间接加热供水方式

1—集热器；2—集热贮热水箱；3—循环泵；4—膨胀罐；5—水加热器；6—辅助水加热器；7—辅助热源

③ 图 4-4 和图 4-14 所示为水源热泵机组间接制备热水的供水方式，一般采用被加热

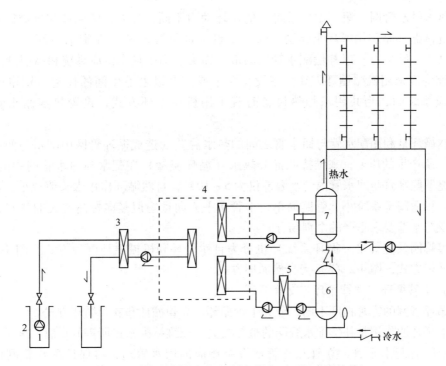

图 4-14 水源热泵机组间接制备热水（两级串联换热）

1—水源泵；2—水源井；3—板式换热器；4—热泵机组；5—板式换热器；6—贮热水罐；7—水加热器

水通过水加热器与贮热水箱（罐）循环加热的方式。图 4-4 中采用板式换热器和贮热水罐作为换热、贮热、供热的主要设备。该方式不需另设热水供水泵，有利于冷水、热水的压力平衡；且热泵机组不直接接触冷水，维修工作量小。图 4-14 则是采用快速式水加热器和导流型容积式或半容积式水加热器串联换（贮）热，两级换热可提供较高的水温，但系统复杂，设备造价高。

当冷水水质总硬度大于 150mg/L（以 $CaCO_3$ 计）或系统对冷、热水压力平衡要求较高时，宜采用热泵机组经水加热器间接加热的供水方式。单级换热的供水水温一般均不超过 50℃，当需要提高出水温度时，宜选用高温型水源热泵机组经两级水加热器串联加热水的方式。

另外，水源进入间接换热的预换热器前，应视水质情况进行除砂、除杂质、除污物、灭藻等机械过滤及药剂处理。

④ 图 4-15 为空气源热泵机组间接加热制备热水，该方式不需另设热水加压泵，有利于保持系统中冷、热水的压力平衡，适用于最冷月平均气温不低于 10℃ 的地区，且对冷、热水压力平衡要求较高的系统中。

（3）机械循环与自然循环

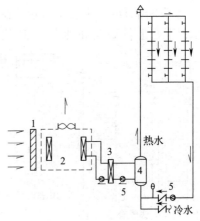

图 4-15 空气源热泵室外空气源间接制备热水

1—进风；2—热泵机组；3—板式换热器；4—贮热水箱；5—循环水泵

按热水供水管网（第二循环系统）的循环动力不同，分为自然循环和机械循环两种方式。机械循环是利用循环泵强制一部分水量（即循环流量）在配水与回水管网中循环（图4-1、图4-3），以补偿配水管网的散热损失。集中热水供应系统和高层建筑热水供应系统均应采用机械循环方式。在设有3个或3个以上卫生间的住宅、别墅的局部热水供应系统中，当共用水加热设备时宜采用机械循环方式，设置热水回水管及循环水泵。

自然循环是利用配水管与回水管之间的热水温差（造成循环管网中配水与回水的密度不同）所产生的压差，来维持一部分热水（循环流量）在配水与回水管网中的循环。一般情况下配水管与回水管内的水温差仅为5~10℃，自然循环作用水头值很小，使用范围有限，只适用于系统小、管路简单、干管水平方向很短但竖向标高差大的热水供应系统，以及对水温要求不严的个别场合。

热媒管网系统（第一循环系统）也分为自然循环和机械循环两种方式。图4-2（a）为机械循环方式，图4-2（b）为自然循环方式。

（4）干管循环、立管循环与支管循环

按循环管网的完善程度不同，分为干管循环、立管循环和支管循环方式。

热水循环的作用是补偿配水管网的散热损失，以维持配水点所需的水温。全循环供水方式是指所有配水干管、立管和支管都设有相应的回水管道，可保证配水管网任意点的水温。

集中热水供应系统应设置热水循环管道，保证干管和立管中热水循环，如图4-1所示。

对于要求随时取得不低于规定温度热水的建筑物，应保证支管中的热水循环（图4-16）。当支管循环难以实现时，可采用自控调温电伴热等保证支管中热水温度的措施。

（5）上行式与下行式

按热水供水横干管的位置不同，分为上行下给式和下行上给式。

上行下给式的供水横干管位于配水管网的上部，由干管、立管向下供水，如图4-16所示；下行上给式的供水横干管位于配水管网的下部，由干管、立管向上供水，如图4-1所示。

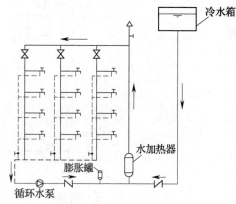

图4-16 上行下给式
（图中箭头指水流方向）

（6）异程式与同程式

按照热水循环管网（第二循环管网）中每支循环管路的长短是否相同，分为异程式与同程式。异程式是指对应每个配水点的供水与回水管路长度之和不等（图4-17）。同程式是指对应每个配水点的供水与回水管路长度之和基本相等（图4-16），同程式可防止系统中热水短路循环，有利于热水系统的有效循环，各用水点能随时取到所需温度的热水。

建筑物内集中热水供应系统的热水循环管道，宜采用同程式布置。当采用同程式有困难时应采用保证干管、立管循环效果的措施：

1）当建筑内各供、回水立管布置相同或相似时，各回水立管采用导流三通与回水干管连接；

2）当建筑内各供、回水立管布置不相同时，应在回水立管上装设温度控制阀等保证循环效果的措施。

（7）全日制与定时制

按热水供水制度不同，分为全日制和定时制。

全日制是指全日、工作班或营业时间内不间断供应热水。

定时制是指仅在全日、工作班或营业时间内的某一时段供应热水。

（8）单管与双管

按配水管的设置不同，分为单管和双管两种方式。

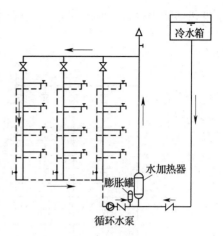

图 4-17　异程式

（图中箭头指水流方向）

单管热水供应方式是指用一根管道供单一温度的热水，用水点不再调节水温。工业企业生活间和学校的淋浴室，宜采用单管热水供应系统。单管热水供应系统应有热水水温稳定的技术措施。

双管热水供应方式是指配水点的水温由冷、热水混合器或混合龙头将冷水与热水（双管）混合、调节后形成。当卫生器具设有冷、热水混合器或混合龙头时，冷、热水供应系统应使配水点处有相近的水压。

（9）分区供水方式

与冷水系统相同，热水供应系统可采用竖向分区解决低区管道静水压力过大的问题，分区时应遵循如下原则：

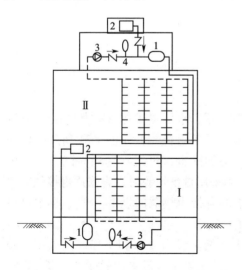

图 4-18　分区设置水加热器、

热水供水管网的供水方式

1—水加热器；2—冷水箱；

3—循环水泵；4—膨胀罐

1）与给水系统的分区应一致，各区水加热器、贮水器的进水均应由同区的给水系统设专管供应，如图 4-18 所示。当有困难时，应采用保证系统内冷、热水压力平衡的措施。

2）当减压阀用于热水系统分区时，除满足减压阀的一般设置要求外，其密闭部分材质应按热水温度要求选择，且应保证各分区热水的循环。用减压阀分区可采用支管减压、立管减压和供水干管减压多种方式。

图 4-19 所示为高、低区共用 1 套水加热器、配水立管设减压阀的热水供应系统。其优点是系统简单，有利于冷、热水压力平衡。但是，该方式中的循环水泵扬程需附加减压阀的局部水头损失，不节能；要求减压阀质量安全可靠。不宜用于过高的建筑中，以免能量浪费过大。

图 4-20 所示为高、低区分别设置水加热器、两区独立设置热水管网的热水供应系统。两区的

水加热器均由高位冷水箱供水，低区冷水供水管上设减压阀。

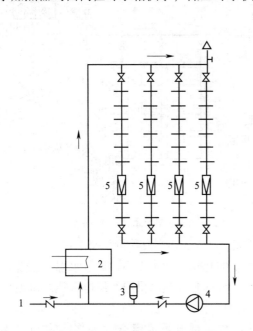 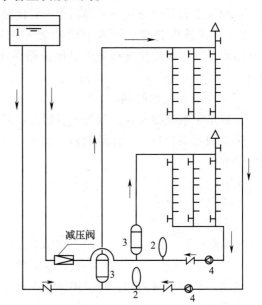

图4-19 配水立管设减压阀分区的
热水供应系统（图中箭头指水流方向）
1—冷水；2—水加热器；
3—膨胀罐；4—循环水泵；
5—减压阀

图4-20 低区供水干管上设减压阀的
热水供应系统（图中箭头指水流方向）
1—冷水箱；2—膨胀罐；
3—水加热器；4—循环水泵

4.2 加（贮）热设备

4.2.1 类型、特点及适用条件

（1）燃油（气）热水机组

燃油（气）热水机组是以油、气为燃料，由燃烧器、水加热炉体（炉体水套与大气相通，呈常压状态）和燃油（气）供应系统等组成的设备组合体，如图4-21所示。燃油（气）热水机组应具备燃料燃烧完全、热效率高、消烟除尘、机组水套通大气、安全可靠、自动控制水温、火焰传感、自动报警等功能。当采用自备热源时，宜采用直接供应热水的燃油（气）热水机组，亦可采用间接供应热水的自带换热器的燃油（气）热水机组或外配容积式、半容积式水加热器的燃油（气）热水机组。

采用直接供应热水的燃油（气）热水机组，无需换热设备，有利于提高热效率、减少热损失，但一般需要配置调节贮热用的热水箱。当热水箱不能设置在屋顶时，多与燃油（气）热水机组一并设置在地下层或底层的设备间，需另设热水加压泵。由于冷、热水供水压力来源不同，不易平衡系统中的冷、热水的压力。

采用间接供水方式时，由于增加了换热设备使热损失增大。但热水系统能利用冷水系统的供水压力，无需另设热水加压泵，有利于平衡系统中的冷、热水的压力。

246

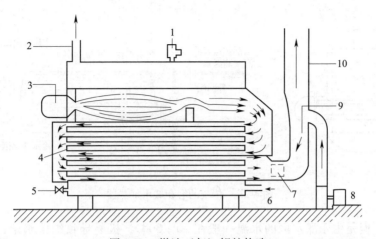

图 4-21 燃油（气）锅炉构造

1—安全阀；2—热媒或热水出口；3—燃烧器；4—加热管；5—泄空管；6—冷水或回水入口；
7—导流器；8—风机；9—风挡；10—烟道

（2）快速式水加热器

根据加热方式，水加热器有间接式水加热器、直接式水加热器 2 类。间接式水加热器的原理是载热体与被加热水被金属壁面隔开互不接触，通过管壁进行热交换把热水加热。应结合用水的均匀性、冷水水质硬度、热媒的供应能力、系统对冷热水压力平衡的要求及设备所带温控安全装置的灵敏度、可靠性等，经综合技术经济比较后选择。

快速式水加热器就是热媒与被加热水进行快速换热的一种间接式水加热器，通过提高热媒和被加热水的流动速度来提高热媒对管壁、管壁对被加热水的传热系数，如图 4-22 所示。该水加热器具有效率高、构造简单、体积小、安装搬运方便的优点，缺点是不能贮存热水，水头损失大，在热媒或被加热水压力不稳定时，出水温度波动较大。

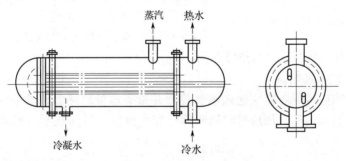

图 4-22 快速式水加热器（多管式）

快速式水加热器适宜于热媒供应能满足设计秒流量所需耗热量、热水用水量较均匀的建筑热水供应系统。当热媒不能满足设计秒流量供应，或是建筑热水用水量不均匀，或是水加热器未配置完善可靠的温度自动控制装置时，应设贮热容器。

（3）传统的容积式水加热器

图 4-23 所示是传统的容积式水加热器，冷水由下部进入、热水从上部流出时，U 形盘管以下的冷温水滞水区占水加热器总容积的 20% ～30%，即有效贮热容积为总贮热容积的 70% ～80%，能够调节高峰期用水量。该水加热器对温控阀的要求较低（温控阀精

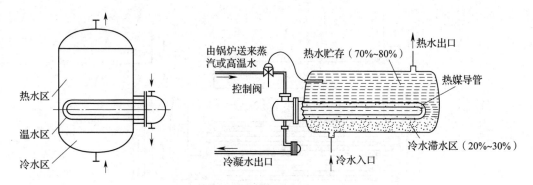

图4-23　传统的容积式水加热器

度为±5℃）。但是由于滞水区的水温一般在20～30℃，极易导致细菌繁殖，热水水质不能有效保障，不推荐采用。

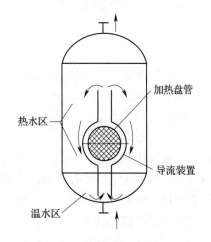

图4-24　导流型容积式水加热器

（4）导流型容积式水加热器

导流型容积式水加热器是带有被加热水导流装置的容积式水加热器，见图4-24。带导流装置的U形管式容积式水加热器，在U形盘管外有一组导流装置，初始加热时冷水进入水加热器的导流筒内被加热成热水而上升，致使加热器上部的冷水返至下部形成自然循环，逐渐将加热器内的水加热。随着升温时间的延续，水加热器上部的热水达到设计水温，位于U形管下部的水经循环被加热（但未达到上部的设计水温）。

导流型容积式水加热器具有换热效果较好（与容积式水加热器相比）的优点，按热量计算，水加热器的有效贮热容积可提高至总贮热容积的80%～90%。其适用条件与容积式水加热器相同。

（5）半容积式水加热器

半容积式水加热器是内置快速式水加热器并带有适量贮热容积的一种间接式水加热器，见图4-25。在其内部，加热与贮热两部分完全分开，被加热水（冷水和热水系统的

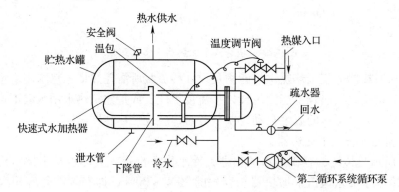

图4-25　半容积式水加热器

248

循环回水）进入快速式水加热器被迅速加热，先经下降管强制送至贮热水罐的底部，然后再向上升，以保持整个贮热水罐内的热水温度相同。由于贮热容器内的热水全部是所需温度的热水，水加热器的有效贮热容积可认为等于总贮热容积。

半容积式水加热器有一定的调节容积，对温控阀的要求不高（温控阀的精度为±4℃）。供水水温、水压较稳定；具有体型小、加热快、换热充分、供水温度稳定、罐体容积利用率高的优点。但设备用房占地面积较大。半容积式水加热器适用于热媒供应较充足（能满足设计小时耗热量的要求）或要求供水水温、水压较平稳的系统。

（6）半即热式水加热器

半即热式水加热器是带有预测装置和少量贮存容积的快速式水加热器，见图4-26。热媒从底部入口经蒸汽立管进入各层并联盘管与冷水换热，冷凝水汇入冷凝水立管后由底部流出。冷水从底部经孔板进入水加热器，并有少量冷水经分流管进入感温管；冷水流过盘管时被加热，热水从顶部出口流出，也有少量热水从顶部进入感温管。

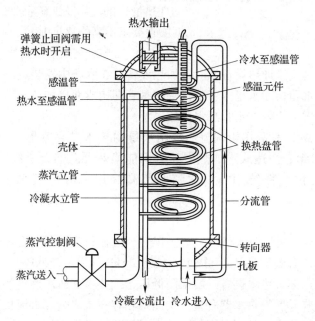

图 4-26　半即热式水加热器

由于冷水按与热水用水量成比例的流量由分流管同时入感温管，感温元件可读出瞬间感温管内的冷、热水平均温度，即刻向控制阀发出信号，按实际用水需要调节控制阀，以输出所需的热水温度。一旦有热水输出需求，感温元件能在热水出口处水温尚未下降之前发出信号开启控制阀，具有预测性。又由于盘管内外温差的作用，盘管不断收缩、膨胀，可使传热面上的水垢自动脱落。

半即热式水加热器有灵敏、可靠、能够预测温度的安全控制装置，可保证安全供水；由于加热盘管内的热媒不断改向，加热时盘管颤动形成局部紊流区，故传热系数大。因其热水贮存容量小（仅为半容积式水加热器的1/5），要求温控阀的精度为±3℃，且要求热媒供应充足。

半即热式水加热器具有加热迅速、传热效果好、供水安全、设备用房占地面积小等优点。适用于热媒能满足设计秒流量所需耗热量、系统用水较为均匀的热水系统。

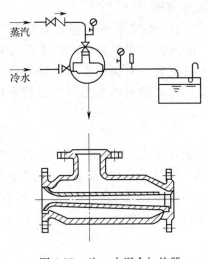

图4-27　汽－水混合加热器

（7）汽－水混合加热器

汽－水混合加热器是将热媒蒸汽直接与水混合制备热水的一种直接水加热器，见图4-27。汽-水混合加热器加热速度快，能在1min内使水温上升20～30℃，具有换热效率高、设备简单、易维修、投资少的优点。但其贮热容积小，应设置灵敏度高、可靠性高的温控装置。且由于冷凝水不回收，故蒸汽中不能含有或混入危害人体健康的物质。

汽－水混合加热器可用于有可靠的蒸汽源、耗热量为92000～1470000kJ/h（12～20个淋浴器的耗热量）的民用及工矿企业公共浴室、洗衣房、对噪声要求不高的建筑中。

（8）加热水箱及热水贮水箱（罐）

加热水箱可以是直接加热设备或间接加热设备。在水箱中安装蒸汽多孔管或蒸汽喷射器，构成直接加热水箱；在水箱内安装排管或盘管即构成间接加热水箱。加热水箱多用于公共浴室等用水量大而均匀的定时热水供应系统。

热水贮水箱（罐）是只用于调节热水用水量的热水贮存容器，与不带贮存容积的燃油（气）热水机组、快速式水加热器、太阳能集热器及热泵机组等加热设备并用于用水不均匀的热水供应系统中，以达到调节高峰用水时段供水量、稳定出水温度的目的。

（9）燃气热水器

燃气热水器的热源可以是天然气、焦炉煤气、液化石油气或混合煤气。

根据燃气压力，有低压（$P \leqslant 5kPa$）、中压（$5kPa < P \leqslant 150kPa$）热水器之分。民用和公共建筑中生活用燃气热水设备一般采用低压，工业生产所用燃气热水器可采用中压。

按加热冷水方式，燃气热水器有直流快速式和容积式之分。直流快速式燃气热水器随时点燃即可迅速取得热水，常用于家庭、浴室、医院手术室等局部热水供应；容积式燃气热水器有一定的贮水容积，使用前应预先加热，可用于用水量较大的局部和集中热水供应系统。

（10）电热水器

电热水器是把电能通过电阻丝变为热能加热冷水的设备。在电源供应充沛的地方可采用电热水器。

加热器是电热水器中的重要组成部件，按照加热方式分为间热式加热器、直热式加热器。间热式加热器的电热丝与护套之间存在间隙，电热丝产生的热量辐射传递给护套，再将水加热，其缺点是热效率低、耗电多，且寿命较短；直热式加热器的电热丝与电热管之间用氧化镁粉（导热性和绝缘性好）填充，电热丝的热量通过填充材料直接传导至电热管并将水加热，其热效率高、结构简单、寿命长、使用安全。

按贮热容积的不同，电热水器也可分为快速式和容积式：

1）快速式电热水器无贮水容积或贮水容积很小，在使用前不需预先加热，在接通水路和电源后即可迅速得到所需热水。这类热水器具有体积小、重量轻、热损失少、效率高、容易调节水量和水温、使用安装简便等优点，但电耗大。多用于局部热水供应系统中。

2）容积式电热水器有一定的贮水容积，在使用前需预先加热，可同时供应多个热水用水点在一段时间内使用。具有耗电量较小、管理集中的优点，可用于局部热水供应和集中热水供应系统。

（11）太阳能热水器

太阳能热水器是将太阳能转换成热能并将水加热的设备。可直接制备热水供应系统所需的热水，也可制备热媒供间接水加热器换热之用。其优点是节省燃料、运行费用低、不存在环境污染问题、结构简单、维护方便；缺点是受天气、季节、地理位置等影响不能连续稳定运行，为满足用户要求需配置贮热和辅助加热措施、占地面积较大，布置受到一定的限制。

太阳能热水供应系统辅助热源的加热设备应根据热源种类、供水水质、冷热水系统形式等因素，选用直接加热或间接加热设备。当地太阳能资源充足时，宜选用太阳能热水器或太阳能辅以电加热的热水器。

集热器是太阳能加热系统的主要部件，其工作原理见图 4-28，有平板型、全玻璃真空管型、金属－玻璃真空管型 3 种。集热器的特点和适用环境等见表 4-1，选用时应根据运行期内最低环境温度、水质条件、经济条件、维护管理等多方面因素综合确定。

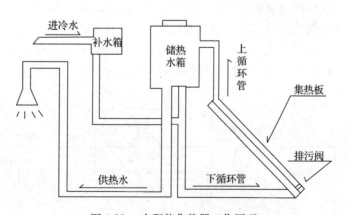

图 4-28　太阳能集热器工作原理

集热器的特点和适用环境　　　　　　　　　　　　　　　　　表 4-1

项目		集热器类型		
		平板型	全玻璃真空管型	金属－玻璃真空管型
运行期内最低环境温度	高于 0℃	可用	可用	可用
	低于 0℃	需采取防冻措施	须考虑最低环境温度值及阴天持续时间	可用

项目	集热器类型		
	平板型	全玻璃真空管型	金属-玻璃真空管型
全国范围内全年的集热效率	低（但在常年环境温度高于0℃的地区，或只在夏季使用的系统，平板型集热效率高于全玻璃真空管型）	中	高
运行方式	承压、非承压	非承压	承压、非承压
与建筑外观结合程度	好	一般	较好
易损程度	低	高	中
价格	低	中	高

（12）热泵机组

热泵机组是以水源或空气源为热源的加热设备，是由一个制冷循环组成，包括主机和冷凝器两部分，其中主机部分包括蒸发器、风扇、压缩机及膨胀阀；冷凝器为内放冷凝盘管的保温箱。热泵机组根据逆卡诺循环原理，通过运行吸收环境中的低温热能来制备热水或热媒。压缩机从蒸发器中吸入低温低压气体制冷剂，通过做功将制冷剂压缩成高温高压气体，高温高压气体进入冷凝器与水交换热量，在冷凝器中被冷凝成低温液体而释放出大量的热量，水吸收其释放出的热量而温度不断上升。被冷凝的高压低温液体经膨胀阀节流降压后，在蒸发器中通过风扇的作用吸收周围空气热量从而挥发成低压气体，又被吸入压缩机中压缩，这样反复循环制取热水。

以水或添加防冻剂的水溶液为低温热源的热泵为水源热泵（图4-29），它依靠循环水泵将常温或低温的水源引至蒸发器内，利用低温低压的冷媒带走其中蕴涵的热能，再经由压缩机做功提升冷媒的温压后，由冷凝器将热能释放至水槽中予以储存。

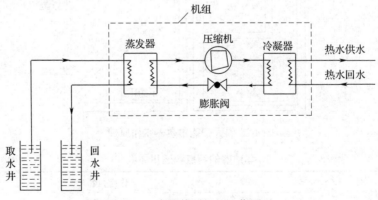

图4-29 水源热泵机组工作原理

按压缩机的形式水源热泵有离心式、螺杆式和活塞式3种形式。离心式热泵机组适用于制热量为1054~28000kW的系统；螺杆式热泵机组适用于制热量为116~1758kW的系统；活塞式热泵机组适于制热量小于700kW的系统。

以环境空气为低温热源的热泵为空气源热泵。空气源热泵是由风机引入空气至蒸发器内，依循以上相同的工作原理汲取热能并予以储存。压缩机形式一般为活塞式、涡旋式，适于小功率制热量的系统。

4.2.2 选择原则

选择加（贮）热设备时应综合考虑热源条件、用户使用特点、建筑物性质、耗热量、供水可靠性、安装位置、安全要求、设备性能特点以及维护管理及卫生防菌要求等因素。

应选择热效率高、换热效果好、节能环保的加热设备。热水机组的燃烧效率一般应在85%以上，烟气出口温度一般应在200℃左右，烟气黑度等应满足消烟除尘的有关要求。间接加热的水加热器应在保证被加热水温度及设计流量工况下有较高的传热系数，当采用汽—水换热方式时，在饱和蒸汽压力为 0.2～0.6MPa 和凝结水出水温度为 50～70℃ 的条件下，传热系数 K 为 6280～12560kW/(m^2·K)；当采用水—水换热方式，且热媒为 80～95℃ 的热水时，传热系数 K 为 2510～5020kW/(m^2·K)。

当建筑空间紧张、设备用房用地不充裕时，应选用体型小的加热设备。

由于生活用热水多用于沐浴与盥洗，卫生器具的出水是将冷、热水两个系统的水混合后出流的，应使整个系统保持冷、热水的压力平衡。故应选择被加热水侧的阻力损失不宜大于 0.01MPa 的加热设备。

应选择安全可靠、构造简单、操作维修方便的加热设备，所选用的承压加（贮）热设备须符合压力容器的安全要求，有效可靠地控制被加热水的温度，以防发生烫伤的事故。

选用局部热水供应设备时，需同时供给多个卫生器具或设备热水时，宜选用带贮热容积的加热设备。热水器不应安装在易燃物堆放或对燃气管、表或电气设备产生影响及有腐蚀性气体和灰尘多的地方。燃气热水器、电热水器必须带有保证使用安全的装置。严禁在浴室内安装直接排气式燃气热水器等在使用空间内积聚有害气体的加热设备。

当地太阳能资源充足时，宜选用太阳能热水器或太阳能辅以电加热的热水器。

医院建筑应采用无冷温水滞水区的水加热设备，其集中热水供应系统的热源机组及水加热设备不得少于 2 台。其他建筑的热水供应系统的水加热设备不宜少于 2 台，一台检修时其余各台的总供热能力不得小于设计小时耗热量的 60%。

4.2.3 加（贮）热设备的材质与布置

（1）加（贮）热设备材质

加（贮）热设备的换热部分（一般为 U 形换热管束或浮动盘管）应采用紫铜管。贮水部分宜根据水质情况和使用要求采用不锈钢、碳钢衬铜、碳钢衬不锈钢或碳钢不锈钢复合板等材质制作。

（2）热水机组及其设备间的布置

热水机组及其设备间的布置应满足设备的安装、运行和检修的要求。热水机组前方宜留出不少于机组长度 2/3 的空间。机组后方宜留有 0.8～1.5m 空间。机组两侧通道宽度为机组宽度，且不得小于 1.0m。机组最上部部件（烟囱可拆部分除外）至安装房间最低净距不得小于 0.8m。机组安装位置宜有高出地面 50～100mm 的安装基座。

热水机组不宜露天布置，宜与其他建筑物分离独立设置。机组设备间设在建筑物内时，不应设置在人员密集的场所内或其上、下或贴邻，并应设置对外的安全出口。

热水机组的烟囱安装应符合现行标准《生活热水机组应用技术规程》T/CECS 134 的有关规定。

当热水机组燃油时，设备间应方便燃油供应，并有适合的贮油地点。

热水机组设备间的消防、电气、通风、给水排水设计还应满足现行标准《生活热水机组应用技术规程》T/CECS 134 的要求，并符合现行国家标准《建筑设计防火规范》GB 50016 等规定。

（3）加热设备与贮热水器的连接

第一循环（即贮热水器与加热设备之间的循环管道）系统的送水管，应在贮水器顶部以下 $\frac{1}{4}$ 贮水器高度处接入。

第一循环系统的回水管，应从贮水器底部接出。

第二循环（即热水供水系统的供、回水循环管道）系统的供水管，应在贮水罐顶部接出，第二循环系统的回水管应在贮水器底部接入。

热水供水系统如为自然循环时，第二循环系统的回水管一般在贮水器的顶部以下 $\frac{3}{4}$ 贮水器高度处接入。

（4）高位热水箱与冷水补给水箱

热水箱应加盖，并应设溢流管、泄水管和引出室外的通气管。热水箱溢流水位超出冷水补水箱的水位高度，应按热水膨胀量计算。泄水管、溢流管不得与排水管道直接连接。

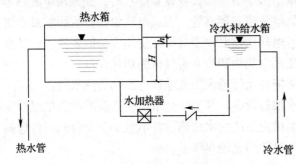

图4-30　冷水补给水箱与高位热水箱布置图

在热水供水系统中，在设有高位加（贮）热水箱的连续加热的系统中应设置冷水补给水箱，冷水补给水箱为高位热水箱补水（当有高位冷水箱可利用时，可不再另设），见图4-30。冷水补给水管仅供给加热设备、加热水箱、热水贮水器，不宜另供其他用水。有第一循环的热水供应系统，冷水补给水管应接入热水贮水罐，不得接入第一循环的回水管、锅炉或热水机组，其管径应按热水供应系统的设计秒流量确定。

在开式热水供应系统中，为防止热水箱的水因受热膨胀而流失，热水箱溢流水位超出冷水补给水箱的水位高度应按膨胀量确定，按式（4-1）计算：

$$h = H\left(\frac{\rho_1}{\rho_r} - 1\right) \tag{4-1}$$

式中　h——热水箱溢流水位高出冷水补给水箱水面的垂直高度（m）；

　　　ρ_1——冷水补给水箱内水的平均密度（kg/m³）；

　　　ρ_r——热水箱内热水平均密度（kg/m³）；

　　　H——热水箱底距冷水补给水箱水面的高度（m）。

（5）加热设备间的布置

水加热器间宜靠近用热水的负荷中心，避免热水供水管路过长阻力损失过大而造成冷、热水压力不平衡的现象。加热器间可与锅炉房合建在一个建筑物内，但宜与锅炉间分隔开。

水加热器侧面离墙、柱之净距一般不小于0.7m，后端离墙、柱净距不小于0.5m。容积式、导流型容积式、半容积式水加热器的前端应留有检修时抽出加热盘管所需的空间或条件。

各类阀门和仪表的安装高度应便于操作和观察。加热器上部附件（一般指安全阀）的最高点至建筑最低点的垂直净距应满足安装检修之要求，并不得小于0.2m。

加热器间应有良好的通风照明条件。应有排除地面积水和设备及管道泄水的措施。加热器间设在地下室时，应考虑有良好的通风条件，并应设置安装检修用的运输孔和通道。加热器间的高度应满足设备、管道的安装和运行要求，并保证检修时能起吊搬运设备。辅助设备（水泵、分水器、水软化设备等）可单独设置，与水加热器间贴邻或设在加热器间内。

（6）太阳能集热器的布置

集热器宜与建筑同步设计，太阳能集热器的设置应和建筑专业统一规划协调，并在满足水加热系统要求的同时不得影响结构安全和建筑美观。

集热器一般可设置在屋面、阳台挡板、建筑外墙等部位，不宜布置在受建筑墙体、周围设施和树木遮挡的部位，应满足一天不少于4h日照时数的要求。集热器应与建筑锚固牢靠，防风、防振，且不得影响建筑物的承载、防护、保温、防水、排水等功能。不应跨越建筑变形缝设置。

集热器安装方位（集热器采光面法线）宜朝向正南，若无法布置可在南偏东、西30°以内布置，但宜适当增加集热面积。集热器的安装方位、朝向、倾角和间距等应符合现行国家标准《民用建筑太阳能热水系统应用技术标准》GB 50364 的要求。

集热器与地面倾角（α）应按当地纬度（ϕ）确定：

侧重夏季使用时为：$\alpha = \phi - (5° \sim 10°)$；全年使用时为：$\alpha = \phi$；侧重冬季使用时为：$\alpha = \phi + (5° \sim 10°)$。水平热管集热器、可调吸热板平板式集热器，可水平安装（$\alpha = 0°$）。

集热器前后排之间及其与遮光物之最小距离，按式（4-2）计算：

$$D = H \cdot \cot\alpha_s \tag{4-2}$$

式中　D——集热器前后排之间或其与遮光物的最小距离（m）；

　　　H——遮光物最高点与集热器最低点的垂直距离（m）；

　　　α_s——太阳高度角（°），春夏秋三季使用者宜取当地春、秋分日 8:00 或 16:00 的太阳高度角；全年使用者宜取当地春、秋分日 9:00 或 15:00 的太阳高度角。

（7）热泵机组的布置

水源热泵机组的体形大，机房应合理布置设备和运输通道，并预留安装孔、洞；机组距墙的净距不宜小于1.0m，机组之间及机组与其他设备之间的净距不宜小于1.2m，机组与配电柜之间净距不宜小于1.5m；机组与其上方管道、烟道或电缆桥架的净距不宜小于1.0m。

机组应按产品要求在其一端留有不小于蒸发器、冷凝器长度的检修位置，应留有抽出蒸发器、冷凝器盘管的空间。

空气源热泵机组需要良好的气流条件，因风机噪声大机组一般布置在屋顶或室外；机组不得布置在通风条件差、环境噪声控制严及人员密集的场所；机组进风面距遮挡物宜大于1.5m，控制面距墙宜大于1.2m，顶部出风的机组，其上部净空宜大于4.5m；小型机组布置时尺寸要求可适当减少。机组进风面相对布置时，其间距宜大于3.0m；小型机组布置时尺寸要求可适当减少。

4.3 热水供应系统附件、管道布置敷设与保温

4.3.1 附件

（1）阀门

热水系统上各类阀门的材质及阀型与给水系统的要求一致。热水管网根据使用要求及维修条件，在下列管段上应装设阀门：

1）与配水、回水干管连接的分干管上；

2）配水立管和回水立管上；

3）从立管接出的支管上；

4）室内热水管道向住户、公用卫生间等接出的配水管的起端；

5）与水加热设备、水处理设备及温度、压力等控制阀件连接处的管段上。

（2）水表

当需要计量热水总用水量时，可在水加热设备的冷水供水管上装设冷水表，对成组和个别用水点可在专供支管上装设热水水表。

有集中热水供应的住宅应装设分户热水水表。水表的选型、计算及设置与冷水系统的要求相同。

（3）止回阀与倒流防止器

下列管段上应装止回阀：

1）在水加热器或贮水器的冷水供水管上，以防加热设备升压或冷水管网水压降低时产生倒流，使设备内热水回流至冷水管网产生热污染和安全事故。

当水加热器或贮水罐的冷水供水管上安装倒流防止器时，应采取保证系统冷、热水供水压力平衡的措施。因倒流防止器的阻力大，若水加热设备的冷水管上安装了倒流防止器，而未采取相应措施，会产生用水点处冷、热水压力的不平衡。

2）在机械循环的第二循环系统回水管上，以防止冷水进入热水系统，保证配水点的供水温度。

3）在冷热水混合器的冷、热水供水管上，是为了防止冷、热水通过混合器相互串水而影响其他设备的正常使用。如设计成组混合器时，则止回阀可装在冷、热水的干管上。

（4）自动温度控制装置、温度计、压力表

为了节能节水、安全供水，在水加热设备的热媒管道上应装设自动温度控制装置来控

制和调节出水温度。水加热设备的出水温度应根据贮热调节容积的大小分别采用不同级别精度的自动温度控制装置。

水加热设备的上部、热媒进出口管上，贮热水罐和冷热水混合器上等位置均应装温度计、压力表，以便于工作人员观察和判断设备及系统的运行情况；热水循环的进水管上应装温度计及控制循环泵开关的温度传感器；热水箱应装温度计、水位计。

密闭系统中的水加热器、贮水器、锅炉、分汽缸、分水器、集水器等各种承压设备，以及热水加压泵、循环泵的出水管上均应装设压力表，以便操作人员观察其运行工况，减少和避免一些偶然的不安全事故。

（5）安全阀

加热设备为压力容器时，应按压力容器设置要求安装安全阀（应由制造厂配套提供）；闭式热水供应系统的日用热水量小于或等于 30m³ 时，可采用设置安全阀泄压的措施。

水加热器宜采用微启式弹簧安全阀。用于热水系统的安全阀可按泄掉系统温升膨胀产生的压力来计算，其开启压力一般为热水系统最高工作压力的 1.05 倍，但不得大于水加热器本体的设计压力（一般分为 0.6MPa、1.0MPa、1.6MPa 三种规格）。

安全阀的接管直径应经计算确定，并应符合锅炉及压力容器的有关规定。

安全阀的设置位置应便于检修，应直立安装在水加热器的顶部，其排出口应设导管将排泄的热水引至安全地点。安全阀与设备之间不得装设取水管、引气管或阀门。

（6）疏水器

疏水器的作用是保证热媒管道中汽、水分离，使蒸汽畅通，不产生汽水撞击，延长设备使用寿命。为了保证疏水器的使用效果，疏水器前应装过滤器。一般不宜设旁通阀，只在偶尔出现高于或等于 80℃ 高温凝结水（一般情况低于 80℃）情况下才可设旁通管，即正常运行时凝结水从旁通管路流出，特殊情况下凝结水才经疏水器流出。

以蒸汽为热媒的间接加热供水方式的管路中，应在每台用汽设备（如水加热器、开水器等）的凝结水回水管上装设疏水器，每台加热设备各自装设疏水器是为了防止水加热器热媒阻力不同（即背压不同）相互影响疏水器工作的效果。蒸汽立管最低处、蒸汽管下凹处的下部宜设疏水器。只有当水加热器的换热能确保凝结水回水温度不高于 80℃ 时，可不装疏水器。

疏水器按其工作压力有低压和高压之分，热水系统通常采用高压疏水器，一般可选用浮动式或热动力式疏水器。

疏水器的口径应按其最大排水量、进出口最大压差、附加系数等因素经计算确定，不能直接按凝结水管管径选择。

疏水器如仅用作排出管道中冷凝积水时，可选用 $DN15$、$DN20$ 的规格。当用于排除水加热器等用汽设备的凝结水时，则疏水器管径应按式（4-3）计算后确定。

$$Q = k_0 G \qquad (4\text{-}3)$$

式中　Q——疏水器最大排水量（kg/h）；

　　　k_0——附加系数，见表 4-2；

　　　G——水加热设备最大凝结水量（kg/h）。

附加系数 k_0 表 4-2

名称	附加系数 k_0	
	压差 $\Delta P \leqslant 0.2\text{MPa}$	压差 $\Delta P > 0.2\text{MPa}$
上开口浮筒式疏水器	3.0	4.0
下开口浮筒式疏水器	2.0	2.5
恒温式疏水器	3.5	4.0
浮球式疏水器	2.5	3.0
喷嘴式疏水器	3.0	3.2
热动力式疏水器	3.0	4.0

疏水器进出口压差 ΔP，可按式（4-4）计算：

$$\Delta P = P_1 - P_2 \tag{4-4}$$

式中 ΔP——疏水器进出口压差（MPa）；

   P_1——疏水器前的压力（MPa），对于水加热器等换热设备，可取 $P_1 = 0.7 P_z$（P_z 为进入设备的蒸汽压力）；

   P_2——疏水器后的压力（MPa），当疏水器后凝结水管不抬高，自流坡向开式水箱时 $P_2 = 0$；当疏水器后凝结水管道较长，又需抬高接入闭式凝结水箱时，P_2 按式（4-5）计算：

$$P_2 = \Delta h + 0.01H + P_3 \tag{4-5}$$

式中 Δh——疏水器后至凝结水箱之间的管道压力损失（MPa）；

   H——疏水器后回水管的抬高高度（m）；

   P_3——凝结水箱内压力（MPa）。

疏水器的安装应符合以下要求：

1）疏水器的安装位置应便于检修，并尽量靠近用汽设备，安装高度应低于设备或蒸汽管道底部 150mm 以上，以便凝结水排出。

2）浮筒式或钟形浮子式疏水器应水平安装。

3）加热设备宜各自单独安装疏水器，以保证系统正常工作。

4）疏水器一般不装设旁通管。对于特别重要的加热设备，如不允许短时间中断排除凝结水或生产上要求速热时，可考虑装设旁通管。旁通管应在疏水器上方或同一平面上安装，避免在疏水器下方安装，如图 4-31 所示。

5）当采用余压回水系统、回水管高于疏水器时，应在疏水器后装设止回阀。

6）当疏水器距加热设备较远时，宜在疏水器与加热设备之间安装回汽支管，如图 4-32所示。

7）当凝结水量很大，一个疏水器不能排除时，则需几个疏水器并联安装。并联安装的疏水器应同型号、同规格，一般适宜并联 2 个或 3 个疏水器，且必须安装在同一平面内。

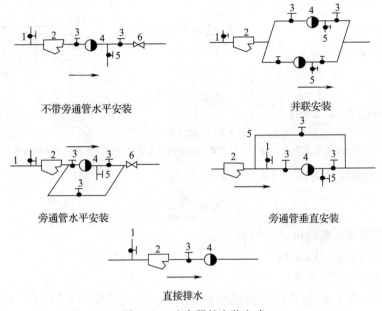

不带旁通管水平安装   并联安装

旁通管水平安装   旁通管垂直安装

直接排水

图 4-31　疏水器的安装方式

1—冲洗管；2—过滤器；3—截止阀；4—疏水器；5—检查管；6—止回阀

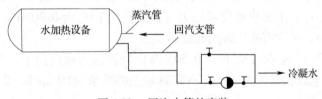

图 4-32　回汽支管的安装

【例 4-1】 某热水系统采用热动力式疏水器。系统中热水加热器采用饱和蒸汽作为热媒，设备的最大凝结水量 G 为 25kg/h，进入设备的蒸汽压力 P_z 为 0.48MPa。疏水器后凝结水管不抬高，自流坡向开式水箱。试确定所需疏水器的管径。

【解】 疏水器前的压力：$P_1 = 0.7P_z = 0.7 \times 0.48 = 0.336$MPa。

疏水器后凝结水管不需抬高，因此疏水器后压力：$P_2 = 0$MPa。

疏水器进出口压力差为：$P = P_1 - P_2 = 0.336 - 0 = 0.336$MPa > 0.2MPa。

查"附加系数 k_0"：$k_0 = 4.0$。

疏水器最大排水量为：$Q = k_0 G = 4.0 \times 25 = 100$kg/h。

根据所得疏水器最大排水量，查产品手册即可确定疏水器管径。

（7）减压阀

热水供应系统中的加热器常以蒸汽为热媒，若蒸汽管道供应的压力有可能大于水加热器的需求压力时，应在蒸汽管道上设置减压装置。减压阀是利用流体通过阀瓣产生阻力而减压，其阀后压力可在一定范围内进行调整。

减压阀应安装在水平管段上，阀体应保持垂直。阀前、阀后均应安装闸阀和压力表，阀后应装设安全阀，一般情况下还应设置旁通管，如图 4-33 所示。

蒸汽减压阀的选择应根据蒸汽流量计算出所需阀孔截面积，然后查产品样本确定阀门公称直径。当无资料时，可按高压蒸汽管路的公称直径选用相同孔径的减压阀。

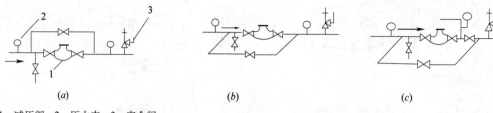

1—减压阀；2—压力表；3—安全阀

图 4-33　减压阀安装

（a）活塞式减压阀旁路管垂直安装；（b）活塞式减压阀旁路管水平安装；（c）薄膜式或波纹管减压阀的安装

蒸汽减压阀阀孔截面积，可按式（4-6）计算：

$$f = \frac{G}{0.6q} \tag{4-6}$$

式中　f——所需阀孔截面积（cm^2）；

　　　G——蒸汽流量（kg/h）；

　　0.6——减压阀流量系数；

　　　q——通过每 $1cm^2$ 阀孔截面的理论流量（kg/h），可按图 4-34 减压阀理论流量曲线查得。

【例4-2】某容积式水加热器用蒸汽作热媒，蒸汽管网压力（阀前压力）P_1 为 0.50MPa（绝对压力），水加热器要求压力（阀后压力）P_2 为 0.30MPa（绝对压力），蒸汽流量 $G = 900kg/h$，求所需减压阀阀孔截面积。

【解】按图 4-34 中 A 点（即 $P_1 = 0.50MPa$）沿着压力曲线向上，与 B 点（即 $P_2 = 0.30MPa$）引出的垂线相交于 C 点，C 点在纵轴上的数值为150kg/h，即单位阀孔截面通过的蒸汽流量：

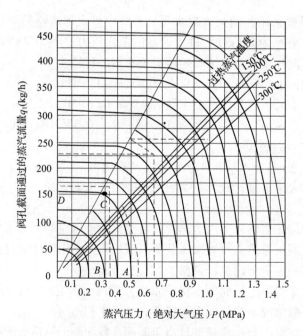

图 4-34　减压阀理论流量曲线

$$q = 150\text{kg/h}$$

按式（4-6）所需阀孔截面积：$f = \dfrac{G}{0.6q} = \dfrac{900}{0.6 \times 150} = 10\text{cm}^2$

（8）膨胀管

1）设置要求

膨胀管上严禁装设阀门。

当开式热水供应系统有多台锅炉或水加热器时，宜分别设置膨胀管，便于运行和维修。

当膨胀管有冻结可能时，应采取保温措施。

2）管径

膨胀管的最小管径应按表4-3确定。

膨胀管的最小管径 表4-3

锅炉或水加热器的传热面积（m²）	<10	≥10且<15	≥15且<20	≥20
膨胀管最小管径（mm）	25	32	40	50

3）高度

当热水系统由生活饮用高位水箱补水时，不得将膨胀管返至生活饮用高位水箱的上空，以防引起水体热污染。此时可将膨胀管引至同一建筑物的非生活饮用水箱的上空。膨胀管的设置高度按式（4-7）计算（图4-35）：

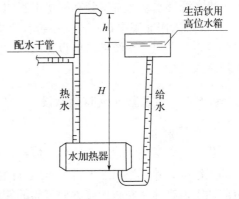

图 4-35　膨胀管高度

$$h \geqslant H\left(\frac{\rho_{\mathrm{L}}}{\rho_{\mathrm{r}}} - 1\right) \qquad (4\text{-}7)$$

式中　h——膨胀管高出生活饮用高位水箱水面的垂直高度(m)；

　　　H——锅炉、水加热器底部至高位冷水箱水面的高度(m)；

　　　ρ_{L}——冷水密度(kg/m³)；

　　　ρ_{r}——热水密度(kg/m³)。

膨胀管出水口与接入水箱水面之间应有不少于100mm的空气间隙隔断。

【例4-3】某建筑热水系统由生活饮用高位水箱补水，水加热器底部至生活饮用高位水箱水面的高度为50m，冷水密度为0.9997kg/L，热水密度为0.9832kg/L。则膨胀管应至少高出生活饮用高位水箱水面多少？

【解】膨胀管高出生活饮用高位水箱水面的垂直高度，按式（4-7）计算：

$$h = H\left(\frac{\rho_{\mathrm{L}}}{\rho_{\mathrm{r}}} - 1\right) = 50 \times \left(\frac{0.9997}{0.9832} - 1\right) = 0.84\text{m}$$

则：膨胀管应至少高出生活饮用高位水箱水面0.84m。

（9）压力式膨胀罐

日用热水量小于或等于30m³的热水供应系统，可采用安全阀等泄压的措施；日用热水量大于30m³的热水供应系统应设置压力式膨胀罐。用以容纳贮热设备及管道内的水升温后的膨胀量，防止系统超压，保证系统安全运行。

压力式膨胀水罐宜设置在加热设备的热水循环回水管上。与压力式膨胀罐连接的热水管上不得装阀门。

膨胀罐的总容积应按式（4-8）计算：

$$V_e = \frac{(\rho_f - \rho_r) P_2}{(P_2 - P_1)\rho_r} V_s \tag{4-8}$$

式中　V_e——膨胀罐的总容积（m^3）；

ρ_f——加热前加热、贮热设备内水的密度（kg/m^3），定时供应热水的系统宜按冷水温度确定；全日集中热水供应系统宜按热水回水温度确定；

ρ_r——热水的密度（kg/m^3）；

P_1——膨胀罐处管内水压力（MPa，绝对压力），为管内工作压力加0.1MPa；

P_2——膨胀罐处管内最大允许压力（MPa，绝对压力），其数值可取 $1.10 P_1$，P_2 值不应大于水加热器的额定工作压力；

V_s——系统内热水总容积（m^3）。

（10）循环水泵

热水循环水泵应选用热水泵，水泵壳体承受的工作压力不得小于其所承受的静水压力加水泵扬程。全日制热水供应系统的循环水泵应由泵前回水管的温度控制开停。

热水循环水泵通常安装在回水干管的末端。循环水泵宜设备用泵，交替运行。

（11）太阳能集中热水供应系统，应采取可靠的防止集热器和贮热水箱（罐）贮水过热的措施。在闭式系统中，应设膨胀罐、安全阀，有冰冻可能的系统还应采取可靠的集热系统防冻措施。

4.3.2　管道管材及布置敷设

（1）管材

热水供应系统的管材和管件，应符合有关产品的现行国家标准和行业标准的要求。管道的工作压力和工作温度不得大于现行国家标准规定的允许工作压力和工作温度。热水管道应选用耐腐蚀、安装连接方便可靠的管材。可选用薄壁铜管、薄壁不锈钢管、塑料热水管、塑料和金属复合热水管等。

当采用塑料热水管或塑料和金属复合热水管材时，管道的工作压力应按相应温度下的允许工作压力选择。由于塑料管质脆、怕撞击，故设备机房内的管道不应采用塑料热水管。

管道与管件宜为相同材质。由于塑料的伸缩系数大于金属的伸缩系数，如管道采用塑料管、管件为金属材质时，易在接头处出现胀缩漏水的问题。

定时供应热水系统内的水温经常性发生冷热变化，故不宜选用塑料热水管。

（2）布置敷设

热水管道的布置敷设应按给水管道有关规定执行。除此之外，还应满足以下要求：

1）热水管道穿过建筑物的楼板、墙壁和基础时应加套管，热水管道穿越屋面及地下室外墙时应加防水套管。热水管道穿越楼板时应加套管是为了防止管道膨胀伸缩移动造成管外壁四周出现缝隙，引起上层漏水至下层的事故。一般套管内径应比通过热水管的外径大2~3号，中间填不燃烧材料再用沥青油膏之类的软密封防水填料灌平。套管高出地面大于或等于20mm。

2）塑料热水管材质脆，刚度（硬度）较差，应避免撞击、紫外线照射，故宜暗设。

对于外径 $De \leqslant 25mm$ 的聚丁烯管、改性聚丙烯管、交联聚乙烯管等柔性管一般可以将管道直埋在建筑垫层内，但不允许将管道直接埋在钢筋混凝土结构墙板内。埋在垫层内的管道不应有接头。外径 $De \geqslant 32mm$ 的塑料热水管可敷设在管井或吊顶内。

塑料热水管明设时，立管宜布置在不受撞击处，如不能避免时应在管外加保护措施。

3）热水立管与横管连接时，为避免管道伸缩应力破坏管道，应采用乙字弯的连接方式。

4）热水横管的敷设坡度不宜小于0.003，以利于管道中的气体聚集后排放。上行下给式系统配水干管最高点应设排气装置，下行上给式配水系统可利用最高配水点排气。

当下行上给式热水系统设有循环管道时，其回水立管应在最高配水点以下（约0.5m）与配水立管连接。上行下给式热水系统可将循环管道与各立管连接。

在系统最低点应设泄水装置，以便在维修时放空管道中的存水。

5）热水管道随水温变化会产生伸缩，因而承受内应力。如果伸缩量得不到补偿，当管道所承受的内应力超过自身的极限时就会发生弯曲、位移、接头开裂甚至破裂。因此，热水管道系统应采取补偿管道热胀冷缩的措施，常用的技术措施有自然补偿和伸缩器补偿。自然补偿是利用管道敷设自然形成的 L 形或 Z 形弯曲管段，来补偿管道的温度变形。当直线管段较长，不能依靠自然补偿作用时，需要每隔一定距离设置伸缩器来补偿管道伸缩量。

① 管道热伸缩长度，可按式（4-9）计算：

$$\Delta L = \partial \cdot L \cdot \Delta T \tag{4-9}$$

式中 　ΔL——自固定支撑点起管道的伸缩长度（mm）；

　　　∂——管道线膨胀系数 [mm/(m·℃)]，见表4-4；

　　　L——直线管段长度（m）；

　　　ΔT——计算温差（℃），取管内水的最大温差。

常用管材的线膨胀系数值　　　　　　　　　　　　　　　　表 4-4

管材	碳管	铜	不锈钢	钢塑	PVC-C	PP-R	PEX	PB	PAP
∂ [mm/(m·℃)]	0.012	0.0176	0.0173	0.025	0.07	0.15	0.16	0.13	0.025

② 自然补偿

热水管道应尽量利用自然补偿，即利用管道敷设的自然弯曲、折转等吸收补偿管道的温度变形，见图4-36，在直线距离较短、转向多的室内管段上可采用这种技术措施。弯曲两侧管段的长度（L）不宜大于表4-5中的数值。

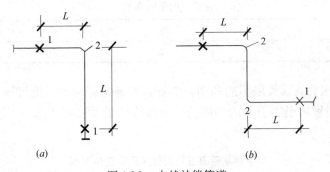

图4-36　自然补偿管道

（a）L形；（b）Z形

1—固定支架；2—弯管

不同管材弯曲两侧管段的允许长度 表4-5

管材	薄壁铜管	薄壁不锈钢	衬塑钢塑	PP-R	PEX	PB	PAP
允许长度（m）	10.0	10.0	8.0	1.5	1.5	2.0	1.5

塑料热水管的线膨胀系数大，敷设热水管道时必须重视补偿伸缩的问题。

塑料热水管利用弯曲进行自然补偿时，管道支撑间距不宜小于最小自由臂长度，见图 4-37。最小自由臂长度可按式（4-10）计算：

$$L_z = K\sqrt{\Delta L \cdot D_e}$$

(4-10)

式中　L_z——最小自由臂长度（mm）；

　　　K——材料比例系数，见表4-6；

　　　D_e——计算管段的公称外径（mm）；

　　　ΔL——自固定支撑点起管道的伸缩长度（mm）。

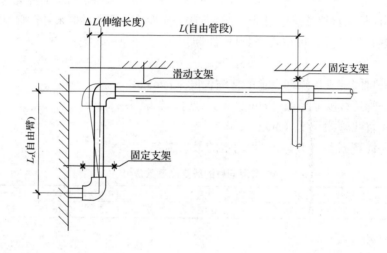

图4-37　最小自由臂 L_z 长度

管材比例系数 K 值 表4-6

管材	PP-R	PEX	PB	PAP
K	20	20	10	20

③ 当塑料热水管直线管段不能利用自然补偿或补偿器时，可通过固定支承利用管材本身允许的变形量解决温度引起的伸缩量，直线管段最大固定支承（固定支架）间距见表4-7。

塑料热水管直线管段最大固定支架间距 表4-7

管材	PP-R	PEX	PB	PAP
间距（m）	3.0	3.0	6.0	3.0

④ 热水干管与立管的连接处，立管应加弯头以补偿立管的伸缩应力，其接管方法见图4-38。

⑤ 伸缩器补偿

当塑料热水管直线管段的长度大于表4-7中的数据，铜管、不锈钢管与衬塑钢管的直线管段长度大于20m时，应设伸缩器解决管道的伸缩量，如塑料伸缩节、不锈钢波纹管、多球橡胶软管接头等，见图4-39。

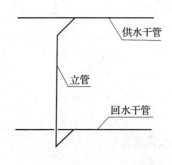

图4-38 热水干管与立管的连接

不锈钢波形膨胀节是由一层或多层薄壁不锈钢管坯制成的环形波纹管，波形膨胀节的波数应按管道固定支架内管道长度和膨胀节的理论特性经计算伸缩量确定，选择波数时要计算其弯曲变形、疲劳寿命和安全系数。

波纹伸缩节的安装位置应靠近固定支架处，其后的导向性活动支架可按安装图要求的尺寸布置，铜管固定支架每隔 10～20m 设置。立管的固定支架应设置在楼面或有钢筋混凝土梁、板处。横管的固定支架应设置在钢筋混凝土柱、梁、板处。波纹允许伸缩量可按 60% 值选用。L_{max} 为活动支架之间最大间距，可查表或计算确定。

室内塑料伸缩节有多球橡胶伸缩节和伸缩塑料伸缩节，前者宜用于横管，后者宜用于立管。

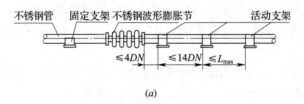

(a)

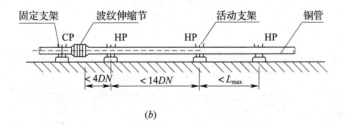

(b)

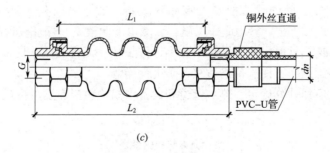

(c)

图4-39 伸缩器类型

(a) 不锈钢波形膨胀节；(b) 波纹伸缩节；(c) 多球橡胶伸缩节

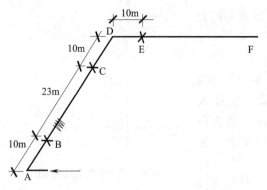

图 4-40 【例4-4】用图

【例 4-4】 某建筑热水供应系统热水干管采用 $DN100$ 的铜管，线膨胀系数取 0.0176，布置见图 4-40。热水温度为 55℃，冷水温度为 13℃。试布置 A 点至 D 点之间管段上所需的伸缩器及固定支架，并计算补偿量。

【解】 根据表 4-5，自然补偿时管道固定支座到自由端的最大允许长度为 10m，故：AB、CD、DE 的距离可取 10m。

当铜管的直线管段长度大于 20m 应设伸缩器，故 BC 之间应设置伸缩器，热伸缩长度按式（4-9）计算：$\Delta L = \partial \cdot L \cdot \Delta T = 0.0176 \times 23 \times (55 - 13) = 17\text{mm}$。

即：伸缩器的补偿量为 17mm，应按此选用伸缩器型号。

（3）公共浴室管道布置与敷设

工业企业生活间和学校的淋浴室宜采用单管热水供应系统。单管热水供应系统应采取保证热水水温稳定的技术措施，多于 3 个淋浴器的公共浴室，其配水管道宜布置成环形，以避免或减少启闭某一淋浴器阀门时对其他淋浴器出水水温的影响。

公共浴室内浴盆、洗涤池等卫生洁具启闭时，引起淋浴器管网内水压、出水流量变化而导致出水水温不稳定。为此，应将连接给水额定流量较大的用水设备的管道与淋浴器配水管道分开设置。

成组淋浴器的配水管，当淋浴器少于或等于 6 个时，其沿程水头损失可采用每米不大于 300Pa；当淋浴器多于 6 个时，可采用每米不大于 350Pa。

配水管不宜变径，且其最小管径不得小于 25mm。

老年人照料设施、安定医院、幼儿园、监狱等建筑中，为特殊人群提供淋浴的热水设施及热水管道，应有防烫伤措施。

另外，公共浴室不宜采用公用浴池沐浴的方式；当必须采用时应设循环水处理系统及消毒设备。

4.3.3 保温

热水锅炉、燃气、燃油热水机组、水加热设备、贮水器、分（集）水器、热水输（配）水、循环回水干（立）管均应作保温，以减少能源浪费，保证较远的配水点能得到设计水温的热水。绝热材料应选用导热系数小、重量轻、无腐蚀性并具有一定机械强度的材料，还应考虑施工维修方便、价格适宜、防火性能等。

保温层的厚度应经计算确定。热水管道和设备保温绝热层厚度可按最大允许热损失量计算，见表 4-8。

最大允许热损失量表　　　　　　　　　　　　　　　　　　表 4-8

设备、管道外表面温度（℃）	50	60	100	150
最大允许热损失量（W/m²）	58	65	93	116

注：表中 60℃ 最大允许热损失量为按规范用内插法计算确定的。

4.4 热水供应系统水质与水质处理

4.4.1 水质要求

生活热水的原水水质应符合现行国家标准《生活饮用水卫生标准》GB 5749 中的规定，生活热水的水质应符合现行行业标准《生活热水水质标准》CJ/T 521 的规定，常规指标及限值见附录 7。

集中热水供应系统制备热水的原水是否需要进行处理，应根据水质、水量、水温、水加热设备的构造、使用要求等因素，经技术经济比较按下列条件确定：

1）洗衣房日用热水量（按 60℃计）大于或等于 $10m^3$ 且原水总硬度（以碳酸钙计）大于 300mg/L 时，应进行水质软化处理；原水总硬度（以碳酸钙计）为 150～300mg/L 时，宜进行水质软化处理。

2）其他生活日用热水量（按 60℃计）大于或等于 $10m^3$ 且原水总硬度（以碳酸钙计）大于 300mg/L 时，宜进行水质软化或阻垢缓蚀处理。

3）经软化处理后的水质总硬度（以碳酸钙计）宜为：

① 洗衣房用水：50～100mg/L；

② 其他用水：75～120mg/L。

4）水质阻垢缓蚀处理应根据水的硬度、适用流速、温度、作用时间或有效长度及工作电压等选择合适的物理处理或化学稳定剂处理方法。

5）系统对溶解氧控制要求较高时，宜采取除氧措施。

生产用热水水质应根据工艺要求确定。

4.4.2 水质处理

（1）软化处理

生活热水的原水软化处理一般采用离子交换的方法，适用于原水硬度高且对热水供应水质要求高、维护管理水平高的高级旅馆，别墅及大型洗衣房等场所。图 4-41（a）所示为全部生活用水均经过离子交换软化处理，交换柱中离子交换树脂的卫生标准应符合现行国家标准《生活饮用水输配水设备及防护材料的安全性评价标准》GB/T 17219 的要求。图 4-41（b）所示为一部分原水经过离子交换柱后，与另一部分原水混合，使混合后水质的总硬度达到要求。

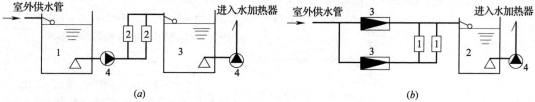

1—原水池（冷水）；2—离子交换柱；3—软化水贮水池；4—水泵　　　　1—离子交换柱；2—贮水池；3—水表；4—水泵

图 4-41　软化法

（a）全部软化法；（b）部分软化法

（2）阻垢缓蚀处理

阻垢缓蚀处理是指采用电、磁、化学稳定剂等物理、化学方法稳定水中钙、镁离子，使其在一定的条件下不形成水垢，延缓对加热设备或管道的腐蚀。

生活热水原水的阻垢缓蚀处理有物理法和化学法。物理法主要有磁处理、电场处理和超声波处理等方法。化学法主要是投加聚磷酸盐（硅磷晶）。

磁水处理器是利用磁场对水进行处理，使其各种分子、离子都获得一定的磁能而发生形变，破坏其结垢能力，以达到防止水垢产生和去除水垢的作用。

电子水处理器是利用高频波使水分子排列有序，使其成垢离子间的排列顺序发生变化，阻止钙镁离子形成晶核，进而达到防垢的目的。

超声波水垢处理器的防垢、除垢机理是，超声波在介质中传播时会使媒质产生振动，使粒子间产生相互作用。当超声波的机械能振动使媒质中的粒子加速度达到一定数值时，就会在媒质中产生一系列的物理和化学效应：高速微涡效应、剪切应力效应、超声凝聚效应等，起到水质软化及防垢的作用。

阻垢缓蚀处理方法和装置的适用条件见表4-9。

阻垢缓蚀处理法   表4-9

处理方法	装置	适用水质	备注
物理法	内磁水处理器	1. 水中以钙镁离子为主的总硬度不大于500mg/L（以碳酸钙计），永久硬度小于200mg/L（以碳酸钙计），含盐量小于3000mg/L； 2. pH：7～11	1. 处理器内的磁铁应采用钕铁硼永磁材料，磁处理最佳中心磁场强度130～160mT； 2. 水的适用流速大于或等于2m/s，最小不能低于1.5m/s； 3. 管内有效作用长度是指原水通过水处理装置后能够保持防垢性能的长度范围，一般为500～1000m，如设计管路超过此长度可串联使用
	外磁水处理器	1. 以碳酸盐垢为主的水质； 2. 水温0～80℃	1. 工作磁体采用超高永磁体，管外集中方向性磁场强度达2000mT以上； 2. 水的适用流速大于或等于2m/s
	电子水处理器	1. 水中总硬度不大于550mg/L（以碳酸钙计）； 2. 水温低于105℃	1. 工作电压为低压； 2. 有效工作时间约30min，有效作用长度约2000m； 3. 电源部分距大容量电器设备（>20kW）至少5～6m，无法回避时应加屏蔽罩并接地
	静电除垢器	1. 水中总硬度不大于700mg/L（以碳酸钙计）； 2. 水温低于80℃	1. 工作电压为低压，经整流转换成高压处理器使用，小型设备最佳电压为2.5～3.5kV，大型设备最佳电压为18～20kV； 2. 有效作用时间内的有效作用长度约2000m

处理方法	装置	适用水质	备注
物理法	高频电子水处理设备	1. 水中总硬度不大于700mg/L（以碳酸钙计）； 2. 水温低于95℃	1. 输出频率应大于3MHz； 2. 水通过处理器必须有一定的停留时间，通过流量可以在额定处理水量的±20%范围内使用； 3. 处理器距大容量（>20kW）电器设备至少5~6m，无法回避时应加屏蔽罩并接地
	碳铝式离子水处理器	1. 水的总硬度不大于800mg/L（以碳酸钙计）； 2. 水温0~100℃	1. 作用时间48~72h； 2. 经过时流速不限
	超声波水垢处理器	1. 总硬度不大于1000mg/L（以碳酸钙计）； 2. 水温低于95℃	1. 有效作用距离是指发挥其防垢、除垢功能时，超声波水垢处理器与换能器的适宜距离范围，通常为1000~2000m； 2. 工作频率波段：14.7~19.4kHz； 3. 一台超声发生器最多能带六个换能器同时工作
化学法	投加聚磷酸盐/聚硅酸盐（硅磷晶）法	1. 水中碳酸盐硬度小于360mg/L（以碳酸钙计）； 2. 水温低于80℃	1. 有效作用时间是指投加化学药剂后，原水能够保持其防垢作用的时间段，一般按10h设计； 2. 设有洗衣房的建筑物，如其给水系统采用了聚磷酸盐，洗衣房部分热水供应宜单设离子交换软化处理

注：T即磁场强度单位特斯拉，1mT=10Gs（Gs即高斯）。

（3）除气处理

为了减少热水管道和设备的腐蚀，水中的溶解氧不宜超过5mg/L、水中的二氧化碳不宜超过20mg/L。否则，集中热水供应系统制备热水的原水宜在进入加热设备前进行除气处理。

4.5 热水供应系统计算

4.5.1 热水供应系统水温

（1）冷水计算温度

在计算热水供应系统的耗热量时，冷水温度应以当地最冷月平均水温资料确定。当无水温资料时，可按表4-10采用。

（2）集中热水供应系统的水加热设备出水温度

根据原水水质、使用要求、系统大小、消毒措施等条件，集中热水供应系统水加热设备出口的最高水温和配水点最低水温可按表4-11采用。

冷水计算温度（℃）

表 4-10

区域	省、市、自治区、行政区		地面水	地下水	区域	省、市、自治区、行政区		地面水	地下水
东北	黑龙江		4	6~10	东南	浙江		5	15~20
	吉林		4	6~10		江苏	偏北	4	10~15
	辽宁	大部	4	6~10			大部	5	15~20
		南部	4	10~15		江西大部		5	15~20
华北	北京		4	10~15		安徽大部		5	15~20
	天津		4	10~15		福建	北部	5	15~20
	河北	北部	4	6~10			南部	10~15	20
		大部	4	10~15		台湾		10~15	20
	山西	北部	4	6~10	中南	河南	北部	4	10~15
		大部	4	10~15			南部	5	15~20
	内蒙古		4	6~10		湖北	东部	5	15~20
西北	陕西	偏北	4	6~10			西部	7	15~20
		大部	4	10~15		湖南	东部	5	15~20
		秦岭以南	7	15~20			西部	7	15~20
	甘肃	南部	4	10~15		广东、香港、澳门		10~15	20
		秦岭以南	7	15~20		海南		15~20	17~22
	青海	偏东	4	10~15	西南	重庆		7	15~20
	宁夏	偏东	4	6~10		贵州		7	15~20
		南部	4	10~15		四川大部		7	15~20
	新疆	北疆	5	10~11		云南	大部	7	15~20
		南疆	—	12			南部	10~15	20
		乌鲁木齐	8	12		广西	大部	10~15	20
东南	山东		4	10~15			偏北	7	15~20
	上海		5	15~20		西藏		—	5

水加热设备出水温度和配水点水温

表 4-11

原水硬度（以碳酸钙计）及消毒设置情况	水加热设备出水温度（℃）	配水点水温（℃）
水加热设备冷水进水总硬度 <120mg/L	≤70	≥46
水加热设备冷水进水总硬度 ≥120mg/L	≤60	
无消毒设施	医院、疗养所：60~65	
	其他建筑：55~60	
设消毒设施	医院、疗养所：55~60	
	其他建筑：50~55	

4.5.2 热水用水定额

生活用热水定额有2种：

（1）根据建筑物使用性质、卫生器具完善程度，以每人每日（或每床位每日等）最高日热水用水量、平均日热水量来表示确定，其水温以60℃计（见表4-12），选取时还应考虑当地气候条件等影响因素。

热水用水定额 表 4-12

序号	建筑物名称		单位	用水定额（L）		使用时间（h）
				最高日	平均日	
1	普通住宅	有热水器和沐浴设备	每人每日	40~80	20~60	24
		有集中热水供应（或家用热水机组）和沐浴设备		60~100	25~70	
2	别墅		每人每日	70~110	30~80	24
3	酒店式公寓		每人每日	80~100	65~80	24
4	宿舍	居室内设卫生间	每人每日	70~100	40~55	24 或定时供应
		设公用盥洗卫生间		40~80	35~45	
5	招待所、培训中心、普通旅馆	设公用盥洗室	每人每日	25~40	20~3	24 或定时供应
		设公用盥洗室、淋浴室		40~60	35~45	
		设公用盥洗室、淋浴室、洗衣室		50~80	45~55	
		设单独卫生间、公用洗衣室		60~100	50~70	
6	宾馆客房	旅客	每床位每日	120~160	110~140	24
		员工	每人每日	40~50	35~40	8~10
7	医院住院部	设公用盥洗室	每床位每日	60~100	40~7	24
		设公用盥洗室、淋浴室		70~130	65~9	
		设单独卫生间		110~200	110~14	
		医务人员	每人每班	70~130	65~90	8
	门诊部、诊疗所	病人	每病人每次	7~13	3~5	8~12
		医务人员	每人每班	40~60	30~50	8
		疗养院、休养所住房部	每床每位每日	100~160	90~110	24
8	养老院、托老所	全托	每床位每日	50~70	45~55	24
		日托		25~40	15~20	10
9	幼儿园、托儿所	有住宿	每儿童每日	25~50	20~40	24
		无住宿		20~30	15~20	10
10	公共浴室	淋浴	每顾客每次	40~60	35~4	12
		淋浴、浴盆		60~80	55~70	
		桑拿浴（淋浴、按摩池）		70~100	60~70	
11	理发室、美容院		每顾客每次	20~45	20~35	12

序号	建筑物名称		单位	用水定额（L）		使用时间（h）
				最高日	平均日	
12	洗衣房		每千克干衣	15~30	15~30	8
13	餐饮业	中餐酒楼	每顾客每次	15~20	8~12	10~12
		快餐店、职工及学生食堂		10~12	7~10	12~16
		酒吧、咖啡厅、茶座、卡拉OK房		3~8	3~5	8~18
14	办公楼	坐班制办公	每人每班	5~10	4~8	8~1
		公寓式办公	每人每日	60~100	25~70	10~24
		酒店式办公		120~160	55~140	24
15	健身中心		每人每次	15~25	10~20	8~12
16	体育场（馆）	运动员淋浴	每人每次	17~26	15~20	4
17	会议厅		每座位每次	2~3	2	4

注：1. 热水温度按60℃计，卫生器具使用水温见表4-13；

    2. 所列用水定额均已包括在冷水用水定额内；

    3. 学生宿舍使用IC卡计量热水时，可按每人每日最高日用水定额25~30L、平均日用水定额20~25L；

    4. 平均日用水定额仅用于太阳能热水系统集热面积和节水用水量计算。

（2）根据建筑物使用性质以卫生器具的单位用水量来确定，卫生器具的1次和1h热水用水定额按表4-13确定，该热水定额与卫生洁具使用水温有关。

卫生器具的1次和1h热水用水定额及水温　　　　表4-13

序号	卫生器具名称	一次用水量（L）	小时用水量（L）	使用水温（℃）
1	住宅、旅馆、别墅、宾馆、酒店式公寓			
	带有淋浴器的浴盆	150	300	40
	无淋浴器的浴盆	125	250	40
	淋浴器	70~100	140~200	37~40
	洗脸盆、盥洗槽水嘴	3	30	30
	洗涤盆（池）	—	180	50
2	集体宿舍、招待所、培训中心淋浴器			
	有淋浴小间	70~100	210~300	37~40
	无淋浴小间	—	450	37~40
	盥洗槽水嘴	3~5	50~80	30
3	餐饮业			
	洗涤盆（池）	—	250	50
	洗脸盆：工作人员用	3	60	30
	顾客用	—	120	30
	淋浴器	40	400	37~40

序 号	卫生器具名称	一次用水量 (L)	小时用水量 (L)	使用水温 (℃)
4	幼儿园、托儿所 　浴盆：幼儿园 　　　　托儿所 　淋浴器：幼儿园 　　　　　托儿所 　盥洗槽水嘴 　洗涤盆（池）	 100 30 30 15 15 —	 400 120 180 90 25 180	 35 35 35 35 30 50
5	医院、疗养院、休养所 　洗手盆 　洗涤盆（池） 　淋浴器 　浴盆	 — — — 125～150	 15～25 300 200～300 250～300	 35 50 37～40 40
6	公共浴室 　浴盆 　淋浴器：有淋浴小间 　　　　　无淋浴小间 　洗脸盆	 125 100～150 — 5	 250 200～300 450～540 50～80	 40 37～40 37～40 35
7	办公楼　洗手盆	—	50～100	35
8	理发室　美容院　洗脸盆	—	35	35
9	实验室 　洗脸盆 　洗手盆	 — —	 60 15～25	 50 30
10	剧场 　淋浴器 　演员用洗脸盆	 60 5	 200～400 80	 37～40 35
11	体育场馆　淋浴器	30	300	35
12	工业企业生活间 　淋浴器：一般车间 　　　　　脏车间 　洗脸盆或盥洗槽水嘴：一般车间 　　　　　　　　　　　脏车间	 40 60 3 5	 360～540 180～480 90～120 100～150	 37～40 40 30 35
13	净身器	10～15	120～180	30

注：1. 一般车间是指现行国家标准《工业企业设计卫生标准》GBZ 1 中规定的 3、4 级卫生特征的车间，脏车间指该标准中规定的 1、2 级卫生特征的车间；
　　2. 学生宿舍等建筑的淋浴间，当使用 IC 卡计费用水时，其一次用水量和小时用水量可按表中数值的25%～40%取值。

4.5.3　设计小时热水量及耗热量

（1）设计小时热水量

集中热水供应系统的设计小时热水量，理论上是按系统具有代表性的日热水用水量小时变化曲线加以分析后确定，缺少资料时可按下列方法计算。

1）全日供应热水的宿舍（居室内设卫生间）、住宅、酒店式公寓、别墅、招待所、培训中心、旅馆、宾馆的客房（不含员工）、医院住院部、养老院、幼儿园、托儿所（有住宿）、办公楼等建筑的集中热水供应系统，其设计小时热水量应按式（4-11）计算：

$$q_{rh} = K_h \frac{m \cdot q_r}{T} \tag{4-11}$$

式中 q_{rh}——设计小时热水量（L/h）；

m——用水计算单位数（人数或床位数）；

q_r——热水用水定额［L/（人·d）或 L/（床·d）］，按表 4-12 采用；

T——每日用水时间（h），按表 4-12 采用；

K_h——热水小时变化系数，按表 4-14 采用。

热水小时变化系数 K_h 值　　　　　　　　　　　　　　　　表 4-14

类别	住宅	别墅	酒店式公寓	宿舍（居室内设卫生间）	招待所培训中心旅馆	宾馆	医院疗养院	幼儿园托儿所	养老院
热水用水定额 ［L/（人·d）或 L/（床·d）］	60~100	70~110	80~100	70~100	25~40 40~60 50~80 60~100	120~160	60~100 70~130 110~200 100~160	20~40	50~70
使用人（床）数	100~6000	100~6000	150~1200	150~1200	150~1200	150~1200	50~1000	50~1000	50~1000
K_h	4.80~2.75	4.21~2.47	4.00~2.58	4.80~3.20	3.84~3.00	3.33~2.60	3.63~2.56	4.80~3.20	3.20~2.74

注：1. K_h 应根据热水用水定额高低、使用人（床）数多少取值，当热水用水定额高、使用人（床）数多时取低值，反之取高值，使用人（床）数小于等于下限值及大于等于上限值的，K_h 就取下限值及上限值，中间值可用内插法求得；

　　2. 设有全日制集中热水供应系统的办公楼、公共浴室等表中未列入的其他类建筑，其 K_h 值可按给水的小时变化系数选值。

2）定时供应热水的住宅、旅馆、医院及工业企业生活间、公共浴室、宿舍（设公共盥洗卫生间）、剧院化妆间、体育馆（场）运动员休息室等建筑的全日集中热水供应系统，其设计小时热水量应按式（4-12）计算：

$$q_{rh} = \sum q_h n_0 b \tag{4-12}$$

式中 q_{rh}——设计小时热水量（L/h）；

q_h——卫生器具热水的小时用水定额（L/h），按表 4-13 采用；

n_0——同类型卫生器具数；

b——卫生器具的同时使用百分数：住宅、旅馆、医院、疗养院病房的卫生间内浴盆或淋浴器可按 70%~100% 计，其他器具不计；但定时连续供水时间应大于或等于 2h。工业企业生活间、公共浴室、学校、剧院、体育馆（场）等的浴室内的淋浴器和洗脸盆均按表 1-12 的上限取值。住宅一户设有多个卫生间时，可按 1 个卫生间计算。

应用式（4-12）时应注意，由于不同类型卫生器具的使用水温不同，必须换算为相同水温后才能正确计算出相应水温的设计小时热水量。换算系数可按式（4-13）计算：

$$K_r = \frac{t_h - t_l}{t_r - t_l} \times 100\% \tag{4-13}$$

式中　K_r——换算系数（小时热水量占混合水量的百分数，%）；

　　　t_r——热水温度（℃）；

　　　t_h——冷热水混合后卫生器具的使用温度（℃），按表 4-13 取值；

　　　t_l——冷水计算温度（℃）。

（2）设计小时耗热量

根据设计小时热水量与热量的关系，可计算出相应的设计小时耗热量。

1）宿舍（居室内设卫生间）、住宅、酒店式公寓、别墅、招待所、培训中心、旅馆、宾馆的客房（不含员工）、医院住院部、养老院、幼儿园、托儿所（有住宿）、办公楼等建筑的全日集中热水供应系统的设计小时耗热量，应按式（4-14）计算：

$$Q_h = q_{rh}C(t_r - t_l)\rho_r C_r = K_h \frac{mq_r C(t_r - t_l)\rho_r}{T} C_r \tag{4-14}$$

式中　Q_h——设计小时耗热量（kJ/h）；

　　　q_{rh}——设计小时热水量（L/h），按 60℃ 计；

　　　C——水的比热，$C = 4.187$kJ/(kg·℃)；

　　　t_r——热水温度（℃），取 60℃；

　　　t_l——冷水温度（℃）；

　　　ρ_r——热水密度（kg/L）；

　　　q_r——热水用水定额 [L/(人·d) 或 L/(床·d)]，按表 4-1 取值；

　　　m——用水计算单位数（人数或床位数）；

　　　T——每日用水时间（h），按表 4-12 取值；

　　　K_h——热水小时变化系数，按表 4-14 取值；

　　　C_r——热水供应系统的热损失系数，取 1.10 ~ 1.15。

2）定时集中供应热水系统，工业企业生活间、公共浴室、宿舍（设公用盥洗卫生间）、剧院化妆间、体育馆（场）运动员休息室等建筑的全日集中热水供应系统及局部热水供应系统，其设计小时耗热量应按式（4-15）计算：

$$Q_h = \sum q_r n_0 b(t_{rl} - t_l)\rho_r C C_r \tag{4-15}$$

式中　Q_h——设计小时耗热量（kJ/h）；

　　　C——水的比热，$C = 4.187$kJ/(kg·℃)；

　　　t_{rl}——使用温度（℃），按表 4-13 "使用水温" 取值；

　　　t_l——冷水温度（℃），按表 4-10 取值；

　　　ρ_r——热水密度（kg/L）；

　　　q_r——卫生器具热水的小时用水定额（L/h），按表 4-13 取值；

n_0——同类型卫生器具数；

　　b——卫生器具的同时使用百分数，同式（4-12）；

　　C_r——热水供应系统的热损失系数，取 1. 10～1. 15。

　　3）当同一热水供应系统供给具有多个不同使用热水部门的单一建筑（如旅馆内具有客房卫生间、职工公用淋浴间、洗衣房、厨房、游泳池及健身娱乐设施等多个热水用户）或多种使用功能的综合性建筑（如：同一栋建筑内有公寓、办公楼、商业用房、旅馆等多种用途）时，该系统的设计小时耗热量可按同一时间内出现用水高峰的主要用水部门的设计小时耗热量加其他用水部门的平均小时耗热量计算，见式（4-16）：

$$Q_h = \sum Q_{hmax} + \sum Q_{hmean} \tag{4-16}$$

式中　Q_h——设计小时耗热量（kJ/h）；

　　Q_{hmax}——系统出现高峰用水时间内，主要用户的设计小时耗热量（kJ/h）；

　　Q_{hmean}——在上述 Q_{hmax} 出现同时，其他用户的平均小时耗热量（kJ/h）。

　　（3）设计小时热水量与耗热量

　　设计小时热水量与设计小时耗热量，应符合以下关系：

$$q_{rh} = \frac{Q_h}{(t_{r2} - t_1)\rho_r CC_r} \tag{4-17}$$

式中　q_{rh}——设计小时热水量（L/h）；

　　t_{r2}——设计热水温度（℃）。

　　【例4-5】某住宅楼共 144 户，每户按 3. 5 人计，采用集中热水供应系统。热水用水定额按 80L/（人·d）计（60℃，ρ =0.9832kg/L），冷水温度按 10℃计（ρ =0.9997kg/L），每户设有 2 个卫生间和 1 个厨房，每个卫生间内设 1 个浴盆（小时用水量为 300L/h，水温 40℃，ρ =0.9922kg/L，b 为 70%）、1 个洗手盆（小时用水量为 30L/h，水温 30℃，ρ = 0.9957kg/L，b 为 50%）和 1 个大便器，厨房内设 1 个洗涤盆（小时用水量为 180L/h，水温 50℃，ρ =0.9881kg/L，b 为 70%）。小时变化系数为 3. 28。试计算：采用全日或定时（热水供应时间为 19:00～23:00）集中热水供应系统时，该住宅楼的设计小时耗热量至少为多少？

　　【解】根据式（4-14），全日制集中热水供应系统的设计小时耗热量应为：

$$Q_h = K_h \frac{mq_r C(t_r - t_1)\rho_r}{T} \cdot C_r$$

$$= 3. 28 \times \frac{144 \times 3.5 \times 80 \times 4.187 \times (60 - 10) \times 0.9832}{24} \times 1.10$$

$$= 1247635 \text{kJ/h}$$

　　根据式（4-15），定时制集中热水供应系统的最小设计小时耗热量应为：

$$Q_h = \sum q_{rl}(t_{rl} - t_1)\rho_r n_0 bCC_r$$

$$= 300 \times (40 - 10) \times 0.9922 \times 144 \times 70\% \times 4.187 \times 1.10$$

$$= 4145700 \text{kJ/h}$$

　　故：采用全日或定时集中热水供应系统时，该住宅楼的设计小时耗热量分别至少为 1247635kJ/h、4145700kJ/h。

4.5.4 设计小时供热量、热媒耗量及水源取水量

（1）设计小时供热量

加热设备的设计小时供热量是指加热设备供水最大时段内的小时产热量。

全日集中热水供应系统中，锅炉、水加热器的设计小时供热量应根据日热水量小时变化曲线、加热方式及水加热设备的工作制度，经积分曲线计算确定。无资料时可按下列方法计算。

1）导流型容积式水加热器或贮热容积与其相当的水加热器、燃油（气）热水机组，其设计小时供热量应按式（4-18）计算：

$$Q_g = Q_h - \frac{\eta V_r}{T_1}(t_r - t_1)C\rho_r \tag{4-18}$$

式中　Q_g——设计小时供热量（kJ/h）；

Q_h——设计小时耗热量（kJ/h）；

η——有效贮热容积系数：导流型容积式水加热器取 0.8~0.9；第一循环系统为自然循环时，卧式贮热水罐取 0.8~0.85，立式贮热水罐取 0.85~0.9；第一循环系统为机械循环时，卧式、立式贮热水罐取 1.0；

V_r——总贮热容积（L）；

T_1——设计小时耗热量持续时间（h），全日集中热水供应系统取 2~4h；定时集中热水供应系统 T_1 等于定时供水的时间；当 Q_g 计算值小于平均小时耗热量时，Q_g 应取平均小时耗热量；

C——水的比热，$C = 4.187 \text{kJ}/(\text{kg}\cdot℃)$；

t_r——热水温度（℃），按水加热器设计出水温度或贮水温度计；

t_1——冷水温度（℃）；

ρ_r——热水密度（kg/L）。

式（4-18）表明，带有相当贮热容积的水加热器供热时，提供系统的设计小时耗热量由两部分组成：一部分是设计小时耗热量时间段内热媒直接的供热量 Q_g；另一部分是供给设计小时耗热量之前水加热设备内已贮存好的热量。即水加热器贮热容积较大时，锅炉的设计小时供热量可小于设计小时耗热量，避免了锅炉和水加热器两者选型均偏大、利用率低的弊端。当 Q_g 计算值小于平均小时耗热量时，Q_g 应取平均小时耗热量。

2）半容积式水加热器或贮热容积与其相当的水加热器、燃油（气）热水机组，其设计小时供热量应按设计小时耗热量计算：

$$Q_g = Q_h \tag{4-19}$$

这类水加热器的贮热容积仅有容积式水加热器的 1/2~1/3，只能调节设计小时耗热量与设计秒流量之间的差值，即只能保证在 2~5min 高峰秒流量时不间断热水。其主要作用是调节稳定温度。

3）半即热式、快速式水加热器及无贮热容积的水加热器，其设计小时供热量应按设计秒流量所需的耗热量计算：

$$Q_g = 3600q_g(t_r - t_1)C\cdot\rho_r \tag{4-20}$$

式中　Q_g——半即热式、快速式水加热器的设计小时供热量（kJ/h）；

q_g——集中热水供应系统供水总干管的设计秒流量（L/s）；

t_r、ρ_r 同式（4-18）。

这类加热设备贮热容积一般仅有 2min 的设计小时耗热量所需的贮热容积，对进入设备内的被加热水的温度与水量都无法起到调节作用。

4）太阳能加热系统辅助热源的水加热设备采用蒸汽或高温水为热媒的水加热器时，辅助热源的设计小时供热量可根据选用加热设备的不同按以上对应的公式计算。

5）水源热泵的设计小时供热量，应按式（4-21）计算：

$$Q_g = k_1 \frac{mq_r C(t_r - t_l)\rho_r}{T_1} \tag{4-21}$$

式中 Q_g——水源热泵设计小时供热量（kJ/h）；

       q_r——热水用水定额［L/（人·d）或 L/（床·d）］，按不高于表 4-12 中用水定额中下限取值；

       m——用水计算单位数（人数或床位数）；

       t_r——热水温度，采用 $t_r = 60℃$；

       t_l——冷水温度（℃）；

       T_1——热泵机组设计工作时间（h/d），取 8～16h；

       k_1——热损失系数，$k_1 = 1.10～1.15$；

       C——水的比热，$C = 4.187kJ/（kg·℃）$；

       ρ_r——热水密度（kg/L）。

水源总水量应按供热量、水源温度和热泵机组性能等综合因素确定。

6）空气源热泵的设计小时供热量，亦按式（4-21）计算。当未设辅助热源时应按最不利条件设计，即取当地最冷月平均气温和冷水供水温度计算；当设有辅助热源时，宜按当地农历春分、秋分所在月的平均气温和冷水供水温度计算，以合理经济选用热泵机组。

（2）热媒耗量

热媒耗量是第一循环管网水力计算的依据。热媒耗量应根据热平衡关系以加热设备设计小时供热量来确定。按照不同的加热供水方式，热媒耗量应按下列方法确定。

1）采用蒸汽直接加热方式时，蒸汽耗量按式（4-22）计算：

$$G = K \frac{Q_g}{h'' - h_r} \tag{4-22}$$

式中 G——蒸汽耗量（kg/h）；

       Q_g——设计小时供热量（kJ/h）；

       K——热媒管道热损失附加系数，$K = 1.05～1.10$，按系统的管线长度取值；

       h''——饱和蒸汽热焓（kJ/kg），按表 4-15 取值，表中蒸汽压力为相对压力；

       h_r——蒸汽与冷水混合后热水的热焓（kJ/kg），$h_r = 4.187t_r$，t_r 是蒸汽与冷水混合后的热水温度（℃）。

饱和蒸汽的热焓   表 4-15

蒸汽压力（MPa）	0.1	0.2	0.3	0.4	0.5	0.6	0.7	0.8
温度（℃）	120.2	133.5	143.6	151.9	158.8	165.0	169.6	174.5
热焓（kJ/kg）	2706.9	2725.5	2738.5	2748.5	2756.4	2762.9	2766.8	2771.8

2）采用蒸汽间接加热方式时，蒸汽耗量按式（4-23）计算：

$$G = K \frac{Q_g}{h'' - h'}$$ (4-23)

式中　G——蒸汽耗量（kg/h）；

Q_g——设计小时供热量（kJ/h）；

h'——凝结水的焓（kJ/kg），$h' = 4.187 t_{mz}$，t_{mz} 是热媒终温即凝结水出水的温度，应由经过热力性能测定的产品样本提供；

h''——饱和蒸汽热焓（kJ/kg），按表 4-15 取值；

K——热媒管道热损失附加系数。

3）采用高温水间接加热方式时，热媒耗量按式（4-24）计算：

$$G = K \frac{Q_g}{C(t_{mc} - t_{mz})}$$ (4-24)

式中　G——热媒耗量（kg/h）；

Q_g——设计小时供热量（kJ/h）；

C——水的比热，$C = 4.187$ kJ/（kg·℃）；

t_{mc}——热媒初温即高温水供水温度（℃），应由经过热力性能测定的产品样本提供；

t_{mz}——热媒终温即热媒回水温度（℃），应由经过热力性能测定的产品样本提供；

K——热媒管道热损失附加系数。

4）采用燃油（气）机组加热时，燃油（气）耗量按式（4-25）计算：

$$G = K \frac{Q_g}{Q\eta}$$ (4-25)

式中　G——热源耗量（kg/h，Nm³/h）；

Q_g——设计小时供热量（kJ/h）；

Q——热源发热量（kJ/kg，kJ/Nm³），按表 4-16 取值；

η——水加热设备的热效率，按表 4-16 取值；

K——热媒管道损失附加系数，$K = 1.05 \sim 1.10$。

热源发热量及加热装置热效率　　　　表 4-16

热源种类	热源发热量 Q	加热设备热效率 η（%）
轻柴油	41800 ~ 44000kJ/kg	≈85
重油	38520 ~ 46050kJ/kg	—
天然气	34400 ~ 35600kJ/Nm³	65 ~ 75（85）
城市煤气	14653kJ/Nm³	65 ~ 75（85）
液化石油气	46055kJ/Nm³	65 ~ 75（85）

注：表内热源发热量及加热设备热效率系参考值，计算中应以当地热源与选用加热设备的实际参数为准。

5）采用电加热时，耗电量按式（4-26）计算：

$$W = \frac{Q_g}{3600\eta}$$ (4-26)

式中　W——耗电量（kW）；

Q_g——设计小时供热量（kJ/h）；

η——加热器的热效率，95% ~ 97%。

（3）水源热泵的水源取水量，应按式（4-27）计算：

$$q_j = \frac{\left(1 - \dfrac{1}{COP}\right)Q_g}{\Delta t_{ju} C \cdot \rho_j} \qquad (4\text{-}27)$$

式中 q_j——水源取水量（L/h）；

COP——热泵性能系数，即热泵机组放出高温热量 Q_H 与压缩机输入功率 N 之比值，其值由设备厂商提供，方案设计时可取 $COP \geqslant 3$；

Δt_{ju}——水源水进、出预换热器或热泵机组时的温度差，$\Delta t_{ju} = 6 \sim 8℃$；

C——水的比热，$C = 4.187\text{kJ/(kg} \cdot ℃)$；

ρ_j——水源水的平均密度，$\rho_j \approx 1\text{kg/L}$。

4.5.5 第一循环管网水力计算

（1）高温水为热媒的管网

热媒循环管网水力计算的目的是：确定热媒供水管、热媒回水管的管径；计算热媒循环管路的总水头损失；计算自然循环所需的作用压力 H_{zr}；确定循环方式，如需强制循环则选择循环水泵。

计算步骤如下：

1）根据高温水耗量（G）和热水管中流速的规定值，确定热媒供水、回水管的管径。因热水管道容易结垢，热媒管道的计算内径 d_j 应考虑结垢和腐蚀引起的过水断面缩小的因素。

2）热媒管道管径初步确定后，应确定其循环方式。按海曾－威廉公式确定热媒循环管网的沿程水头损失（同冷水计算公式）、用管（配）件当量长度法或管网沿程水头损失百分数法确定局部水头损失，据此计算出热媒管路的总水头损失（H_h）。

3）热水锅炉或水加热器与贮水器连接如图4-42所示。第一循环管网（热媒循环管网）的自然循环压力 H_{zr}，应按式（4-28）计算：

$$H_{zr} = 10 \cdot \Delta h(\rho_1 - \rho_2) \qquad (4\text{-}28)$$

式中 H_{zr}——第一循环管网的自然循环压力（Pa）；

Δh——热水锅炉或水加热器中心与贮水器中心的标高差（m）；

ρ_1——贮水器回水的密度（kg/m³）；

ρ_2——热水锅炉或水加热器出水的密度（kg/m³）。

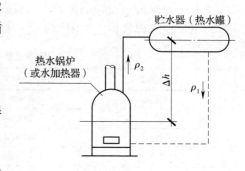

图 4-42　热媒循环管网的自然循环压力

4）H_{zr} 值应大于热媒管路的总水头损失 H_h。热水锅炉或水加热器与贮水器的热水管道，一般采用自然循环。当 H_{zr} 不满足上式的要求时，应将管径适当放大，减少水头损失。当放大管径在经济上不合理时，应设置循环水泵进行机械循环。

（2）蒸汽为热媒的管网

热媒循环管网水力计算的内容主要是确定蒸汽管、凝结水管的管径。

1）根据热媒耗量查表 4-17 初步确定蒸汽管的管径。

2）确定凝结水回水管的管径。凝结水回水管由两部分组成：① 从水加热器出口至疏水器前的管段（图 4-43 中的 a—b 段）为汽水混合流动状态，即自流凝结水管；② 凝结水是利用疏水器后的余压输送到凝结水池（接通大气），疏水器至凝结水池之间的管段（b—c 段）被称为余压凝结水管。

蒸汽管的管径和常用流速

表 4-17

管径 DN（mm）	15	20	25	32	40	50	65	80	100	150	200
流速（m/s）	10~15	10~15	15~20	15~20	20~25	25~35	25~35	25~35	30~40	30~40	40~60
热媒耗量（kg/h）	11~28	21~51	51~108	88~190	154~311	287~650	542~1240	773~1978	1377~2980	3100~6080	7800~19060

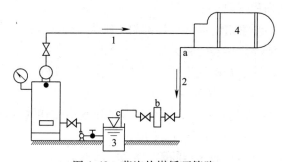

图 4-43　蒸汽热媒循环管路

1—蒸汽；2—凝结水；3—凝结水池；4—水加热器

a—b：自流凝结水管；b：疏水器；b—c：余压凝结水管

自流凝结水管和余压凝结水管的管径应分别计算，设计时可参照表 4-18 和表 4-19 选用。

自流凝结水管道管径

表 4-18

管径 DN（mm）	15	20	25	32	40	50	65	80	100	150
流速（m/s）	0.1~0.3					0.2~0.3				
热媒耗量（kg/h）	70~200	150~370	300~600	600~1000	900~1360	1500~3400	3000~6000	5340~9200	8000~13500	27000~45200
阻力损失（mm/m）	2~16	2~12	2~8	2~6	2~4	2~8	2~7	2~6	2~4	2~3

余压凝结水管道管径

表 4-19

管径 DN（mm）	15	20	25	32	40	50	65	80	100	150
流速（m/s）	≤0.5	≤0.5	≤0.7	≤0.7	≤1.0	≤1.0	≤1.4	≤1.4	≤1.8	≤2.0
热媒耗量（kg/h）	≤0.3	≤0.6	≤1.4	≤2.0	≤4.1	≤6.9	≤18	≤25	≤53	≤123
阻力损失（mm/m）	35	25	35	30	50	40	50	40	50	40

（3）太阳能集热系统的循环泵

强制循环的太阳能集热系统应设循环泵。

1）循环泵的流量，应按式（4-29）计算：

$$q_x = q_{gz} \cdot A_j \qquad (4\text{-}29)$$

式中　q_x——集热系统的循环流量（L/s）；

q_{gz}——单位采光面积集热器对应的工质流量 $[L/(s \cdot m^2)]$，按集热器产品实测数据确定，无条件时可取 $0.015 \sim 0.02 L/(s \cdot m^2)$；

A_j——集热器总面积（m^2）。

2）开式直接加热太阳能集热系统，其循环泵的扬程应按式（4-30）计算：

$$H_x = h_{jx} + h_j + h_z + h_f \qquad (4\text{-}30)$$

式中　H_x——循环泵的扬程（kPa）；

h_{jx}——集热系统循环管道的沿程与局部阻力损失（kPa）；

h_j——循环流量流经集热器的阻力损失（kPa）；

h_z——集热器与贮热水箱最低水位之间的几何高差（kPa）；

h_f——附加压力（kPa），取 $20 \sim 50$ kPa。

3）闭式间接加热太阳能集热系统，其循环泵的扬程应按式（4-31）计算：

$$H_x = h_{jx} + h_e + h_j + h_f \qquad (4\text{-}31)$$

式中　h_e——循环流量经集热水加热器的阻力损失（kPa）；

其他符号同上。

4.5.6　加热设备的加热面积

（1）水加热器的加热面积，按式（4-32）计算：

$$F_{jr} = \frac{Q_g}{\varepsilon K \Delta t_j} \qquad (4\text{-}32)$$

式中　F_{jr}——水加热器的加热面积（m^2）；

Q_g——设计小时供热量（kJ/h）；

K——传热系数 $[kW/(m^2 \cdot K)]$；

ε——由于传热表面结垢和热媒分布不均匀影响传热效率的系数，采用 $0.6 \sim 0.8$；

Δt_j——热媒与被加热水的计算温度差（℃），应根据水加热器类型按式（4-33）和式（4-34）计算。

1）热媒与被加热水的计算温度差（Δt_j）

① 导流型容积式水加热器和半容积式水加热器的计算温度差，按算术平均温度差计算，按式（4-33）计算：

$$\Delta t_j = \frac{t_{mc} + t_{mz}}{2} - \frac{t_c + t_z}{2} \qquad (4\text{-}33)$$

式中　　Δt_j——计算温度差（℃）；

t_{mc}、t_{mz}——热媒的初温和终温（℃）；

t_c、t_z——被加热水的初温和终温（℃）。

在这类水加热器内有一定的调节容积，故计算温度差可粗略一些。

② 快速式水加热器、半即热式水加热器的计算温度差，按平均对数温度差计算：

$$\Delta t_j = \frac{\Delta t_{max} - \Delta t_{min}}{\ln \dfrac{\Delta t_{max}}{\Delta t_{min}}} \qquad (4\text{-}34)$$

式中　　Δt_j——计算温度差（℃）；

Δt_{max}——热媒与被加热水在水加热器一端的最大温度差（℃），见图4-44；

Δt_{min}——热媒与被加热水在水加热器另一端的最小温度差（℃），见图4-44。

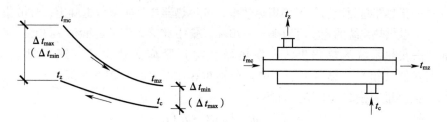

图4-44　快速换热器水加热器工况示意

$$\Delta t_{max} = t_{mc} - t_z \quad 或 \quad \Delta t_{max} = t_{mz} - t_c$$
$$\Delta t_{min} = t_{mz} - t_c \quad 或 \quad \Delta t_{min} = t_{mc} - t_z$$

2）热媒的计算温度

热媒初温与被加热水终温的温度差是确定加热面积的主要因素，当两者温差减小时，加热面积需增加。热媒的计算温度应符合下列规定：

① 热媒为饱和蒸汽时：

热媒的初温 t_{mc}：当热媒压力大于 70kPa 时按饱和蒸汽温度计算；当热媒压力不大于 70kPa 时，按 100℃计算。

热媒的终温 t_{mz}：应由经热工性能测定的产品提供。导流型容积式水加热器、半容积式水加热器、半即热式水加热器：$t_{mz} = 50 \sim 90$℃。

② 热媒为热水时：

热媒的初温 t_{mc}：应按热媒供水的最低温度计算。

热媒的终温 t_{mz}：应由经热工性能测定的产品提供。当热媒初温 $t_{mc} = 70 \sim 100$℃时，导流型容积式水加热器、半容积式水加热器、半即热式水加热器的热媒终温 $t_{mz} = 50 \sim 80$℃。

③ 热媒为热力管网的热水时：

热媒的计算温度应按热力管网供、回水的最低温度计算，从技术经济因素考虑要求热媒初温与被加热水终温的差值不得小于 10℃。

（2）太阳能集热水加热器的加热面积

太阳能集热系统换热设备的加热面积，按式（4-32）计算，热媒与被加热水的计算温度差（Δt_j）可按 5 ~ 10℃取值。

（3）太阳能集热器的集热面积

集热器总面积应根据日用水量、当地年平均日太阳辐照量和集热器集热效率等因素计算。

1）直接加热供水系统的集热器总面积，可按式（4-35）计算：

$$A_{jz} = \frac{Q_{md}f}{b_j \cdot J_t \cdot \eta_j(1 - \eta_1)} \tag{4-35}$$

式中　A_{jz}——直接加热集热器总面积（m^2）；

　　　Q_{md}——平均日耗热量（kJ/d）；按式（4-36）计算；

　　　b_j——集热器面积补偿系数；

　　　J_t——集热器总面积的平均日太阳辐照量[$kJ/(m^2 \cdot d)$]；

　　　f——太阳能保证率，根据当地的太阳辐照量、系统耗热量的稳定性、经济性和用户要求等因素综合考虑后确定，按表4-20取值；

　　　η_j——集热器总面积的年平均集热效率，按集热器产品实测数据确定，分散集热、分散供热系统的经验值为40%～70%，集中集热系统的经验值为30%～45%。

　　　η_1——集热系统的热损失，当集热器（组）紧靠集热水箱（罐）时取15%～20%；当集热器（组）与集热水箱（罐）分别布置在两处时取21%～30%。

平均日耗热量应按式（4-36）计算：

$$Q_{md} = q_{mr} \cdot m \cdot b_1 \cdot C \cdot \rho_r(t_r - t_L^m) \tag{4-36}$$

式中　q_{mr}——平均日热水用水定额[L/（人·d），L/（床·d）]，按表4-12取值；

　　　m——用水计算单位数（人数或床位数）；

　　　b_1——同日使用率（住宅建筑为入住率）的平均值，可按表4-21取值；

　　　t_L^m——年平均冷水温度（℃），可取城市当地自来水厂年平均水温值。

太阳能保证率 f 值 表4-20

年太阳能辐照量 [MJ/（$m^2 \cdot d$）]	f （%）	年太阳能辐照量 [MJ/（$m^2 \cdot d$）]	f （%）
≥6700	60～80	4200～5400	40～50
5400～6700	50～60	≤4200	30～40

注：1. 宿舍、医院、疗养院、幼儿园、托儿所、养老院等系统负荷较稳定的建筑，取表中上限值，其他建筑取下限值；

　　2. 分散集热、分散供热太阳能热水系统取表中上限值。

不同类型建筑的同日使用率 b_1 表4-21

建筑类型	b_1	建筑类型	b_1
住宅	0.5～0.9	医院、疗养院	0.8～1.0
宾馆、旅馆	0.3～0.7	幼儿园、托儿所、养老院	0.8～1.0
宿舍	0.7～1.0		

注：分散供热、分散集热太阳能热水系统的 $b_1 = 1$。

2）间接加热供水系统的集热器总面积，可按式（4-37）计算：

$$A_{jj} = A_{jz}\left(1 + \frac{U_L \cdot A_{jz}}{K \cdot F_{jr}}\right) \tag{4-37}$$

式中　　A_{jj}——间接加热集热器总面积（m^2）；

U_L——集热器热损失系数[kJ/(m²·h·℃)]，平板型集热器可取 14.4 ~ 21.6kJ/(m²·h·℃)；真空管型集热器可取 3.6 ~ 7.2kJ/(m²·h·℃)。具体数据根据产品实测结果确定；

K——水加热器传热系数[kW/(m²·K)]；

F_{jr}——水加热器的加热面积（m²）。

4.5.7 加热设备的贮热容积

（1）水加热器的贮热容积

1）容积式水加热器、导流型容积式水加热器、加热水箱、半容积式水加热器的贮热容积的计算公式

从理论上，集中热水供应系统的热水贮水容积应根据日用热水量小时变化曲线及锅炉、加热器的工作制度和供热能力以及自动温度控制装置等因素按积分曲线计算确定。当缺少资料时，热水贮水有效容积可按式（4-38）计算：

$$V \geqslant \frac{T'Q_h}{(t_r - t_L)C\rho_r} \tag{4-38}$$

式中　V——热水贮水的有效容积，即计算容积（L）；

T'——表 4-22 中规定的时间（h）；

Q_h——设计小时耗热量（kJ/h）；

C——水的比热，$C = 4.187$kJ/(kg·℃)；

t_r——热水温度（℃）；

t_L——冷水温度（℃）；

ρ_r——热水密度（kg/L）。

内置加热盘管的加热水箱、导流型容积式水加热器、半容积式水加热器的有效贮热量不得小于表 4-22 的要求。导流型容积式水加热器、加热水箱的计算容积应按有效贮热容积系数 η 考虑附加容积。

水加热器的贮热量　　　　　　表 4-22

加热设备	以蒸汽或95℃以上的热水为热媒时		以≤95℃的热水为热媒时	
	工业企业淋浴室	其他建筑物	工业企业淋浴室	其他建筑物
内置加热盘管的加热水箱	≥30minQ_h	≥45minQ_h	≥60minQ_h	≥90minQ_h
导流型容积式水加热器	≥20minQ_h	≥30minQ_h	≥30minQ_h	≥40minQ_h
半容积式水加热器	≥15minQ_h	≥15minQ_h	≥15minQ_h	≥20minQ_h

注：1. 燃油（气）热水机组所配置的热水贮水器，其有效贮热量宜根据热媒条件按导流型容积式水加热器或半容积式水加热器确定；

　　2. 表中 Q_h 为设计小时耗热量（kJ/h）。

当采用半容积式水加热器或带有强制罐内水循环装置的容积式水加热器时，其计算容积可不附加。

2）半即热式水加热器、快速式水加热器，当热媒按设计秒流量供应且有完善可靠的温度自动调节和安全装置时，可不考虑贮热容积；当热媒不能保证按设计秒流量供应，或

无完善可靠的温度自动调节和安全装置时，则应设热水贮水器，其有效贮热量宜根据热媒条件按导流型容积式水加热器或半容积式水加热器确定。

【例 4-6】 某宾馆采用集中式全日制间接加热供水系统供给客房部热水用水。客房部有 80 个床位（按 40 个房间计），热水用水定额 $q_r = 160L/(床 \cdot d)(60℃)$，小时变化系数取 2.60。客房卫生间使用热水的器具有浴盆（带淋浴器）、洗脸盆各 1 个。已知：热媒采用饱和蒸汽，其初温、终温分别为 150℃、60℃。被加热水初温、终温分别为 10℃、60℃。当分别采用导流型容积式水加热器、半即热式水加热器时，其贮热容积与加热面积各是多少？导流型容积式水加热器、半即热式水加热器的传热系数分别为 2500kW/（m² · K）、6000kW/（m² · K）；设计小时耗热量持续时间取 3h。传热影响系数取 0.8，热损失系数 $C_r = 1.10$。

【解】 ① 设计小时热水量，按下式计算：

$$q_{rh} = K_h \frac{q_r m}{T} = 2.60 \times \frac{160 \times 80}{24} = 1386.7 L/h$$

设计小时耗热量计算如下：

$$Q_h = K_h \frac{m q_r C \cdot (t_r - t_1) \rho_r}{T} C_r = q_{rh} C (t_r - t_1) \rho_r C_r$$

$$= 1386.7 \times 4.187 \times (60 - 10) \times 0.9832 \times 1.10$$

$$= 313971 kJ/h$$

客房部热水进水管的设计秒流量，按给水设计秒流量公式计算，其中 α 取 2.5，N_g 为客房部热水进水管所服务的总给水当量。查卫生器具给水当量表，单独计算热水时浴盆、洗脸盆的给水当量分别为 1.00、0.50。即每间给水当量总数为 1.00 + 0.50 = 1.50，故：

$$N_g = 1.50 \times 40 = 60$$

则：$q_{rs} = 0.2\alpha\sqrt{N_g} = 0.2 \times 2.5 \times \sqrt{60} = 3.87 L/s = 13932 L/h$。

② 导流型容积式水加热器

查表 4-22，水加热器的贮热量不得小于 $30min Q_h$，其有效容积按式（4-38）计算：

$$V_{有效} = \frac{T' Q_h}{(t_r - t_1) C} = \frac{0.5 \times 313971}{(60 - 10) \times 4.187} = 750 L$$

导流型容积式水加热器的有效贮热容积系数 η 取 0.9，则总贮热容积为：

$$V_r = \frac{V_{有效}}{\eta} = \frac{750}{0.9} = 833 L$$

导流型容积式水加热器的设计小时供热量 Q_g 按式（4-18）计算，设计小时耗热量持续时间 T 取 3h，则：

$$Q_g = Q_h - \frac{\eta V_r}{T_1}(t_{r2} - t_1) C \rho_r$$

$$= 313971 - \frac{0.9 \times 833}{3} \times (60 - 10) \times 4.187 \times 0.9832$$

$$= 262533 kJ/h$$

加热面积 F_{jr} 按式（4-32）计算：$F_{jr} = \dfrac{Q_g}{\varepsilon K \Delta t_j}$

其中 Δt_j 按式（4-33）计算：

$$\Delta t_j = \frac{t_{mc} + t_{mz}}{2} - \frac{t_c + t_z}{2} = \frac{150 + 60}{2} - \frac{10 + 60}{2} = 70℃$$

则：$F_{jr} = \dfrac{Q_g}{\varepsilon K \Delta t_j} = \dfrac{262533}{0.8 \times 2500 \times 70} = 1.88 \text{m}^2$。

选用 2 台水加热器，每台的总供热能力不得小于设计小时供热量的 60%，则：每台贮热容积为：$V' = 833 \times 60\% = 500\text{L} \approx 0.5\text{m}^3$。

每台加热面积 $F' = 1.88 \times 60\% = 1.13\text{m}^2$。

③ 半即热式水加热器

半即热式水加热器的设计小时供热量，应按设计秒流量所需耗热量计算，按式（4-20）：

$$Q_g = q_{rs} \cdot C \cdot (t_r - t_1)\rho_r = 13932 \times 4.187 \times (60 - 10) \times 0.9832 = 2867664.24\text{kJ/h}$$

Δt_j 按式（4-34）计算：

$$\Delta t_j = \frac{\Delta t_{max} - \Delta t_{min}}{\ln \dfrac{\Delta t_{max}}{\Delta t_{min}}}$$

其中：$\Delta t_{max} = t_{mc} - t_z = 150 - 60 = 90℃$；$\Delta t_{min} = t_{mz} - t_c = 60 - 10 = 50℃$。

故：$\Delta t_j = \dfrac{\Delta t_{max} - \Delta t_{min}}{\ln \dfrac{\Delta t_{max}}{\Delta t_{min}}} = \dfrac{90 - 50}{\ln \dfrac{90}{50}} = 68.05℃$。

则：$F_{jr} = \dfrac{Q_{g.}}{\varepsilon K \Delta t_j} = \dfrac{2867664.24}{0.8 \times 6000 \times 68.05} = 8.78\text{m}^2$。

故每台水加热器的加热面积为：

$$F'_{jr} = 8.78 \times 60\% = 5.27\text{m}^2$$

故：采用 2 台导流型容积式水加热器时，每台水加热器的加热面积为 1.13m^2，贮热容积为 0.5m^3。采用 2 台半即热式水加热器时，每台水加热器的加热面积为 5.27m^2，无贮热容积。

（2）太阳能热水供应系统的贮热容积

太阳能是低密度、不稳定热源，太阳能集热系统的水加热器、贮热水箱（罐）的贮热水量不能按蒸汽、热水等常规热源计算，可按式（4-39）确定：

$$V_r = q_{rjd} \cdot A_j \tag{4-39}$$

式中　V_r——贮热水箱的有效容积（L）；

　　　A_j——太阳能集热器的集热总面积（m^2）；

　　　q_{rjd}——集热器单位采光面积平均日的产热水量［L/（$\text{m}^2 \cdot \text{d}$）］，应根据集热器产品的实测数据而定。无实测数据时可根据当地太阳能辐照量、集热器的集热性能、集热面积的大小等因素按下列原则确定：直接供水系统取 $40 \sim 80\text{L}/$（$\text{m}^2 \cdot \text{d}$）；间接供水系统取 $30 \sim 55\text{L}/$（$\text{m}^2 \cdot \text{d}$）。

（3）水源、空气源热泵热水供应系统的贮热容积

水源、空气源热泵热水供应系统的水加热器、贮热水箱（罐）的贮热水量应按下列方法确定。

1）全日制集中热水供应系统总贮热容积，应根据日耗热量、热泵持续工作时间及热泵工作时间内耗热量等因素确定。当其因素不确定时宜按式（4-40）计算：

$$V_r = k_2 \frac{(Q_h - Q_g)T}{(t_r - t_l)C\rho_r} \tag{4-40}$$

式中　Q_h——设计小时耗热量（kJ/h）；

　　　Q_g——设计小时供热量（kJ/h）；

　　　V_r——贮热水箱（罐）总容积（L）；

　　　T——设计小时耗热量持续时间（h），见式（4-18）注释；

　　　k_2——安全系数，$k_2 = 1.25 \sim 1.50$。

2）定时热水供应系统的贮热水箱（罐）的有效容积，宜为定时供应最大时段的全部热水量。

4.5.8　第二循环管网水力计算

第二循环管网的水力计算内容包括：确定配水、回水管网中各管段的管径；确定热水循环管网的循环流量；计算热水循环管网的总水头损失；确定循环水泵的流量和扬程。

计算步骤如下：

（1）确定热水配水、回水管网中各管段的管径

确定热水管网管径所采用的计算公式、方法与给水管网水力计算基本相同。

热水管网的设计秒流量可按冷水配水管网的设计秒流量公式来计算。热水管网的沿程及局部阻力计算公式的基本形式也与给水管路的计算公式相同，但由于热水水温高，其黏滞性和重度与冷水有所不同，且考虑到热水管网容易结垢、腐蚀常引起过水断面缩小的因素，热水管道水力计算时热水管道的流速，宜按表4-23选用。确定管径时应采用热水管道水力计算表。

热水管道的流速		表 4-23	
公称直径（mm）	15 ~ 20	25 ~ 40	≥50
流速（m/s）	≤0.8	≤1.0	≤1.2

（2）确定热水配水管网中各管段的热损失及循环流量

由于配水管网在充有热水时与环境温度有温差，因而产生了热损失，管网各管段的热损失可按式（4-41）计算：

$$q_s = \pi DLK(1 - \eta)\left(\frac{t_c + t_z}{2} - t_j\right) \tag{4-41}$$

式中　q_s——计算管段热损失（kJ/h）；

　　　D——计算管段外径（m）；

　　　L——计算管段长度（m）；

K——无保温时管道的传热系数 [kW/(m²·K)];

η——保温系数,无保温时 $\eta=0$,简单保温时 $\eta=0.6$,较好保温时 $\eta=0.7\sim0.8$;

t_c——计算管段的起点水温 (℃);

t_z——计算管段的终点水温 (℃);

t_j——计算管段周围的空气温度 (℃),可按表4-24确定。

计算管段周围的空气温度 表4-24

管道敷设情况	t_j (℃)
供暖房间内明管敷设	18~20
供暖房间内暗管敷设	30
敷设在不供暖房间的顶棚内	采用一月份室外平均温度
敷设在不供暖的地下室内	5~10
敷设在室内地下管沟内	35

该管网各管段的热损失之和是热水配水管网的总热损失 Q_s。

全日集中热水供应系统的热水循环流量,按式 (4-42) 计算:

$$q_x = \frac{Q_s}{C\rho_r\Delta t} \tag{4-42}$$

式中　q_x——全日集中热水供应系统的总循环流量 (L/h);

Q_s——配水管网的热损失 (kJ/h),经计算确定。单体建筑可取设计小时耗热量的 2%~4%;小区可取设计小时耗热量的 3%~5%;

C——水的比热,$C=4.187kJ/(kg·℃)$;

Δt——配水管道的热水温度差 (℃),根据系统大小确定;对单体建筑可取 5~10℃;对小区可取 6~12℃;

ρ_r——热水密度 (kg/L)。

定时集中热水供应系统中热水循环流量,可按每小时循环管网总水容积的 2~4 倍计算。系统较大时取下限;反之取上限。即:

$$q_x \geqslant (2\sim4)V \tag{4-43}$$

式中　q_x——循环水泵的流量 (L/h);

V——热水循环管网系统的水容积 (L),该值包括配水管、回水管的总容积,不包括不循环管网、水加热器或贮热水设施的容积。

(3) 确定热水回水管的管径

热水供应系统的循环回水管管径,应按管路的循环流量经水力计算确定。

(4) 确定管网计算管路中通过循环流量的总水头损失

计算管路中通过循环流量的总水头损失,可按式 (4-44) 计算:

$$H = h_p + h_x + h_j \tag{4-44}$$

式中　H——计算管路中通过循环流量的总水头损失 (kPa);

h_p——循环流量通过配水管网的水头损失 (kPa);

h_x——循环流量通过回水管网的水头损失 (kPa);

h_j——循环流量通过加热设备的水头损失 (kPa),只有采用半即热式、快速式水加热器时才需计入。

（5）循环水泵选型

循环水泵出水量应为循环流量。

循环水泵扬程，应按式（4-45）计算：

$$H_b = h_p + h_x + h_j \qquad (4-45)$$

式中符号同上。

4.6 饮水供应

根据供水水温、水处理方法不同，常用的集中式饮水供应分为管道直饮水系统和开水供应系统。管道直饮水系统的原水是未经深度净化处理的生活饮用水或与生活饮用水水质相近的水，经深度净化处理达到饮用净水水质标准后，经管道供给用户直接饮用。开水供应系统的原水也是未经深度净化处理的生活饮用水，经开水器煮沸后供饮用，开水计算温度应按100℃计算。

饮水定额及小时变化系数，根据建筑物性质和当地条件参照表4-25确定。

饮水定额及小时变化系数 表4-25

建筑物名称	单位	饮水定额（L）	K_h
热车间	每人每班	3～5	1.5
一般车间	每人每班	2～4	1.5
工厂生活间	每人每班	1～2	1.5
办公楼	每人每班	1～2	1.5
宿舍	每人每日	1～2	1.5
教学楼	每学生每日	1～2	2.0
医院	每病床每日	2～3	1.5
影剧院	每观众每场	0.2	1.0
招待所、旅馆	每客人每日	2～3	1.5
体育馆（场）	每观众每场	0.2	1.0

注：小时变化系数 K_h 系指饮水供应时间内的变化系数。

4.6.1 管道直饮水系统

（1）系统选择与供水方式

建筑与小区管道直饮水系统必须独立设置，不得与市政或建筑供水系统直接连接，以保证饮水水质安全。

管道直饮水系统宜采用调速泵组直接供水，调速泵可兼作循环泵；或处理设备置于屋顶的水箱重力式供水系统，系统应设循环泵。

高层建筑的管道直饮水系统应竖向分区，各分区最低饮水嘴处的静水压力：住宅不宜大于0.35MPa；公共建筑不宜大于0.40MPa，且最不利饮水嘴处的水压，应满足用水水压的要求。直饮水专用水嘴最低工作压力不宜小于0.03MPa。

建筑与小区管道直饮水系统应设置供、回水管网同程布置的循环管道，循环管网内直饮水停留时间不应超过 12h。从立管接至配水龙头的支管管段长度不宜大于 3m。当办公楼等公共建筑每层自设终端净水处理装置时，可不设循环管道。

建筑与小区管道直饮水系统回水宜回流至净水箱或原水水箱。回流到净水箱时，应在消毒设施前接入。采用供水泵兼作循环泵时，系统的回水管上应设置流量控制阀。

建筑物内高区和低区供水管网的回水管，连接至同一循环回水干管时，应在高区回水管上设置减压稳压阀，并应保证各区管网的循环。

（2）水质

管道直饮水水质应符合现行行业标准《饮用净水水质标准》CJ/T 94 的规定。

（3）饮水定额

管道直饮水主要用于居民饮用、煮饭烹饪，最高日管道直饮水定额按表 4-26 采用。

最高日管道直饮水定额（q_d）   表 4-26

用水场所	单位	最高日直饮水定额
住宅楼、公寓	L/（人·d）	2.0~2.5
办公楼	L/（人·班）	1.0~2.0
教学楼	L/（人·d）	1.0~2.0
旅馆	L/（床·d）	2.0~3.0
医院	L/（床·d）	2.0~3.0
体育场馆	L/（观众·场）	0.2
会展中心（博物馆、展览馆）	L/（人·d）	0.4
航站楼、火车站、客运站	L/（人·d）	0.2~0.4

注：1. 本表中定额仅为饮用水量；

    2. 经济发达地区的居民住宅楼可提高至 4~5L/（人·d）；

    3. 最高日直饮水定额亦可根据用户要求确定。

（4）管道直饮水配水管道的瞬时高峰用水量

居住类及办公类建筑，管道直饮水配水管中的瞬时高峰用水量，应按式（4-46）计算：

$$q_s = q_0 m \tag{4-46}$$

式中 q_s——计算管段的瞬时高峰用水量（L/s）；

      q_0——直饮水专用水嘴额定流量（L/s），宜为 0.04~0.06L/s；

      m——计算管段上同时使用饮水水嘴的数量，当计算管段上的水嘴数量 $n \leq 24$ 时，m 值按表 4-27 选用；$n > 24$ 时，水嘴同时使用概率按式（4-47）计算，m 按表 4-28 取值。

体育场馆、会展中心、航站楼等其他类型建筑，管道直饮水配水管中的设计秒流量，按第 1 章建筑给水的方法计算确定。

计算管段上的水嘴数量 $n \leq 24$ 时的 m 值   表 4-27

水嘴数量 n（个）	1	2	3~8	9~24
使用数量 m（个）	1	2	3	4

n	*m*																		
	p = 0.010	*p* = 0.015	*p* = 0.020	*p* = 0.025	*p* = 0.030	*p* = 0.035	*p* = 0.040	*p* = 0.045	*p* = 0.050	*p* = 0.055	*p* = 0.060	*p* = 0.065	*p* = 0.070	*p* = 0.075	*p* = 0.080	*p* = 0.085	*p* = 0.090	*p* = 0.095	*p* = 0.10
25	—	—	—	—	—	4	4	4	4	5	5	5	5	5	6	6	6	6	6
50	—	—	4	4	5	5	6	6	7	7	7	8	8	9	9	9	10	10	10
75	—	4	5	6	6	7	8	8	9	9	10	10	11	11	12	13	13	14	14
100	4	5	6	7	8	8	9	10	11	11	12	13	13	14	15	16	16	17	18
125	4	6	7	8	9	10	11	12	13	13	14	15	16	17	18	18	19	20	21
150	5	6	8	9	10	12	13	14	15	16	17	18	19	20	21	22	23	24
175	5	7	8	10	11	12	14	15	16	17	18	20	21	22	23	24	25	26	27
200	6	8	9	11	12	14	15	16	18	19	20	22	23	24	25	27	28	29	30
225	6	8	10	12	13	15	16	18	19	21	22	24	25	27	28	29	31	32	34
250	7	9	11	13	14	16	18	19	21	23	24	26	27	29	31	32	34	35	37
275	7	9	12	14	15	17	19	21	23	25	26	28	30	31	33	35	36	38	40
300	8	10	12	14	16	18	21	22	24	25	28	30	32	34	36	37	39	41	43
325	8	11	13	15	18	20	22	24	26	28	30	32	34	36	38	40	42	44	46
350	8	11	14	16	19	21	23	25	28	30	32	34	36	38	40	42	45	47	49
375	9	12	14	17	20	22	24	27	29	32	34	36	38	41	43	45	47	49	52
400	9	12	15	18	21	23	26	28	31	33	36	38	40	43	45	48	50	52	55
425	10	13	16	19	22	24	27	30	32	35	37	40	43	45	48	50	53	55	57
450	10	13	17	20	23	25	28	31	34	37	39	42	45	47	50	53	55	58	50
475	10	14	17	20	24	27	30	33	35	38	41	44	47	50	52	55	58	61	63
500	11	14	18	21	25	28	31	34	37	40	43	46	49	52	55	58	60	63	66

注：用插值法求得 *m*。

饮水水嘴使用概率按式（4-47）计算：

$$p = \alpha Q_d / (1800 n q_0) \tag{4-47}$$

式中   *p* ——饮水水嘴使用概率；

      n ——饮水水嘴总数（个）；

      α ——经验系数，住宅、公寓取 0.22，办公楼会展中心、航站楼、火车站、客运站取 0.27，教学楼、体育馆取 0.45，旅馆、医院取 0.15；

      Q_d ——系统最高日直饮水量（L/d）；

      q_0 ——饮水水嘴额定流量（L/s），取 0.04 ~ 0.06L/s。

水嘴使用概率是指在用水高峰时段，水嘴相邻 2 次用水期间，从第 1 次放水到第 2 次开始放水的时间间隔内放水时间所占的比率。水嘴使用概率公式中的经验系数的含义是日用水量的 22%、27%、45% 和 15% 将在最高峰用水的 0.5h 内耗用。

管道直饮水的用水量小、水价贵，管道直饮水水嘴应采用额定流量小的专用水嘴，额定流量宜为 0.04~0.06L/s，其最低工作压力不得小于 0.03MPa。

【例 4-7】 某单元式住宅楼共 6 层，每个单元每层 2 户，每户设置 1 个净水龙头（额定流量为 0.04L/s），该单元饮用净水的设计秒流量为多少？

【解】 每个单元共有 12 户，水嘴数量为 12。

根据表 4-27，水嘴同时使用数量 $m = 4$。

按照式 (4-46)：$q_s = q_0 m = 0.04 \times 4 = 0.16L/s$。

【例 4-8】 某 22 层住宅设置管道饮用净水供应系统，每层 8 户，每户按 4 人计，用水定额为 2L/(人·d)，饮水水嘴额定流量 0.04L/s。系统最高日用水量为多少？若每户设置饮用水净水水嘴 2 个，入户饮用净水支管设计秒流量为多少？若 α 取 0.22，建筑物引入管设计秒流量为多少？

【解】 最高日用水量：$Q_d = 22 \times 8 \times 4 \times 2 = 1408L/d$。

每户设置 2 个饮用水净水水嘴，则入户饮用净水支管设计秒流量：

$$q_s = q_0 \times m = 0.04 \times 2 = 0.08L/s$$

整个建筑的水嘴使用概率为：$p = 0.22 \times 1408 / (1800 \times 22 \times 8 \times 2 \times 0.04) = 0.01222$。

根据表 4-28，$p = 0.012$、$n = 352$ 时，$m = 9.28$。

故建筑引入管设计秒流量：$q_s = q_0 \times m = 0.04 \times 9.28 = 0.37L/s$。

(5) 水处理

管道直饮水系统应对原水进行深度净化处理。深度净化处理的方法和工艺应能去除有机污染物（包括"三致"物质和消毒副产物）、重金属、细菌、病毒、其他病原微生物和病原原虫。

1) 选择工艺流程的基本原则

水处理工艺流程的选择应依据原水水质，经技术经济比较确定，处理后的出水应达到水质指标。水处理工艺流程应合理、优化，满足布置紧凑、节能、自动化程度高、管理操作简便、运行安全可靠和制水成本低等要求。

2) 深度净化处理方法

目前，宜采用膜技术作为管道直饮水系统的深度净化处理方法。膜处理技术分为微滤（MF）、超滤（UF）、纳滤（NF）和反渗透（RO）四种，各种膜技术都有明确的适用范围。深度净化工艺应根据处理后的水质标准、原水水质条件进行选择，还应考虑工作压力、产品水的回收率等因素。

由于膜处理的特殊要求，在工艺设计中还需设置必要的预处理、后处理单元和膜的清洗设施。预处理、膜处理和后处理工艺的选用、组合及出水水质应符合现行行业标准《饮用净水水质标准》CJ/T 94 的规定。

深度净化处理系统排出的浓水应回收利用。

3) 预处理

膜处理前应对原水进行预处理，使其符合膜进水水质的要求，以减轻膜的结垢、堵塞和污染，使膜工艺长期稳定运行。表 4-29 为反渗透膜和纳滤膜对进水水质的要求。

反渗透膜和纳滤膜对进水水质的要求 表 4-29

项目	卷式醋酸纤维素膜	卷式复合膜	中空纤维聚酰胺膜
SDI15	<4 (4)	<4 (5)	<3 (3)
浊度（NTU）	<0.2 (1)	<0.2 (1)	<0.2 (0.5)
铁（mg/L）	<0.1 (0.1)	<0.1 (0.1)	<0.1 (0.1)
游离氧（mg/L）	0.2 ~1 (1)	0 (0.1)	0 (0.1)
水温（℃）	25 (40)	25 (45)	25 (40)
操作压力（MPa）	2.5 ~3.0 (4.1)	1.3 ~1.6 (4.1)	2.4 ~2.8 (2.8)
pH	5 ~6 (6.5)	2 ~11 (11)	4 ~11 (11)

注：括号内为最大值。

预处理可采用多介质过滤器、活性炭过滤器、精密过滤器、钠离子交换器、微滤 KDF 处理、膜过滤或化学处理。KDF 是采用高纯度铜、锌合金滤料的过滤工艺，滤料与水接触后通过电化学氧化 – 还原反应可有效地减少或去除水中的氯和重金属，并抑制水中微生物的生长繁殖。

4）后处理

膜处理后可采用消毒灭菌或水质调整处理。

① 消毒灭菌

膜处理后的出水应进行消毒灭菌，以保证管道直饮水水质的长期稳定性，常用方法有：臭氧消毒、紫外线消毒、二氧化氯消毒、氯消毒、光催化氧化等。消毒方法可组合使用，设备应安全可靠，投加量精准，并应有报警功能。水处理消毒灭菌措施应符合下列规定：

选用紫外线消毒时，紫外线有效剂量不应低于 $40mJ/cm^2$，紫外线消毒设备应符合现行国家标准《城镇给排水紫外线消毒设备》GB/T 19837 的规定；

采用臭氧消毒时，管网末梢水中臭氧残留浓度不应小于 0.01mg/L；

采用二氧化氯消毒时，管网末梢水中二氧化氯残留浓度不应小于 0.01mg/L；

采用氯消毒时，管网末梢水中氯残留浓度不应小于 0.01mg/L；

采用光催化氧化技术时，应能产生羟基自由基。

② 水质调整

在一些管道直饮水工程中需要对膜产品水进行水质调整处理，以获得饮水的某些特殊附加功能（如健康美味、活化等），常用方法有：pH 调节、温度调节、矿化（如麦饭石、木鱼石等）过滤、（电）磁化等。

5）膜清洗

膜表面上污染物的沉淀和积累可使水透过膜的阻力增加，导致膜产水量和水质的下降，造成膜组件运行失常。膜的污染物有悬浮固体或颗粒、胶体、难溶性盐、金属氧化物、生物污染物和有机污染物等。膜污染需通过膜清洗消除，可采用物理清洗或化学清洗。应根据不同的膜形式及膜污染类型进行系统配套设计。

6）净水机房

净水设备宜按工艺流程进行布置，同类设备应相对集中布置。机房上方不应设置厕所、浴室、盥洗室、厨房、污水处理间等。除生活饮用水以外的其他管道不得进入净水机房。

净水机房应满足生产工艺的卫生要求；应有更换材料的清洗、消毒设施和场所。地面、墙壁、吊顶应采用防水、防腐、防霉、易消毒、易清洗的材料铺设。地面应设间接排水设施。门窗应采用不变形、耐腐蚀材料制成，应有锁闭装置，并应设有防蚊蝇、防尘、防鼠等措施。

净水机房应配备空气消毒装置。当采用紫外线空气消毒时，紫外线灯应按 $1.5W/m^3$ 吊装设置，距地面宜为 2m。净水机房宜设置化验室，应配备主要检测项目的检测设备。宜安装水质在线监测系统。

净水机房应保证采光、照明、通风良好。工作面混合照度不应小于200lx，检验工作场所照度不应小于540lx，其他场所照度不应小于100lx。通风换气次数不应小于8次/h，进风口应加装空气净化器，空气净化器附近不得有污染源。

净水机房的隔振防噪设计，应符合现行国家标准《民用建筑隔声设计规范》GB 50118的规定。

净水机房宜设置更衣室，室内宜设有衣帽柜、鞋柜等更衣设施及洗手盆。

（6）管道材质及敷设

管道直饮水系统所采用的管材、管件、设备、辅助材料应符合国家现行有关标准，卫生性能应符合现行国家标准《生活饮用水输配水设备及防护材料的安全性评价标准》GB/T 17219的规定。饮水管道应选用耐腐蚀、内表面光滑、符合食品级卫生要求的不锈钢管、铜管等优质管材，系统中宜采用与管道同种材质的管件及附配件。

应采用直饮水专用水嘴。

直饮水管道不得敷设在烟道、风道、电梯井、排水沟、卫生间内，不宜穿越橱窗、壁柜。直埋暗管封闭后，应在墙面或地面标明暗管的位置和走向。

管道不应靠近热源。室内明装管道应作隔热保温处理。室内直饮水管道与热水管上、下平行敷设时，应置于热水管下方。室内明装管道宜在建筑装修后进行。

（7）附件

配水管网循环立管上端和下端应设阀门，供水管网应设检修阀门。

在管网最低端应设排水阀，管道最高处应设排气阀。排气阀处应有滤菌、防尘装置，不得有滞水存留，排水口应有防污染措施。

室内分户计量水表应采用直饮水水表，宜采用IC卡式、远传式等类型。

4.6.2 开水供应系统

（1）供水方式

开水供应系统有集中制备和分散制备方式。集中制备是在开水间制备开水，人们用容器取用，如图4-45所示，适合于机关、学校等建筑，开水间宜靠近锅炉房、食堂等有热源的地方。开水间的服务半径一般不宜大于250m。分散制备是在建筑内每层设开水间，如图4-46所示，热媒经管道送至各开水器，开水器服务半径不宜大于70m。

（2）开水器及管道设计要求

开水管道应选用许用工作温度高于100℃的金属管材。配水水嘴宜为旋塞式。

开水器应装设温度计和水位计，开水锅炉应装设温度计，必要时还应装设沸水箱或安全阀。开水器的通气管应引至室外。开水器的排水管道不宜采用塑料排水管。

开水间应设给水管和地漏。

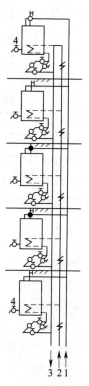

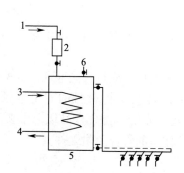

图 4-45　集中制备开水

1—给水；2—过滤器；3—蒸汽；4—冷凝水；

5—水加热器；6—安全阀

图 4-46　分散制备开水

1—给水；2—蒸汽；3—冷凝水；4—开水器

5 小区给水排水

5.1 给水

5.1.1 给水系统与供水方式

（1）给水系统

小区给水系统的任务是从城镇给水管网（或自备水源）取水，按各建筑物对水量、水压、水质的要求，将水输送并分配到各建筑物给水引入点处。当小区内某些建筑物设有管道直饮水系统，小区给水系统还供给直饮水处理装置时，小区给水系统设计应综合利用各种资源，充分利用再生水、雨水等非传统水源；优先采用循环和重复利用给水系统。

小区室外给水系统按用途可分为生活用水、消防用水、生活－消防共用给水系统3类。

小区给水系统一般由小区（给水）引入管（即由市政给水管道引入至小区给水管网的管段）、管网（干管、支管等）、室外消火栓、管道附件、阀门井、洒水栓等组成，还可有加压设施、调节与贮水构筑物（水塔、水池）。

（2）供水方式

小区室外给水系统，其水量应满足小区内全部用水的要求，其水压应满足最不利配水点的水压要求。按供水方式，小区给水系统可分为市政给水管网直接供水、小区二次加压供水、混合供水系统及重力供水系统等。

小区室外给水系统应尽量利用城镇给水管网的水压直接供水。当城镇给水管网的水压不满足最不利配水点要求、水量不满足小区全部用水要求时，应设置二次加压和调蓄设施。

小区给水系统的供水方式主要有两种：

1）由城镇给水管网直接供水，小区室外给水系统不设二次加压和调蓄设施。该方式适用于城镇给水管网的水量和水压能满足小区内所有建筑的要求，如图5-1、图5-2所示。

图5-1为市政给水管网直接供水的生活给水系统，市政给水管网的水量与水压能满足小区内各建筑物生活给水系统的用水要求，室外消防用水由市政给水管网上的市政消火栓满足供水要求。

图5-2为市政给水管网直接供水的生活－消

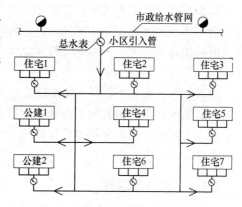

图5-1 直接供水的生活给水系统

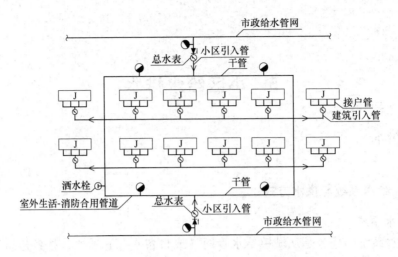

图 5-2 直接供水的生活－消防合用给水系统

防合用给水系统，市政给水管的水量与水压能满足各建筑物内部生活给水系统的用水要求，以及室内、室外消防给水系统的用水要求（满足消防规范允许室内消防给水可与生活给水系统合用时）。该消防给水管网布置成环状，向环状管网输水的进水管不少于两条，并从两条市政给水管道引入。

2）小区室外给水管网中设置升压、贮水设备，该方式适用于市政给水管网不能满足小区内所有建筑的供水要求，需设置小区加压给水系统。小区加压给水系统，应根据小区的规模、建筑高度、建筑物分布以及便于物业管理等因素，来确定水泵站的数量、规模和水压。二次供水加压设施服务半径不宜大于 500m，且不宜跨越市政道路。常见的小区加压或调节设施有以下 3 种情况：

① 小区室外给水管网中仅设置升压设备（不设贮水调节池），由水泵直接从市政给水管网或吸水井抽水供至各用水点，适用于市政给水管网水量充足（满足小区高峰用水时段的用水量要求）的情况。

② 小区仅设置水塔（不设升压设备），由市政给水管网供至水塔，再从水塔供至各用水点。或夜间由市政给水管网供水至水塔，由水塔供全天用水。

③ 小区设置升压、贮水设备，如图 5-3～图 5-5 所示。

图 5-3 所示给水方式中，市政给水管网的水量与水压能满足小区内多层建筑物内部的生活－消防用水要求和高层建筑室外消防用水量（即低压室外消防给水系统）的要求，但不满足高层建筑物内部的生活和消防用水要求。则需设置小区集中加压供水设施。

图 5-4 所示给水方式中，从市政给水管网引入的低压给水管道，直接供给各建筑物低区的生活用水；小区设置集中加压供水设施供给各建筑物高区的生活用水。

图 5-5 表示小区内全部为高层建筑，市政给水管网的水量与水压仅能满足室外低压消防给水系统的要求，建筑物内的生活－消防用水均由二次加压设施供给。

5.1.2 设计用水量

小区总用水量应包括小区内全部用水。

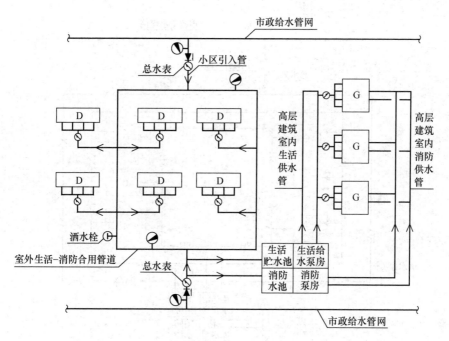

图 5-3 混合给水方式

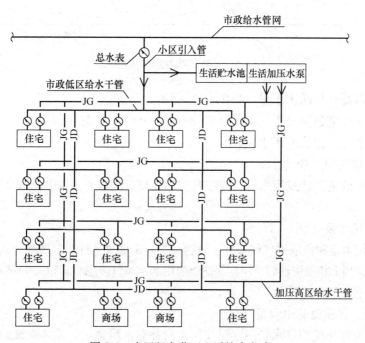

图 5-4 小区竖向分区生活给水方式

（1）居民生活用水量（Q_1）

小区的居民生活用水量，应按小区人口和表 1-1 规定的住宅最高日生活用水定额经计算确定。小区的居民生活最高日生活用水量为：

$$Q_1 = \sum q_i N_i \tag{5-1}$$

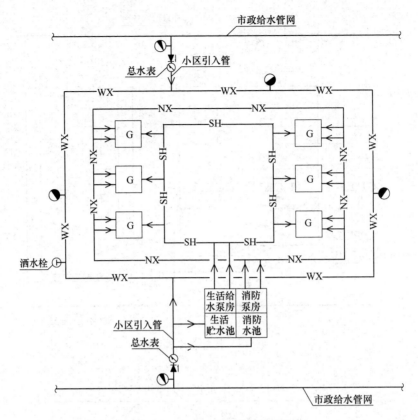

图 5-5　小区二次加压给水系统

式中　Q_1——最高日生活用水量（L/d）；

　　q_i——各住宅最高日生活用水定额[L/(人·d)]，按表1-1选取；

　　N_i——各住宅建筑的用水人数（人）。

（2）公共建筑用水量（Q_2）

居住小区内的公共建筑用水量，应按其使用性质、规模，并采用表1-2中的用水定额经计算确定。

（3）绿化用水量（Q_3）

绿化浇灌用水定额应根据气候条件、植物种类、土壤理化性状、浇灌方式和管理制度等因素综合确定。当无相关资料时，小区绿化浇灌用水定额可按浇灌面积 $1.0 \sim 3.0 L/(m^2 \cdot d)$ 计算，干旱地区可酌情增加。

（4）水景、娱乐设施用水量（Q_4）

水景用水应循环使用。水景用水量按所需的补充水量确定。循环系统的补充水量应根据蒸发、飘失、渗漏、排污等损失确定，室内工程宜取循环水流量的 $1\% \sim 3\%$；室外工程宜取循环水流量的 $3\% \sim 5\%$。

（5）道路、广场用水量（Q_5）

小区道路、广场的浇洒用水定额可按浇洒面积 $2.0 \sim 3.0 L/(m^2 \cdot d)$ 计算。

（6）公用设施用水量（Q_6）

小区内的公用设施用水量，应由该设施的管理部门提供用水量计算参数，当无重大公用设施时，不另计用水量。

（7）未预见水量及管网漏失水量（Q_7）

小区管网漏失水量和未预见水量之和。

（8）消防用水量（Q_8）

消防用水量仅用于校核管网计算，不计入正常用水量。消防用水量的确定见第2章相关内容。

5.1.3 管道设计流量

（1）小区室外生活给水管道

1）以小区引入管为起点，取供水系统要求压力最大的建筑物引入管处作为最不利供水点，依此确定计算管路。通常最不利供水点多为距离起点最远、建筑高度最大的建筑引入管处。

2）从最不利供水点起、至小区引入管处，进行节点编号；依此划分各计算管段。

3）室外给水管道的设计流量，应根据该管段的服务人数、用水定额、卫生器具设置标准等因素经计算确定。

应符合下列规定：

①小区内住宅应按其建筑引入管的设计流量来计算管段流量；小区内配套的文体、餐饮娱乐、商铺、市场等设施，应按其生活用水设计秒流量作为节点流量计算；

②小区内配套的文教、医疗保健、社区管理、绿化和景观用水、道路及广场洒水、公共设施用水等，均以平均小时用水量计算节点流量；

③设在小区范围内，不属于小区配套的公共建筑节点流量应另计。

4）小区室外直供给水管道管段流量，应按建筑给水设计秒流量计算；当建筑设有水箱（池）时，应以建筑引入管设计流量作为室内计算给水管段节点流量。

（2）小区给水引入管

1）小区给水引入管的设计流量，应根据小区室外给水管道设计流量的规定进行计算，并应考虑未预见水量和管网漏失量，即引入管设计流量以引入管计算流量乘1.08~1.12的系数计。

2）环状给水管网与城镇给水管的连接管不宜少于两条。当其中一条发生故障时，其余的连接管应能通过不小于70%的流量。

3）小区给水引入管的管径不宜小于室外给水干管的管径。

4）小区环状管道管径应相同。

【例5-1】某居住小区有4幢6层住宅，1幢2层公用建筑（商场）。该小区给水系统采用市政管网直接供水。每幢住宅楼有8个单元，每层每单元2户，每户4人。其中1、2、3、4号楼每户卫生器具给水当量分别为：$N_g = 7$；6；5；6；商场给水当量为10。住宅最高日生活用水定额 $q_L = 215\text{L}/(\text{人}\cdot\text{d})$，$K_h = 2.55$。试计算小区给水系统各管段的设计流量。

【解】图5-6为管网布置图。

每幢住宅服务人数：$8 \times 2 \times 6 \times 4 = 384$ 人。

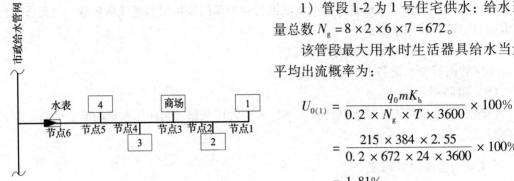

图 5-6 【例 5-1】计算图示

1）管段 1-2 为 1 号住宅供水：给水当量总数 $N_g = 8 \times 2 \times 6 \times 7 = 672$。

该管段最大用水时生活器具给水当量平均出流概率为：

$$U_{0(1)} = \frac{q_0 m K_h}{0.2 \times N_g \times T \times 3600} \times 100\%$$

$$= \frac{215 \times 384 \times 2.55}{0.2 \times 672 \times 24 \times 3600} \times 100\%$$

$$= 1.81\%$$

查表 1-8 可知，$\alpha_C = 0.00945$。

该管段的卫生器具给水当量的同时出流概率为：

$$U = \frac{1 + \alpha_C (N_g - 1)^{0.49}}{\sqrt{N_g}} \times 100\% = \frac{1 + 0.00945 \times (672 - 1)^{0.49}}{\sqrt{672}} \times 100\% = 4.74\%$$

该管段的设计秒流量为：

$$q_{g1-2} = 0.2 U N_g = 0.2 \times 4.74\% \times 672 = 6.37\text{L/s}$$

$$Q_{1-2} = q_{g1-2} = 6.37\text{L/s}$$

2）管段 2-3 为 1 号、2 号住宅供水：

2 号住宅给水当量总数 $N_g = 8 \times 2 \times 6 \times 6 = 576$。

$$U_{0(2)} = \frac{q_0 m K_h}{0.2 \times N_g \times T \times 3600} \times 100\% = \frac{215 \times 384 \times 2.55}{0.2 \times 576 \times 24 \times 3600} \times 100\% = 2.12\%$$

该管段最大用水时生活器具给水当量平均出流概率为：

$$\overline{U}_0 = \frac{U_{0(1)} N_{g(1)} + U_{0(2)} N_{g(2)}}{N_{g(1)} + N_{g(2)}} = \frac{1.81\% \times 672 + 2.12\% \times 576}{672 + 576} = 1.95\%$$

查表 1-8 可知，$\alpha_C = 0.01057$。

该管段的卫生器具给水当量的同时出流概率为：

$$U = \frac{1 + \alpha_C (N_g - 1)^{0.49}}{\sqrt{N_g}} \times 100\% = \frac{1 + 0.01057 \times (1248 - 1)^{0.49}}{\sqrt{1248}} \times 100\% = 3.81\%$$

该管段的设计秒流量为：

$$q_{g2-3} = 0.2 U N_g = 0.2 \times 3.81\% \times 1248 = 9.51\text{L/s}$$

$$Q_{2-3} = q_{g2-3} = 9.51\text{L/s}$$

3）商场：

$$\alpha = 1.5，N_g = 10，q_{g商场} = 0.2\alpha\sqrt{N_g} = 0.2 \times 1.5 \times \sqrt{10} = 0.95\text{L/s}$$

管段 3-4 的设计流量为：

$$Q_{3-4} = Q_{2-3} + q_{g商场} = 9.51 + 0.95 = 10.46\text{L/s}$$

302

4）管段 4-5 为 1 号、2 号、3 号住宅及商场供水：

3 号住宅给水当量总数 $N_g = 8 \times 2 \times 6 \times 5 = 480$。

$$U_{0(3)} = \frac{q_0 m K_h}{0.2 \times N_g \times T \times 3600} \times 100\% = \frac{215 \times 384 \times 2.55}{0.2 \times 480 \times 24 \times 3600} \times 100\% = 2.54\%$$

该管段最大用水时生活器具给水当量平均出流概率为：

$$\overline{U}_0 = \frac{U_{0(1)} N_{g(1)} + U_{0(2)} N_{g(2)} + U_{0(3)} N_{g(3)}}{N_{g(1)} + N_{g(2)} + N_{g(3)}}$$

$$= \frac{1.81\% \times 672 + 2.12\% \times 576 + 2.54\% \times 480}{672 + 576 + 480} = 2.12\%$$

查表 1-8 可知，$\alpha_C = 0.01197$。

该管段的卫生器具给水当量的同时出流概率为：

$$U = \frac{1 + \alpha_C (N_g - 1)^{0.49}}{\sqrt{N_g}} \times 100\% = \frac{1 + 0.01197 \times (1728 - 1)^{0.49}}{\sqrt{1728}} \times 100\% = 3.52\%$$

该管段的设计秒流量为：

$$q_{g4-5} = 0.2 U N_g = 0.2 \times 3.52\% \times 1728 = 12.17 \text{L/s}$$

$$Q_{4-5} = q_{g4-5} + q_{g\text{商场}} = 12.17 + 0.95 = 13.12 \text{L/s}$$

5）管段 5-6 为 1 号、2 号、3 号、4 号住宅及商场供水：

4 号住宅给水当量总数 $N_g = 8 \times 2 \times 6 \times 6 = 576$。

$$U_{0(4)} = \frac{q_0 m K_h}{0.2 \times N_g \times T \times 3600} \times 100\% = \frac{215 \times 384 \times 2.55}{0.2 \times 576 \times 24 \times 3600} \times 100\% = 2.12\%$$

该管段最大用水时生活器具给水当量平均出流概率为：

$$\overline{U}_0 = \frac{U_{0(1)} N_{g(1)} + U_{0(2)} N_{g(2)} + U_{0(3)} N_{g(3)} + U_{0(4)} N_{g(4)}}{N_{g(1)} + N_{g(2)} + N_{g(3)} + N_{g(4)}}$$

$$= \frac{1.81\% \times 672 + 2.12\% \times 576 + 2.54\% \times 480 + 2.12\% \times 576}{672 + 576 + 480 + 576} = 2.12\%$$

查表 1-8 可知，$\alpha_C = 0.01197$。

该管段的卫生器具给水当量的同时出流概率为：

$$U = \frac{1 + \alpha_C (N_g - 1)^{0.49}}{\sqrt{N_g}} \times 100\% = \frac{1 + 0.01197 \times (2304 - 1)^{0.49}}{\sqrt{2304}} \times 100\% = 3.19\%$$

该管段的设计秒流量为：

$$q_{g5-6} = 0.2 U N_g = 0.2 \times 3.19\% \times 2304 = 14.70 \text{L/s}$$

$$Q_{5-6} = q_{g5-6} + q_{g\text{商场}} = 14.70 + 0.95 = 15.65 \text{L/s}$$

引入管的设计流量为：

$$Q = (1.08 \sim 1.12) Q_{5-6} = (1.08 \sim 1.12) \times 15.65 = 16.9 \sim 17.5 \text{L/s}$$

小区室外给水管道水力计算见表5-1。

小区室外给水管道水力计算表

表 5-1

管段编号	当量总数 N_g	同时出流概率 U（%）	设计秒流量 q_g（L/s）	节点流量 $q_{g公建}$（L/s）	设计流量 Q（L/s）	备注
1-2	672	4.74	6.37	—	6.37	节点流量公式：$q_{g公建}=0.2\alpha\sqrt{N_g}$ 其中商场总的给水当量 $N_g=10$
2-3	1248	3.81	9.51		9.51	
3-4	1248	3.81	9.51	0.95	10.46	
4-5	1728	3.52	12.17	—	13.12	
5-6	2304	3.19	14.70	—	15.65	

【例 5-2】某住宅小区，居住人数 3500 人，小区设计用水量为 25L/s。室外给水管网（不含消防）为环状管网，有 2 条给水连接管与市政给水管相连接。试问：当其中一条给水管道发生故障时，另一条给水管至少要通过多少流量？

【解】根据规范规定，居住小区环状给水管网与市政给水管的连接不宜少于 2 条，当其中 1 条发生故障时，其余的连接管应能通过不少于 70% 的流量。

则：$25 \times 0.70 = 17.5$L/s

另 1 条给水连接管至少应通过 17.5L/s 的流量。

（3）小区室外消防给水管道

1）室外消防用水量

居住小区的室外消防用水量应按同一时间内的火灾次数和一次灭火用水量确定。人数在 1 万人（包括 1 万人）以下的居住小区，在同一时间内的火灾次数为 1 次，一次灭火用水量为 10L/s，即室外消防用水量不应小于 10L/s；人数大于 1 万人、在 1.5 万人以下的居住小区，一次灭火用水量为 15L/s，即室外消防用水量不应小于 15L/s。当小区内建筑物的室外消火栓用水量大于 10L/s 或 15L/s 时，应取建筑物中要求室外消防用水量最大者作为该小区室外消防系统的设计用水量。当小区内有配套公共建筑时，应按公共建设的室外消防用水量作为小区室外消防用水量。

2）室外消防给水管道的直径不应小于 DN100。

3）小区消防给水引入管。

小区内室外消防给水管网应布置成环状，向环状管网输水的进水管不应少于两条，并宜从两条市政给水管道引入。当其中一条进水管发生故障时，其余的进水管应能满足消防用水总量的供给要求。

（4）小区室外生活－消防共用给水管道

小区内低压室外消防给水系统可与生产－生活给水管道系统合并。当生产－生活用水达到最大小时用水量时（淋浴用水量可按 15% 计算，浇洒及洗刷用水量可不计算在内），合并的给水管道系统，仍应保证通过全部消防用水量（消防用水量应按最大秒流量计算）。

对于生活－生产－消防共用的给水系统，在消防时小区的室外给水管网的水量、水压应满足消防车从室外消火栓取水灭火的要求。应以最大用水时的生活用水量叠加消防流量，复核管网末梢的室外消火栓的水压，其水压应达到以地面标高算起的流出水头不小于0.1MPa的要求，即当生活、生产和消防用水量达到最大时，室外低压给水管道的水压不应小于0.10MPa（从室外地面算起）。

5.1.4 加压、贮水设施

（1）加压设施

小区的加压给水系统应根据小区的规模、建筑高度和建筑物的分布等因素确定加压站的数量、规模和水压。

当给水管网无调节设施时，小区的给水加压泵站，应采用水泵调节。一般情况下生活给水加压泵多采用调速泵组供水方式；当小区给水系统服务人数多、用水较均匀、小时变化系数较低或管网有一定容量的调节措施时，亦可采用额定转速工频水泵编组运行的供水方式。

当采用直接从城镇给水管网吸水的叠压设备供水时，泵组的最大出水量不应小于小区生活给水设计流量，生活与消防合用给水管道系统应以消防工况进行校核。叠压供水的调速泵机组的扬程，应按吸水端城镇给水管网允许最低水压确定。当城镇给水管网用水低谷时段的水压能满足最不利用水点水压要求时，可设置旁通管，由城镇给水管网直接供水。

当配置低位水箱时，其有效容积应按给水管网不允许抽水时段的用水量确定，并应采取技术措施保证贮水在水箱中停留时间不得超过12h。

当配置气压给水设备时，应符合第1章气压给水设备计算的规定。

小区独立设置的水泵房，宜靠近用水大户。水泵机组的运行噪声应符合现行的国家标准《声环境质量标准》GB 3096的要求。

（2）水塔与贮水池

1）水塔

小区采用水塔作为生活用水的调节构筑物时，水塔的有效容积应经计算确定。若资料不全时可参照表5-2选定。水泵—水塔联合供水时，宜采用前置方式。由外网夜间直接进水充满水塔（供全天使用），其有效调节容积应按用水人数和最高日用水定额确定。有冻结危险的水塔应有保温防冻措施。

水塔（水池）生活用水调蓄贮水量   表5-2

居住小区最高日用水量（m³）	<100	101～300	301～500	501～1000	1001～2000	2001～4000
调蓄贮水量占最高日用水量的百分数	30%～20%	20%～15%	15%～12%	12%～8%	8%～6%	6%～4%

2）生活用贮水池

小区生活用贮水池的有效容积应根据生活用水调节量和安全贮水量等确定，贮水池大于50m³时宜分成容积基本相等的2格，以便清洗水池时不停止供水。生活用水调节量应按流入量和供出量的变化曲线经计算确定，资料不足时可按小区加压供水系统的最高日生活用水量的 15%~20% 确定；安全贮水量应根据城镇供水制度、供水可靠程度及小区对供水的保证要求确定。主要考虑以下因素：

① 城镇给水管网供水的可靠性。如小区给水引入管的数目、不同引入管所连接的城镇供水管的可靠程度：同侧引入还是不同侧引入；同一水源还是不同水源等；

② 小区建筑用水的重要程度，如医院、不允许断水的其他重要建筑等；

③ 满足水泵吸水的安全贮水量，一般最低水位距池底不小于 0.5m。

当小区的生活贮水量大于消防贮水量时，两池可合并设置。消防贮水量应符合现行国家标准《消防给水及消火栓系统技术规范》GB 50974 的规定。合并贮水池有效容积的贮水设计更新周期不得大于 48h。

小区贮水池设计应符合现行行业标准《二次供水工程技术规程》CJJ 140 的要求。

埋地式生活饮用水贮水池周围 10m 以内，不得有化粪池、污水处理构筑物、渗水井、垃圾堆放点等污染源；周围 2m 以内不得有污水管和污染物。

5.1.5 管材、管道附件及敷设

（1）管材

小区室外埋地给水管道采用的管材，应具有耐腐蚀和能承受相应地面荷载的能力。可采用塑料给水管、有衬里的铸铁给水管。管内壁的防腐材料应符合现行的国家有关卫生标准的要求。当必须使用钢管时，可采用经可靠防腐处理的钢管，但应特别注意钢管的内外防腐处理，常见的防腐处理方法有衬塑、涂塑或涂防腐涂料（镀锌钢管必须作防腐处理）。

（2）管道附件

1）在以下部位应设置阀门：

① 在小区给水引入管（从城镇管道引入）段上。

② 小区室外环状管网的节点处，应按分隔要求设置。环状管段过长时，宜设置分段阀门。

③ 从小区给水干管上接出的支管起端或接户管起端。

④ 小区贮水池（箱）、加压泵房、加热器、减压阀、倒流防止器等处应按安装要求配置。

2）在以下管段上应设置止回阀：

① 直接从城镇给水管网接入小区的引入管上。装有倒流防止器的管段不需再装止回阀。

② 小区加压水泵出水管上。

③ 进、出水管合用一条管道的水塔和高地水池的出水管段上，以防止底部进水。

3）小区生活饮用水管道与消防用水管道的连接时，应采取防止水质污染的技术措施。从小区生活饮用水管道系统上接至下列用水管道或设备时，应设置倒流防止器：

① 单独接出消防用水管道时，在消防用水管道的起端应设置倒流防止器，是指接出消防管道不含室外生活饮用水给水管道接出的室外消火栓那一段短管。

② 从生活饮用水贮水池抽水的消防水泵出水管上。从小区生活用水与消防用水合用

贮水池中抽水的消防水泵，由于倒流防止器阻力较大，而水泵吸程有限，可将倒流防止器装在水泵的出水管上。

4）生活饮用水给水管道中存在负压虹吸回流的可能，需要设置真空破坏器消除管道内的真空度而使其断流。从小区生活饮用水管道上直接接出下列用水管道时，应在以下用水管道上设置真空破坏器：

① 当游泳池、水上游乐池、按摩池、水景池、循环冷却水集水池等的充水或补水管道出口与溢流水位之间的空气间隙小于出口管径2.5倍时，在其充（补）水管上。

② 不含有化学药剂的绿地喷灌系统，当喷头为地下式或自动升降式时，在其管道起端。

③ 消防（软管）卷盘、轻便消防水龙给水管道的连接处。

④ 出口接软管的冲洗水嘴（阀）、补水水嘴与给水管道连接处。

（3）敷设要求

小区的室外给水管道，应沿小区内道路、宜平行于建筑物敷设在人行道、慢车道或草地下；管道外壁距建筑物外墙的净距不宜小于1m，且不得影响建筑物的基础。

室外管线应进行综合设计，室外给水管道与其他地下管线、室外给水管道与建筑物、乔木之间的最小净距，应符合附录8的规定。敷设在室外综合管廊（沟）内的给水管道，宜在热水、热力管道下方，冷冻管和排水管的上方。室外给水管道与污水管道交叉时，给水管道应敷设在上面，且接口不应重叠；如给水管道应敷设在下面时，应设置钢套管，钢套管两端应用防水材料封闭。生活给水管道不宜与输送易燃、可燃或有害的液体或气体的管道同管廊（沟）敷设。

小区室外埋地给水管道的管材，应具有耐腐，承压的特性，多采用塑料给水管、有衬里的铸铁给水管以及经过可靠防腐处理的钢管等。

室外给水管道的覆土深度，应根据土壤冰冻深度、车辆荷载、管道材质及管道交叉等因素确定。管顶最小覆土深度不得小于土壤冰冻线以下0.15m，行车道下的管线覆土深度不宜小于0.7m。

在室外明设的给水管道，应避免受阳光直接照射，塑料给水管还应有有效保护措施；在结冻地区应做保温层，保温层的外壳应密封防渗。

室外给水管道上的阀门，应设置阀门井或阀门套筒。

5.2 排水

小区排水系统一般由建筑接户管、检查井、排水支管、排水干管和小型处理构筑物等组成。小区排水系统应采用生活排水与雨水分流制排水，即生活排水和雨水设独立的排水系统分别排水。

5.2.1 小区生活排水系统

（1）管材

小区室外排水管道应根据排水性质、成分、温度、地下水侵蚀性、外部荷载、土壤情况和施工条件等因素取材，宜采用埋地塑料排水管。

（2）管道布置

小区排水管道的平面布置，应根据小区规划、地形标高、排水流向、各建筑物排出管及市政排水管接口的位置，遵循管线短、埋深小、尽可能自流排出的原则。定线时还应考虑到小区的扩建发展情况，以免日后改拆管道，造成施工及管理上的返工浪费。

排水管道布置应符合下列要求：

1）排水管道宜沿道路和建筑物的周边呈平行布置，路线最短，减少转弯，并尽量减少相互间及与其他管线和河流、铁路间的交叉。检查井间的管段应为直线。

2）管道与道路交叉时，宜垂直于道路的中心线。

3）干管应靠近主要排水建筑物，并布置在连接支管较多的路边侧。

4）管道应尽量布置在道路外侧的人行道或草地的下面。不应布置在乔木下面。

5）管道中心线距建筑物外墙不宜小于3m，与其他管道和构筑物的水平净距离应符合附录9的规定。

（3）管道敷设

小区排水管道的最小覆土深度应根据道路的行车等级、管材受压强度、地基承载力、室内排出管的埋深、土壤冰冻深度、管顶所受动荷载情况等因素经计算确定。

小区干管和小区组团道路下的管道覆土深度不宜小于0.7m。

生活排水管道的埋设深度，不得高于土壤冰冻线以上0.15m，且覆土深度不宜小于0.3m。当采用埋地塑料管道时，排出管埋设深度可不高于土壤冰冻线以上0.50m。

在地下水位较高的地区，埋地管道和检查井还应考虑采取有效的防渗技术措施。

（4）管道连接

室外排水管道在转弯、变径、变坡和连接支管处，应设置检查井。在较长的直线管段上应设置排水检查井，室外生活排水管道管径不大于160mm时，检查井间距不应大于30m；管径不小于200mm时，检查井间距不应大于40m；管径为315mm时，检查井间距不应小于50m。

连接处的水流偏转角不得大于90°，以保证畅通的水力条件，避免水流相互干扰。当排水管管径小于等于300mm，且跌落差大于0.3m时水流转弯角度的影响已不明显，可不受角度的限制。

除有水流跌落差外，室外排水管宜采用管顶平接。排出管管顶标高不得低于室外接户管管顶标高；小区排出管与市政管（渠）连接处，排出管的设计水位不应低于市政管（渠）的设计水位。

小区生活排水检查井宜采用塑料排水检查井。检查井的内径应根据所连接的管道管径、数量和埋设深度确定。生活排水管道的检查井内应有导流槽或顺水构造。室外检查井的井盖上应设有防盗、防坠落措施和属性标识，位于车行道的检查井应采用具有足够承载力和稳定性良好的材质和型式。

（5）污水泵房

当小区排水管道不能以重力自流排入市政排水管道时，应设置污水泵房。特殊情况下，经技术经济比较合理时可采用真空排水系统。

污水泵房应建成单独构筑物，并应有卫生防护隔离带，有良好的通风条件并靠近集水池。污水泵房与居住建筑和公用建筑应有一定距离，水泵机组噪声对周围环境有影响时应采取消声、隔振措施，泵房周围应考虑较好的绿化。污水泵房设计应按现行国家标准《室外排水设计标准》GB 50014 执行。

小区污水水泵的流量应按小区最大小时生活排水流量选定。

污水泵宜设置压力排水管道单独排至室外检查井，不应排入室内生活排水重力管道内，排出管的横管段应有坡度坡向出口。当两台或两台以上水泵共用一条出水管时，应在每台水泵出水管上装设阀门和止回阀；单台水泵排水有可能产生倒灌时，应设置止回阀。

5.2.2　小区雨水排水系统

小区雨水排放应遵循源头减排的原则，宜利用地形高程有组织地汇集排放。小区雨水排放口应设置在雨水控制利用设施的末端，以溢流形式排放；超过雨水径流控制要求的降雨，溢流进入市政雨水管（渠）。

（1）雨水口

小区必须设雨水管网时，雨水口的布置应根据地形、建筑物位置、下垫面土质特征进行布置。宜布置在道路交汇处和路面最低处、建筑物单元出入口与道路交界处、建筑雨水落水管附近、小区空地和绿地的低洼处、地下坡道入口处等部位。

（2）排水沟

在下列场所宜设置排水沟：室外广场、停车场、下沉式广场；道路变坡处；水景池和超高建筑的周边；管道敷设的覆土深度不能满足要求的区域等。有条件时宜采用成品线性排水沟，入渗条件较好时宜采用渗水沟。

（3）雨水口连接管

雨水口连接管的长度不宜超过 25m，连接管上串联的雨水口不宜超过 3 个。

单算雨水口连接管最小管径为 200，坡度为 0.01，管顶覆土厚度不宜小于 0.7m。

连接管埋设在路面或有重荷载处地面的下面时，其做法详见国家建筑标准设计图集《雨水口》16S518。

（4）检查井

在雨水管道、雨水沟管径、坡度、流向改变时，以及在跌水处和直线管道上每隔一定距离之处应设置雨水检查井。雨水检查井的最大间距可按表5-3确定，表中括号内数据为塑料管外径。检查井应尽量避免布置在主入口处。

雨水检查井的最大间距　　　　　　　　　　　　　　　表5-3

管径（mm）	最大间距（m）
150（160）	30
200～300（200～315）	40
400（400）	50
≥500（500）	70

管道在检查井内宜采用管顶平接法（除有水流跌落差外）。雨水检查井连接处的水流转角不得小于90°；当雨水管径≤300mm且跌落差大于0.3m时可不受此限。井内出水管管径不宜小于进水管。检查井内同高度上接入的管道数量不宜多于3条。

室外地下或半地下式供水水池的排水口、溢流口，游泳池的排水口，内庭院、下沉式绿地或地面、建筑物门口的雨水口，当标高低于雨水检查井处的地面标高时，不得接入该检查井，以防止雨季时出现泛水现象。

（5）跌水井

当管道跌水水头大于2.0m时应设跌水井；跌水水头1.0～2.0m时宜设跌水井。管道转弯处不宜设置跌水井。跌水井不得有支管接入。

跌水方式一般采用竖管、矩形竖槽和阶梯式。跌水井的一次跌水水头高度见表5-4。

跌水井最大跌水水头高度（m）

表5-4

进水管管径（mm）	≤200	300～600	>600
最大跌水高度（m）	≤6.0	≤4.0	水力计算确定

（6）雨水管道

小区雨水管道宜沿道路和建筑物的周边呈平行布置，尽量布置在人行道或绿化带的下面，与乔木的水平间距不小于1.5m。雨水管道宜路线短、转弯少，并尽量减少管线交叉。检查井间的管段应为直线。干管应靠近主要排水建筑物，并布置在连接支管较多的一侧。

雨水管应尽量远离生活饮用水管道，与给水管的最小净距应为0.8～1.5m。与污水管、给水管并列布置时，宜布置在给水管和污水管之间。雨水管道与道路交叉时，宜垂直于路面的中心线。

雨水管道覆土厚度不宜小于0.7m，否则应采取防止管道受压破损的技术措施（如用金属管或金属套管等）。当管道不受冰冻或冬季不会积水时，雨水管道可埋设在冰冻层内。

小区雨水管道向景观水体、河道排水时，出水管管内水位不宜低于水体设计水位。小区雨水排水管接入市政管道时，排出管管顶标高不得低于市政管管顶标高。

（7）明沟（渠）

明沟底宽一般不小于0.3m，超高不得小于0.2m。成品排水沟底宽可小于0.3m。

明沟与管道相连接时，连接处必须采取措施以防冲刷管道基础。

明沟下游与管道连接处应设格栅和挡土墙。明沟应加铺砌，铺砌高度不低于设计超高，长度自格栅算起3～5m。如明沟与管道衔接处有跌水，且落差为0.3～2.0m时，应在跌水前5～10m处开始铺砌。

明沟支线与干线的交汇角应大于90°并做成弧形。交汇处应加铺砌，铺砌高度不低于设计超高。

（8）下沉广场或下沉地面雨水系统

室外下沉的花园、绿地、广场、道路等低洼处积水时，若有流进室内的可能则应设水泵提升排水；短时积水不会造成危害时可采用重力排水。雨水口可接入室外雨水检查井。

下沉式广场地面排水、地下车库出入口的明沟排水应设雨水集水池，将雨水收集到雨水集水池后由污水泵提升排至小区的室外雨水检查井中。集水池应设在建筑物外。

当采用水泵提升排除下沉广场的雨水时，广场上方周围地面的雨水应通过土建设施进行拦截，不得进入下沉广场。下沉广场设有建筑入口时，广场地面应比室内地面低15cm以上。

(9) 雨水集水池和排水泵

下沉式广场地面排水集水池的有效容积，不应小于最大一台排水泵30s的出水量；地下车库出入口的明沟排水集水池的有效容积，不应小于最大一台排水泵5min的出水量。

排水泵的流量应按排入集水池的设计雨水量确定，且排水泵不应少于2台，不宜大于8台，紧急情况下可同时使用；雨水排水泵应有不间断的动力供应，可采用双电源或双回路供电。

5.2.3 管道设计计算

(1) 小区生活排水系统

小区住宅和公共建筑的生活排水系统排水定额和小时变化系数，与其相应的生活给水系统用水定额和小时变化系数相同。

居住小区生活排水的设计流量，应按住宅生活排水最大小时流量与公共建筑生活排水最大小时流量之和的85%~95%确定。

小区埋地排水管的水力计算，与建筑内部生活排水管道水力计算相同。

小区室外生活排水管道最小管径、最小设计坡度和最大设计充满度按表5-5确定。接户管管径不得小于建筑物排出管管径；生活污水单独排至化粪池的室外生活污水管最小设计坡度：管径160mm时最小设计坡度宜为0.010~0.012；管径200mm时最小设计坡度宜为0.010。

小区室外生活排水管道最小管径、最小设计坡度和最大设计充满度　　　表5-5

管别	管材	最小管径（mm）	最小设计坡度	最大设计充满度
接户管、支管	埋地塑料管	160（150）	0.005	0.5
干管	埋地塑料管	200（200）	0.004	
		≥315（300）	0.003	

排水管道下游管段管径不得小于上游管段管径。

(2) 小区雨水排水系统

小区雨水管道设计雨水量按式（3-20）计算。小区设计降雨强度按当地或是相邻地区的暴雨强度公式计算确定。

小区雨水管道的设计降雨历时，按式（5-2）计算：

$$t = t_1 + t_2 \tag{5-2}$$

式中　t——降雨历时（min）；

　　　t_1——地面集水时间（min），视距离长短、地形坡度和地面铺盖情况而定，一般可选5~10min；

　　　t_2——排水管内雨水流行时间（min）。

小区雨水排水管道的排水设计重现期，应根据汇水区域性质、地形特点、气象特征等因素确定，不宜小于表5-6的规定值。下沉式广场设计重现期应由广场的构造、重要程度、短期积水即能引起较严重后果等因素确定。

各种汇水区域的设计重现期　　　　　　　　　　　　　表 5-6

汇水区域名称		设计重现期（a）
室外场地	小区	3~5
	车站、码头、机场的基地	5~10
	下沉式广场、地下车库坡道出入口	10~50

各种地面的雨水径流系数可按表 5-7 采用，各种汇水面积的综合径流系数应加权平均计算。

径流系数　　　　　　　　　　　　　　　　　表 5-7

地面种类	Ψ
混凝土和沥青路面	0.90
块石路面	0.60
级配碎石路面	0.45
干砖及碎石路面	0.40
非铺砌地面	0.30
公园绿地	0.15

小区汇水地面的雨水汇水面积应按水平投影面积计算，汇水面积应包括汇入的地面、屋面面积和墙面面积。墙面的有效汇水面积，当建筑高度≥100m 时，按夏季主导风向迎风墙面 1/2 面积计算。

小区雨水管段设计流量与建筑屋面雨水设计计算公式相同。

小区雨水管道宜按满管重力流设计，管内流速不宜小于 0.75m/s。管道流速在最小流速和最大流速之间选取，见表 5-8。

雨水管道流速限制　　　　　　　　　　　　　表 5-8

流速	金属管	非金属管	明渠（混凝土）
最大流速（m/s）	10	5	4
最小流速（m/s）	0.75	0.75	0.4

小区雨水管道的最小管径和横管的最小设计坡度宜按表 5-9 确定，表中铸铁管管径为公称直径，括号内数据为塑料管外径。

雨水管道的最小管径和横管的最小设计坡度　　　　　　　表 5-9

管别	最小管径（mm）	横管的最小设计坡度	
		铸铁管、钢管	塑料管
小区建筑物周围雨水接户管	200（200）	—	0.0030
小区道路下的干管、支管	300（315）	—	0.0015
13 号沟头的雨水口连接管	150（160）	—	0.01

【例 5-3】 某居住小区有 3 栋相同的住宅和 1 座公共建筑（商场）见图 5-7。每栋住宅、商场的生活排水最大小时流量分别为 79200L/h、16200L/h。小区室外排水采用埋地塑料管，粗糙系数为 0.009。试确定该小区室外生活排水管道的管径和坡度。

【解】居住小区内生活排水的设计流量应按住宅生活排水最大小时流量与公共建筑生活排水最大小时流量之和确定。

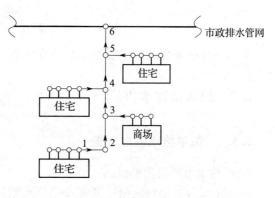

图5-7 【例5-3】计算图示

管段 1-2 的排水设计流量：$Q_{1-2} = 79200\text{L/h} = 22\text{L/s}$，该管段的设计充满度取0.5，设计坡度$I = 0.004$：

由 $Q = vA$ 及 $v = \dfrac{1}{n}R^{\frac{2}{3}}I^{\frac{1}{2}}$ 可知：$22 \times 10^{-3} = \dfrac{1}{0.009} \times \left(\dfrac{d}{4}\right)^{\frac{2}{3}} I^{\frac{1}{2}} \dfrac{\pi}{4} d^2 \times \dfrac{1}{2}$。

解得$d = 232\text{mm}$。取管径为250mm。

校核流速：$v = \dfrac{1}{n}R^{\frac{2}{3}}I^{\frac{1}{2}} = \dfrac{1}{0.009}\left(\dfrac{d}{4}\right)^{\frac{2}{3}}I^{\frac{1}{2}} = \dfrac{1}{0.009}\left(\dfrac{0.25}{4}\right)^{\frac{2}{3}}0.004^{\frac{1}{2}} = 1.11\text{m/s}$。

流速介于$0.6 \sim 5\text{m/s}$，满足要求。故该管段管径为250mm，坡度为0.004。

管段 2-3 的排水设计流量：$Q_{2-3} = Q_{1-2} = 79200\text{L/h} = 22\text{L/s}$，该管段管径、坡度同上，流速1.11m/s。

管段 3-4 的排水设计流量 $Q_{3-4} = Q_{2-3} + Q_{商场} = 79200 + 16200 = 95400\text{L/h} = 26.5\text{L/s}$，设计充满度取0.5，设计坡度$I = 0.004$，同理可得：$d = 248\text{mm}$，取管径为250mm。校核流速满足要求。

管段 4-5 的排水设计流量 $Q_{4-5} = 2Q_{1-2} + Q_{商场} = 2 \times 79200 + 16200 = 174600\text{L/h} = 48.5\text{L/s}$，设计充满度为0.5，设计坡度$I = 0.004$，解得$d = 310\text{mm}$，取350mm。校核流速满足要求。

管段 5-6 的排水设计流量 $Q_{5-6} = 3Q_{1-2} + Q_{商场} = 3 \times 79200 + 16200 = 253800\text{L/h} = 70.5\text{L/s}$，设计充满度取0.5，设计坡度$I = 0.004$，解得$d = 357\text{mm}$，取400mm。校核流速满足要求。计算结果汇总于表5-10。

小区室外生活排水管道水力计算表　　　　　　表5-10

管段编号	设计流量（L/s）	设计充满度	设计坡度	管径（mm）	设计流速（m/s）
1-2	22	0.5	0.004	250	1.11
2-3	22	0.5	0.004	250	1.11
3-4	26.5	0.5	0.004	250	1.11
4-5	48.5	0.5	0.004	350	1.39
5-6	70.5	0.5	0.004	400	1.51

【例5-4】某一居住小区，室外地面总面积为12000m²，其中：混凝土路面2400m²，绿地7200m²，块石路面1200m²，非铺砌路面1200m²。问：这片小区地面的雨水径流系数应取多少？

【解】雨水径流系数应按加权平均计算：

$$\frac{2400 \times 0.9 + 7200 \times 0.15 + 1200 \times 0.6 + 1200 \times 0.3}{12000} = 0.36$$

答：该小区地面的雨水径流系数可取 0.36。

5.3 热水及饮水供应

5.3.1 集中热水供应系统

（1）热水循环管道的设置

居住小区内集中热水供应系统应设热水循环管道，采用机械循环，并保证每栋建筑中热水干、立管中的热水循环。为满足热水供水要求，确保良好的循环效果，可根据小区热水系统供水建筑的布置及其建筑内热水循环管道布置等不同情况，采用设监控阀、限流阀、导流三通和分设循环水泵等措施。

当同一供水系统所服务单体建筑内的热水供、回水管道布置相同或相似时，单体建筑的回水干管与小区热水回水总干管可采用导流三通连接，如图 5-8 所示。

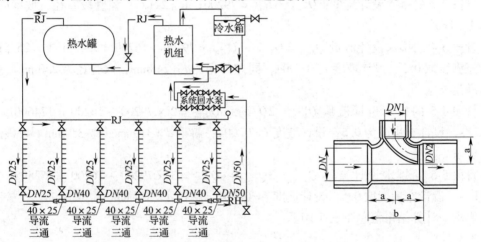

图 5-8　导流三通连接示意图

当同一供水系统所服务单体建筑内的热水供、回水管道布置不同时，可在单体建筑连接至小区热水回水总干管的回水管上设分循环泵或温度控制阀等保证循环效果，见图 5-9。

（2）计算设计小时耗热量

1）全日集中热水供应系统

当小区建筑采用同一全日集中热水供应系统时，设计小时耗热量应按下列规定计算：当小区内配套公共设施的最大用水时段与住宅的最大用水时段一致时，设计小时耗热量应按两者设计小时耗热量之和计算；当两者最大用水时段不一致时，设计小时耗热量应按住宅的设计小时耗热量叠加配套公共设施的平均小时耗热量计算。

① 小区均为住宅建筑时，集中热水供应系统的设计小时耗热量按式（5-3）计算：

$$Q_h = \sum K_h \frac{mq_r c \cdot (t_r - t_L)\rho_r}{T} C_\gamma \tag{5-3}$$

式中　　Q_h——设计小时耗热量（kJ/h）；

　　　　K_h——小时变化系数，可按表 4-14 取值；

　　　　q_r——最高日热水用水定额[L/（人·d）或 L/（床·d）]；

　　　　c——水的比热，$c = 4.187\text{kJ}/(\text{kg}\cdot{}^\circ\!\text{C})$；

　　　　ρ_r——热水密度（kg/L）；

　　　　t_r——热水温度（℃），$t_r = 60℃$；

　　　　t_L——冷水温度（℃）；

　　　　m——用水计算单位数（人数或床位数）；

　　　　T——每日用水时间（h），24h；

　　　　C_γ——热水供应系统的热损失系数，取 1.10~1.15。

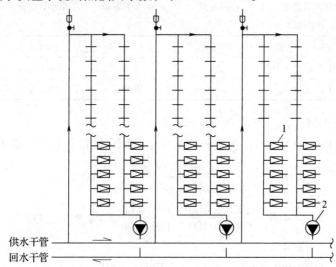

图 5-9　小区集中热水供应每栋回水干管设置循环泵示意图

1—减压阀；2—循环泵

注：1. 每栋建筑的循环管宜按同程布置；

　　2. 应选用相同的循环泵。各循环泵由所在回水干管上的温度控制。

　　② 小区内有住宅及配套公共设施时，集中热水供应系统的设计小时耗热量 Q_h 按式（5-4）计算：

$$Q_h = Q_{h1} + Q_{h2} + Q_{h3} \tag{5-4}$$

式中　　Q_{h1}——住宅最大用水时段的设计小时耗热量（kJ/h）；

　　　　Q_{h2}——最大用水时段与住宅最大用水时段一致的公共设施设计小时耗热量之和（kJ/h）；

　　　　Q_{h3}——最大用水时段与住宅最大用水时段不一致的公共设施平均小时耗热量之和（kJ/h）。

　　2）定时集中热水供应系统

　　定时集中热水供应系统的设计小时耗热量，按式（5-5）计算：

$$Q_h = \sum q_h(t_r - t_L)\rho_r N_0 b c C_\gamma \tag{5-5}$$

式中　　q_h——卫生器具热水的小时用水定额（L/h）按表 4-13 选用；

N_0——同类型卫生器具数；

b——同类型卫生器具的同时使用百分数；

其他符号同前。

小区室外热水供水干管设计流量的计算方法，与小区给水管道水力计算相同。建筑物的热水引入管应按该建筑物相应热水供水系统总干管的设计秒流量确定。

【例5-5】某小区全日集中热水供应系统供给3栋住宅及公共浴室、幼儿园热水用水，见表5-11。确定该小区集中热水供应系统设计小时耗热量。热水供应系统的热损失系数取1.12，60℃热水的密度为0.9832kg/L，10℃冷水的密度为0.9997kg/L。

集中热水供应系统已知条件

表 5-11

集中热水供应的建筑物	最高日热水用水定额	使用时间 T	小时变化系数 K_h	用水单位数 m	最大用水时段
住宅	100L/(人·d)	24h	4.8~2.75	2000 人	20:00~23:00
公共浴室	60L/(顾客·d)	12h	2.0	100 顾客	19:00~23:00
幼儿园	20L/(儿童·d)	10h	4.80	50 儿童	11:30~13:30

【解】根据表4-14，住宅的 $K_h = 4.8 \sim 2.75$；

按2000人和100L/(人·d)的乘积作为变量采用内插法计算系统的 K_h 值：

$$K_h = K_h^{max} - \frac{m \cdot q_r - m^{min} \cdot q_r^{min}}{m^{max} \cdot q_r^{max} - m^{min} \cdot q_r^{min}} \times (K_h^{max} - K_h^{min})$$

$$= 4.8 - \frac{2000 \times 100 - 100 \times 60}{6000 \times 100 - 100 \times 60} \times (4.8 - 2.75)$$

$$= 4.13$$

公共浴室的最大用水时时段与住宅的最大用水时时段一致，幼儿园的最大用水时时段与住宅的最大用水时时段不一致。小区集中热水供应系统的设计小时耗热量，应为住宅和公共浴室的设计小时耗热量与幼儿园的平均小时耗热量相叠加。

住宅热水供应系统的设计小时耗热量为：

$$Q_{h1} = K_h \frac{mq_r C(t_r - t_1)\rho_r}{T} C_\gamma = 4.13 \times \frac{2000 \times 100 \times 4.187 \times (60 - 10) \times 0.9832}{24} \times 1.12$$

$$= 7934172.96 \text{kJ/h}$$

公共浴室热水供应系统的设计小时耗热量为：

$$Q_{h2} = K_h \frac{mq_r C(t_r - t_1)\rho_r}{T} C_\gamma = 2.0 \times \frac{100 \times 60 \times 4.187 \times (60 - 10) \times 0.9832}{12} \times 1.12$$

$$= 230532.87 \text{kJ/h}$$

幼儿园热水供应系统的设计小时耗热量为：

$$Q_{h3} = K_h \frac{mq_r C(t_r - t_1)\rho_r}{T} C_\gamma = 4.80 \times \frac{50 \times 20 \times 4.187 \times (60 - 10) \times 0.9832}{10} \times 1.12$$

$$= 110655.78 \text{kJ/h}$$

其平均小时耗热量为：$Q_{p1} = \dfrac{Q_{h3}}{K_h} = \dfrac{110655.78}{4.80} \text{kJ/h} = 23053.29 \text{kJ/h}$

则：小区集中热水供应系统设计小时耗热量为：

$$Q_h = Q_{h1} + Q_{h2} + Q_{p1} = 8187759.12 kJ/h$$

5.3.2 管道直饮水系统

（1）系统设计

为了保证供水和循环回水的合理和安全性，工程建设中管道直饮水系统应根据建设规模、分期建设、建筑物性质和楼层高度，经技术经济综合比较来确定采取集中供水系统、分片区供水系统或在一幢建筑物中设一个或多个供水系统。

居住小区集中设置管道直饮水系统时，系统必须独立设置，不得与市政或建筑供水系统直接相连，以防止水质污染。室外的供、回水管网的形式应根据居住小区总体规划和建筑物性质、规模、高度以及系统维护管理和安全运行等条件确定。

为了小区供水系统的均衡性，应将净水机房设在距用水点较近的地点或在小区居中位置，有利于实现系统的全循环，减少水质降低的程度和缩短输水的距离，有利达到卫生安全运行，且便于维护管理。规模大的建筑小区，机房可分别建立，实现分区供水。

小区集中供水系统可在净水机房内设分区供水泵或设不同性质建筑物的供水泵，也可在建筑物内设减压阀竖向分区供水。

小区集中管道直饮水供水，为有利于保持水质卫生，应优先选用无高位水罐（箱）的供水系统，系统供水宜采用变频调速泵供水系统，如图5-10所示。

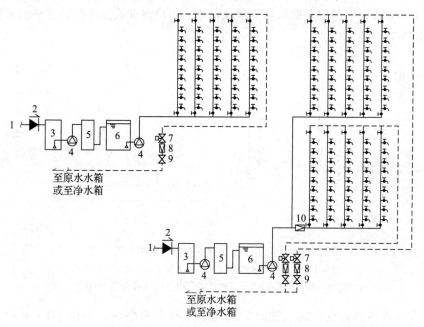

图5-10 变频调速泵供水系统示意图

1—城市供水；2—倒流防止器；3—预处理；4—水泵；5—膜过滤；6—净水箱（消毒）；

7—电磁阀；8—可调式减压阀；9—流量调节阀（限流阀）；10—减压阀

屋顶水箱重力供水系统如图 5-11 所示。

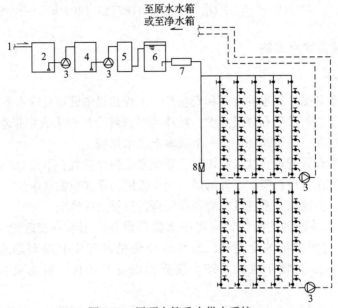

图 5-11　屋顶水箱重力供水系统
1—城市供水；2—原水水箱；3—水泵；4—预处理；5—膜过滤；
6—净水水箱；7—消毒器；8—减压阀

　　小区内可设一个集中供水系统，亦可分系统供应，或根据建筑物高度分区供应。除应满足分区压力要求外，还应采取可靠的减压措施，可设可调式减压阀以保证回水管的压力平衡，如图 5-12 所示。

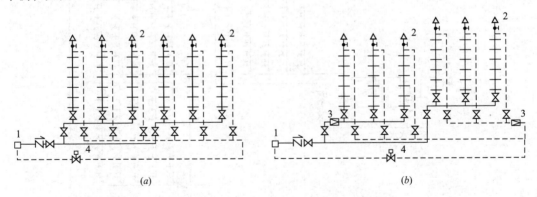

图 5-12　适用于小区直饮水管网的集中布置形式
（a）适用于多幢多层的水区建筑；（b）适用于高、多层的群体建筑
1—水箱；2—自动排气阀；3—可调式减压阀；4—电磁阀或控制回流装置

　　小区直饮水系统的供、回水管网应采用全循环同程系统，如图 5-13 所示，以使室内外管网中各个进出水管的阻力损失之和基本相当，便于室内外管网的供水平衡，达到全循环要求。小区集中供水系统中每幢建筑的循环回水管接至室外回水管之前宜采用安装流量平衡阀等措施。循环流量应保证直饮水在供配水系统中的停留时间不超过 12h。

（2）小区室外管道设计

室外埋地管道的覆土深度，应根据各地区土壤冰冻深度、车辆荷载、管道材质及管道交叉等因素确定，管顶最小覆土深度不得小于土壤冰冻线以下0.15m，行车道下的管顶覆土深度不宜小于0.7m。

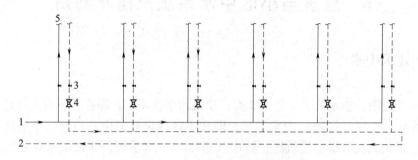

图5-13　全循环同程系统示意图

1—自净水机房；2—至净水机房；3—流量调节阀；4—流量平衡阀；5—单元建筑

当室外埋地管道采用塑料管时，在穿越小区道路时应设钢套管保护。

室外埋地管道管沟的沟底应为原土层，或为夯实的回填土，沟底应平整，不得有突出的尖硬物体。沟底土壤的颗粒径大于12mm时宜铺100mm厚的砂垫层。管周回填土不得夹杂硬物直接与管壁接触。应先用砂土或颗粒径不大于12mm的土壤回填至管顶上侧300mm处，经夯实后方可回填原土。埋地金属管道应做防腐处理。室外明装管道应进行保温隔热处理。

6 建筑与小区中水系统及雨水利用

6.1 建筑中水

根据服务范围，中水系统可分为 3 类：建筑物中水系统，即在一栋或几栋建筑物内设置的中水系统；小区（区域）中水系统，即在小区内设置的中水系统，指居住小区，也包括院校、机关大院等集中建筑区；城市（市政）中水系统，即在城市规划区内设置的污水回用系统，中水水源多为城市污水处理厂的二级处理出水。建筑中水是建筑物中水和小区中水的总称。

6.1.1 中水系统的组成与形式

（1）组成

建筑中水系统由原水系统、处理系统和供水系统 3 部分组成。

1）中水原水系统

中水原水即中水水源。中水原水系统是指收集、输送中水原水到中水处理设施的管道系统及附属构筑物。集水方式分合流、分流集水系统 2 类：

① 合流集水方式是指污、废水共用 1 套管道系统收集、排至中水处理站；

② 分流集水方式是指污、废水分别用独立的管道系统收集，水质差的污水排至城市排水管网进入城镇污水厂处理后排放，水质较好的废水作为中水原水排至中水处理站。

2）中水处理系统

中水处理系统由预处理、主处理、后处理 3 个部分组成。预处理是截留大的漂浮物、悬浮物，调节水质和水量；主处理一般是指二级生物处理段，用于去除有机和无机污染物等；后处理则是进行深度处理。

3）中水供水系统

中水供水系统的任务是把中水通过输配水管网送至各用水点，由中水贮水池、中水配水管网、中水高位水箱、控制和配水附件、计量设备等组成。

（2）系统形式

1）建筑物中水系统形式

建筑物中水系统宜采用完全分流系统。

完全分流系统是指中水原水的收集系统与建筑内部排水系统、建筑生活给水与中水供水系统完全分开，即建筑物内污废水分流，设有粪便污水、杂排水 2 套排水管系和给水、中水 2 套供水管系，如图 6-1 所示。

2）小区中水系统形式

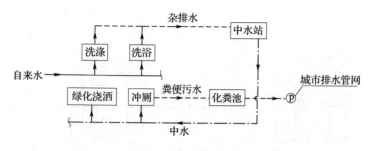

图 6-1 完全分流系统

小区中水系统形式应根据工程的实际情况、原水和中水用量的平衡和稳定、系统的技术经济合理性等因素综合考虑确定。

① 全部完全分流系统（4 套管路系统），是指原水分流管系和中水供水管系覆盖小区所有建筑物，即在小区内的主要建筑物内都设有污废水分流管系（杂排水和粪便污水 2 套排水管道系统）和中水、自来水供水管系（2 套供水管道系统）。

② 部分完全分流系统，是指原水（污、废水）分流管系和中水供水管系只覆盖了小区内部分建筑物，如图 6-2 所示，建筑物 1 中采用分质供水（自来水、中水 2 套供水管道系统）、分流收集（杂排水、粪便污水 2 套排水管道系统）的完全分流系统形式，而建筑物 2 内则是 1 套给水系统（只有自来水供水）、污废水合流排放。

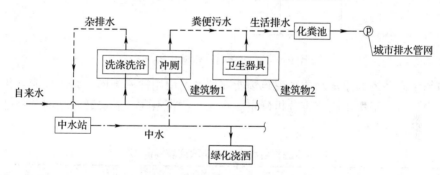

图 6-2 部分完全分流系统

③ 半完全分流系统（3 套管路系统）有 2 种常见形式：

各建筑物内均设置中水、自来水 2 套供水管系，采用污、废水合流排水，以生活排水作为中水水源，见图 6-3（a）。

各建筑物采用分流排水，杂排水作为中水水源，处理后的中水只用于室外杂用，建筑物内未设置中水供水管系，见图 6-3（b）。

④ 无分流管系的简化系统（2 套管路系统），是指各建筑物内污废水合流排放，只设自来水给水管系。中水原水是综合生活污水或外接水源，处理后的中水只用于室外杂用，见图 6-4。

6.1.2 水源选择与水质

（1）中水原水的水质

1）建筑物中水系统的原水水质及水源选择

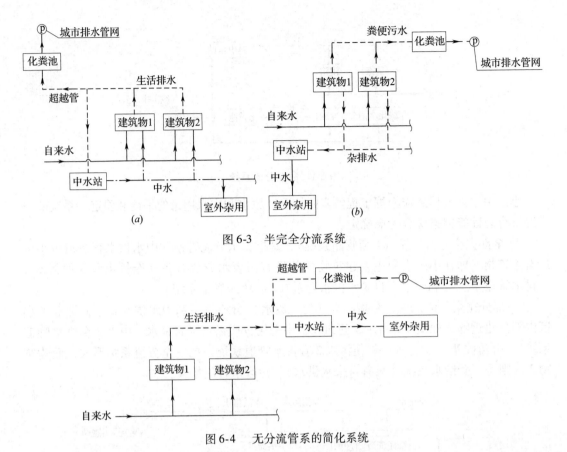

图 6-3 半完全分流系统

图 6-4 无分流管系的简化系统

建筑物中水系统的原水水质因建筑物所在地区及使用性质不同，其污染成分和浓度也不相同，设计时可根据水质调查分析确定。在无实测资料时，各类建筑物的各种排水污染物浓度可参照表 6-1 确定。

各类建筑物各种排水污染浓度表（mg/L） 表 6-1

类别	住宅			宾馆、饭店			办公楼、教学楼			公共浴室			餐饮业、营业餐厅		
	BOD_5	COD_{Cr}	SS	BOD_5	COD_{Cr}	SS	BOD_5	COD_{Cr}	SS	BOD_5	COD_{Cr}	SS	BOD_5	COD_{Cr}	SS
冲厕	300 ~ 450	800 ~ 1100	350 ~ 450	250 ~ 300	700 ~ 1000	300 ~ 400	260 ~ 340	350 ~ 450	260 ~ 340	260 ~ 340	350 ~ 450	260 ~ 340	260 ~ 340	350 ~ 450	260 ~ 340
厨房	500 ~ 650	900 ~ 1200	220 ~ 280	400 ~ 550	800 ~ 1100	180 ~ 220	—	—	—	—	—	—	500 ~ 600	900 ~ 1100	250 ~ 280
沐浴	50 ~ 60	120 ~ 135	40 ~ 60	40 ~ 50	100 ~ 110	30 ~ 50	—	—	—	45 ~ 55	110 ~ 120	35 ~ 55	—	—	—
盥洗	60 ~ 70	90 ~ 120	100 ~ 150	50 ~ 60	80 ~ 100	80 ~ 100	90 ~ 110	100 ~ 140	90 ~ 110	—	—	—	—	—	—
洗衣	220 ~ 450	310 ~ 390	60 ~ 70	180 ~ 220	270 ~ 330	50 ~ 60	—	—	—	—	—	—	—	—	—
综合	230 ~ 300	455 ~ 600	155 ~ 180	140 ~ 175	295 ~ 380	95 ~ 120	195 ~ 260	260 ~ 340	195 ~ 260	50 ~ 65	115 ~ 135	40 ~ 65	490 ~ 590	890 ~ 1075	255 ~ 285

建筑物中水系统的原水可取自建筑生活排水或其他可利用的水源，应根据水源的水质、水量、排水状况和中水回用的水质、水量选定。可选择的种类和选取顺序为：

① 卫生间、公共浴室的盆浴和淋浴等的排水；

② 盥洗排水；

③ 空调循环冷却水系统排污水；

④ 冷凝水；

⑤ 游泳池排污水；

⑥ 洗衣排水；

⑦ 厨房排水；

⑧ 冲厕排水。

建筑物中水系统的原水往往不是单一水源，可由上述几种原水组合：

① 污染程度较低的排水称优质杂排水，应优先选用，如冷却排水、泳池排水、沐浴排水、盥洗排水、洗衣排水等的组合；

② 民用建筑中除粪便污水外的各种排水称杂排水，如冷却排水、泳池排水、沐浴排水、盥洗排水、洗衣排水、厨房排水等废水的组合；

③ 生活排水的水质最差，包含杂排水和冲厕排水。

建筑屋面雨水也可作为中水水源或其补充。

医疗污水、放射性废水、生物污染废水、重金属及其他有害物质超标的排水，不得作为中水水源。

2）小区中水系统的原水水质及水源选择

当无实测资料时，小区中水原水水质可按下述方法确定：

① 采用小区生活排水作中水水源时，可按表 6-1 中综合水质指标取值；

② 采用城市污水处理厂出水为水源时，可按二级处理实际出水水质或以执行的排放标准为依据；

③ 利用其他原水的水质需进行实测。

小区中水系统可选择的水源有：

① 小区内建筑物杂排水；

② 小区或城市污水处理厂出水；

③ 小区附近相对洁净的工业废水，其水质、水量必须稳定，并要有较高的使用安全性，如工业冷却水、矿井废水等；

④ 小区内的雨水；

⑤ 小区生活排水。

小区中水水源应依据水量平衡和技术经济比较确定，并应优先选择水量充裕稳定、污染物浓度低、水质处理难度小、安全且居民易接受的中水水源。因居民洗浴水的水质相对洁净且水量大，应为优选水源。

城市污水处理厂水量稳定、水质保障程度高、处理成本低于分散的小区中水处理，是小区中水水源的最佳选择。当城市污水处理厂出水达到中水水质标准，并有中水供水管网输送到小区时，可将中水直接引入用户使用；如城市污水处理厂出水未达到中水水质标准，可作为小区的中水原水进行深度处理，达到中水水质标准后使用。

（2）中水水质（中水的供水水质）

建筑中水水质按其回用用途确定，当分别用于多种用途时，应按不同用途水质标准进行分质处理。中水用作城镇杂用水（如：冲厕、道路清扫、城市绿化、车辆冲洗、建筑施工等），其水质应符合现行国家标准《城市污水再生利用　城市杂用水水质》GB/T 18920 的规定；中水用作景观环境用水，其水质应符合现行国家标准《城市污水再生利用　景观环境用水水质》GB/T 18921 的规定；中水用于食用作物、蔬菜浇灌用水时，其水质应符合现行国家标准《农田灌溉水质标准》GB 5084 的要求；中水用于供暖系统补水等其他用途时，其水质应达到相应使用要求的水质标准。当中水同时满足多种用途时，其水质应按最高水质标准确定。

6.1.3　水量与水量平衡

（1）中水系统的原水量

1）建筑物生活排水中可回收的原水量，按式（6-1）计算：

$$Q_Y = \sum \alpha \cdot \beta \cdot Q \cdot b \qquad (6-1)$$

式中　Q_Y——可回收原水量（m^3/d）；

　　　α——最高日给水量折算成平均日给水量的折减系数，一般为 0.67 ~ 0.91；

　　　β——建筑物按给水量计算排水量的折减系数，一般取 0.8 ~ 0.9；

　　　Q——建筑物最高日生活用水量（m^3/d），按第 1 章中用水定额计算确定；

　　　b——建筑物用水分项给水百分率，应以实测资料为准。在无实测资料时，可参照表 6-2 取值。

建筑物用水分项给水百分率（%） 表 6-2

项　目	住宅	宾馆、饭店	办公楼、教学楼	公共浴室	餐饮业、营业餐厅
冲　厕	21.3 ~ 21.0	10.0 ~ 14.0	60.0 ~ 66.0	2.0 ~ 5.0	6.7 ~ 5.0
厨　房	20.0 ~ 19.0	12.5 ~ 14.0	—	—	93.3 ~ 95.0
沐　浴	29.3 ~ 32.0	50.0 ~ 40.0	—	98.0 ~ 95.0	—
盥　洗	6.7 ~ 6.0	12.5 ~ 14.0	40.3 ~ 34.0	—	—
洗　衣	22.7 ~ 22.0	15.0 ~ 18.0	—	—	—
总　计	100	100	100	100	100

注：沐浴包括盆浴和淋浴。

2）小区生活排水中可回收的原水量

小区中水原水量应根据小区中水用水量和可回收排水项目水量的平衡计算确定。可按以下方法计算：

① 按式（6-1）分项计算小区各建筑物的分项排水原水量，然后累加；

② 用合流排水为中水水源时，小区综合排水量可按式（6-2）计算：

$$Q_0 = Q_d \cdot \alpha \cdot \beta \qquad (6-2)$$

式中　Q_0——小区综合排水量（m^3/d）；

　　　Q_d——小区最高日给水量，按第 5 章规定计算；

　　　α、β——同式（6-1）。

3）中水水源的设计原水量，不宜小于中水用水量的110%~115%：

$$Q_1 \geqslant (1.1 \sim 1.15)Q_3 \tag{6-3}$$

式中　Q_1——中水原水量（m^3/d）；

　　　Q_3——中水用水量（m^3/d）。

（2）中水系统供水量（中水用水量）

根据中水的不同用途，分别计算冲厕、洗车、浇洒道路、绿化等各项中水用水量，然后将各项用水量汇总，即为小区或建筑物中水系统的总用水量：

$$Q_3 = \Sigma q_{3i} \tag{6-4}$$

式中　Q_3——中水总用水量（m^3/d）；

　　　q_{3i}——各项中水用水量（m^3/d）。

（3）水量平衡

1）水量平衡图

水量平衡是对原水量、处理水量与用水量和自来水补水量进行计算、协调，使其达到供需平衡。水量平衡图是将水量平衡计算结果用图示方法表示出来，如图6-5所示。图中直观地反映了设计范围内各种水量的来源、出路及相互关系，水的合理分配及综合利用情况。水量平衡图是选定中水系统形式、确定中水处理系统规模和处理工艺流程的重要依据，也是量化管理所必须做的工作和必备的资料。水量平衡图主要包括如下内容：

① 建筑物各用水点的排水量（包括中水原水量和直接排放水量）；

② 中水处理水量、原水调节水量；

③ 中水供水量及各用水点的供水量；

④ 中水消耗量（包括处理设备自用水量、溢流水量和泄空水量）、中水调节量；

⑤ 自来水总用量（包括各用水点的分项给水量及对中水系统的补充水量）；

⑥ 自来水水量、中水用水量、污水排放量三者之间的关系。

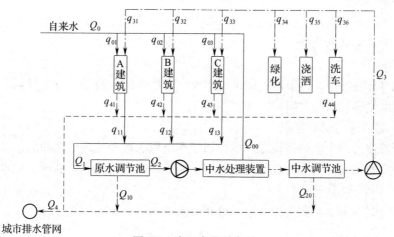

图6-5　小区水量平衡图

$q_{01} \sim q_{03}$—自来水分项用水量；$q_{11} \sim q_{13}$—中水原水分项用水量；$q_{31} \sim q_{36}$—中水分项用水量；$q_{41} \sim q_{44}$—污水排放分项用水量；Q_0—自来水总供水量；Q_1—中水原水总水量；Q_2—中水处理水量；Q_3—中水供水量；Q_4—污水总排放水量；Q_{00}—中水补给水量；Q_{10}、Q_{20}—溢流水量

2）水量平衡计算

325

水量平衡计算应从以下两方面进行：

① 确定中水水源的污废水可集流的流量，进行原水量和处理水量之间的平衡计算；

② 确定中水用水量，进行处理水量和中水用水量之间的平衡计算。

水量平衡计算可按下列步骤进行：

① 计算各类建筑物内厕所、厨房、沐浴、盥洗、洗衣及绿化、浇洒等各项用水量，无实测数据时，可按式（6-1）计算。

② 根据中水供水对象，确定可收集的中水原水量 Q_1（中水水源）。

③ 按式（6-4）计算中水总用水量 Q_3。

④ 计算中水日处理水量：

$$Q_2 = (1 + n)Q_3 \tag{6-5}$$

式中　Q_2——中水日处理水量（m^3/d）；

　　　n——中水处理设施自耗水系数，可取 5% ~ 10%；

　　　Q_3——中水用水量（m^3/d）。

⑤ 计算中水设施的处理能力：

$$Q_{2(h)} = Q_2/t \tag{6-6}$$

式中　$Q_{2(h)}$——中水处理设施设计处理能力（m^3/h）；

　　　t——中水处理设施每日运行时间（h）。

⑥ 计算溢流量或自来水补充水量：

$$Q_0 = |Q_1 - Q_2| \tag{6-7}$$

式中　Q_0——当 $Q_1 > Q_2$ 时，为溢流量（从超越管排至城市排水管网）；当 $Q_2 > Q_1$ 时，为自来水补水量（m^3/d）。

3）水量平衡措施

水量平衡措施是指通过设置调贮设备使中水处理量适应中水原水量和中水用水量的不均匀变化，主要有以下几种：

① 贮存调节

贮存调节是通过原水调节池、中水贮水池、中水高位水箱等进行水量调节，以调节原水量、处理水量和用水量之间的不均衡。

a. 原水调节池的调节容积

原水调节池设在中水处理设施之前，用于调节原水量和处理量之间的水量平衡。调节容积应按中水原水量及中水处理量的逐时变化曲线计算。当缺乏资料时，原水调节池的调节容积可按下列方法计算：

连续运行时，调节容积可按中水日处理水量的 35% ~ 50% 计算：

$$W_1 = \alpha_1 Q_2 \tag{6-8}$$

式中　W_1——原水调节池有效容积（m^3）；

　　　Q_2——中水日处理水量（m^3/d）；

　　　α_1——系数，取 0.35 ~ 0.50。

间歇运行时，调节池容积可按处理设备运行周期计算：

$$W_1 = 1.5Q_{1(h)}(24 - t_1) \tag{6-9}$$

式中　W_1——原水调节池有效容积（m^3）；

　　　t_1——处理设备连续运行时间（h）；

　　$Q_{1(h)}$——中水原水平均小时进水量（m^3/h）；

　　1.5——系数。

b. 中水贮存池（箱）的调节容积

中水贮存池（箱）设在中水处理设施之后，调节容积应按中水处理量曲线和用水量的逐时变化曲线求解。缺乏资料时，可按下列方法计算：

连续运行时，调节容积可按中水系统日用水量的25%~35%计算：

$$W_2 = \alpha_2 Q_3 \tag{6-10}$$

式中　W_2——中水调节池有效容积（m^3）；

　　　Q_3——中水日用水量（m^3/d）；

　　　α_2——系数，取0.25~0.35。

间歇运行时，调节容积可按处理设备运行周期计算：

$$W_2 = 1.2 \cdot t_1 \cdot (Q_{2(h)} - Q_{3(h)}) \tag{6-11}$$

式中　W_2——中水贮存池（箱）有效容积（m^3）；

　　　t_1——处理设备设计运行时间（h）；

　　$Q_{2(h)}$——中水处理设施设计处理能力（m^3/h）；

　　$Q_{3(h)}$——中水供水系统平均小时用水量（m^3/h）；

　　1.2——系数。

c. 中水高位水箱的调节容积

当中水供水系统采用水泵—水箱联合供水方式时，中水高位水箱的调节容积不得小于中水系统最大小时用水量的50%。

② 运行调节

运行调节是利用水位信号控制处理设备自动运行，通过合理调整运行时间和班次有效调节水量平衡。

③ 用水调节

充分开辟其他中水用途，如浇洒道路、绿化、施工用水、冷却水补水等，以调节中水使用的季节性不平衡。

④ 溢流和超越

当原水量出现瞬时高峰或中水用水发生短时间中断等情况时，溢流是水量平衡原水量与处理水量的手段之一。超越是在处理设备故障检修或其他偶然事故发生时采用的方法。

⑤ 补充自来水

在中水贮存池或中水高位水箱上设置自来水应急补水管，备用于设备发生故障或中水供水不足时用自来水补充。但不允许自来水补水管与中水供水管道直接连接，必须采取隔断措施。

【例6-1】某一幢新建住宅楼，32户，拟建中水工程，中水用于冲大便器、庭院绿化和道路洒水。每户按 4 人计算，每户有坐便器、浴盆、洗脸盆和厨房洗涤盆各一只，居民生活平均日用水定额为 250L/（人·d），最高日给水量折算成平均日给水量的折减系数（即 α）取 0.76，绿化和道路洒水量按平均日用水量的 10% 计算。按调查，各项用水占日用水量百分比及折减系数见表 6-3，试进行水量平衡分析（按平均日用水量）。

各项用水量占日用水量百分比及折减系数

表 6-3

项目	冲厕用水	厨房用水	沐浴用水	盥洗用水	洗衣用水
占日用水量百分数（%）	21	20	30	7	22
折减系数（β）	1	0.8	0.9	0.9	0.85

【解】（1）以优质杂排水为中水原水，住宅楼平均日总用水量 Q_d 为：

$$Q_d = 250 \times 32 \times 4/1000 = 32 \mathrm{m}^3/\mathrm{d}$$

（2）建筑物中水原水量 Q_1：

沐浴排水量：$q_{11} = 32 \times 0.30 \times 0.9 = 8.64 \mathrm{m}^3/\mathrm{d}$；

盥洗排水量：$q_{12} = 32 \times 0.07 \times 0.9 = 2.02 \mathrm{m}^3/\mathrm{d}$；

洗衣排水量：$q_{13} = 32 \times 0.22 \times 0.85 = 5.98 \mathrm{m}^3/\mathrm{d}$。

$$Q_1 = q_{11} + q_{12} + q_{13} = 16.64 \mathrm{m}^3/\mathrm{d}$$

（3）中水用水量 Q_3：

冲厕用水：$q_{31} = 32 \times 0.21 = 6.72 \mathrm{m}^3/\mathrm{d}$；

绿化洒水和道路用水量：$q_{32} = 32 \times 0.10 = 3.2 \mathrm{m}^3/\mathrm{d}$；

中水用水量：$Q_3 = q_{31} + q_{32} = 9.92 \mathrm{m}^3/\mathrm{d}$。

（4）中水处理水量：$Q_2 = (1 + n) Q_3 = 1.10 \times 9.92 = 10.91 \mathrm{m}^3/\mathrm{d}$（$n$ 取 10%）。

（5）溢流的集流水量：$Q_0 = Q_1 - Q_2 = 16.64 - 10.91 = 5.73 \mathrm{m}^3/\mathrm{d}$。

（6）厨房用水量：$q_4 = 32 \times 0.20 = 6.4 \mathrm{m}^3/\mathrm{d}$。

水量平衡图见图 6-6。

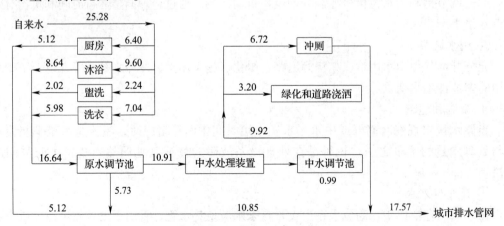

图 6-6 某住宅楼水量平衡图（单位：m^3/d）

6.1.4 原水及供水系统

（1）中水系统的原水系统

1）原水预处理

厨房排水等含油排水进入原水系统时，应经过隔油处理后方可进入。

小区中水系统以雨水作为中水水源或建筑中水系统以屋面雨水作水源补充时，应有可靠的调储容量和溢流排放设施。

2）管道设计要求

原水管道系统宜按重力流设计，靠重力流不能直接接入的排水可采用局部提升等措施。

原水系统应设分流、溢流设施和超越管，宜在流入处理站之前能满足重力排放要求。分流井（管）的构造应能把原水引入处理系统，又能把多余水量或事故停运时的原水排入排水系统，而不影响原建筑的使用。

室内外原水管道及附属构筑物均应采取防渗、防漏措施，并应有防止不符合水质要求的排水接入的措施。井盖应做"中水"标志。

3）计量

原水应计量，以便于整个系统的量化管理。宜设置瞬时和累计流量的计量装置，如设置超声波流量计和沟槽流量计等。当采用调节池容量法计量时应安装水位计。

4）原水收集率

原水系统应计算原水收集率，收集率不应低于回收排水项目给水量的75%。原水收集率按式（6-12）计算：

$$\eta = \frac{\sum Q_{P}}{\sum Q_{J}} \times 100\% \qquad (6\text{-}12)$$

式中　η——原水收集率（%）；

$\sum Q_{P}$——中水系统回收排水项目的回收水量之和（m^3/d）；

$\sum Q_{J}$——中水系统回收排水项目的给水量之和（m^3/d）。

（2）中水供水系统

1）安全防护

中水供水系统必须独立设置，不允许以任何形式与自来水系统连接，包括通过倒流防止器或防污隔断阀等连接形式，以防对自来水系统造成污染。

中水贮存池（箱）内的自来水补水管应采取自来水防污染措施，补水管出水口应高于中水贮存池（箱）内溢流水位，其间距不得小于2.5倍补水管管径。严禁采用淹没式浮球阀补水。为防止中水受到污染，中水贮存池（箱）的溢流管、泄空管应采用间接排水的空气隔断措施，以防下水道中的污物污染中水水质。溢流管应设隔网防止蚊虫进入。

为避免污染饮用水，中水管道与生活饮用水给水管道、排水管道平行埋设时，水平净距不小于0.5m；交叉埋设时，中水管道应设在生活饮用水给水管道下面，排水管道上面，其净距不小于0.15m；中水管道与其他专业管道的间距按给水管道要求执行。

中水管道上不得装设取水龙头。当装有取水接口时，必须采取严格的防止误饮、误用的措施，如供专人使用的带锁龙头、明显标示不得饮用等。

绿化、浇洒、汽车冲洗宜采用有防护功能的壁式或地下式给水栓。

中水管道外壁应按有关标准的规定涂色和标志；水池（箱）、阀门、水表及给水栓、取水口均应有明显的"中水"标志；公共场所及绿化的中水取水口应设带锁装置。车库中用于冲洗地面和洗车用的中水龙头也应上锁或明示不得饮用。

工程验收时应逐段进行检查，防止误接。

2）材质

中水供水管道宜采用塑料给水管、塑料和金属复合管或其他给水管材，不得采用非镀锌钢管。

中水贮存池（箱）宜采用耐腐蚀、易消垢的材料制作。钢板池（箱）内、外壁及其附配件均应采取防腐蚀处理。

3）敷设

室内中水管道宜明装，有要求时也可敷设在管井、吊顶内，除卫生间外，不宜安装于墙体内，以便于安装、维修。

中水供水系统的设计秒流量、水力计算、供水方式等内容均与建筑给水系统相同。中水供水系统上应根据使用要求安装计量装置。

6.1.5 中水处理工艺及设施

（1）中水处理工艺流程

中水处理工艺流程应根据中水原水的水质、水量和中水的水质、水量及使用要求等因素，经过水量平衡，进行技术经济比较后确定。在确保中水水质的前提下，宜采用耗能低、效率高、经过实验或实践检验的新工艺流程。

1）当以优质杂排水或杂排水作为中水原水时，原水有机物浓度较低，处理目的主要是去除悬浮物和少量有机物，可采用以物化处理为主或采用生物处理和物化处理相结合的工艺流程，如图6-7所示。

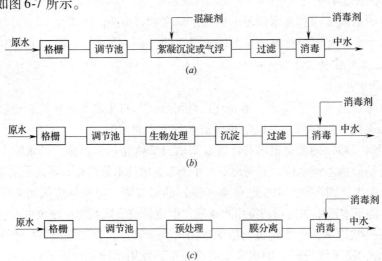

图6-7 优质杂排水或杂排水为中水原水的水处理工艺流程

(a) 物化处理工艺流程（适用于优质杂排水）；(b) 生物处理和物化处理相结合的工艺流程；

(c) 预处理和膜分离相结合的工艺流程

2）当以含有粪便污水的排水作为中水原水时，原水中有机物或悬浮物浓度高，宜采用二段生物处理与物化处理相结合的工艺流程，如图6-8所示。

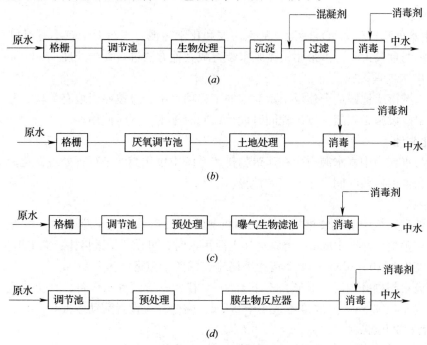

图6-8　含有粪便污水的排水为中水原水的水处理工艺流程

（a）生物处理和深度处理相结合的工艺流程；（b）生物处理和土地处理相结合的工艺流程；

（c）曝气生物滤池处理工艺流程；（d）膜生物反应器处理工艺流程

3）当利用污水处理站或污水处理厂二级处理出水作为中水水源时，宜选用物化处理或与生化处理结合的深度处理工艺流程，如图6-9所示。

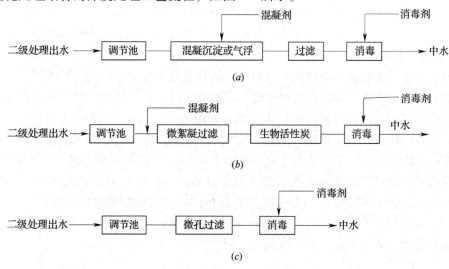

图6-9　污水处理站或污水处理厂二级处理出水为中水水源的处理工艺流程

（a）物化法深度处理工艺流程；（b）物化与生化结合的深度处理流程；（c）微孔过渡处理工艺流程

4）中水用于供暖系统补充水等用途时，采用一般处理工艺不能达到相应水质标准要求时，应增加深度处理设施，如活性炭、超滤或离子交换处理等。

5）采用膜处理工艺时，应有保障其可靠进水水质的预处理工艺和易于膜清洗、更换的技术措施。

6）中水处理产生的沉淀污泥、活性污泥和化学污泥，当污泥量较小时可排至化粪池处理，当污泥量较大时，可采用机械脱水装置或其他方法进行妥当处理。

（2）中水处理设施

在缺水城市或地区适合建设中水设施的工程项目中，应按照当地有关规定配套建设中水设施。中水设施必须与主体工程同时设计，同时施工，同时使用。

1）化粪池

生活污水作为中水水源时应在建筑物排水系统中设化粪池进行预处理，化粪池容积按粪便污水在池内停留时间不小于 12h 计算。

2）格栅

中水处理系统中应设置格栅，宜采用机械格栅。当原水为杂排水时，可设置 1 道格栅，栅条空隙宽度小于 10mm；当原水为生活污水时，可设置 2 道格栅：第 1 道为粗格栅，栅条空隙宽度为 10~20mm；第 2 道为细格栅，栅条空隙宽度为 2.5mm。

格栅设在格栅井内时，其倾角不小于 60°。格栅井应设置工作台，其位置应高出格栅前设计最高水位 0.5m，其宽度不宜小于 0.7m，格栅井应设置活动盖板。

3）毛发聚集器

以洗浴（涤）排水为原水的中水系统，污水泵吸水管上应设置毛发聚集器，其过滤筒（网）的有效过水面积应大于连接管截面积的 2 倍。过滤筒（网）的孔径宜采用 3mm。并具有反洗功能和便于清污的快开结构，过滤筒（网）应采用耐腐蚀材料制造。

4）调节池

为防止污水在调节池内产生沉淀或腐化发臭，调节池内宜设置预曝气管，曝气量不宜小于 $0.6m^3/(m^3 \cdot h)$。池底部应设有集水坑和泄水管，池底应有不小于 0.02 的坡度，坡向集水坑，池壁应设置爬梯和溢水管。调节池采用地埋式时，顶部应设置人孔和直通地面的排气管。

5）沉淀（絮凝沉淀）

当原水为优质杂排水或杂排水时，如设有调节池可不再设置初次沉淀池。

生物处理后的二次沉淀池和物化处理的混凝沉淀池，其规模较小时宜采用斜板（管）沉淀池或竖流式沉淀池。斜板（管）沉淀池宜采用矩形，沉淀池表面水力负荷宜采用 1~3m³/(m²·h)，斜板（管）间距（孔径）宜大于 80mm，板（管）斜长宜取 1000mm，斜角宜为 60°，斜板（管）上部清水水深不宜小于 0.5m，下部缓冲层不宜小于 0.8m。

竖流式沉淀池的设计表面水力负荷宜采用 0.8~1.2m³/(m²·h)，中心管流速不大于 30mm/s，中心管下部应设喇叭口和反射板，板底面距泥面不小于 0.3m，排泥斗坡度应大于 45°。

沉淀池宜采用静水压力排泥，静水头不应小于 1.5m，排泥管直径不宜小于 80mm。

沉淀池集水应设出水堰，其出水最大负荷不应大于 1.7L/(s·m)。

6）生物处理

建筑中水生物处理宜采用接触氧化池或曝气生物滤池，也可采用土地处理、膜处理、SBR 等。

接触氧化池处理洗浴废水时，水力停留时间不应小于 2h；处理生活污水时，应根据原水水质情况和出水水质要求确定水力停留时间，但不宜小于3h。

接触氧化池宜采用易挂膜、耐用、比表面积较大、维护方便的固定填料或悬浮填料。当采用固定填料时，安装高度不小于2m；当采用悬浮填料时，装填体积不应小于池容积的25%。

接触氧化池供氧方式宜采用低噪声的鼓风机加曝气装置、潜水曝气机或其他曝气设备。其曝气量可按BOD的去除负荷计算，宜为$40 \sim 80m^3/kgBOD$。

7）过滤

中水过滤处理宜采用过滤器或滤池。当采用新型滤器、滤料和新工艺时，应根据实验数据确定设计参数。

8）消毒

消毒是保障中水卫生指标的重要环节，中水处理系统必须设有消毒措施。消毒剂宜采用次氯酸钠、二氧化氯、二氯异氰尿酸钠或其他消毒剂。当处理站规模较大并采取严格的安全措施时，可采用液氯作为消毒剂，但必须使用加氯机。

投加消毒剂宜采用自动定比投加，与被消毒水充分混合接触。采用氯化消毒时，加氯量宜为有效氯$5 \sim 8mg/L$，消毒接触时间应大于30min。中水水源为生活污水时，应适当增加投氯量。

9）污泥处理

污泥脱水前应经过污泥浓缩池，污泥量较小时可排至化粪池处理。

10）一体化装置

在选用中水一体化装置或组合装置时，应具有可靠的设备处理效果参数和组合设备中主要处理环节处理效果参数，其出水水质应符合使用用途所要求的水质标准。

6.1.6 中水处理站设计

中水处理站的位置应根据建筑总体规划、中水原水的收集地点、中水用水的位置、环境卫生和管理维护要求等因素确定，尽可能避免气味和噪声的不良影响。以生活排水为原水的地面处理站与公共建筑和住宅的距离不宜小于15m，建筑物内的中水处理站宜设在建筑物的最底层，建筑群的中水处理站宜设在其中心建筑的地下室或裙房内，小区中水处理站按规划要求独立设置，处理构筑物宜为地下式或封闭式。

中水处理站除设置处理设备的房间外，还应根据规模和需要设药剂贮存、配制、系统控制、化验及值班室等用房。建筑小区的中水处理站，加药贮药间和消毒剂制备贮存间，宜与其他房间隔开，并有直接通向室外的门；建筑物内的中水处理站，宜设置药剂储存间，还应设有值班、化验等房间。

中水处理站处理构筑物及处理设备应布置合理、紧凑，满足构筑物的施工、设备安装、运行调试、管道敷设及维护管理的要求，并应留有发展及设备更换的余地，还应考虑最大设备的进出要求。顶部有人孔的构筑物或设备，其人孔上方应有不小于0.8m的净空。

中水处理站设计应满足主要处理环节运行观察、水量计量、水质取样化验监（检）测和进行中水处理成本核算的条件。应设有适应处理工艺要求的供暖、通风、换气、照明、给水排水设施，地面设有集水坑，不能重力排出时，设潜污泵排水。

中水处理站设计中，对采用药剂可能产生的危害（腐蚀、对环境的污染、爆炸等）应采取有效的防护措施，对处理过程中产生的臭气应采取有效的除臭措施，如化学法除臭、活性炭吸附等。根据臭气散出情况，每小时换气次数可取 8~12 次，排气口应高出人员活动场所2m 以上。对机电设备所产生的噪声和振动应采取有效的降噪和减振措施，噪声值不应超过现行国家标准《声环境质量标准》GB 3096 的要求。当有可能产生易爆气体时，配电应采取防爆措施。处理站还应具备泥、渣等的存放和外运条件。

6.2 建筑与小区雨水利用

城市化建设将建筑屋面、路面、广场、停车场等均进行了表面硬化处理，使原有的植被、土壤被不透水或弱透水地面所覆盖，大量的雨水以地面径流形式排除，而地面入渗量大为降低。如此造成了地下水补给不足、土壤含水率低、空气干燥、洪峰流量容易形成、水涝灾害频繁出现的不利影响。建筑与小区雨水利用是水资源综合利用中的一种新的系统工程，对于实现雨水资源化、节约用水、修复水环境与生态环境、减轻城市洪涝有重要意义。在进行民用建筑、工业建筑与小区工程规划和设计时，应根据当地的水资源情况、经济发展水平、降雨量及其分布等因素经技术经济比较合理利用雨水资源。进行雨水利用系统设计时不应对土壤环境、植物生长、地下含水层的水质、室内环境卫生等造成危害。

6.2.1 系统型式及选用

（1）系统型式

雨水利用有雨水入渗、收集回用、调蓄排放三种形式。

雨水入渗系统对涵养地下水、抑制暴雨径流的作用显著，它通过收集设施把雨水引至渗透设施，使雨水渗透到地下转化为土壤水，同时还削减了外排雨水的总流量及总量。雨水入渗系统包括有收集设施和渗透设施，当具备自然入渗的条件时无需设置专门的收集、储存渗透设施。

雨水收集回用系统的任务是将雨水收集后进行水质净化处理，达到相应的水质标准后可用作景观用水、绿化用水、循环冷却系统补水、汽车冲洗用水、路面或地面冲洗用水、冲厕用水、消防用水等，另外也有削减外排雨水总流量及总量的作用。雨水收集回用系统由收集、储存、水质处理设施及回用水管网等组成。

雨水调蓄排放系统的任务是通过雨水储存调节设施来减缓雨水排放的流量峰值、延长雨水排放时间，具有快速排除场地地面雨水、削减外排雨水高峰流量的作用（但没有削减外排雨水总量的作用）。调蓄排放系统由雨水收集、调蓄设施和排放管道等设施组成。可利用天然洼地、池塘、景观水体等作为调蓄池，把径流高峰流量暂存在内，待洪峰径流量下降后雨水从调蓄池缓慢排出，以削减洪峰、减小下游雨水管道的管径、节省工程造价。

（2）选用

在一个建设项目中，雨水利用可采用以上三种系统中的一种，也可以是多种系统的组合，如：雨水入渗；收集回用；调蓄排放；雨水入渗 - 收集回用；雨水入渗 - 调蓄排放等。

雨水利用技术的应用应首先考虑其条件适应性和经济可行性，以及对区域生态环境的影响。雨水利用系统的型式、各系统负担的雨水量，应根据当地降雨量、降雨时间分布、下垫面（降雨受水面的总称，包括屋面、地面、水面等）的入渗能力、供水和用水情况等工程项目具体特点经技术经济比较后确定。

1）入渗系统的适用条件

年均降雨量小于400mm的城市，雨水利用可采用雨水入渗系统。地面雨水宜采用雨水入渗。室外土壤在承担了室外各种地面的雨水入渗后，其入渗能力仍有足够的余量时，屋面雨水也可采用雨水入渗。

土壤的渗透系数对雨水入渗技术影响较大，场地的土壤渗透系数（即单位水力坡度下水的稳定渗透速度）宜为 $10^{-6} \sim 10^{-3}$ m/s，且渗透面距地下水位应大于1.0m；当渗透系数大于 10^{-3} m/s时雨水入渗速度过大，当渗透区厚度小于1.0m时，雨水不能保证足够的净化效果。当渗透区厚度小于0.5m时，雨水会直接进入地下水中。

对化工厂、制药厂、传染病医院建筑区等特殊场地，如采用雨水入渗等利用系统时，需要进行特殊处置。水质较差的雨水不能采用渗井直接入渗，以防对地下水造成污染。

以下场所不得采用雨水入渗系统：

① 可能造成塌陷、滑坡灾害的危险场所。湿陷性黄土、膨胀土在受水浸湿并在一定压力作用下，土体结构会迅速破坏，产生附加下沉，毁坏地面。

② 对居住环境及自然环境造成危害的场所。建设用地如发生上层滞水会使地下水位上升，造成管沟进水、墙体裂缝等危害。

③ 自重湿陷性黄土。膨胀土和高含盐土等特殊土壤地质场所。当土壤水分增多时，高含盐量土壤会产生盐结晶。

2）收集回用系统的适用条件

收集回用系统适宜用于年均降雨量大于400mm的地区。

屋面雨水可采用雨水入渗、收集回用或两者相结合的方式，应根据当地缺水情况、雨水的需求量和水质要求、杂用水量和降雨量季节变化的吻合程度、室外土壤的入渗能力以及经济合理性等因素综合确定。因屋面雨水的污染程度较小，所以是雨水收集回用系统优先考虑的水源。当收集回用系统的回用水量或储水能力小于屋面的收集雨量时，屋面雨水利用可采用回用－入渗相结合的方式。

在降雨量随季节分布较均匀的地区或用水量与降雨量季节变化较吻合的建筑与小区、降雨量充沛地区、屋面面积相对较大的建筑，屋面雨水应优先采用收集回用系统。在大型屋面的公共建筑或设有人工水体的小区，屋面雨水宜采用收集回用系统。

小区内设有景观水体时，屋面雨水宜优先考虑用于景观水体补水。

水面雨水应就地储存，比如：降落在景观水体上的雨水就地储存。因水面雨水受污染程度小，无需另建收集设施。

雨水回用用途应根据收集量、回用量、随时间的变化规律及卫生要求等因素综合考虑确定。雨水可用于下列用途：景观用水、绿化用水、循环冷却系统补水，汽车冲洗用水、路面、地面冲洗用水、冲厕用水、消防用水。

建筑或小区中同时设有雨水回用和中水的合用系统的，原水不宜混合，出水可在清水池混合。

3）调蓄排放系统的适用条件

调蓄排放系统宜用于有防洪排涝要求的场所或雨水资源化受条件限制的场所。

6.2.2 雨水收集、入渗、储存与调蓄

（1）雨水收集

雨水利用系统的三种类型中均需设置雨水收集系统。

1）屋面雨水收集

屋面雨水收集系统应独立设置，严禁与建筑生活污水、废水排水连接。严禁在民用建筑室内设置敞开式检查口或检查井。

屋面表面应采用对雨水无污染或污染较小的材料，不宜采用沥青或沥青油毡。有条件时宜采用种植屋面。屋面雨水收集系统的设置要求和设计计算等可参照第3章有关内容。

屋面雨水系统中设有弃流设施时，弃流设施服务的各雨水斗至该装置的管道长度宜相同。屋面雨水宜采用断接方式排至地面雨水资源化利用生态设施。当排向建筑散水面进入下凹绿地时，散水面宜采取消能防冲刷措施。

2）地面雨水收集

地面雨水收集系统主要是收集硬化地面上的雨水和从屋面引至地面的雨水。当雨水排至地面雨水渗透设施（如：下凹绿地、浅沟洼地等）时，雨水经地面组织径流或是明沟收集和输送；当雨水排至地下雨水渗透设施（如：渗透管渠、浅沟渗渠组合入渗）时，雨水经雨水口、雨水管道进行收集和输送。

硬化地面上的雨水口宜设在汇水面的低洼处，顶面标高宜低于地面10～20mm。当绿地标高低于道路标高时，雨水口宜设在道路两边的绿地内，其顶面标高应高于绿地20～50mm，且低于路面30～50mm。雨水口宜采用平算式，担负的汇水面积不应超过其集水能力，且最大间距不宜超过40m。

3）弃流设施

① 设置场所

屋面和地面的初期雨水径流中，污染物浓度高而水量小，通过弃流设施舍弃这部分水量可有效降低收集雨水中污染物浓度。所以，当以回用为目的时，除种植屋面外的雨水收集回用系统均应设置初期径流雨水弃流设施，以减轻后续水质净化处理设施的负荷。雨水入渗收集系统宜设弃流设施。

② 弃流雨水的处置

一般情况下将截流的初期径流宜排入绿地等地表生态入渗设施，也可就地入渗；也可排至化粪池后的污水管道中，此时应复核污水管道的排水能力，且应确保污水不会倒灌至弃流装置内和后续雨水不进入污水管道；如弃流雨水中污染物浓度不高，也可就近排入绿地。

③ 弃流装置的形式与选用

按安装方式，弃流装置有管道式、屋顶式和埋地式：管道安装式弃流装置主要分为累计雨量控制式和流量控制式等；屋顶安装式弃流装置有雨量计式等；埋地式弃流装置有弃流井、渗透弃流装置等。

按控制方式，弃流装置又分为自控式和非自控式。

满管压力流屋面雨水收集系统宜采用自控式弃流装置，重力流屋面雨水收集系统宜采用渗透弃流装置，地面雨水收集系统宜采用渗透弃流井或弃流池。

④ 设置要求

屋面雨水收集系统的弃流装置宜设于室外；如设在室内应采用密闭装置，以防装置堵塞后向室内灌水。

地面雨水收集系统设置雨水弃流设施时，可集中或分散设置。

雨水弃流池宜靠近雨水蓄水池，当雨水蓄水池设在室外时弃流池不应设在室内。

当屋面雨水收集系统中设有弃流设施时，弃流设施所服务的各雨水斗至该装置的管道长度宜相同；设有集中式雨水弃流装置时，各雨水口至弃流装置的管道长度宜相同。

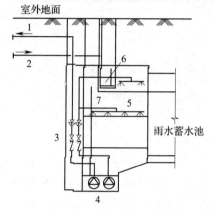

图 6-10　初期径流弃流池
1—弃流雨水排水管；2—进水管；3—阀门；
4—弃流雨水排水泵；5—搅拌冲洗系统；
6—雨停监测装置；7—液位控制器

弃流装置及其设置应便于清洗和运行管理。弃流装置应能自动控制弃流。

初期径流弃流池如图 6-10 所示，应具有不小于 0.01 的底坡，并坡向集泥坑截流的初期径流雨水宜通过自流排除；当弃流雨水采用水泵排水时，池内应设置将弃流雨水与后期雨水隔离开的分隔装置；雨水进水口应设置格栅，格栅应便于清理且不得影响雨水进水口通水能力；宜入口处设置可调节监测连续两场降雨间隔时间的雨停监测装置，并与自动控制系统联动；初期径流水泵的阀门应设置在弃流池外；应有水位监测的措施；用水泵排水的弃流池内还应设置搅拌冲洗系统。

渗透弃流井的安装位置距建筑物基础不宜小于 3m；井体和填料层有效容积之和不应小于初期径流弃流量，井外壁距建筑物基础净距不宜小于 3m；渗透排空时间不宜超过 24h。

自动控制弃流装置应具有自动切换雨水弃流管道和收集管道的功能，并具有控制和调节弃流间隔时间的功能；电动阀、计量装置宜设在室外，控制箱宜在室内集中设置；流量控制式雨水弃流装置的流量计宜设在管径最小的管道上；雨量控制式雨水弃流装置的雨量计应有可靠的保护措施。

4）雨水外排

设有雨水利用系统的建筑和小区仍应设置雨水外排措施，当实际降雨量超过雨水利用设施的蓄水能力时，多余的雨水会形成径流或溢流，经雨水外排系统排至城市雨水排水管网。但在设有雨水利用设施的局部场所也可不再重复设置雨水排水支管，用渗透管–排放系统代替雨水排水支管将地面雨水排入雨水干管中，如图 6-11 所示，此时的渗透管–排放系统应满足排除雨水流量的要求。

渗透地面雨水径流量较小，可尽量沿地面的自然坡降在低洼处收集雨水，透水铺装地面的雨水排水设施宜采用排水沟。

设置了雨水入渗或回用设施后雨水外排径流量会有所减小。外排雨水管道的水力计算应符合现行国家标准《建筑给水排水设计标准》GB 50015 和《室外排水设计标准》GB 50014 的相关规定。

（2）雨水入渗

1）入渗设施的型式

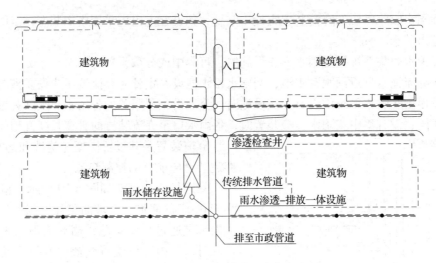

图 6-11　渗透管－排放系统接入雨水干管

雨水入渗有地面渗透系统和地下渗透系统两类：

地面渗透系统有下凹绿地、浅沟与洼地、地面渗透池塘和透水铺装地面等多种，前3种设施的特点是蓄水空间敞开，可接纳客地硬化面上雨水径流。下凹绿地、浅沟与洼地的投资费用省、维护方便，适用范围广；地面渗透池塘占地面积小，维护方便；透水铺装地面的特点是雨水就地入渗、在面层渗透、土壤渗透面之间蓄水，因路面硬化便于人行。

地下渗透系统可设于绿地和硬化地面下，但不宜设于行车路面下。地下渗透设施有埋地渗透管沟、埋地渗透渠和埋地渗透池等多种，由汇水面、雨水管道收集系统和固体分离、渗透设施组成，其土壤渗透面和蓄水空间均在地下。

另外，还有包括渗透作用在内的两种功能的雨水利用设施，比如：渗透雨水口是将集水、截污、渗透功能集合为一体的一种集水口；集水－渗透检查井是将收集、渗透功能为一体、并有一定沉砂容积的管道检查维护装置；储存－渗透设施是指能够储存雨水径流量并有渗透作用的设施，如渗透管沟、入渗池、入渗井等。

2）入渗设施选用

选择雨水渗透设施时宜优先采用下凹绿地、透水铺装、浅沟洼地入渗等地表面入渗方式。人行、非机动车通行的硬质地面、广场等宜采用透水地面，硬化地面中透水铺装的面积比例不宜低于40%；非种植屋面雨水的入渗方式应根据现场条件，经技术经济和环境效益比较确定。小区内路面宜高于路边绿地50～100mm，并应确保雨水顺畅流入绿地。

① 绿地接纳客地雨水时，应就近接纳雨水径流或通过管渠输送至绿地；下凹绿地应低于周边地面5～10cm，并有保证雨水进入绿地的措施；应种植耐浸泡植物。

② 当绿地入渗面积不足或土壤入渗性太小时采用浅沟与洼地。浅沟与洼地入渗系统是利用天然或人工洼地蓄水入渗，如图6-12所示，浅沟和洼地积水深度不宜超过

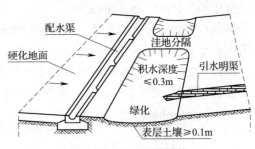

图 6-12　洼地入渗系统

300mm；浅沟宜采用平沟，底面尽量无坡度；积水区的进水宜用明沟布水，沿沟长多点分散布置进水点；种植耐浸泡植物。

③ 不透水面积与有效渗透面积之比大于 15 倍或土壤渗透系数 $K \geqslant 1 \times 10^{-5}$ m/s 时，可采用地面渗透池（塘）。地面渗透池（塘）上游应设置沉沙或前置塘等预处理设施，并应能去除大颗粒污染物和减缓流速；边坡坡度不宜大于 1:3，池面宽度与池深的比例应大于 6:1；底部应为种植土，植物应在接纳径流之前成型，应栽种抗涝耐旱、适应洼地内水位变化的植物；宜能排空，排空时间不应大于 24h；应设有确保人身安全的措施；有效储水容积应按设计水位和溢流水位之间的容积计。

④ 需硬化的地面可采用透水铺装地面。透水铺装地面应由透水面层（透水砖）、找平层、透（蓄）水垫层组成，如图 6-13 所示，透水地面设施的蓄水能力不宜低于重现期为 2 年的 60min 降雨量。铺装地面应满足相应的承载力要求，北方寒冷地区还应满足抗冻要求。

透水面层可采用透水混凝土、透水面砖、草坪砖等，渗透系数应大于 1×10^{-4} m/s，面层厚度宜根据不同材料、使用场地确定，孔隙率不宜小于 20%。找平层和垫层的渗透系数必须大于面层，找平层厚度宜为 20 ~ 50mm，透水垫层厚度不宜小于 150mm，孔隙率不应小于 30%。

⑤ 在土壤渗透系数小于或等于 5×10^{-5} m/s 时，采用浅沟 – 渗渠组合渗透设施。浅沟 – 渗渠入渗系统有洼地及下部的渗渠组成，如图 6-14 所示，有洼地蓄水容积和渗渠蓄水容积两部分组成，增大了实际蓄水容积，因此也可用于土壤渗透系数大于 1×10^{-6} m/s 的土壤。具有更长的雨水滞留及渗透排空时间。

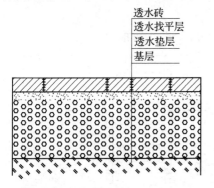

图 6-13　透水铺装地面结构示意图

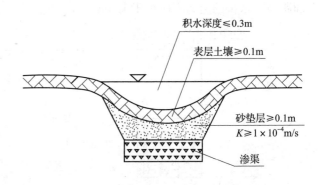

图 6-14　浅沟—渗渠组合入渗

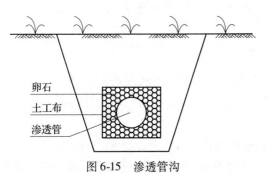

图 6-15　渗透管沟

沟底表面的土壤厚度不应小于 100mm，渗透系数不应小于 1×10^{-5} m/s；渗渠中的砂层厚度不应小于 100mm，渗透系数不应小于 1×10^{-4} m/s；渗渠中的砾石层厚度不应小于 100mm。

⑥ 当绿地入渗面积不足以承担硬化面上的雨水时，可采用渗透管沟或渗透井。渗透管沟如图 6-15 所示，雨水从渗透管经

四周的渗透层（砾石层）向周围的土壤渗透。渗透管外由砾石填充，有一定的储水调节作用。砾石外层应采用土工布包顶，水土工布宜选用无纺土工织物，单位面积质量宜为$100 \sim 300 g/m^2$，渗透性能应大于所包覆渗透设施的最大渗水要求，并满足图6-15渗透管沟保土性、透水性和防堵性的要求。

渗透管沟不应设在行车路面下。地面雨水集水宜采用渗透雨水口，地面雨水进入渗透管前宜设泥沙分离井、渗透检查井或集水渗透检查井。渗透管沟宜采用塑料模块，也可采用穿孔塑料管、无砂混凝土管或排疏管等材料，并外敷渗透层，渗透层宜采用砾石；渗透层外或塑料模块外应采用透水土工布包覆。塑料管的开孔率宜取$1.0\% \sim 3.0\%$，无砂混凝土管的孔隙率不应小于20%。渗透管沟应能疏通，疏通内径不小于150mm，检查井之间的管沟敷设坡度宜采用$0.01 \sim 0.02$。渗透管还可与雨水管道、入渗池、入渗井等组合使用。

渗透检查井的间距不应大于渗透管管径的150倍。渗透检查井的出水管标高应高于入水管口标高，但不应高于上游相邻井的出水管口标高。渗透检查井应设0.3m沉砂室。

⑦ 渗透管－排放系统是利用渗透检查井、渗透管将雨水有组织地渗入地下，并能将超过渗透设计能力的雨水从管沟排放。渗透检查井是具有渗透功能和一定沉砂容积的管道检查维护装置。渗透管－排放设施的末端必须设置检查井和排水管，排水管应与雨水排水管网连接；渗透管的管径和敷设坡度应满足地面雨水排放流量的要求，且管径不小于200mm；其余设计要求同渗透管沟。

⑧ 入渗井是雨水通过井壁、井底进行入渗的设施，有成品设施也可用混凝土建造，直径小于1m，如图6-16所示。入渗井中的雨水经过滤层后渗入地下，雨水中的杂质部分被截留在砂滤层。入渗井的底部及周边的土壤渗透系数应大于5×10^{-6} m/s，井底滤层表面距地下水位的距离不应小于1.5m。

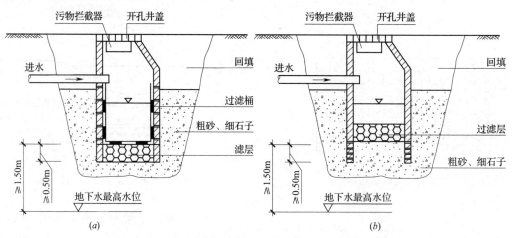

图6-16 入渗井

⑨ 当渗透系统需要较多的渗透面积时采用埋地渗透渠；当无足够面积建管沟、管渠或土壤渗透系数$K \geqslant 1 \times 10^{-5}$m/s时可采用埋地渗透池；当渗透系统需兼作排水管道时可采用埋地渗透管沟。

埋地渗透渠和埋地渗透池设施由镂空塑料模块拼接而成，外壁包单向渗透土工布，其造价高但施工方便、快捷。埋地渗透渠距离建筑物或构筑物应不小于3m，埋地渗透池距离建筑物或构筑物应不小于5m，且不应对其他构筑物管道基础产生影响。埋地渗透管沟的渗透设施由穿孔管道、外敷砾石层蓄水、砾石层外包渗透土工布构成，其距离建筑物或构筑物应大于或等于3m。其造价较低，施工复杂，有排水功能，储水量小。

地面或屋面雨水在进入埋地设施之前，需要进行沉砂处理，去除树叶、泥沙等固体杂质。

（3）雨水贮存

雨水收集回用系统应设置雨水贮存设施，应优先收集屋面雨水，不宜收集机动车道路等污染严重的下垫面上的雨水。雨水贮存设施应采用景观水库、旱塘、湿塘、蓄水池、蓄水罐等。景观水体、湿塘应优先用作雨水贮存。

雨水蓄水池宜采用耐腐蚀、易清洁的环保材料，宜设在室外地下。室外地下蓄水池（罐）的人孔或检查口附近宜设给水栓和排水泵电源。室外地下蓄水池（罐）的人孔、检查口应设置防止人员落入水中的双层井盖或带有防坠网的井盖。蓄水池应设检查口或人孔，池底宜设集泥坑和吸水坑。雨水蓄水池上的溢流管和通气管应设防虫措施。

雨水蓄水池应设溢流排水措施，且宜采用重力溢流。室内蓄水池的重力溢流管排水能力应大于50年雨水设计重现期设计流量。当蓄水池和弃流池设在室内且溢流口低于室外地面时，应符合下列要求：

1）当设置自动提升设备排除溢流雨水时，溢流提升设备的排水标准应按重现期50年5min降雨强度设计，并不得小于集雨屋面设计重现期降雨强度；

2）不设溢流提升设备时，应采取防止雨水进入室内的措施；

3）雨水蓄水池应设溢流水位报警装置，报警信号引至物业管理中心；

4）雨水收集管道上应设置能以重力流排放到室外的超越管，超越转换阀门宜能实现自动控制。

蓄水池兼作沉淀池时，还应满足进水端均匀布水、出水端避免扰动沉积物、不使水流短路的要求。设计沉淀区高度不宜小于0.5m，缓冲区高度不宜小于0.3m；应具有排除池底沉淀物的条件或设施。

当采用型材拼装的蓄水池，且内部构造具有集泥功能时，池底可不做坡度。当具备设置排泥设施或排泥确有困难时，排水设施应配有搅拌冲洗系统，应设搅拌冲洗管道，搅拌冲洗水源宜采用池水，并与自动控制系统联动。

（4）雨水调蓄

雨水调蓄排放系统由雨水收集管网、调蓄池及排水管道组成。调蓄池应尽量利用天然洼地、池塘、景观水体等地面设施。条件不具备时可采用地下调蓄池，可采用溢流堰式和底部流槽式。

调蓄设施宜布置在汇水面下游，降雨设计重现期宜取2年。

（5）雨水供水

雨水供水管道应与生活饮用水管道分开设置。雨水供水系统应设自动补水，补水水质应满足雨水供水系统的水质要求，补水能力应满足雨水中断时系统的用水量要求，且应在净化雨水供量不足时进行补水。

当采用生活饮用水补水时，应采取防止生活饮用水被污染的措施。

供水管网的服务范围应覆盖水量平衡计算的用水部位、供水方式及水泵选择、管道的水力计算等应执行现行国家标准《建筑给水排水设计标准》GB 50015中的相关规定。

供水系统的管材可采用塑料和金属复合管，塑料给水管或其他管材，但不得采用非镀锌钢管。供水管道和补水管道上应设水表计量，供水管道上不得装设取水龙头，并应采取防止误接、误用、误饮的措施。

6.2.3 雨水水质、处理与回用

（1）水质

1）雨水原水水质

建筑与小区的雨水径流水质的波动较大，受城市地理位置、下垫面性质、建筑材料、降雨量、降雨强度、降雨时间间隔、气温、日照等诸多因素的综合影响，应以实测资料为准。屋面雨水经初期径流弃流后的水质，无实测资料时可采用如下经验值：$COD_{Cr} = 70 \sim 100mg/L$；$SS = 20 \sim 40mg/L$；色度为 $10 \sim 40$ 度。

传染病医院的雨水、含有重金属污染和化学污染等地表污染严重的场地雨水不得回用。

2）雨水回用的水质

回用雨水的水质应根据用途确定，COD_{Cr} 和 SS 指标应满足表6-4规定，其他指标应符合相关的现行国家标准的规定。当处理后的雨水有多种用途时，其水质应按最高的水质标准选择。

回用雨水的 COD_{Cr} 和 SS 指标　　　　　　　　　　表 6-4

项目指标	循环冷却系统补水	观赏性水景	娱乐性水景	绿化	车辆冲洗	道路浇洒	冲厕
COD_{Cr}（mg/L）≤	30	30	20	30	30	30	30
SS（mg/L）≤	5	10	5	10	5	10	10

（2）水质处理

雨水处理是将雨水收集到蓄水池后集中进行物理、化学处理，以去除雨水中的污染物。给水、污水处理技术和工艺可用于雨水处理。影响雨水回用处理工艺的主要因素有：雨水回用水量、雨水原水水质和回用水质，三者影响雨水水质处理成本和运行费用。在工艺流程选择中还应充分考虑降雨的随机性、雨水水源的不稳定性、雨水储存设施的闲置等因素。尽量简化处理工艺流程，用户对水质有较高的要求时，应增加相应的深度处理措施。雨水处理设施产生的污泥宜进行处理。

雨水原水的水质特点是：可生化性很差；屋面雨水经初期径流弃流后水质比较洁净；降雨随机性较大，季节性强，原水水源不稳定；处理设施经常闲置。因此多采用物理、化学处理等适应间断运行的技术。屋面雨水水质处理工艺流程见图6-17。

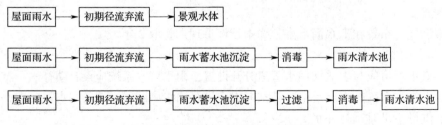

图 6-17　屋面雨水水质处理工艺流程

当弃流装置出水水质好，个别水质指标达不到景观水体的水质要求而景观水体的容量较大时，也可考虑利用景观水体的自净能力对雨水产生净化作用；当雨水原水较清洁且用

户对水质要求不高时，可采用沉淀－消毒工艺；如沉淀池的出水不能满足用户对水质的要求时，应增设过滤单元；用户对水质有较高要求时应增加深度处理，如混凝－沉淀－过滤后加活性炭过滤或膜过滤等单元。

雨水过滤处理宜采用石英砂、无烟煤、重质矿石、硅藻土等滤料或其他滤料和新工艺。

雨水回用时宜消毒。根据雨水收集回用的用途，当有细菌等指标要求时必须进行消毒处理。雨水处理规模不大于 $100m^3/d$ 时，消毒剂可采用氯片；规模大于 $100m^3/d$ 时可采用次氯酸钠或其他消毒剂。加氯量在 $2\sim4mg/L$。

雨水处理过程中产生的沉淀污泥多是无机物且污泥量较少，污泥脱水速度快，可采用堆积脱水后外运等方法，一般不需要单独设置污泥处理构筑。雨水处理设施产生的污泥宜进行处理。

（3）雨水回用供水系统

回用雨水严禁进入生活饮用水给水系统。雨水回用供水管网中低水质标准水不得进入高水质标准水系统。建筑或小区中的雨水与中水原水因污染物不同，宜分开蓄存和净化处理，净化后的出水可在清水池混合回用。

雨水供水系统应考虑自动补水，在雨水量不足时进行补水。补水水源可以是中水或生活饮用水等（景观用水系统除外）。补水的水质应满足雨水供水系统的水质要求。

补水流量应满足雨水中断时系统的用水要求。补水管道和雨水供水管道上均应设水表计量。

采用生活饮用水补水时，应防止雨水对生活饮用水系统造成污染，雨水供水管道与生活饮用水管道应完全分开设置。清水池（箱）内的自来水补水管出水口应高于清水池（箱）内溢流水位，其间距不得小于 2.5 倍补水管径，且不应小于 150mm 严禁采用淹没式出水口补水；若向蓄水池（箱）补水，补水口应设在池外，且应高于室外地面。当采用生活饮用水向室外雨水蓄水池补水时，补水管口在室外地面暴雨积水条件下不得被淹没。

为了保证回用雨水使用安全，供水管道上不得装设水龙头；当设有取水口时，应设锁具或专门开启工具。水池（箱）、阀门、水表、给水栓、取水口均应有明显的"雨水"标识。雨水供水管外壁应按设计规定涂色或标识。

6.2.4 回用水量与降雨量

（1）雨水回用水量

雨水经处理后用于绿化、道路及广场浇洒、车库地面冲洗、车辆冲洗、循环冷却水补水、景观水体补水量等用途时，各项最高日用水量按照现行国家标准《建筑给水排水设计标准》GB 50015 的有关规定执行，平均日用水量应按现行国家标准《民用建筑节水设计标准》GB 50555 的有关规定执行。景观水体补水量根据当地水面蒸发量、水处理自用水量和水体渗透量综合确定。

（2）雨水降雨量

雨水降雨量应根据当地近期 20 年以上降雨量资料确定。

1）雨水设计径流总量

雨水设计径流总量为汇水面积上在设定的降雨时间段内收集的总径流量，需控制和利用的雨水径流总量应按式（6-13）计算：

$$W = 10(\psi_c - \psi_0)h_y F \qquad (6-13)$$

式中　W——需控制和利用的雨水设计径流总量（m^3）；

　　　ψ_c——雨量径流系数，是在设定时间内降雨产生的径流总量与总雨量之比，见表6-5；

　　　ψ_0——控制径流峰值所对应的径流系数，应符合当地规划控制要求，资料不足时可取 0.2~0.4；

　　　h_y——设计日降雨厚度（mm）；

　　　F——硬化汇水面面积（hm^2），应按硬化汇水面水平投影面积计算。

当水文及降雨资料具备时，也可按多年降雨资料分析确定。

2）径流系数

径流系数与降雨强度或降雨重现期密切相关，随降雨重现期的增加而增大。由于降雨初期的水量损失对雨水量的折损较大，径流系数按表6-5采用。

径流系数

表6-5

地面类型	径流系数 ψ_c
各种屋面、混凝土或沥青路面	0.85~0.95
大块石铺砌路面或沥青表面处理的碎石路面	0.55~0.65
级配碎石路面	0.40~0.50
干砌砖石或碎石路面	0.35~0.40
非铺砌土路面	0.25~0.35
公园或绿地	0.10~0.20

汇水面积的平均径流系数应按下垫面种类加权平均计算。

3）汇水面积

汇水面积应按汇水面水平投影面积计算。有高出侧墙时汇水面积应附加，其计算方法同第3章相关内容；球形、抛物线形或斜坡较大的汇水面，其汇水面积应附加汇水面竖向投影面积的50%。

4）设计暴雨强度

设计暴雨强度应按式（6-14）计算，当采用天沟集水且沟沿溢水会流入室内时，暴雨强度应乘以1.5的系数：

$$q = \frac{167A(1 + c\lg P)}{(t + b)^n} \qquad (6-14)$$

式中　　　P——设计重现期（年）；

　　　　　t——降雨历时（min）；

　A、b、c、n——当地降雨参数。

向各类雨水利用设施输水或集水的管渠设计重现期，不应小于该设施的雨水利用设计重现期；屋面雨水收集系统设计重现期不宜小于表6-6中规定的数值。满管有压流系统宜取高值；建设用地雨水外排管渠的设计重现期应大于雨水利用设施的雨量设计重现期，并不宜小于表6-7中规定的数值。

建筑类型	设计重现期（年）
采用外檐沟排水的建筑	1 ~ 2
一般性建筑物	3 ~ 5
重要公共建筑和工业厂房	10
窗井、地下室车库坡道	50
连接建筑出入口下沉地面、广场、庭院	10 ~ 50

6.2.5　雨水利用系统计算

（1）设计规模

建设用地在开发之前处于自然状态，其地面的径流系数较小，一般不超过 0.2 ~ 0.3。经硬化、绿化后地面的径流系数会增大，雨水排放总量和高峰流量都大幅度增加。

雨水利用系统的设计重现期不得小于 1 年，宜按 2 年确定，且应使建设用地外排雨水设计量不大于开发建设前的水平或规定值。

（2）收集系统

1）雨水收集与输送管道系统的设计降雨重现期应与入渗设施的取值一致。其他与雨水排水系统相同。

2）雨水设计流量应按式（6-15）计算：

$$Q_s = q\psi_c F \tag{6-15}$$

式中　Q_s——雨水设计流量（L/s）；

　　　q——设计暴雨强度 $[L/(s \cdot hm^2)]$；

　　　ψ_c——径流系数；

　　　F——汇水面积（hm^2）。

硬化地面雨水收集系统的水力计算和设计应符合现行国家标准《室外排水设计标准》GB 50014 的相关规定。

外排雨水管道的水力计算和设计应符合现行国家标准《室外排水设计标准》GB 50014 的相关规定。

3）初期径流弃流量应按下垫面实测收集雨水的 COD_{Cr}、SS、色度等污染物浓度确定。当无资料时，屋面弃流可采用 2 ~ 3mm 径流厚度，地面弃流可采用 3 ~ 5mm 径流厚度计算：

$$W_i = 10 \times \delta \times F \tag{6-16}$$

式中　W_i——设计初期径流弃流量（m^3）；

　　　δ——初期径流弃流厚度（mm）；

　　　F——计算汇水面积（m^2）。

（3）收集回用系统

1）雨水收集回用系统设计应进行水量平衡计算：单一雨水回用系统的平均日设计用水量不应小于汇水面需控制和利用雨水径流总量的 30%。

2）当雨水回用系统设有清水池时，其有效容积应根据产水曲线、供水曲线确定，并应满足消毒的接触时间要求。缺乏上述资料时可按雨水回用系统最高设计用水量的25%～35%计算。当采用中水清水池接纳处理后的雨水时，中水清水池应考虑容纳雨水的容积。

（4）储存设施

雨水储存设施的有效储水容积不宜小于集水面重现期1～2年的日雨水设计径流总量扣除设计初期径流弃流量。当资料具备时，储存设施的有效容积也可根据逐日降雨量和逐日用水量经模拟计算确定。

以景观水体作为雨水贮存设施时，其水面和水体溢流水位之间的容量可作为贮存容积。

当雨水回用系统设有清水池时，其有效容积应根据产水曲线、供水曲线确定，并应满足消毒的接触时间要求。在缺乏上述资料的情况下，可按雨水回用系统最高日设计用水量的25%～35%计算。

当采用中水清水池接纳处理后的雨水时，中水清水池应有容纳雨水的容积。

（5）渗透设施

1）渗透量

渗透设施的渗透量，应按式（6-17）计算：

$$W_s = \alpha K J A_s t_s \tag{6-17}$$

式中　W_s——渗透量（m^3）；

　　　α——综合安全系数，一般可取 0.5～0.8；

　　　K——土壤渗透系数（m/s）；

　　　J——水力坡降，一般可取 1.0；

　　　A_s——有效渗透面积（m^2）；

　　　t_s——渗透时间（s）。

2）土壤渗透系数

土壤渗透系数应以实测资料为准，在无实测资料时可参照表6-7选用。

土壤渗透系数　　　　　　　　表6-7

地层	地层粒径		渗透系数 K（m/s）
	粒径（mm）	所占重量（%）	
黏土	—	—	$<5.7 \times 10^{-8}$
粉质黏土	—	—	$5.7 \times 10^{-8} \sim 1.16 \times 10^{-6}$
粉土	—	—	$1.16 \times 10^{-6} \sim 5.79 \times 10^{-6}$
粉砂	>0.075	>50	$5.79 \times 10^{-6} \sim 1.16 \times 10^{-5}$
细砂	>0.075	>85	$1.16 \times 10^{-5} \sim 5.79 \times 10^{-5}$
中砂	>0.25	>50	$5.79 \times 10^{-5} \sim 2.23 \times 10^{-4}$
均质中砂	—	—	$4.05 \times 10^{-4} \sim 5.79 \times 10^{-4}$
粗砂	>0.50	>50	$2.31 \times 10^{-4} \sim 5.79 \times 10^{-4}$
圆砾	>2.00	>50	$5.79 \times 10^{-4} \sim 1.16 \times 10^{-3}$
卵石	>20.0	>50	$1.16 \times 10^{-3} \sim 5.79 \times 10^{-3}$
稍有裂隙的岩石	—	—	$2.31 \times 10^{-4} \sim 6.94 \times 10^{-4}$
裂隙多的岩石	—	—	$>6.94 \times 10^{-4}$

3）有效渗透面积

渗透设施的有效渗透面积应按水平渗透面投影面积计算；竖直渗透面按有效水位高度所对应的垂直面积的1/2计算；斜渗透面按有效水位高度的1/2所对应的斜截面实际面积计算；地下渗透设施的顶面积不计。

4）蓄积雨水量

入渗系统应设置雨水贮存设施，单一系统贮存容积应能蓄存入渗设施内产流历时的最大蓄积雨水量，应按式（6-18）计算：

$$W_p = \max(W_c - W_s) \qquad (6\text{-}18)$$

式中　W_p——产流历时内的蓄积水量（m³），产流历时经计算确定，宜小于120min；

　　　W_c——渗透设施进水量（m³）。

5）渗透设施进水量

渗透设施进水量不宜大于日雨水设计径流总量，应按式（6-19）计算：

$$W_c = 1.25\left[60 \times \frac{q_c}{1000} \times (F_y\psi_m + F_0)\right]t_c \qquad (6\text{-}19)$$

式中　F_y——渗透设施受纳的集水面积（hm²）；

　　　F_0——渗透设施的直接受水面积（hm²），埋地渗透设施为0；

　　　t_c——渗透设施产流历时（min），不宜大于120min；

　　　q_c——渗透设施产流历时对应的暴雨强度[L/(s·hm²)]，按2年重现期计算。

6）渗透设施的贮存容积

渗透设施的贮存容积，可按式（6-20）计算：

$$V_s \geqslant \frac{W_P}{n_k} \qquad (6\text{-}20)$$

式中　V_s——渗透设施的贮存容积（m³）；

　　　n_k——填料的空隙率，不应小于30%，无填料者取1。

下凹绿地受纳的雨水汇水面积不超过该绿地面积2倍时，可不进行入渗能力计算。

7）渗透弃流井的渗透排空时间应经计算，且不宜超过24h。

（6）调蓄排放

1）调蓄池容积

调蓄池容积宜根据设计降雨过程变化曲线和设计出水流量变化曲线经模拟计算确定，资料不足时可采用式（6-21）计算：

$$V = \max\left[\frac{60}{1000}(Q - Q')t_m\right] \qquad (6\text{-}21)$$

式中　V——调蓄池容积（m³）；

　　　t_m——调蓄池蓄水时间（min），不大于120min；

　　　Q——雨水设计流量（L/s）；

　　　Q'——设计排水流量（L/s），按式（6-22）计算：

$$Q' = \frac{1000W}{t'} \qquad (6\text{-}22)$$

式中　t'——排空时间（s），宜按6~12h计算。

2）调蓄池出水管管径

调蓄池中雨水达到最高水位时排水量最大，因此可根据设计排水流量和设计水位确定出水管管径；也可按调蓄池容积进行估算（表6-8）。

调蓄池容积估算表
表6-8

调蓄池容积（m³）	出水管管径（mm）
500～1000	200～250
1000～2000	200～300

（7）净化处理设施

雨水净化处理装置的处理水量，按式（6-23）计算：

$$Q_y = \frac{W_y}{T} \tag{6-23}$$

式中　Q_y——设施处理能力（m³/h）；

W_y——经水量平衡计算后的雨水供应系统的最高日用雨水量（m³）；

T——雨水处理设施的日运行时间（h），宜取20～24h。

当不设雨水清水池和高位水箱时，Q_y 按回用雨水管网的设计秒流量计算。

7 游泳池和水上游乐池给水排水

7.1 水质与水温

　　游泳池是人工建造的供人们在水中进行游泳、健身、戏水、休闲等各种活动的不同形状、不同水深的水池，是竞赛游泳池、公共游泳池、专用游泳池、私人游泳池及休闲游乐池、文艺演出池、放松池、水上游乐池的总称。

　　游泳池和水上游乐池的池水水质应符合现行行业标准《游泳池水质标准》CJ/T 244的规定；举办重要国际竞赛和有特殊要求的游泳池池水水质以及供人们淋浴等生活用水的水质，应符合国际游泳联合会及相关部门的相关要求。我国人工游泳池的池水水质常规、非常规检验项目及限值应符合表7-1、表7-2的规定。

　　游泳池和水上游乐池的初次充水、换水和运行过程中的补充水，应符合现行国家标准《生活饮用水卫生标准》GB 5749 的要求。

人工游泳池池水水质常规检验项目及限值　　　　　　　　　　表7-1

序号	项目	限值
1	浑浊度（散射浊度计单位）（NTU）	≤0.5
2	pH	7.2~7.8
3	尿素（mg/L）	≤3.5
4	菌落总数（CFU/mL）	≤100
5	总大肠菌落（MPN/100 mL 或 CFU/100 mL）	不得检出
6	水温（℃）	23~30
7	游离性余氯（mg/L）	0.3~1.0
8	化合性余氯（mg/L）	<0.4
9	氰尿酸（$C_2H_3O_3$）（mg/L） （使用含氰尿酸的氯化合物消毒剂时）	<30（室内池） <100（室外池和紫外消毒）
10	臭氧（mg/m³）	<0.2（水面上20cm空气中） <0.05（池水中）
11	过氧化氢（mg/L）	60~100
12	氧化还原电位（mV）	≥700（采用氯和臭氧消毒时） 200~300（采用过氧化氢消毒时）

注：第7项~第12项为根据所使用的消毒剂确定的检测项目及限值。

人工游泳池池水水质非常规检验项目及限值　　　　　　　表 7-2

序号	项目	限值
1	三氯甲烷（μg/L）	≤100
2	贾第鞭毛虫（个/10 L）	不应检出
3	隐孢子虫（个/10 L）	不应检出
4	三氯化氮（采用氯消毒时）（mg/m³）	≤0.5（水面上 30cm 空气中）
5	异养菌（CFU/L）	≤200
6	嗜肺军团菌（CFU/200 mL）	不应检出
7	总碱度（以 $CaCO_3$）（mg/L）	60 ~ 180
8	钙硬度（以 $CaCO_3$）（mg/L）	<450
9	溶解性总固体（mg/L）	与原水相比，增量不大于 1000

室内游泳池的池水设计温度，应根据其用途和类型，按表 7-3 选用。室外游泳池的池水设计温度，有加热装置时池水设计温度不应低于 26℃；无加热装置时池水设计温度不应低于 23℃。

室内游泳池的池水设计温度　　　　　　　　　　　　表 7-3

序号	游泳池的用途及类型		池水设计温度（℃）	备注
1	竞赛类	游泳池	26 ~ 28	含标准 50m 长池和 25m 短池
2		花样游泳池		
3		水球池		
4		热身池		
5		跳水池	27 ~ 29	
6		放松池	36 ~ 40	与跳水池配套
7	专用类	训练池	26 ~ 28	
8		健身池		
9		教学池		
10		潜水池		
11		俱乐部		
12		冷水池	≤16	室内冬泳池
13		文艺演出池	30 ~ 32	以文艺演出要求选定
14	公用类	成人池	26 ~ 28	含社区游泳池
15		儿童池	28 ~ 30	
16		残疾人池	28 ~ 30	

序号	游泳池的用途及类型		池水设计温度（℃）	备注
17	水上游乐类	成人戏水池	26～28	含水中健身池
18		儿童戏水池	28～30	含青少年活动池
19		幼儿戏水池	30	
20		造浪池	26～30	
21		环流河		
22		滑道跌落池		
23	其他类	多用途池	26～30	
24		多功能池		
25		私人泳池		

7.2 池水循环系统设置与方式

7.2.1 系统设置

为了节约水资源，游泳池必须采用设有池水净化处理系统的循环供水方式。不同使用要求的游泳池，应设置各自独立的池水循环净化系统。游泳池循环净化给水系统，由游泳池附件、管道、循环水泵、净化处理设备、附属构筑物等组成。池水循环应保证被污染的一部分池水能均匀被排出、收集后送至净化处理系统，同时将经过净化处理的水能被均匀地分配到池内。经过一定时间（即一个循环周期），使全部池水都能被净化水更新一次。

水上游乐池的池水循环应符合下列规定：

（1）池水循环净化处理系统、游乐设施的功能循环水系统和水景循环水系统均应分开设置；

（2）功能循环和水景循环水系统的水源，宜取自该游乐池设施和水景所在的水池；

（3）水景小品应根据数量、分布位置、水量、水压等因素，合理组合成一个或多个水景功能循环系统。

多座水上游乐池共用一套池水循环净化处理系统时，应符合下列规定：

（1）水池不宜超过 3 个，且每个水池的容积不应大于 $150m^3$；

（2）各水上游乐池不应互相连通；

（3）净化处理后的池水应经过分水器分别设置管道接至不同用途的游乐池；

（4）应有确保每座水上游乐池循环水量、水温的措施。

7.2.2 循环方式

池水循环方式是池水进、回水的水流组织方式，按照池水进水口、回水口的布置形式有顺流式循环、逆流式循环和混合流式循环三种方式。应满足下列要求：

（1）应确保净化处理后的池水与池内待净化的池水有序更新、交换和混合；

（2）合理布置水池的进水口、回水口，使池中的进水水流均匀分布，池内各部位的水温和消毒剂均匀一致，且池内不得产生短流、涡流、死水区；

（3）应满足池水循环水泵自罐式吸水；

（4）有利于水池保持周围环境卫生；

（5）方便于管道及附件、设施或装置的施工和安装。

1. 顺流式循环方式：池中的全部循环水量，经设在池子端壁或侧壁水面以下的给水口送入池内，由设在池底的回水口回流，净化处理后送回池内继续使用，见图7-1。该循环方式投资少、运行简单、维护方便，但池水水表面水质差。适用于公共游泳池、露天游泳池，或水上游乐池。

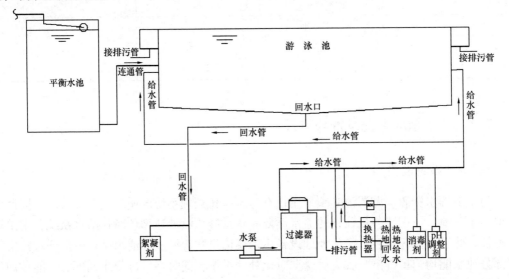

图 7-1　顺流式循环方式

2. 逆流式循环方式：池中的全部循环水量，经设在池底的给水口或给水槽送入池内，再经设在池壁外侧的溢流回水槽取回，进行处理后再送回池内继续使用的水流组织方式，见图7-2。该循环方式能有效去除池水表面污物和池底沉积物，水流均匀，避免产生涡流。多用于竞赛游泳池、训练游泳池。

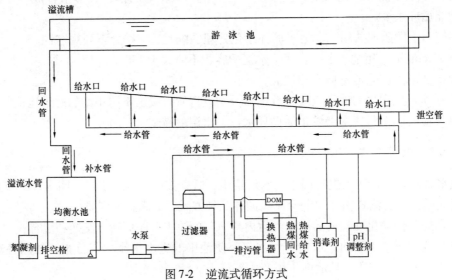

图 7-2　逆流式循环方式

3. 混合流式循环方式：池中全部循环水不小于60%的水量，经设在池壁外侧的溢流回水槽取回；另外不大于40%池水循环流量的水量，经设在池底的回水口取回。将这两部分循环水量合并进行处理后，经池底送回池内继续使用的水流组织方式，见图7-3。该循环方式兼顾了顺流式循环方式和逆流式循环方式各自的优点。要求较高的游泳竞赛池、训练池或水上游乐池应采用这种形式。

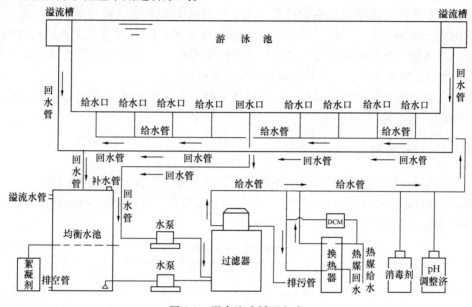

图7-3　混合流式循环方式

7.3　池水循环系统设计

7.3.1　充水与补水

初次向游泳池内充水至满所需的持续时间，与池子的用途、当地水原条件有关。竞赛类和专用类游泳池，初次充水的持续时间不宜超过48h；休闲类游泳池和水上游乐池的初次充水持续时间不宜超过72h。

由于池水表面蒸发、游泳和戏水者的身体带出池内水量、清洁池底或池壁排污流失水量、水处理过滤设备反冲洗消耗水量等原因，游泳池和水上游乐池在运行过程中每日需要补充一定的水量。每日补充水量，当资料不完备时，宜按表7-4的规定确定。

游泳池和水上游乐池的每日补充水量　　　　　　　　　　　表7-4

序号	池的类型与用途	游泳池的环境	补水量（%）
1	竞赛和专业泳池	室内	3~5
		室外	5~10
2	公共游泳池和水上游乐池	室内	5~10
		室外	10~15
3	儿童幼儿类	室内	≥15
		室外	≥20

序号	池的类型与用途	游泳池的环境	补水量（%）
4	家庭类	室内	3
		室外	5

注：补水量按水池容积的百分数计。最小补水量应保证30天内池水更新一次。

游泳池和水上游乐池的充水和补水方式，应通过平衡水池（或均衡水池）及缓冲池间接向池内充水和补水，未设置平衡水池（或均衡水池）时宜设置补水水箱向池内充水和补水。充水管、补水管的管口设置应符合现行国家标准《建筑给水排水设计标准》GB 50015的规定，且充水管、补水管上应设水量计量仪表。

利用生活饮用水管道直接向私人游泳池及小型游泳池补水时，应采取防止生活饮用水管道回流污染的措施。

7.3.2 设计负荷

设计负荷是用于限定同时在游泳池内容纳的最多允许人数，以人均池水面积表示，游泳池和水上游乐池的设计负荷见表7-5、表7-6中的规定。文艺演出池的设计负荷不应小于4.0m²/人，应根据文艺表演工艺要求确定。

游泳池的设计负荷　　　　　　　　　　　　　　　表7-5

游泳池水深（m）	<1.0	1.0~1.5	1.5~2.0	>2.0
人均池水面积（m²/人）	2.0	2.5	3.5	4.0

水上游乐池的设计负荷　　　　　　　　　　　　　表7-6

游乐池类型	健身池	戏水池	造浪池	环流河	滑道跌落池
人均游泳面积（m²/人）	3.0	2.5	4.0	4.0	按滑道形式、高度、坡度计算确定

7.3.3 循环周期与循环流量

1. 循环周期

循环周期是指将池水完全更新一次所需的时间，应根据水池类型、使用对象、设计负荷、池水容积、消毒剂品种、池水净化设备的效率和设备运行时间等因素，按表7-7的规定确定。

同一游泳池和水上游乐池，有两种或两种以上使用水深区域时，池水循环周期应根据不同水深区域确定。

游泳池和水上游乐池的池水循环周期　　　　　　　表7-7

水池分类		使用有效池水深度（m）	循环次数（次/d）	循环周期（h）
竞赛类	竞赛游泳池	2.0	8~6	3~4
		3.0	6~4.8	4~5
	水球、热身游泳池	1.8~2	8~6	3~4
	跳水池	5.5~6	4~3	6~8
	放松池	0.9~1	80~48	0.3~0.5

水池分类		使用有效池水深度 （m）	循环次数 （次/d）	循环周期 （h）
专用类	训练池、健身池、教学池	1.35 ~ 2	6 ~ 4.8	4 ~ 5
	潜水池	8 ~ 12	2.4 ~ 2	10 ~ 12
	残疾人池、社团池	1.35 ~ 2	6 ~ 4.5	4 ~ 5
	冷水池	1.8 ~ 2	6 ~ 4	4 ~ 6
	私人泳池	1.2 ~ 1.4	4 ~ 3	6 ~ 8
公共游泳池	成人游泳池（含休闲池、学校泳池）	1.35 ~ 2	8 ~ 6	3 ~ 4
	成人初学池、中小学校泳池	1.35 ~ 2.00	8 ~ 6	3 ~ 4
	儿童泳池	0.6 ~ 1	24 ~ 12	1 ~ 2
	多用途池、多功能池	2 ~ 3	8 ~ 6	3 ~ 4
水上游乐池	成人戏水休闲池	1 ~ 1.2	6	4
	儿童戏水池	0.6 ~ 0.9	48 ~ 24	0.5 ~ 1
	幼儿戏水池	0.3 ~ 0.4	>48	<0.5
	造浪池　深水区	>2	6	4
	造浪池　中深水区	2 ~ 1	8	3
	造浪池　浅水区	1 ~ 0	24 ~ 12	1 ~ 2
	滑道跌落池	1	12 ~ 8	2 ~ 3
	环流河（漂流河）	0.9 ~ 1	12 ~ 6	2 ~ 1
文艺演出池			6	4

注：池水的循环次数按游泳池和水上游乐池每日循环运行时间与循环周期的比值确定。多功能游泳池宜按最小有效水深确定池水循环周期。

2. 循环流量

池水的循环流量是确定循环系统的附件数量、管径大小、净化设备、消毒设备和加热设备等相关配套设施的依据，与循环周期有关，应按式（7-1）计算：

$$q_c = \alpha_p \cdot V_p \cdot T_p^{-1} \tag{7-1}$$

式中　q_c——游泳池和水上游乐池的循环水量（m³/h）；

　　　α_p——游泳池和水上游乐池管道和设备的水容积附加系数，一般取 1.05 ~ 1.10；

　　　V_p——游泳池和水上游乐池的池水容积（m³）；

　　　T_p——游泳池和水上游乐池的池水循环周期（h），按表7-5取值。

7.3.4　循环水泵与管道

1. 循环水泵

（1）设置要求

池水循环净化处理系统的循环水泵、水上游乐设施的功能循环水泵和水景系统的循环水泵，应分开设置。

池水采用混流式池水循环方式时，从池底回水口回流的循环回水管，不得接入均衡池，应设置独立的循环水泵。

水上游乐池游乐设施的功能循环水泵的设置，应符合以下要求：①供应滑道润滑水的水泵应设置能交替运行的备用泵；②环流河的推流水泵按多处设置，并能同时联动运行。

颗粒过滤器的循环水泵的工作泵不宜少于2台，且应设备用泵，应能与工作泵交替运行。

采用池水顺流式循环方式时，循环水泵应靠近游泳池的回水口或平衡水池；当采用池水逆流式循环方式时，循环水泵应靠近均衡水池。

（2）水泵选择

水泵组的额定流量，不应小于循环流量；扬程不应小于吸水池最低水位至泳池出水口的几何高差、循环净化处理系统设备、管道系统阻力、水池出水口流出水头之和。当采用水泵并联运行时，宜乘以1.05~1.10的安全系数。

水泵应选择高效节能、耐腐蚀、低噪声的泳池离心水泵，宜采用变频调速水泵。

（3）水泵设计

池水循环净化处理系统的循环水泵、水上游乐设施的功能循环水泵和水景系统的循环水泵设计，应符合以下要求：

1）应设计成自灌式吸水，当设有平（均）衡水池时，每台水泵应设置独立的吸水管；

2）水泵的吸水管上应装设可挠曲橡胶接头、阀门、毛发聚集器和压力真空表；其出水管上应装设可挠曲橡胶接头、止回阀、阀门和压力表；水泵吸水管、出水管上应先安装变径管再安装其他附件；

3）从池底直接吸水的水泵吸水管上，应设置专用的防吸附装置；

4）采用顺流式池水循环方式时，循环水泵的抽吸作用会在池底回水口形成一定的负压。应在位于安全救护员座位的附近墙壁上，安装带有玻璃保护罩的紧急停止循环水泵的装置，其供电电压不应超过36V。

5）水泵泵组和管道应采取减振和降低噪声的措施。

（4）过滤器反冲洗水泵

颗粒过滤器反冲洗水泵，宜采用池水循环水泵工作水泵与备用泵并联的工况设计，并应按单个过滤器反冲洗时所需要的流量和扬程校核，调整循环水泵的工况参数。

2. 循环管道

（1）管道敷设

室内游泳池的循环水管道，应敷设在池体周边的专用管廊或管沟内。管廊与管沟内应设置吊装运输管道、阀门及附件的吊装孔或通道、人孔或检修门；应设置低压照明和排水、通风换气装置。

室外游泳池的循环水管道，当敷设在管廊或管沟有困难时，宜埋地敷设。埋地敷设时，应考虑采取防止管道受重压损坏、防止产生不均匀沉降、防冻等措施；金属管道应采取防腐蚀处理；阀门处应设置套筒。

池底给水的配水管，可敷设在架空池底板下面，池底板与建筑地面应预留有效高度不小于1.2m的安装空间；池底给水的配水管埋设在池底垫层内或沟槽内时，垫层厚度或沟槽尺寸应符合安装要求，且应保证配水管在浇筑垫层时不被损坏、不移位。

逆流式池水循环系统的池岸溢流回水槽的回水管，当溢流回水槽设有多个回水口时，应采用分路等流程方式设置溢流回水管；连接溢流回水口的回水管应有不小于 0.5% 的坡度坡向均衡水池；接入均衡水池的溢流回水管管底，应高出均衡水池最高水位 300mm 以上。

管材、管件、阀门、附件等均应符合现行国家标准《生活饮用水输配水设备及防护材料的安全性评价标准》GB/T 17219 的规定。

（2）设计计算

循环给水管道内的水流流速应为 1.5 ~ 2.5m/s；循环回水管道内的水流流速应为 1.0 ~ 1.5m/s；循环水泵吸水管内的水流流速应为 0.7 ~ 1.2m/s。

7.3.5　平衡水池、均衡水池与补水水箱

1. 平衡水池

在顺流式循环给水系统中循环水泵从池底直接吸水，吸水管过长影响水泵吸水高度时，为保证池水有效循环，平衡池水水面、调节水量浮动、安装水泵吸水口（阀）和间接向池内补水应设置与游泳池水面相平的平衡池。

（1）设计要求

平衡水池应为封闭形，其水池的最高水面与游泳池的水表面应保持一致；水池内底表面应低于游泳池回水管以下 700mm。

游泳池补水管应接入该池；补水管口与该池内最高水面的间隙不应小于 2.5 倍补水管管径。

平衡水池应采用表面光滑、耐腐蚀、不污染水质、不变形和不透水的材料建造。当采用钢筋混凝土材质时，其内壁应涂刷或衬贴不污染水质的防腐涂料和材料。水池应设检修人孔、水泵吸水坑和有防虫网的溢水管、泄水管；水池有效尺寸应满足施工安装和检修等要求。

（2）有效容积

平衡水池的有效容积按式（7-2）计算：

$$V_p = V_d + 0.08q_c \qquad (7\text{-}2)$$

式中　V_p——平衡水池的有效容积（m^3）；

V_d——单个过滤器反冲洗所需水量（m^3）；

q_c——游泳池的循环水量（m^3/h）。

2. 均衡水池

在逆流式、混合流式循环给水系统中，为保证循环水泵有效工作，应设置低于池水水面的供循环水泵吸水的均衡水池。其作用是收集池岸溢流回水槽中的循环回水，均衡水量浮动和贮存过滤器反冲洗时的用水，以及间接向池内补水。

（1）设计要求

1）均衡水池应为封闭形，且水池内最高水面应低于游泳池溢流回水管管底 300mm 以上；

2）均衡水池内应设置多水位程序显示和控制装置；当接入均衡水池的补水管，当补水管口与该池内最高水面的间隙小于 2.5 倍补水管管径时，补水管上应装设真空破坏器；

3）均衡水池应采用不变形、耐腐蚀和不透水材料建造。当为钢筋混凝土材质时，池内壁应衬贴或涂刷防腐材料；水池应设检修人孔、进水管、水位计、水泵吸水坑和有防虫网的溢水管、泄水管。

（2）有效容积

均衡水池的有效容积按式（7-3）、式（7-4）计算：

$$V_j = V_a + V_d + V_c + V_s \tag{7-3}$$

$$V_s = A_s \cdot h_s \tag{7-4}$$

式中 V_j——均衡水池的有效容积（m^3）；

V_a——游泳者入池后所排出的水量（m^3），每位游泳者按 0.06m^3 计；

V_d——单个过滤器反冲洗所需的水量（m^3）；

V_c——充满循环系统管道和设备所需的水容量（m^3）；

V_s——池水循环系统运行时所需的水量（m^3）；

A_s——游泳池的水表面面积（m^2）；

h_s——游泳池溢流回水时的溢流水层厚度（m），可取 0.005～0.01m。

3. 补水水箱

当循环水泵直接从池底回水口吸水但未设无平衡水池和均衡水池时，应设置补水水箱，且补水水箱的出水管应与循环水泵吸水管相连接。

（1）设计要求

补水水箱的进水管的管底，应有高出补水水箱最高水面 2.5 倍进水管管径的空隙。应在进水管上装设阀门、水表。补水水箱进水管与泳池溢流管宜分开设置。补水水箱进水管管径应按计算的补水量、溢流水流量确定。

补水水箱出水管上应装设阀门。当补水水箱水面低于游泳池、水上游乐池水面时，出水管上还应装设止回阀。补水水箱出水管管径计算，当补水水箱仅用于补水时，应按游泳池、水上游乐池的小时补水量确定；补水水箱兼作泳池溢流水回收用途时，应按游泳池、水上游乐池的小时补水量与小时溢流水量之和确定。

补水水箱兼作游泳池和水上游乐池初次和再次充水的隔断水箱时，宜另行配置进水管和出水管。补水进水管和出水管管径按每日补充水量计算确定。

补水水箱应采用不污染水质、耐腐蚀、不变形和高强度的材料，应符合现行国家标准《生活饮用水输配水设备及防护材料的安全性评价标准》GB/T 17219 的规定。补水水箱应设检修人孔、通气管、溢流管、泄水管及水位计。当水箱有效水深大于 1.5m 时应设内外扶梯。

（2）有效容积

补水水箱单纯用于补水时，应按计算补水量确定其有效容积，且应小于 2.0m^3；补水水箱同时兼作回收游泳池或水上游乐池的溢水用途时，宜按池水循环流量的 10% 确定。

7.3.6 进水口、回水口和泄水口

游泳池和水上游乐池的进水口、回水口的布置应使池内水流均匀、不出现短流、涡流及死水区，进水口、回水口的数量应满足循环流量的要求。进水口、池底回水口和泄水口

均应安装间隙宽度不大于8mm、缝隙水流流速不大于0.2m/s的格栅盖板。泄水口的数量应保证不产生负压。

1. 进水口

进水口的布置型式有池底型和池壁型，进水口与池底或池壁（端）内表面相平。儿童游泳池、戏水池及池水深度小于0.6m的游乐场、休闲池，宜采用池底型进水口，可升降池底板的游泳池、水上游乐池应采用池底型进水口。

（1）布置要求

池底型进水口的布置，水池为矩形时，进水口应布置在每条泳道分割线之下的底部，间距不应大于3m；水池为不规则形状时，每个进水口应按最大服务面积不超过8m²均匀布置。

池壁型进水口的布置，水池为矩形时，进水口可以沿两端壁布置和沿两侧壁布置。沿两端壁进水时，进水口应位于泳道分割线对应的端壁处，间距与泳道宽度一致；沿两侧壁进水时，进水口的间距不应大于3m。端壁与侧壁交界处的进水口距无进水口池壁的距离不应大于1.5m。水池为不规则形状时，进水口的间距不应大于3m。当池壁曲率半径不大于1.5m时，进水口应布置在曲率线的中点。

池壁型进水口的高度，同一水池内同一层进水口在池壁的标高应在同一水平线上。当池水深度不大于2m时，进水口应布置在池水面以下0.5~1m处；当池水深度大于2.5m时，进水口应采用多层布置且至少两层，上、下层进水口在池壁上应错开布置且两层进水口的间距不宜大于1.5m，最下层进水口应高出池底0.5m。

（2）设计计算

进水口的总数量均应按水池的全部循环水量计算确定。

进水口应有流量调节装置并应设置格栅护盖，且格栅空隙的水流速度应合理设计：1）池壁进水口：进水口的出流流速不宜大于1.0m/s。儿童池、进入水池台阶处、教学区等部位附近处进水口的出流流速不宜大于0.5m/s；2）池底进水口：水深不大于3m时，进水口的出流流速不宜大于0.5m/s；水深大于3m时，进水口的出流流速不宜大于1.0m/s。

（3）材质与构造

进水口材质应与配水管材一致，且不变形、耐冲击、坚固牢靠。进水口为喇叭口形状，喇叭口的面积不应小于进水口连接管截面积的2倍。喇叭口处应设格栅护盖，格栅孔隙宽度不应大于8mm。喇叭口应设有调节出水流量装置。

2. 回水口

回水口的形式有池底型和溢流型。

（1）池底回水口

池底回水口，每座水池的池底回水口数量不应少于2个，间距不应小于1m，且回流水量不应小于池水循环流量。回水口的位置应使所有的池水进水口至回流口的水流流程一致。回水口应具有防旋流、防吸入、防卡入功能。回水口应配置水流通过的顶盖板，盖板的水流孔（缝）隙尺寸不应大于8mm，孔（缝）隙的水流速度不应大于0.2m/s。池底回水口应以并联形式与回水总管连接。

（2）溢流回水口与溢流回水沟（槽）

采用逆流式和混流式循环方式的水池，溢流回水口位于溢流回水沟（槽）底部尾端。溢流回水沟沿水池岸边四周或两侧紧贴池壁设置，溢流回水沟的顶部应与池岸相平，其沟底应有不小于1%的坡度坡向溢流回水口。标准游泳池及跳水池的溢流回水沟，其断面宽度和沟深均不应小于300mm。

溢流回水口数量，应满足池水循环水流量的要求，按式（7-5）确定：

$$N = 1.5Q/q_d \tag{7-5}$$

式中　N——溢流回水沟内回水口数量（个）；

Q——溢流回水沟计算回水量（m³/h），逆流式循环系统按全部循环流量计算。混流式循环系统按池顶表面的溢流水量计算；

q_d——单个回水口流量（m³/个）。

设有安全气浪设施的跳水池，应考虑安全保护气浪运行时增加的瞬间溢水量，其溢流回水口的总流量应按循环流量的2倍计算。

溢流回水口应采用有消声措施，设有多个溢流回水口时，回水口设置间距不宜大于3m，单个回水口的接管管径不应小于50mm。

（3）溢流沟与溢流排水口

采用顺流式循环方式的游泳池、水上游乐池、文艺演出池，应沿池壁四周或两侧池壁设置溢流沟（槽），溢水沟断面宽度和沟深均不宜小于300mm，其沟底应设1%的坡度坡向沟底的溢流排水口，排水口按间距不宜大于3m均匀布置，其接管管径不应小于50mm。

（4）泄水口

采用逆流式循环方式时，池底应设置独立的泄水口；采用顺流式和混流式循环方式时，宜将池底回水口兼作泄水口。泄水口应设在水池的最低标高处，格栅表面应与池底最低处表面齐平。泄水口数量不应少于2个，宜按泄空时间不超过6h确定。重力式泄水时，泄水管不得与排水管道直接连接。

7.4　池水净化与消毒

7.4.1　池水净化

游泳池循环水净化处理工艺应根据游泳池的用途、设计负荷、过滤器类型、消毒剂种类等因素，经技术经济比较后确定。不同用途的游泳池，池水净化处理系统应分开设置。池水净化处理工艺应保证各工序单元设备、设施及装置等符合安全运行要求，工艺流程中的主要设备宜设置运行参数检测和动态检测控制仪表。

池水处理工艺一般包括：毛发聚集器、过滤器、加热、消毒等工序。采用颗粒过滤介质时，应包括循环水泵、颗粒过滤器、加热和消毒等工序；采用硅藻土过滤介质时，应包括硅藻土过滤机组、加热和消毒工序；小型游泳池，宜采用一体化过滤设备净水设施。

过滤器可不备用，每座大型、中型游泳池的过滤设备不应少于2台，其总过滤能力不应小于1.1倍的池水循环流量。应选用效率高、出水水质稳定、设备内部布水均匀、不产生短流且占地少、易安装、便于操作、反冲洗水量小的过滤设备。

1. 毛发聚集器

毛发聚集器应安装在循环水泵吸水管上，对进入过滤设备的池水进行预处理。无备用循环水泵时，宜设置备用过滤筒（网框）。

过滤芯采用过滤筒时，孔眼（网眼）的总面积不应小于连接管道截面面积的 2 倍，过滤筒的孔眼直径不应大于 3mm；过滤芯采用网框时，网眼不应大于 15 目。

毛发聚集器耐压不应小于 0.4MPa，且构造简单，方便拆卸，密封性能好。采用碳钢、铸铁材质时，内外表面应进行防锈蚀处理。

2. 颗粒过滤器

颗粒过滤器分为压力式、负压式和重力式，为节省占地宜采用压力式颗粒过滤器。滤料应具有机械强度高、耐磨损、孔隙率高、截污能力强、抗压性能好、使用周期长等特点，其化学性能稳定、不产生有毒有害物、不含杂质和污泥。常用的滤料有石英砂、无烟煤、重质矿石等。

压力颗粒过滤器的滤层的组成、有效厚度和过滤速度应经试验确定，亦可按表7-8采用；承托层的组成和厚度应根据配水形式经试验确定，亦可按表7-9采用。

压力颗粒过滤器反冲洗方式，可采用水反冲洗和气—水反冲洗。采用池水反冲洗时，应在游泳池、水上游乐池每日停用时段对单个过滤器逐一进行反冲洗，反冲洗强度和持续时间宜按表7-10确定；采用气—水反冲洗时，反冲洗强度和持续时间宜按表7-11确定。

立式压力式颗粒过滤器的直径不应超过 2.4m，以保证配水均匀；卧式压力式颗粒过滤器的直径不应小于 2.2m，以满足滤层厚度的要求，且过滤面积不应超过 $10m^2$。过滤器的工作压力不应小于池水循环净化系统的工作压力的 1.5 倍。

滤层的组成、有效厚度和过滤速度 表 7-8

滤料层组成	滤料层材料及特征	滤料直径（mm）	不均匀系数 K_{80}	有效厚度（mm）	过滤速度（m/h）
单层颗粒过滤器	均质石英砂	$d_{min} = 0.45$	< 1.6	≥700	15 ~ 25
		$d_{min} = 0.55$			
		$d_{min} = 0.40$	< 1.4		
		$d_{min} = 0.60$			
		$d_{min} = 0.60$			
		$d_{min} = 0.80$			
双层颗粒过滤器	无烟煤	$d_{min} = 1.60$	< 2.0	>350	14 ~ 18
		$d_{min} = 0.85$			
	石英砂	$d_{min} = 1.00$			
		$d_{min} = 0.50$			
多层颗粒过滤器	无烟煤	$d_{min} = 1.60$	< 1.7	>350	20 ~ 30
		$d_{min} = 0.85$			
	石英砂	$d_{min} = 0.85$		>600	
		$d_{min} = 0.50$			
	重质矿石	$d_{min} = 1.20$		>400	
		$d_{min} = 0.80$			

集配水形式	层次（自上而下）	材料	粒径（mm）	厚度（mm）
大阻力集配水系统	1	卵石	2.0~4.0	100
	2		4.0~8.0	100
	3		8.0~16.0	100
	4		16.0~32.0	100（从配水管顶算起）
中阻力集配水	单层	卵石	2.0~3.0	150（从配水管顶算起）
小阻力集配水		粗砂	1.0~2.0	>100（从滤帽顶算起）

滤料层组成	水反冲洗强度[L/(s·m²)]	膨胀率 C（%）	反冲洗持续时间（min）
单层石英砂	12~15	<40	6~7
双层滤料	13~17	<40	8~10
多层滤料	16~17	30	5~7

注：膨胀率数值仅供设计压力式颗粒过滤器高度用。

滤料层组成	先气洗		后水洗	
	气洗强度[L/(s·m²)]	持续时间(min)	水洗强度[L/(s·m²)]	持续时间(min)
单层滤料	15~20	3~1	8~10	7~5
双层滤料	15~20	3~2	6.5~10	6~5

注：气洗时的供气压力为 0.1MPa。

颗粒过滤器应配置混凝剂投加装置，以提高过滤器的过滤精度。混凝剂应根据原水水质和当地化学药品供量情况确定，一般宜选用精制硫酸铝或聚合氯化铝，投加量应按混凝试验资料确定，采用湿式投加方式。

3. 硅藻土过滤器

硅藻土过滤器的过滤机理是机械筛滤作用和吸附截留作用，过滤效果与硅藻土的预涂膜厚度和均匀性有关，能滤除大于 $2\mu m$ 的颗粒物，对大肠菌、隐孢子虫、贾第鞭毛虫等细菌有很好的去除功能，出水水质好，可达 0.1NTU。

硅藻土过滤器是由单台循环水泵、硅藻土过滤器、硅藻土助凝剂混合浆液罐、阀门、仪表及连接管道组合而成的成套产品。常用的硅藻土过滤器为压力式设备，分为烛式、可逆式两种形式。烛式硅藻土过滤器，硅藻土预涂膜厚度不应小于 2m，单位过滤面积的硅藻土用量宜为 $0.5~1.0kg/m^2$，并应设有再生硅藻土装置。可逆式硅藻土过滤器，单位过滤面积的硅藻土用量宜为 $0.2~0.3kg/m^2$。

硅藻土过滤器的过滤速度，应根据所用硅藻土特性和出水水质要求经试验确定，宜采用 5~10m/h，专用类游泳池的泳池负荷相对稳定，宜取上限值；公共类游泳池宜取下限值。

采用硅藻土过滤器的池水净化处理系统，硅藻土过滤器总的过滤能力宜按循环流量的 1.05~1.1 倍确定，过滤器数量不应少于 2 组，当一组检修时不影响游泳池使用运行。

硅藻土过滤器的反冲洗应符合以下规定：烛式压力式过滤器应采用水或气—水反冲洗，水反冲洗强度不应小于 $0.3L/(s·m^2)$，冲洗持续时间为 2~3min；可逆式过滤器宜每日用池水反冲洗，反冲洗强度不应小于 $1.4L/(s \cdot m^2)$，冲洗持续时间为 $1 \sim 2min$。

7.4.2 池水消毒

游泳池的循环水净化处理系统中必须设置池水消毒工艺。

消毒剂的基本要求：消毒能力强、有持续杀菌能力；与原水相兼容，不改变池水水质；对人体无刺激或刺激性很小，不产生不良气味；对管道、设备等无腐蚀或腐蚀性很小；费用低；应具有《消毒产品卫生安全评价报告》。

常用消毒剂有：臭氧、氯及其制品、紫外线等。

1. 臭氧消毒

臭氧是高效杀菌剂和氧化剂，但无持续消毒能力，使用时应视具体情况增加长效消毒剂系统。

臭氧消毒应设置在池水过滤工序之后、加热工序之前，竞赛类游泳池及公共类游泳池的宜采用全流量半程式臭氧消毒工艺，在原有游泳池和泳池负荷稳定法人游泳池增设臭氧消毒时宜采用分流量全程式臭氧消毒工艺。

臭氧投加量按全部循环流量计算，采用全流量半程式臭氧消毒方式时，臭氧投加量宜采用 $0.8 \sim 1.2mg/L$；采用分流量或全流量全程式臭氧消毒方式时，臭氧投加量采用 $0.4 \sim 0.6mg/L$，且分流量不应小于池子全部循环流量的25%。

臭氧应采用负压方式将臭氧投加在过滤器之后循环水管道上，采用与循环水泵联锁的全自动控制投加系统。

臭氧发生器间、次氯酸钠发生器和盐氯发生器间应设置检测臭氧泄漏的安全报警装置及尾气处理装置。

2. 氯消毒

用于游泳池的氯消毒剂优先选用有效氯含量高、杂质少、对健康危害小的氯消毒剂，不应采用氯气（液氯）、二氧化氯和液态溴对池水进行消毒。氯消毒剂应投加在池水过滤工序之后的循环水中，严禁将氯消毒剂直接注入游泳池内。

以臭氧为主进行池水消毒时，池水中余氯量应按 $0.3 \sim 0.5m/L$（有效氯计）；以氯为主进行池水消毒时，池水中余氯量应按 $0.5 \sim 1.0mg/L$（有效氯计）；采用含有氰尿酸的氯化合物消毒时，池水中氰尿酸含量不超过 $150mg/L$。

液体及粒装氯制品消毒剂，应配制成有效氯含量为5%的氯消毒液，采用计量泵连续投加到水加热器后的循环给水管内，并在循环水进入水池前完全混合。

3. 紫外线消毒

采用紫外线消毒时，宜采用中压紫外灯消毒器。室内游泳池紫外线剂量不应小于 $60MJ/cm^2$，室外游泳池紫外线剂量不宜小于 $40MJ/cm^2$。紫外线消毒器应安装在过滤设备之后、加热设备之前，并应采用全流量工序设备。

紫外线消毒器应设置旁通管，其安装应使水流方向与紫外灯管长度方向平行，以使水流被紫外线充分照射。采用多个自外向消毒器时应并联连接。紫外线消毒器的出水口应设置安全过滤器。

4. 其他消毒剂

氰尿酸消毒剂，如：二氯异氰尿酸钠、三氯异氰尿酸盐和溴氯海因等，消毒剂在水中可分解成氯和具有稳定功能的氰尿酸，能使药剂中的氯缓慢释放在强阳光下对游离氯有稳定作用，一般用于室外游泳池。

过氧化氢是无氯消毒剂。过氧化氢应与臭氧配套同时使用。游泳池采用过氧化氢消毒时，该工序设置在循环水泵之后、过滤器之前，并应设置旁通消毒工艺，旁流量不应小于循环流量的18%。

除藻剂一般用硫酸铜，投加量不大于1.0mg/L。

7.5 池水加热与节能

7.5.1 池水加热

池水加热方式有：间接加热式、直接加热的方式。

不同用途游泳池的加热设备应分开设置，每座游泳池加热设备的数量，应按初次池水加热时不少于2台同时工作确定。池水初次加热所需时间一般为24~48h，每小时池水温度升高不超过0.5℃。

1. 耗热量计算

池水加热所需热量应满足三部分耗热量的总和，即：池水表面蒸发损失的热量；池壁、池底传导损失的热量、管道和净化水设备等损失的热量；补充新鲜水加热所需要的热量。

1) 池水表面蒸发损失的热量（Q_s）

$$Q_s = \frac{1}{\beta}\rho\gamma(0.0174v_w + 0.0229)(p_b - p_q)A_s\frac{B}{B'} \tag{7-6}$$

式中　Q_s——池水表面蒸发损失的热量（kJ/h）；

　　　β——压力换算系数，可取133.32Pa；

　　　ρ——水的密度（kg/L）；

　　　γ——与池水温度相等的饱和蒸汽的蒸发汽化潜热（kJ/kg）；

　　　v_w——池水表面上的风速（m/s），室内游泳池取0.2~0.5m/s；室外游泳池取2~3m/s；

　　　p_b——与池水温度相等时的饱和空气的水蒸气分压力（Pa）；

　　　p_q——游泳池或水上游乐池的环境空气温度相等的水蒸气分压力（Pa）；

　　　A_s——游泳池或水上游乐池的水表面面积（m²）；

　　　B——标准大气压力（Pa）；

　　　B'——当地的大气压力（Pa）。

2) 池壁、池底传导损失的热量、管道和净化水设备等损失的热量（Q_t）

一般按池水表面蒸发损失热量的20%计算。

3) 补充新鲜水加热所需要的热量（Q_b）

$$Q_b = \frac{\rho V_b C(T_d - T_f)}{t_h} \tag{7-7}$$

式中　Q_b——游泳池补充新鲜水加热所需的热量（kJ/h）；

　　　ρ——水的密度（kg/L）；

V_b——游泳池或水上游乐池新鲜水的补充量（L/d）；

C——水的比热，$C = 4.1876kJ/(kg \cdot ℃)$；

T_d——池水设计温度（℃）；

T_f——游泳池或水上游乐池补充新鲜水的温度（℃），按当地自来水温度确定；

t_h——加热时间（h）。

池水加热所需热量：池水加热所需热量 $= Q_s + Q_t + Q_b$

2. 加热设备

加热设备应根据热源条件、耗热量、使用要求、卫生及运行管理等因素选择，其容量应根据耗热量计算确定。加热设备根据热源不同有多种形式可以选用：热源为高温热水或蒸汽时，宜选用不锈钢材质换热器；采用自备热源时，宜采用直接加热的燃气、燃油、燃煤等燃料的热水机组（锅炉）及热泵；小型游泳池及电力供应充沛的地区可采用电热水器（炉）；采用太阳能为热源时，可采用光滑材质或非光滑材质集热器。

游泳池循环水量采用分流量加热时，被加热的水量不应小于全部池水循环水量的25%；被加热水的出水温度不宜超过40℃；加热设备宜采用被加热水侧阻力损失小于0.02MPa的换热设备；为减小加热设备体积，一般游泳池循环水采用一部分加热后，与未加热循环水混合的加热方式。为使池水混合充分，应设置被加热的水与未加热水的压力平衡装置；每台加热或换热设备均应设置可调温度自控阀，且自动温控阀的可调幅度不宜大于 ±1.0℃。

游泳池循环水量采用全流量加热时，应根据其加热设备进水管口与出水管口的水温差（ΔT_h）来选择加热设备，加热设备进水管口与出水管口的水温差应按式（7-8）计算。

$$\Delta T_h = \frac{Q_s + Q_t + Q_b}{1000\rho C q_r} \quad (7-8)$$

式中　ΔT_h——加热设备进水管口与出水管口的水温差（℃）；

Q_s——池水表面蒸发损失的热量（kJ/h）；

Q_t——游泳池的水面、池底、池壁、管道和设备传导损失的热量（kJ/h）；

Q_b——游泳池补充新鲜水加热所需的热量（kJ/h）；

C——水的比热，$C = 4.1876kJ/(kg \cdot ℃)$；

ρ——水的密度（kg/L）；

q_r——通过水加热设备的循环水量（m³/h），采用分流量加热时被加热的水量不应小于全部池水循环水量的25%。

7.5.2 节能

1. 太阳能加热系统

利用太阳能作为池水加热热源时，应符合下列条件：太阳年日照时数不应小于1400h；太阳年辐射量应大于4200MJ/m²。

根据不同地区的纬度、太阳能年辐射总量、年日照小时数、年晴天光照时间等参数，太阳能集热面积应按有关规定计算确定。

2. 空气源太阳能的保证率宜为40% ~80% 热泵加热系统

空气源热泵对池水进行加热的适用条件：非寒冷地区；专用游泳池。

当地最冷月平均气温低于0℃时，应设辅助热源。

空气源热泵的产热量计算，不设置辅助热源时，应按当地最冷月的平均气温和水温计算；设置辅助热源时，宜按年平均气温和水温计算。池水初次加热时，应按热泵与辅助热源同时使用进行设计。

3. 水（地）源热泵加热系统

水（地）源热泵加热系统对池水进行加热的适用条件：地表水、地下水或废水充沛的地区和地埋管空间区域充足的地区。应按照现行国家标准《地源热泵系统工程技术规范》GB 50366 的规定设计。

在地表水水温不低于10℃、地下水水温不低于10℃或回管内水温不低于7℃时，适宜选择水（地）源热泵加热系统。水（地）源热泵的产热量计算的气温应按照当地最冷月的平均气温计算。

水（地）源热泵冷凝热交换器应选用钛金属材质的热交换器。

水（地）源热泵的机组效能比（COP）不应低于现行国家标准《水（地）源热泵机组》GB/T 19409 的规定，且适合当地的地埋条件和使用要求；机组应具有水温控制、水流保护、过电流保护、冷媒高低压保护、进水温度保护和压缩机延时启动等功能。

4. 除湿热泵余热利用系统

采用除湿热泵对室内进行除湿并利用余热对池水进行加热时应符合下列规定：除湿热泵机组应带热回收功能；机组应带新风与排风功能，新风量不低于机组回风量的10%；室内空间相对湿度宜控制在50%～65%，温度宜控制在28～30℃。

除湿热泵机组的池水侧冷凝器应采用钛金属材质。除湿用翅片式蒸发器与再热翅片式冷凝器应采用铜翅片或铝翅片加防腐处理。

除湿热泵对池水的加热量应由给水排水专业计算提供，具有水温控制、水电流保护、过流保护、冷媒高低压保护和压缩机延时启动等功能。机组冷媒工质应安全洁净，并应符合环境保护要求。

附　　录

附录 1　《生活饮用水卫生标准》GB 5749—2022 相关指标

1）水质常规指标及限值

序号	指标	限值
一、微生物指标		
1	总大肠菌群（MPN/100mL 或 CFU/100mL）[a]	不应检出
2	大肠埃希氏菌（MPN/100mL 或 CFU/100mL）[a]	不应检出
3	菌落总数（MPN/mL 或 CFU/mL）[b]	100
二、毒理指标		
4	砷（mg/L）	0.01
5	镉（mg/L）	0.005
6	铬（六价）（mg/L）	0.05
7	铅（mg/L）	0.01
8	汞（mg/L）	0.001
9	氰化物（mg/L）	0.05
10	氟化物（mg/L）[b]	1.0
11	硝酸盐（以 N 计）（mg/L）[b]	10
12	三氯甲烷（mg/L）[c]	0.06
13	一氯二溴甲烷（mg/L）[c]	0.1
14	二氯一溴甲烷（mg/L）[c]	0.06
15	三溴甲烷（mg/L）[c]	0.1
16	三卤甲烷（三氯甲烷、一氯二溴甲烷、二氯一溴甲烷、三溴甲烷的总和）[c]	该类化合物中各种化合物的实测浓度与其各自限值的比值之和不超过 1
17	二氯乙酸（mg/L）[c]	0.05
18	三氯乙酸（mg/L）[c]	0.1
19	溴酸盐（mg/L）[c]	0.01
20	亚氯酸盐（mg/L）[c]	0.7
21	氯酸盐（mg/L）[c]	0.7

序号	指标	限值
三、感官性状和一般化学指标[d]		
22	色度（铂钴色度单位）（度）	15
23	浑浊度（散射浑浊度单位）（NTU）[b]	1
24	臭和味	无异臭、异味
25	肉眼可见物	无
26	pH	不小于6.5且不大于8.5
27	铝（mg/L）	0.2
28	铁（mg/L）	0.3
29	锰（mg/L）	0.1
30	铜（mg/L）	1.0
31	锌（mg/L）	1.0
32	氯化物（mg/L）	250
33	硫酸盐（mg/L）	250
34	溶解性总固体（mg/L）	1000
35	总硬度（以 $CaCO_3$ 计）（mg/L）	450
36	高锰酸盐指数（以 O_2 计）（mg/L）	3
37	氨（以 N 计）（mg/L）	0.5
四、放射性指标[e]		
38	总 α 放射性（Bq/L）	0.5（指导值）
39	总 β 放射性（Bq/L）	1（指导值）

[a] MPN 表示最可能数；CFU 表示菌落形成单位。当水样检出总大肠菌群时，应进一步检验大肠埃希氏菌；当水样未检出总大肠菌群时，不必检验大肠埃希氏菌。

[b] 小型集中式供水和分散式供水因水源与净水技术受限时，菌落总数指标限值按 500MPN/mL 或 500 CFU/mL 执行，氟化物指标限值按 1.2mg/L 执行，硝酸盐（以 N 计）指标限值按 20mg/L 执行，浑浊度指标限值按 3NTU 执行。

[c] 水处理工艺流程中预氧化或消毒方式：

——采用液氯、次氯酸钙及氯胺时，应测定三氯甲烷、一氯二溴甲烷、二氯一溴甲烷、三溴甲烷、三卤甲烷、二氯乙酸、三氯乙酸；

——采用次氯酸钠时，应测定三氯甲烷、一氯二溴甲烷、二氯一溴甲烷、三溴甲烷、三卤甲烷、二氯乙酸、三氯乙酸、氯酸盐；

——采用臭氧时，应测定溴酸盐；

——采用二氧化氯时，应测定亚氯酸盐；

——采用二氧化氯与氯混合消毒剂发生器时，应测定亚氯酸盐、氯酸盐、三氯甲烷、一氯二溴甲烷、二氯一溴甲烷、三溴甲烷、三卤甲烷、二氯乙酸、三氯乙酸；

——当原水中含有上述污染物，可能导致出厂水和末梢水的超标风险时，无论采用何种预氧化或消毒方式，都应对其进行测定。

[d] 当发生影响水质的突发公共事件时，经风险评估，感官性状和一般化学指标可暂时适当放宽。

[e] 放射性指标超过指导值（总 β 放射性扣除 ^{40}K 后仍然大于1Bq/L），应进行核素分析和评价，判定能否饮用。

2）生活饮用水消毒剂常规指标及要求

序号	指标	与水接触时间（min）	出厂水和末梢水限值（mg/L）	出厂水余量（mg/L）	末梢水余量（mg/L）
40	游离氯[a,d]	≥30	≤2	≥0.3	≥0.05
41	总氯[b]	≥120	≤3	≥0.5	≥0.05
42	臭氧[c]	≥12	≤0.3	—	≥0.02 如采用其他协同消毒方式，消毒剂限值及余量应满足相应要求
43	二氧化氯[d]	≥30	≤0.8	≥0.1	≥0.02

[a] 采用液氯、次氯酸钠、次氯酸钙消毒方式时，应测定游离氯。

[b] 采用氯胺消毒方式时，应测定总氯。

[c] 采用臭氧消毒方式时，应测定臭氧。

[d] 采用二氧化氯消毒方式时，应测定二氧化氯；采用二氧化氯与氯混合消毒剂发生器消毒方式时，应测定二氧化氯和游离氯。两项指标均应满足限值要求，至少一项指标应满足余量要求。

3）生活饮用水水质扩展指标及限值

序号	指标	限值
一、微生物指标		
44	贾第鞭毛虫（个/10L）	<1
45	隐孢子虫（个/10L）	<1
二、毒理指标		
46	锑（mg/L）	0.005
47	钡（mg/L）	0.7
48	铍（mg/L）	0.002
49	硼（mg/L）	1.0
50	钼（mg/L）	0.07
51	镍（mg/L）	0.02
52	银（mg/L）	0.05
53	铊（mg/L）	0.0001
54	硒（mg/L）	0.01
55	高氯酸盐（mg/L）	0.07
56	二氯甲烷（mg/L）	0.02
57	1,2-二氯乙烷（mg/L）	0.03
58	四氯化碳（mg/L）	0.002
59	氯乙烯（mg/L）	0.001
60	1,1-二氯乙烯（mg/L）	0.03
61	1,2-二氯乙烯（总量）（mg/L）	0.05
62	三氯乙烯（mg/L）	0.02

序号	指标	限值
63	四氯乙烯（mg/L）	0.04
64	六氯丁二烯（mg/L）	0.0006
65	苯（mg/L）	0.01
66	甲苯（mg/L）	0.7
67	二甲苯（总量）（mg/L）	0.5
68	苯乙烯（mg/L）	0.02
69	氯苯（mg/L）	0.3
70	1,4-二氯苯（mg/L）	0.3
71	三氯苯（总量）（mg/L）	0.02
72	六氯苯（mg/L）	0.001
73	七氯（mg/L）	0.0004
74	马拉硫磷（mg/L）	0.25
75	乐果（mg/L）	0.006
76	灭草松（mg/L）	0.3
77	百菌清（mg/L）	0.01
78	呋喃丹（mg/L）	0.007
79	毒死蜱（mg/L）	0.03
80	草甘膦（mg/L）	0.7
81	敌敌畏（mg/L）	0.001
82	莠去津（mg/L）	0.002
83	溴氰菊酯（mg/L）	0.02
84	2,4-滴（mg/L）	0.03
85	乙草胺（mg/L）	0.02
86	五氯酚（mg/L）	0.009
87	2,4,6-三氯酚（mg/L）	0.2
88	苯并（a）芘（mg/L）	0.00001
89	邻苯二甲酸二（2-乙基己基）酯（mg/L）	0.008
90	丙烯酰胺（mg/L）	0.0005
91	环氧氯丙烷（mg/L）	0.0004
92	微囊藻毒素-LR（藻类暴发情况发生时）（mg/L）	0.001
三、感官性状和一般化学指标[a]		
93	钠（mg/L）	200
94	挥发酚类（以苯酚计）（mg/L）	0.002
95	阴离子合成洗涤剂（mg/L）	0.3
96	2-甲基异崁醇（mg/L）	0.00001
97	土臭素（mg/L）	0.00001

[a]　当发生影响水质的突发公共事件时，经风险评估，感官性状和一般化学指标可暂时适当放宽。

附录2 《饮用净水水质标准》CJ/T 94—2005 相关指标

项　目		限　值
感官性状	色	5 度
	浑浊度	0.5NTU
	臭和味	无异臭异味
	肉眼可见物	无
一般化学指标	pH	6.0~8.5
	总硬度（以 $CaCO_3$ 计）	300mg/L
	铁	0.20mg/L
	锰	0.05mg/L
	铜	1.0mg/L
	锌	1.0mg/L
	铝	0.20mg/L
	挥发性酚类（以苯酚计）	0.002mg/L
	阴离子合成洗涤剂	0.20mg/L
	硫酸盐	100mg/L
	氯化物	100mg/L
	溶解性总固体	500mg/L
	耗氧量（COD_{Mn}，以 O_2 计）	2.0mg/L
毒理学指标	氟化物	1.0mg/L
	硝酸盐氮（以 N 计）	10mg/L
	砷	0.01mg/L
	硒	0.01mg/L
	汞	0.001mg/L
	镉	0.003mg/L
	铬（六价）	0.05mg/L
	铅	0.01mg/L
	银（采用载银活性炭时测定）	0.05mg/L
	氯仿	0.03mg/L
	四氯化碳	0.002mg/L
	亚氯酸盐（采用 ClO_2 消毒时测定）	0.70mg/L
	氯酸盐（采用 ClO_2 消毒时测定）	0.70mg/L
	溴酸盐（采用 O_3 消毒时测定）	0.01mg/L
	甲醛（采用 O_3 消毒时测定）	0.90mg/L
细菌学指标	细菌总数	50cfu/mL
	总大肠菌群	每 100mL 水样中不得检出
	粪大肠菌群	每 100mL 水样中不得检出
	余氯	0.01mg/L（管网末梢水）＊
	臭氧（采用 O_3 消毒时测定）	0.01mg/L（管网末梢水）＊
	二氧化氯（采用 ClO_2 消毒时测定）	0.01mg/L（管网末梢水）＊ 或余氯 0.01mg/L（管网末梢水）＊

＊　限值为该项目的检出限，实测浓度应不小于检出限。

附录3 《城市污水再生利用 城市杂用水水质》
GB/T 18920—2020 相关指标

序号	项目		冲厕、车辆冲洗	城市绿化、道路清扫、消防、建筑施工
1	pH		6.0~9.0	6.0~9.0
2	色度，铂钴色度单位	≤	15	30
3	嗅		无不快感	无不快感
4	浊度（NTU）	≤	5	10
5	五日生化需氧量（BOD_5）（mg/L）	≤	10	10
6	氨氮（mg/L）	≤	5	8
7	阴离子表面活性剂（mg/L）	≤	0.5	0.5
8	铁（mg/L）	≤	0.3	—
9	锰（mg/L）	≤	0.1	—
10	溶解性总固体（mg/L）	≤	1000（2000）[a]	1000（2000）[a]
11	溶解氧（mg/L）	≥	2.0	2.0
12	总氯（mg/L）	≥	1.0（出厂），0.2（管网末端）	1.0（出厂），0.2[b]（管网末端）
13	大肠埃希氏菌（MPN/100mL 或 CFU/100mL）		无[c]	无[c]

注：“—”表示对此项无要求。

[a] 括号内指标值为沿海及本地水源中溶解性固体含量较高的区域的指标。

[b] 用于城市绿化时，不应超过 2.5mg/L。

[c] 大肠埃希氏菌不应检出。

附录4 悬吊管水力计算表

附表 4（a） 悬吊管（铸铁管、钢管）水力计算表（$h/D=0.8$，v：m/s，Q：L/s）

水力坡度 I	管径 D（mm）									
	75		100		150		200		250	
	v	Q	v	Q	v	Q	v	Q	v	Q
0.01	0.57	2.18	0.70	4.69	0.91	13.82	1.10	29.76	1.28	53.95
0.02	0.81	3.08	0.98	6.63	1.29	19.54	1.56	42.08	1.81	76.29
0.03	0.99	3.77	1.21	8.12	1.58	23.93	1.91	51.54	2.22	93.44
0.04	1.15	4.35	1.39	9.37	1.82	27.63	2.21	59.51	2.56	107.89
0.05	1.28	4.87	1.56	10.48	2.04	30.89	2.47	66.54	2.87	120.63
0.06	1.41	5.33	1.70	11.48	2.23	33.84	2.71	72.89	3.14	132.14
0.07	1.52	5.76	1.84	12.40	2.41	36.55	2.92	78.73	3.39	142.73
0.08	1.62	6.15	1.97	13.25	2.58	39.08	3.12	84.16	3.62	142.73
0.09	1.72	6.53	2.09	14.06	2.74	41.45	3.31	84.16	3.84	142.73
0.10	1.82	6.88	2.20	14.82	2.88	41.45	3.49	84.16	4.05	142.73

附表 4（b） 悬吊管（塑料管）水力计算表（$h/D=0.8$，v：m/s，Q：L/s）

水力坡度	90×3.2		110×3.2		125×3.7		150×4.7		200×5.9		250×7.3	
	v	Q	v	Q	v	Q	v	Q	v	Q	v	Q
0.01	0.86	4.07	1.00	7.21	1.09	10.11	1.28	19.55	1.48	35.42	1.72	64.33
0.02	1.22	5.75	1.41	10.20	1.53	14.30	1.81	27.65	2.10	50.09	2.44	90.98
0.03	1.50	7.05	1.73	12.49	1.88	17.51	2.22	33.86	2.57	61.35	2.99	111.42

水力坡度	90×3.2		110×3.2		125×3.7		150×4.7		200×5.9		250×7.3	
	v	Q	v	Q	v	Q	v	Q	v	Q	v	Q
0.04	1.73	8.14	1.99	14.42	2.17	20.22	2.56	39.10	2.97	70.84	3.45	128.66
0.05	1.93	9.10	2.23	16.12	2.43	22.60	2.86	43.72	3.32	79.20	3.85	143.84
0.06	2.12	9.97	2.44	17.66	2.66	24.76	3.13	47.89	3.64	86.76	4.22	157.57
0.07	2.29	10.77	2.64	19.07	2.87	26.74	3.39	51.73	3.93	93.71	4.56	170.20
0.08	2.44	11.51	2.82	20.39	3.07	28.59	3.62	55.30	4.20	100.18	4.88	170.20
0.09	2.59	12.21	2.99	21.63	3.26	30.32	3.84	58.65	4.45	100.18	5.17	170.20
0.10	2.73	12.87	3.15	22.80	3.43	31.96	4.05	58.65	4.70	100.18	5.45	170.20

附录5 埋地混凝土管水力计算表
($h/D=1.0$, v: m/s, Q: L/s)

水力坡度 I	管径（mm）													
	200		250		300		350		400		450		500	
	v	Q	v	Q	v	Q	v	Q	v	Q	v	Q	v	Q
0.003	0.57	18.0	0.66	32.6	0.75	53.0	0.83	79.9	0.91	114	0.98	156	1.05	207
0.004	0.66	20.7	0.77	37.6	0.87	61.1	0.96	92.2	1.05	132	1.13	180	1.22	239
0.005	0.74	23.2	0.86	42.0	0.97	68.4	1.07	103.1	1.17	147	1.27	202	1.36	267
0.006	0.81	25.4	0.94	46.1	1.06	74.9	1.17	113.0	1.28	161	1.39	221	1.49	292
0.007	0.87	27.4	1.01	49.7	1.14	80.9	1.27	122.0	1.39	174	1.50	238	1.61	316
0.008	0.93	29.3	1.08	53.2	1.22	86.5	1.36	130.4	1.48	186	1.60	255	1.72	338
0.009	0.99	31.1	1.15	56.4	1.30	91.7	1.44	138.3	1.57	198	1.70	270	1.85	358
0.01	1.04	32.8	1.21	59.5	1.37	96.7	1.52	145.8	1.66	208	1.79	285		
0.012	1.14	35.9	1.33	65.1	1.50	105.9	1.66	159.8	1.82	228				
0.014	1.24	38.8	1.43	70.3	1.62	114.4	1.79	172.6						
0.016	1.32	41.5	1.53	75.2	1.73	122.3	1.92	184.5						
0.018	1.40	44.0	1.63	79.8	1.84	129.7								
0.02	1.48	46.4	1.71	84.1										
0.025	1.65	51.8	1.92	94.0										
0.030	1.81	56.8												

附录6 屋面满管压力流雨水管道（内壁喷塑铸铁管）水力计算表
(v: m/s; Q: L/s; R: kPa/m)

Q	管径（mm）															
	50		75		100		125		150		200		250		300	
	R	v	R	v	R	v	R	v	R	v	R	v	R	v	R	v
6	3.80	3.18	0.51	1.40												
12	13.7	6.37	1.84	2.79	0.45	1.56										
18	29.0	9.55	3.90	4.19	0.94	2.34	0.32	1.49	0.13	1.03						
24			6.63	5.58	1.61	3.12	0.54	1.99	0.22	1.38						

Q	管径（mm）															
	50		75		100		125		150		200		250		300	
	R	v	R	v	R	v	R	v	R	v	R	v	R	v	R	v
30			10.02	6.98	2.43	3.90	0.81	2.49	0.33	1.72						
36			14.04	8.37	3.40	4.68	1.14	2.98	0.47	2.07	0.11	1.16				
42			18.67	9.77	4.53	5.46	1.51	3.48	0.62	2.41	0.15	1.35				
48					5.80	6.24	1.94	3.98	0.79	2.75	0.19	1.54				
54					7.20	7.02	2.41	4.47	0.98	3.10	0.24	1.74				
60					8.75	7.80	2.92	4.97	1.20	3.44	0.29	1.93				
66					10.44	8.58	3.49	5.47	1.43	3.79	0.35	2.12				
72							4.10	5.97	1.68	4.13	0.14	2.32	0.14	1.48	0.06	1.03
78							4.75	6.46	1.94	4.48	0.48	2.51	0.16	1.60	0.07	1.11
84							5.45	6.96	2.23	4.82	0.54	2.70	0.18	1.73	0.08	1.20
90							6.19	7.46	2.53	5.16	0.62	2.90	0.21	1.85	0.09	1.28
96							6.98	7.95	2.85	5.51	0.70	3.09	0.23	1.97	0.10	1.37
102							7.80	8.45	3.19	5.85	0.78	3.28	0.26	2.10	0.11	1.45
108							8.67	8.95	3.55	6.20	0.87	3.47	0.29	2.22	0.12	1.54
114							9.59	9.44	3.92	6.54	0.96	3.67	0.32	2.34	0.13	1.62
120							10.54	9.94	4.31	6.89	1.05	3.86	0.35	2.47	0.15	1.71
126									4.72	7.23	1.15	4.05	0.39	2.59	0.16	1.8
132									5.14	7.57	1.26	4.25	0.42	2.71	0.17	1.88
138									5.58	7.92	1.36	4.44	0.46	2.84	0.19	1.97
144									6.04	8.26	1.48	4.63	0.50	2.96	0.20	2.05
150									6.51	8.61	1.59	4.83	0.53	3.08	0.22	2.14
156									7.00	8.95	1.71	5.02	0.57	3.21	0.24	2.22
162									7.51	9.30	1.84	5.21	0.62	3.33	0.25	2.31
168									8.03	9.64	1.96	5.40	0.66	3.45	0.27	2.39
174									8.57	9.98	2.09	5.60	0.70	3.58	0.29	2.48
180											2.23	5.79	0.75	3.70	0.31	2.56
186											2.37	5.98	0.80	3.82	0.33	2.65
192											2.51	6.18	0.84	3.94	0.35	2.74
198											2.66	6.37	0.89	4.07	0.37	2.82

附录7 《生活热水水质标准》CJ/T 521—2018 相关指标

1）常规指标及限值

	项目	限值	备注
常规指标	水温（℃）	≥46	
	总硬度（以 $CaCO_3$ 计）（mg/L）	≤300	
	浑浊度（NTU）	≤2	
	耗氧量（COD_{Mn}）（mg/L）	≤3	
	溶解氧（DO）（mg/L）	≤8	
	总有机碳（TOC）（mg/L）	≤4	
	氯化物（mg/L）	≤200	
	稳定指数（Ryznar Stability Index，R. S. I）	6.0<R. S. I.≤7.0	需检测：水温、溶解性总固体、钙硬度、总碱度、pH
微生物指标	菌落总数（CFU/mL）	≤100	
	异养菌数（HPC）（CFU/mL）	≤500	
	总大肠菌群（MPN/100mL 或 CFU/100mL）	不得检出	
	嗜肺军团菌	不得检出	采样量500mL

2）消毒剂余量及要求

消毒剂指标	管网末梢水中余量
游离余氯（采用氯消毒时测定）（mg/L）	≥0.05
二氧化氯（采用二氧化氯消毒时测定）（mg/L）	≥0.02
银离子（采用银离子消毒时）（mg/L）	≤0.05

除上述指标之外，生活热水水质其他指标及限值，还应符合现行国家标准《生活饮用水卫生标准》GB 5749 的规定。

附录8 居住小区地下管线（构筑物）间最小净距

种类 \ 种类 净距（m）	给水管		污水管		雨水管	
	水平	垂直	水平	垂直	水平	垂直
给水管	0.5~1.0	$\frac{0.10}{0.15}$	0.8~1.5	$\frac{0.10}{0.15}$	0.8~1.5	$\frac{0.10}{0.15}$
污水管	0.8~1.5	$\frac{0.10}{0.15}$	0.8~1.5	$\frac{0.10}{0.15}$	0.8~1.5	$\frac{0.10}{0.15}$
雨水管	0.8~1.5	$\frac{0.10}{0.15}$	0.8~1.5	$\frac{0.10}{0.15}$	0.8~1.5	$\frac{0.10}{0.15}$
低压煤气管	0.5~1.0	$\frac{0.10}{0.15}$	1.0	$\frac{0.10}{0.15}$	1.0	$\frac{0.10}{0.15}$

种类 \ 净距(m) \ 种类	给水管		污水管		雨水管	
	水平	垂直	水平	垂直	水平	垂直
直埋式热水管	1.0	$\frac{0.10～}{0.15}$	1.0	$\frac{0.10～}{0.15}$	1.0	$\frac{0.10～}{0.15}$
热力管沟	0.5～1.0	—	1.0	—	1.0	—
乔木中心	1.0	—	1.5	—	1.5	—
电力电缆	1.0	直埋0.50 穿管0.25	1.0	直埋0.50 穿管0.25	1.0	直埋0.50 穿管0.25
通信电缆	1.0	直埋0.50 穿管0.15	1.0	直埋0.50 穿管0.15	1.0	直埋0.50 穿管0.15
通信及照明电缆	0.5	—	1.0	—	1.0	—

注：1. 净距指管外壁距离，管道交叉设套管时指套管外壁距离，直埋式热水管指保温管壳外壁距离；

2. 电力电缆在道路的东侧（南北方向的路）或南侧（东西方向的路）；通信电缆在道路的西侧或北侧。均应在人行道下。

附录9　排水管道和其他地下管线（构筑物）的最小净距

名称		水平净距（m）	垂直净距（m）
建筑物		见注3	
给水管	$d \le 200mm$	1.0	0.4
	$d > 200mm$	1.5	
排水管			0.15
再生水管		0.5	0.4
燃气管	低压 $P \le 0.05MPa$	1.0	0.15
	中压 $0.05MPa < P \le 0.4MPa$	1.2	0.15
	高压 $0.4MPa < P \le 0.8MPa$	1.5	0.15
	高压 $0.8MPa < P \le 1.6MPa$	2.0	0.15
热力管线		1.5	0.15
电力管线		0.5	0.5
电信管线		1.0	直埋 0.5
			管块 0.15
乔木		1.5	
地上柱杆	通信照明及 <10kV	0.5	
	高压铁塔基础边	1.5	
道路侧石边缘		1.5	
铁路钢轨（或坡脚）		5.0	轨底 1.2
电车（轨底）		2.0	1.0

名称	水平净距（m）	垂直净距（m）
架空管架基础	2.0	
油管	1.5	0.25
压缩空气管	1.5	0.15
氧气管	1.5	0.25
乙炔管	1.5	0.25
电车电缆		0.5
明渠渠底		0.5
涵洞基础底		0.15

注：1. 表列数字除注明者外，水平净距均指外壁净距，垂直净距系指下面管道的外顶与上面管道基础底间净距；

2. 采取充分措施（如结构措施）后，表列数字可以减小；

3. 与建筑物水平净距，管道埋深浅于建筑物基础时，不宜小于2.5m，管道埋深深于建筑物基础时，按计算确定，但不应小于3.0m。

参 考 文 献

［1］中国建筑设计研究院有限公司. 建筑给水排水设计手册［M］. 3 版. 北京：中国建筑工业出版社，2018.

［2］中国建筑标准设计研究院. 全国民用建筑设计技术措施－给水排水［M］. 北京：中国计划出版社，2009.

［3］黄晓家，姜文源. 自动喷水灭火系统设计手册［M］. 北京：中国建筑工业出版社，2002.

［4］王增长. 建筑给水排水工程［M］. 8 版. 北京：中国建筑工业出版社，2021.

［5］高明远，岳秀萍. 建筑给水排水工程学［M］. 北京：中国建筑工业出版社，2002.

［6］全国勘察设计注册工程师公用设备专业管理委员会秘书处. 全国勘察设计注册公用设备工程师给水排水专业考试复习教材［M］. 3 版. 北京：中国建筑工业出版社，2018.